综合气象观测技术保障培训系列教材

新一代天气雷达

主　编：敖振浪

副主编：雷卫延　李建勇　周钦强

内容简介

目前，我国全面规划建成了新一代天气雷达系统，形成了气象雷达探测的区域组网和全国性组网。本书以实际的气象雷达组网探测业务为主线，简要介绍了目前我国普遍使用的 CINRAD/SA 型新一代天气雷达系统的发展情况，气象雷达技术和应用的基础知识，以及系统的整体构成和主要技术性能指标；详细介绍了发射机、接收机、天馈系统、UPS 供电系统及附属设备等主要分机部件电路原理及构造；以实际个例为基础总结分析故障维修维护的方法和技巧；结合实际应用介绍雷达系统标定和参数检查的操作步骤，测试仪表和维修设备的使用方法，雷达系统配套软件的安装方法、参数设置、数据产品传输格式和流程，双偏振雷达图像产品应用等内容。各章节深入浅出，理论联系实际，实操性强。可作为培训机构、高等院校相关专业的学习教材，也可供天气雷达探测业务操作人员、雷达技术保障人员以及雷达气象科研人员参考使用。

图书在版编目(CIP)数据

新一代天气雷达 / 敖振浪主编. — 北京 ：气象出版社，2017.12

ISBN 978-7-5029-6362-0

Ⅰ.①新… Ⅱ.①敖… Ⅲ.①气象雷达-高等学校-教材 Ⅳ.①TN959.4

中国版本图书馆 CIP 数据核字(2018)第 006795 号

Xinyidai Tianqi Leida

新一代天气雷达

敖振浪 主编

出版发行：气象出版社

地　　址：北京市海淀区中关村南大街 46 号　　邮政编码：100081

电　　话：010-68407112(总编室)　010-68408042(发行部)

网　　址：http://www.qxcbs.com　　E-mail：qxcbs@cma.gov.cn

责任编辑：刘瑞婷　张锐锐　　终　　审：吴晓鹏

责任校对：王丽梅　　责任技编：赵相宁

封面设计：易普锐创意

印　　刷：北京中石油彩色印刷有限责任公司

开　　本：787 mm×1092 mm　1/16　　印　　张：17.75

字　　数：400 千字

版　　次：2017 年 12 月第 1 版　　印　　次：2017 年 12 月第 1 次印刷

定　　价：68.00 元

编委会

序

气象探测是开展天气预报预警、气候预测预估、气象服务和气象科学研究的基础，是推动气象科学发展的动力。随着社会经济快速发展，人民生命财产安全对气象服务的要求达到了前所未有的高度。面对新任务、新需求，面对极端气象灾害多发、频发、重发的严峻考验，中国气象局准确把握当前时代特征和世界发展趋势，领导各级气象干部职工全面推进气象现代化建设，在我国气象事业发展历史进程中谱写了新的篇章。在气象现代化建设中，中国气象局树立“公共气象、安全气象、资源气象”的发展理念，确立了建设具有世界先进水平的气象现代化体系，实现“一流装备、一流技术、一流人才、一流台站”的战略目标，明确了不断提高“气象预测预报能力、气象防灾减灾能力、应对气候变化能力、开发利用气候资源能力”的战略任务，形成了现代气象业务体系、气象科技创新体系、气象人才体系构成的气象现代化体系新格局。

经过近三十年的发展，我国气象现代化建设取得了丰硕成果。实施了气象卫星、新一代天气雷达、气象监测与灾害预警等重大工程。成功发射风云系列气象卫星，实现了极轨气象卫星技术升级换代和卫星组网观测、静止气象卫星双星观测和在轨备份。建成了由180多部新一代天气雷达组成的雷达探测网，基本形成风廓线雷达局部探测业务试验网，全面实现高空探测技术换代。地面气象基本要素实现观测自动化，自动气象站覆盖了全国85%以上乡镇，数量达到5万多个。建成了400座风能观测塔、1210个自动土壤水分观测站、485个全球定位系统大气水汽观测站、10个空间天气观测站，实现了大气成分的在线观测。建成全国雷电监测网。启动了海洋气象观测系统建设，建成了浮标站、船舶观测站和海上石油平台观测站。建立了全国基本观测业务设备运行监控系统和气象技术装备保障体系。

广东是我国改革开放的前沿阵地，广东气象人解放思想、实事求是、与时俱进，瞄准世界先进水平，高起点、高标准，把气象现代化建设推进到新的高度，建成了国际先进的现代化探测网。探测网包括了12部新一代天气雷达、4部L波段探空雷达、86个国家级自动站、2400多个区域自动站、16部风廓线雷达、28个闪电定位仪、32个GPS/MET水汽探测站、31个土壤水分站、4个浮标站、3个石油平台自动站、2个船舶自动站、8个大气成分站，形成了一个高时空密度的现代化综合天气探测网，为气象预报预警和气象服务发挥了重大作用。

随着大量各种各样气象探测设备建成和应用，设备能否稳定可靠地运行，准确地获取气象资料，技术保障工作至关重要。为了管理和维护好全省综合气象探测网，发挥其在气象预报、服务、科研和防灾减灾工作中的重要作用，发挥投资效益，需要广大气象装备技术保障人员认真做好各类气象装备的维护保障工作。做好维护保障工作离不开一支高素质的人才队伍。为了适应这一需要，广东省气象探测数据中心组织气象探测和装备保障领域的专家以及一线技术骨干组成编写组，在总结各类气象装备的原理设计、安装调试和维修维护的实践经验基础上，编写成这套《综合气象观测技术保障培训系列教材》。

教材集中了气象装备保障一线的维修维护、科研、业务、设计、生产领域相关技术人员和专家的智慧，是编写组成员付出大量辛勤劳动的结晶。教材内容深入浅出，理论联系实际，既有较高的理论水平，又有很强的实用性。内容图文并茂，既有原理描述，又有典型故障案例分析，有助于技术保障人员快速了解和掌握维修诊断技术及处理方法，也是综合气象观测人员的一本不可多得的实用工具书。

期待并相信这套系列教材能够对气象探测及装备保障人员的上岗培训及实际业务工作具有较好的参考价值，培养出一批高素质高水平的综合气象观测方面的人才，快速、高效、高质量地完成气象装备保障任务，为率先实现气象现代化做出积极贡献。

许永锞

2016 年 3 月

前 言

广东省是一个气象灾害多发的省份。随着国民经济和社会的快速发展,突发性、灾害性天气对社会经济和人民生活的影响日益加剧,极端天气气候事件层出不穷,对农业、水资源、交通、能源、粮食和国防等安全保障带来了极大威胁。因此如何更加有效地监测、预警突发灾害性天气是广大气象工作者的一项重大任务,而新一代天气雷达正是对灾害性天气进行监测的一种非常有效的探测手段。

雷达(Radar)是 Radio direction and ranging 的缩写,用来探测空中目标物的位置。自 20 世纪 30 年代雷达问世以来,雷达技术在第二次世界大战中得到了高速发展。英国首先利用雷达侦察德国轰炸机在英格兰上空的活动,此后雷达在历次战争中都发挥了极为重要的作用,同时也在气象上得到大规模的应用。气象雷达是依据气象目标物对雷达波的后向散射,实现对大气的探测。大气中引起雷达波散射的主要物质是大气介质、云、降水粒子等。表示气象目标特征的物理量有雷达截面、后向散射截面、雷达反射率及雷达反射率因子。天气雷达是用来进行大气、云雾及降水研究和探测的气象雷达,能够监测灾害性天气如暴雨、台风、龙卷、冰雹、雷暴等过程,在航空、交通和水文等领域的气象保障有着广泛的应用。

目前广东省业务运行的天气雷达是脉冲多普勒天气雷达,均为北京敏视达雷达有限公司生产的 CINRAD/SA 型天气雷达。新一代天气雷达广泛采用了当今先进的雷达技术、多普勒技术、计算机技术、微电子技术等高新科技成果,从而使其探测能力较以往天气雷达有了很大提高,主要表现在:一是雷达系统灵敏度显著提高,对大气中的弱回波探测能力有了明显增强;二是采用多普勒技术不仅能获得极其宝贵的径向风场信息,同时还提高了对地物杂波的抑制能力;三是采用了实时定标检测技术提高了雷达数据的稳定性和可靠性,数据质量显著提高;四是采用科学合理的算法,生成应用产品,使得天气雷达朝着实时定量化方向迈进了一大步。

目前广东省已经建成了探测间距达到 150 km 覆盖全省的新一代天气雷达监测网,截止到 2016 年底,全省业务运行的多普勒天气雷达有 12 部(广州、韶关、阳江、梅州、汕头、深圳、湛江、河源、汕尾、肇庆、珠海、清远连州)。该雷达探测网具有较强的监测和预警灾害性天气的能力,能提前发现强对流天气的产生和发展,识别和预警飑线、龙卷、下击暴流等造成的风灾以及雹暴造成的雹灾、雨暴造成的水灾和雪暴造成的雪灾,是定位台风中心、分析台风中的螺旋雨带、确定台风移向移速的主要工具。在定量估测降水、临近预报、灾害性天气监测和预警服务等方面发挥着重要作用,显著提高了天气预报的准确率,大大增强了对重大灾害性天气的监测和重要活动的气象服务能力。雷达网具有良好的晴空探测能力,能够获取风暴前环境场的风场信息,有助于对强对流天气发生、发展的预测,逐步实现精细化的定点、定时、定量预报目标,取得了明显的社会、经济和生态效益。

经过十多年的业务运行,各级雷达保障人员在业务运行和维护维修方面积累了丰富的经验,同时广东省气象探测数据中心联合雷达生产厂家,举办了多期新一代多普勒天气雷达培训班，内容涉及雷达系统原理、安装、测试、维修维护、软件使用等内容，基本上对雷达系统进行了完整的培训与讲解。此外，中国气象局培训中心也举办了多期新一代天气雷达远程技术培训，有效地提高了雷达保障及机务人员的技术水平。

尽管多年来通过理论学习和雷达操作实践大大提高了雷达机务和保障人员的技术水平，但是大量的培训材料、学习经验、重要的维护保障内容没有得到及时和有效的整理与精炼。本教材旨在将多年来天气雷达培训的重点知识和经典维修维护保障内容编辑成册，一来可以巩固培训中所学知识，二来也为从事雷达维护保障的技术人员提供一本能够随手查阅、简洁明了的关于天气雷达的权威维护维修教材。

本教材共分10章，内容包括了与新一代天气雷达有关的业务管理规定、天气雷达性能指标测试、仪器仪表的使用方法、天气雷达的构造原理、软件使用、维护与故障维修等方面的内容。教材力求系统、准确、详细、实用，可供从事雷达探测业务和雷达技术保障的技术人员参考。

教材编写主要参考了历年来新一代天气雷达培训班的各类培训资料、国内公开发表的论文、论著、学术会议交流材料、业务管理文件、业务系统维修知识库资料以及作者个人维修维护经验总结等，由于取材广泛，难以一一列出原作者，在此一并表示感谢！教材编写过程还得到了北京敏视达雷达有限公司，广州、韶关、阳江、梅州、汕头、深圳、湛江、河源、汕尾、肇庆、珠海雷达站一线技术人员的支持和帮助，在此表示衷心感谢！

由于编者技术水平有限，编写时间仓促，教材中不足和差错在所难免，恳请读者批评指正。

编　者

2017 年 5 月

目　录

第1章　基础知识

1.1　新一代天气雷达的发展

20世纪40年代，英国开始使用雷达探测风暴。早期的气象雷达一般是由军用警戒雷达改装而成，只能根据气象回波的强度信息，对大气状况作定性分析。50年代后期，许多国家建立了雷达监测网，促进了雷达气象学的进一步发展，如美国国家天气局用的WSR-1，英国生产的Decca41等。20世纪60年代，采用多普勒技术的气象雷达，不仅能定量测量回波强度，而且具有对大气流场结构的定量探测能力。70年代，由于集成电路的出现，雷达终端开始配备有小型或微型电子计算机，使气象雷达能对探测资料进行实时数字处理和数字化远距离传输，出现数字化气象雷达网。70年代后期，美国科学家Seliga等提出双线偏振雷达的设想之后，双线偏振雷达得到不断发展，主要应用于降水测量、零度层识别和冰霜识别等方面。80年代后，随着数字技术、信号处理技术和计算机技术的发展，美国1988年开始批量生产命名为NEXRAD的WSR-88D多普勒天气雷达，并组建覆盖全美的多普勒天气雷达网。90年代后期，在引进美国NEXRAD雷达产品和技术的基础上，国内雷达企业采用消化、吸收再创新的方式研制成了我国的新一代多普勒天气雷达，并于21世纪的前十年，完成全国主要区域布网。

1.2　天气雷达的分类

按照天气雷达的用途和构造，大概可以分为这么几类：

(1)测云雨雷达；

(2)脉冲多普勒雷达；

(3)双线偏振天气雷达；

(4)双/多基地天气雷达；

(5)机载大气雷达；

(6)相控阵天气雷达。

未来天气雷达将向双线偏振和相控阵雷达方向发展。

双线偏振雷达工作体制主要分为交替发射/同时接收和同时发射/同时接收两种。交替发射/同时接收体制：发射时期，发射机的输出功率全部从一个通道发出；接收时期，两路接收机同时接收。优点是发射功率大，缺点是大功率有源极化开关寿命不长，开关转换期数据不正确，测速范围仅有同时发射/同时接收工作体制的一半，水平偏振波和垂直偏振波的观测对象不一致。同时发射/同时接收体制:发射时期,通常将一台发射机的输出功率由无源功分器将其进行功率等分后同时输出到水平和垂直发射通道;接收时期,两路接收机同时接收。优点是效率高,工程上容易实现,寿命长(未用大功率微波开关),缺点是每个通道发射功率仅为发射机输出功率的一半,对雷达威力有所影响。基于两种双线偏振雷达工作方式的优缺点,目前国内外所有业务双线偏振雷达均采用同时发射/同时接收的工作体制。SA 和 CA 雷达的双线偏振升级技术方案选用同时发射/同时接收的体制,即一台发射机,两路接收机和两路信号处理。

1.3 广东省新一代天气雷达的建设

广东省新一代天气雷达的建设始于 1998 年,截止到 2015 年,已经建成并投入业务运行的有 12 部。

广东省布点的 12 部雷达都是北京敏视达雷达有限公司生产的 CINRAD/SA 型(S 波段增强型)多普勒新一代天气雷达,详细信息如图 1.1 和表 1.1 所示。

图 1.1　广东省天气雷达布局

表 1.1　广东省雷达站一览表

雷达站	雷达型号	现场验收时间(年)	工作频率(GHz)
广州	CINRAD/SA	2001	2.8
深圳	CINRAD/SA	2006	2.8
阳江	CINRAD/SA	2002	2.8

续表

雷达站	雷达型号	现场验收时间(年)	工作频率(GHz)
韶关	CINRAD/SA	2002	2.8
湛江	CINRAD/SA	2008	2.8
梅州	CINRAD/SA	2002	2.8
汕头	CINRAD/SA	2005	2.8
河源	CINRAD/SA	2011	2.8
汕尾	CINRAD/SA	2011	2.8
肇庆	CINRAD/SA	2012	2.8
珠海	CINRAD/SA	2013	2.8
清远	CINRAD/SA	2016	2.8

1.4　新一代天气雷达的应用前景

新一代天气雷达系统主要应用于对灾害性天气，特别是与风害相伴随的灾害性天气的监测和预警。它还可以进行较大范围降水的定量估测，获取降水和降水云体的风场结构。

1.4.1　对灾害性天气的监测和预警

新一代天气雷达观测的实时回波强度(*Z*)、径向速度(*V*)、速度谱宽(*W*)的回波图像中，提供了丰富的有关强天气的信息。综合使用 *Z*、*V*、*W* 的图像分布，可以较准确和及时地监测灾害性天气。回波强度图的分析和应用与常规天气雷达相似，而径向风场的分析可以根据典型风场的径向分量表现出的特殊结构形态，对强天气伴随的典型风场进行识别。

回波强度一直是判断强天气的重要回波参数，特别是局地暴雨、冰雹等强降水。美国用回波强度 41 dBZ 作为强风暴的判断指标。国内对强风暴的识别判据常定为 45 dBZ。径向速度分布图也是判断强天气的一种有效工具，在识别风害时特别有效。强天气的出现和发展往往和气流的辐合辐散以及气流的旋转有关。径向速度分布图像中可以看出气流中的辐合辐散和旋转的特征，并可给出定性和半定量的估算。辐合(或辐散)在径向风场图像中表现为一最大和最小的径向速度对，两个极值中心的连线和雷达的射线相一致。气流中的小尺度气旋(或反气旋)在径向风场图像中也表现为一个最大和最小的径向速度对，但中心连线走向则与雷达射线相垂直。具有辐合(或辐散)的气旋(或反气旋)则表现出最大最小值的连线与雷达射线走向呈一定的夹角。根据中心连线的长度、径向速度最大值、最小值及连线与射线的夹角，可以半定量地估算气旋(或反气旋)的散度和涡度。这使得多普勒天气雷达在监测龙卷气旋和下击暴流等以风害为主的强天气中有独到之处。对于线性风中出现的强风切变的风害天气，它们的径向风场图像也有很好的标志，雷达可以估算最大风速和切变量。

雷达估测降水除了雷达本身的精度限制外，还受到降水类型(影响 *Z-R* 关系)、雷达探测高度、地面降水的差异和风等多种因素的影响，使得雷达估测值与地面雨量计测量值有差异。新一代天气雷达系统在建设过程中已考虑到在新一代天气雷达的周围设置一定数量的自动雨量计，并能及时地将实测雨量资料传送给雷达站进行检验。新一代天气雷达系统将开发应用雨量计数据校准雷达估算雨量的软件，提高新一代天气雷达系统定量估测大范围降水的精度。

1.4.2 风场信息

新一代天气雷达获取的风场信息除了在实时显示的径向速度分布图像上直接用来识别、监测强天气外，通过对测得的径向速度分布进行一定的反演处理可以得到垂直风廓线和二维水平风场分布等。在线性风的假定条件下，雷达获取的径向风速数据通过 VAD 处理，可得到不同高度上的水平风向和风速。因而可以得到垂直风廓线随时间的演变图。VAD 处理技术比较成熟，在新一代天气雷达系统中已作为基本应用产品。

1.4.3 定量估测大范围降水

新一代雷达的雷达参数在建站时都经过仔细的校准和标定。在日常的运行中定时的或每经过一个体扫之后，对影响雷达定量的参数进行一次自动校准和检测，以确保雷达对回波强度的准确测量。雷达测量的回波强度适当地使用的 Z-R 关系，将降水强度随时间变化累积成降水量。新一代天气雷达可以提供雷达估算的 1 h 和 3 h 的累积雨量分布，还可提供更长时间的累积降水量及过程总降水的分布。新一代雷达用作估测累积降水量分布时，雷达采样的时间间隔应不超过 10 min。对于降水强度变化较大的对流性降水，采样间隔还应更小一些。新一代天气雷达还可以根据水利部门的需求，根据汇水区的划分进行区域降水总量的估算。

1.5 天气雷达中常用的物理量概念

1.5.1 功率、频率、增益、特性阻抗、反射系数、驻波比

(1)功率：电流在单位时间内做的功叫作电功率。是用来表示消耗电能的快慢的物理量，用 P 表示，两端电压为 U 通过电流为 I 的任意二端组件(可推广到一般二端网络)的功率大小为$P=UI$，功率的国际单位制单位为瓦特(W)，常用的单位还有兆瓦(MW)、千瓦(kW)、毫瓦(mW)，它们与 W 的换算关系是：1 MW＝1000 kW；1 kW＝1000 W，1 W＝1000 mW。

脉冲功率 P_t：发射机发出的脉冲，其峰值功率称为脉冲发射功率。为了增强天气雷达的探测能力，其脉冲发射功率常常很大，我国新一代天气雷达的脉冲峰值功率在 650～800 kW。

(2)频率：单位时间内完成周期性变化的次数，是描述周期运动频繁程度的量，常用符号 f 表示，基本单位是赫兹(Hz)，简称赫，也常用千赫(kHz)或兆赫(MHz)或吉赫(GHz)作单位。1 kHz＝1000 Hz，1 MHz＝1000 kHz，1 GHz＝1000 MHz。

用字母表示频率波段是第二次世界大战期间美军方为保密而设计的，无特别的意义。

表 1.2 中的波段划分是 1984 年 IEEE 标准。

表 1.2　波段划分

波段	标称频率范围	标称波长范围(cm)
L	1000～2000 MHz	15～30
S	2000～4000 MHz	7.5～15
C	4000～8000 MHz	3.7～7.5
X	8000～12000 MHz	2.5～3.7
K_U	12.0～18 GHz	1.7～2.5
K	18～27 GHz	1.1～1.7
K_A	27～40 GHz	0.7～1.1
V	40～75 GHz	0.4～0.7
W	75～110 GHz	0.2～0.4
mm	110～300 GHz	0.1～0.2

脉冲重复频率：每秒产生的重发脉冲数目，称为脉冲重复频率，用 *PRF* 表示。我国新一代天气雷达的脉冲重复频率在 300～1300 Hz 范围内。

(3)增益的常用表示方法：dB、dBm、dBi、dBd、dBZ。

dB 是一个纯计数单位，对于功率 dB＝10×lg(A/B)；对于电压或电流 dB＝20×lg(*A*/*B*)。dB 和 dB 之间只有加减，没有乘除。

dBm 常对功率而言，是一个考征功率绝对值的值，计算公式为：10 lg(*P*/1 MW)。

[例 1]如果发射功率 *P* 为 1 MW，折算为 dBm 后为 0 dBm。

[例 2]对于 40 W 的功率，按 dBm 单位进行折算后的值应为：

10 lg(40 W/1 mW)＝10 lg(40000)＝10 lg(4×10^4)＝40＋10 lg4＝46 dBm。

dBi 和 dBd 是考征增益的值(功率增益)，两者都是一个相对值，但参考基准不一样。dBi 的参考基准为全方向性天线，dBd 的参考基准为偶极子，所以两者略有不同。一般认为，表示同一个增益，用 dBi 表示出来比用 dBd 表示出来要大 2.15。

[例 3]对于一面增益为 16 dBd 的天线，其增益折算成单位为 dBi 时，则为 18.15 dBi(一般忽略小数位，为 18 dBi)。

[例 4]0 dBd＝2.15 dBi。

[例 5]GSM 900 天线增益可以为 13 dBd(15 dBi)，GSM 1800 天线增益可以为 15 dBd (17 dBi)。

dBZ 是表示雷达回波强度的一个物理量。dBZ 可用来估算降雨和降雪强度及预测诸如冰雹、大风等灾害性天气出现的可能性。一般地说，它的值越大降雨、降雪可能性越大，强度也越强，当它的值大于或等于 40 dBZ 时，出现雷雨天气的可能性较大，当它的值在 45 dBZ 或以上时，出现暴雨、冰雹、大风等强天气的可能性较大。当然，判断具体出现什么天气时，除了回波强度(dBZ)外，还要综合考虑回波高度、回波的面积、回波移动的速度、方向以及演变情况等因素。“*Z*”是雷达反射率因子，与雨滴谱直径的 6 次方成正比。

(4)传输线特性阻抗：指传输线上导行波的电压与电流之比，表达式如下。

$$Z_0 = \frac{U_+(z)}{U_-(z)} = \frac{U_-(z)}{I_-(z)}$$

特性阻抗的一般表达式如下。

$$Z_0 = \sqrt{\frac{R + j\omega L}{G + j\omega C}}$$

(5)反射系数：任意一点 Z 处反射波电压(或电流)与入射波电压(或电流)之比，表达式如下。

$$\Gamma_u = \frac{U_-(Z)}{U_+(Z)} = \Gamma(z)$$

(6)驻波比：传输线上电压波的最大值与最小值之比，表达式如下。

$$\rho = \frac{|U|_{\max}}{|U|_{\min}} = \frac{1+|\Gamma|}{1-|\Gamma|}$$

反射系数与驻波比的关系如下。

$$|\Gamma| = \frac{\rho - 1}{\rho + 1}$$

1.5.2 带宽、噪声系数、噪声温度

(1)带宽：指信号频率的通频范围。当输入的信号频率高或低到一定程度，使得系统的输出功率成为输入功率的一半时(即－3 dB)，最高频率和最低频率间的差值就代表了系统的通频带宽，其单位为赫兹(Hz)。

(2)噪声系数 NF：输入端信噪比/输出端信噪比，单位常用“dB”。该系数是表征放大器的噪声性能恶化程度的一个参量，并不是越大越好，它的值越大，说明在传输过程中掺入的噪声也就越大，反映了器件或者信道特性的不理想。放大电路不仅把输入端的噪声放大，而且放大电路本身也存在噪声。所以，其输出端的信噪比必小于输入端信噪比。在放大器中，内部噪声与外部噪声越小越好。放大电路本身噪声越大，它的输出端信噪比越小于输入端信噪比，NF 就越大。当 NF 用分贝表示时，NF 表达式如下。

$$NF(\mathrm{dB}) = 10\lg(P_o/A_p P_i)$$

式中：P_o 为输出端的总噪声功率，P_i 为信号源输入端噪声功率，A_p 为功率增益。

(3)在放大器的噪声系数比较低的情况下，通常放大器的噪声系数用噪声温度(T)来表示。噪声系数与噪声温度的关系如下。

$$T = (NF - 1)T_0 \text{ 或 } NF = T/T_0 + 1$$

式中：T_0 为绝对温度(290 K)。

1.5.3 多普勒效应、多普勒速度谱宽、反射率、反射率因子、极限改善因子、动态范围

(1)多普勒效应(Doppler effect)是为纪念奥地利物理学家及数学家克里斯琴·约翰·多普勒(Christian Johann Doppler)而命名的，他于 1842 年首先提出了这一理论。多普勒认为，物体辐射的波长因为光源和观测者的相对运动而产生变化。在运动的波源前面，波被压缩，波长变得较短，频率变得较高(蓝移(blue shift))。在运动的波源后面，产生相反的效应，波长变得较长，频率变得较低(红移(red shift))。波源的速度越高，所产生的效应越大。根据光波红/蓝移的程度，可以计算出波源循着观测方向运动的速度。所有波动现象(包括光波)都存在多普勒效应。

天气雷达间歇性地向空中发射电磁波(称为脉冲式电磁波)，它以近于直线的路径和接近光波的速度在大气中传播，在传播的路径上，若遇到了气象目标物，脉冲电磁波被气象目标物

散射，其中散射返回雷达的电磁波(称为回波信号，也称为后向散射)，在荧光屏上显示出气象目标的空间位置等的特征。

(2)从雷达回波中提取的反映降水系统状态的三个基本量是反射率因子、平均径向速度和径向速度谱宽。

多普勒速度谱宽(σv)是对在一个距离库中速度离散度的度量。它与距离库内的各个散射体的运动速度(包括速率和方向)的方差成正比。谱宽可用作速度估计、质量控制的工具。它表征着有效散射体内不同大小的多普勒速度偏离其平均值的程度，实际上它是由散射粒子具有的不同径向速度所引起的。当谱宽增加，速度估计的可靠性减小。谱宽数据可用来对径向速度数据的可靠性进行校验。高谱宽值可以表明速度没有代表性，这只是作为速度评估，或许意味着(但并非一定意味着)显示的速度是不准确的，这不能完全说明速度可靠性变差。正是由于恶劣天气会使谱宽变高这一点，高谱宽值就为分析恶劣天气提供了良好的依据。谱宽用于确定湍流区域或湍流层(估计湍流大小)、风切变、边界层位置和平均径向速度变化的观测，检查径向速度估值的可靠性，最多的应用是检查径向速度估值的可靠性。

(3)反射率：单位体积中云雨粒子后向散射截面的总和，称为气象目标的反射率，用 η 表示。常用单位是 cm^2/m^3，不仅和粒子尺寸和数量有关，和雷达波长也有关，但相同波长的发射率可以比较。反射率表达式如下。

$$\eta = \sum_{\text{单位体积}} \sigma_i$$

(4)反射率因子：在满足瑞利散射的条件下(散射粒子的尺度远小于电磁波波长)，单位体积中降水粒子向后散射截面的总和如下式。

$$\sum_{\text{单位体积}} \sigma_i = \frac{\pi^5}{\lambda^4} \mid K \mid^2 \sum_{\text{单位体积}} D_i^6$$

单位体积中降水粒子直径 6 次方的总和称为反射率因子，用 Z 表示，其常用单位为 mm^6/m^3，表达式如下。

$$Z = \sum_{\text{单位体积}} D_i^6$$

反射率因子值的大小反映了气象目标内部降水粒子的尺度和数密度，常用来表示气象目标的强度。Z 和气象雷达参数及距离无关，所有不同雷达所测的 Z 值可以相互比较。

(5)极限改善因子：用频谱仪检测信号功率谱密度分布，从中求取信号和相噪的功率谱密度比值(S/N)，根据信号的重复频率(F)，谱分析带宽(B)，计算出极限改善因子(I)，表达式如下。

$$I = S/N + 10\ \lg B - 10\ \lg F$$

式中：I 为极限改善因子(dB)；S/N 为信号噪声比(dB)；B 为频谱仪分析带宽(Hz)；F 为发射脉冲重复频率(Hz)。

(6)动态范围：一个信号系统的动态范围被定义成最大不失真输入电平和最小输入电平的比值。而在实际应用中，多用对数和比值来表示一个信号系统的动态范围，比如在雷达系统中，一个接收机的动态范围可以表示如下。

$$D = 10\ \lg(P_{in\_max}/P_{in\_min})$$

影响最小输入电平的因素为放大电路的基底噪声；影响最大输入电平的因素为放大电路的非线性失真。

1.6 雷达方程

标准雷达方程表达式如下。

$$P_r = (\pi^3 P_t G^2 \theta^2 c\tau \mid K \mid^2 ZeLat)/(2^{10} \lambda^2 R^2 \ln 2)$$

或

$$Ze = (P_r 2^{10} \lambda^2 R^2 \ln 2)/(Lat(\pi^3 P_t G^2 \theta^2 c\tau \mid K \mid^2))$$

实际用于标定的雷达气象方程表达式如下。

$$Ze = (7.63 \times (P_r R^2 \lambda^2)) \times 10^{-8}/(Lat[P_t K^2]Lx[\tau G^2 \theta^2]Lo)$$

式中：P_r 为注入接收机前端的测试信号峰值功率(W)；R 为测试目标模拟的相应距离(m)；Lat 为大气衰减(dB/km)；P_t 为相对天线的发射机峰值功率(W)；Lx 为匹配滤波器损耗，不同脉宽值不同；λ 为波长(m)；Lo 为未包含 Lat 和 Lx 的收发支路损耗；τ 为发射机脉宽(s)；G 为天线增益；θ 为天线波束宽度(rad)；K^2 为水汽折射系数。

第 2 章　新一代天气雷达管理规定摘要

本章主要介绍中国气象局和广东省气象局有关新一代天气雷达的管理文件。

2.1　中国气象局天气雷达有关管理文件摘要

2.1.1　新一代天气雷达业务管理和运行保障职责(气发〔2005〕233 号)

新一代天气雷达站网运行保障工作的组织管理分为国家级和省级两级管理，其运行保障体制分为国家级、省级和雷达站三级运行保障。

国家级管理部门主要由中国气象局监测网络司牵头，会同有关职能司承担；省级管理部门为各省(区、市)气象局。国家级运行保障业务单位为中国气象局大气探测技术中心，省级运行保障业务单位为省(区、市)气象局技术装备部门，基层单位为雷达站。

2.1.1.1　业务管理职责

新一代天气雷达的运行保障为两级管理，分为国家级和省级。

1. 国家级管理部门职责

(1)新一代天气雷达的业务管理职责由中国气象局监测网络司承担。

①制定全国新一代天气雷达业务运行、技术保障管理规章制度。

②负责组织全国新一代天气雷达业务运行质量检查和考核。

③负责检查国家级业务保障部门职责规定的工作，并对其进行考核。

④对省级管理部门进行业务归口指导。

(2)国家级管理部门的经费管理职责由中国气象局计划财务司承担。

①根据监测网络司的意见，负责对新一代天气雷达运行维持经费合理分配，明确经费使用范围。

②检查、监督新一代天气雷达运行维持经费的使用。

2. 省级管理部门职责

省(区、市)气象局(以下简称本省)管理部门对省级保障部门和雷达站运行进行管理。

(1)负责本省范围内新一代天气雷达站网正常运行保障工作的日常业务组织和管理工作；负责汛期前巡检工作。

(2)建立并实施符合本省的新一代天气雷达运行保障制度，并报中国气象局监测网络司备案。

(3)负责管理、监督和检查本省范围内新一代天气雷达系统设备的运行和常用备件的储备。

(4)负责本省经费的管理、使用和监督，并由计划财务部门每年将经费的使用情况报中国气象局计划财务司。

(5)负责组织收集、统计本省新一代天气雷达的运行状况，并按照业务运行有关规定及时报送相关单位。

(6)负责组织对本省各雷达站及运行保障技术人员的考核与综合评比，定期或不定期进行运行保障工作的技术和经验交流。

2.1.1.2 新一代天气雷达保障任务分工

新一代天气雷达保障工作，根据国家级、省级和雷达站三级维修维护体制，国家级保障工作由中国气象局大气探测技术中心承担，省级保障工作由省局技术装备部门承担，基层由雷达站承担。

1. 国家级保障部门任务

(1)雷达站网监控与远程诊断系统

①负责建设和运行全国雷达网监控信息系统，包括雷达站网运行状态监控、雷达回波数据显示、雷达站网监控信息数据库和技术支持服务。

②负责建设和运行雷达视频监控系统，对雷达设备进行视频会诊、远程诊断、在线技术咨询和指导。

(2)雷达系统

①与各雷达供应商建立合作关系，签订必要的维修维护、技术支持、备件和技术服务合同。

②负责组织雷达系统的速调管、脉冲变压器、人工线、高功率电源、高频旋转关节、天线轴角编码器、伺服驱动控制单元、伺服电机、频率综合器、数字中频接收机、信号处理器的更换与调试；雷达大修、外场试验及相关技术升级改造项目的计划与实施。

③对停机时间超过 48 h 以上的严重故障，负责组织会诊。

④向省级保障部门、雷达站提供技术支持，必要时到雷达现场解决问题。

⑤收集整理新一代天气雷达的运行状况、维修维护、备品备件情况等，定期向中国气象局报告并向各省通报。

⑥组织对全国站点雷达系统的巡检和性能评估。

⑦组织全国雷达保障人员的技术培训和交流。

⑧负责检修省级保障部门和雷达站送来的部件。

⑨负责组织全国雷达设备测试仪表的检定。

(3)雷达设备的备件储备、运输及管理

①负责组织集中统一采购雷达所需的零配件、部件和组件等，并分三级进行储备和管理。

②建立国家级(一级)器材供应储备库、备件管理制度和物流体系。对省级(二级备件)和雷达站备件(三级备件)的使用、储备情况进行统计，分类管理。

③对特殊备件(大备件)实施一级备件的储备和管理。

2. 省级保障任务

(1)雷达站网监控信息系统

①负责对本省雷达监控系统(运行状态、视频)进行软、硬件的维护，确保与大气探测技术中心网络服务器的连接与畅通。

②负责监控网的各雷达站计算机的维护，以及相关应用软件的安装、调试和维护。

(2)雷达系统

①承担本省雷达季、年维护、保养、监控和巡检工作。

②承担雷达系统设备故障的判定、检修和排除，完成“系统级”“分机”“板级”以及发射系统等“器件级”维修工作。对于造成雷达 24 h 以上停机的严重故障，向国家级管理和保障部门报告。

③负责定期对雷达系统进行标校和定标检查。组织对雷达系统设备汛期前后的维护保养工作及设备运行情况年度检查。

④负责对雷达系统的中修计划实施工作。

⑤负责制定新一代天气雷达省级运行保障工作制度。为雷达站技术保障人员提供必要的技术指导和技术咨询。

⑥负责系统运行、维护、故障检修和备件使用情况的统计与上报工作。

⑦负责雷达站的防雷工程检测。

(3)雷达系统设备的备件储备及管理

①建立省级的系统器材库和备件管理制度。

②定期对储备备件进行检查，并将检查情况向国家级保障部门报告。

③对故障器件及时进行检修，自行不能完成检修则应及时送国家级保障部门检修。

3. 雷达站保障任务

(1)雷达系统

①承担本站日、周、月维护保养、监控和巡视工作。

②负责雷达系统的故障诊断，要求做到“可更换单元”，根据技术说明书自行更换与调整。利用随机仪表和雷达站备件，对一些简单的雷达故障进行排除，如电源、保险丝、计算机的一般故障。在 4 h 内不能排除的故障，向省级业务管理和保障部门报告。

③负责雷达系统运行、维护、故障检修和备件使用情况的统计与上报工作。

④负责雷达基数据的及时整理和存储；负责雷达产品应用系统的运行，按要求生成相关产品。

⑤负责油机、UPS、配电和机房相关设备的维护、检查和保养，并做好相关记录备查。

(2)雷达系统设备的备件储备及管理

①建立雷达站级(三级)备件储备库和储备管理制度。

②定期对储备备件进行检查，并将检查情况向省级保障部门报告，并抄送国家级保障部门。

③对更换的带故障的大型器件和“板级”以上的器件，及时送省级或国家级保障部门进行检修。

2.1.2　雷达业务质量考核

2.1.2.1　雷达业务基数统计

1. 雷达观测业务个人基数统计

(1)数据与产品

雷达观测业务人员值班期间应确保雷达基数据正常采集和存储，确保雷达产品正常生成。

①数据采集基数

按规定要求，雷达正常采集存储基数据的每小时计 0.5 个基数；基数据采集存储不满 1 h 的，该小时内基数据正常采集存储时间大于 30 min 的计 0.3 个基数，小于 30 min 的计 0.2 个基数；未采集存储的不计基数。采集的基数据应及时存储，未存储则不计基数。

②产品生成基数

按规定要求，雷达正常生成业务要求所有产品的每小时计 0.5 个基数；正常生成产品时间不足 1 h 的，当该小时内正常生成全部产品时间大于 30 min 的计 0.3 个基数，小于 30 min 的计 0.2 个基数；未正常生成全部产品的不计基数。

(2)数据与产品传输

雷达观测业务人员值班期间应确保雷达数据和产品正常传输。

①雷达基数据传输

按规定要求，向国家气象信息中心及时传输雷达基数据每小时计 0.5 个基数；1 h 内及时传输一半以上基数据的计 0.3 个基数，传输一半以下基数据的计 0.2 个基数；未及时传输的不计基数。

②雷达产品传输

按规定要求，向国家气象信息中心及时传输规定要求的全部雷达产品每小时计 0.5 个基数；1 h 内及时传输一半以上产品的计 0.3 个基数，传输一半以下产品的计 0.2 个基数；未及时传输的不计基数。

(3)雷达状态信息采集和传输

雷达观测业务人员值班期间应确保雷达状态信息正常采集和传输。

按规定要求，雷达正常采集和传输状态信息的每小时计 0.5 个基数；1 h 内正常采集和传输一半以上状态信息的计 0.3 个基数，正常采集和传输一半以下状态信息的计 0.2 个基数；未正常采集和传输的不计基数。

(4)观测与联防

①观测分析基数

雷达观测业务人员应随时关注雷达回波情况，并按下面要求记录观测、分析情况。汛期每日 08、11、14、17、20、23 时为定时记录观测、分析情况时间，非汛期每日 11、14 时为定时记录观测、分析情况时间。按要求完成观测、分析记录的，每次计 2 个基数。

预测、发现天气系统或业务需要连续观测时，除按上述要求定时记录观测、分析情况外，还应连续每 3 h 填写一次观测、分析记录，直至系统过程或观测任务结束。按要求完成观测、分析记录的，每次计 2 个基数。

当雷达维护、故障维修期间不能进行观测时，不计基数也不计错情，但应在《新一代天气雷达观测记录簿》中注明。

②联防基数

雷达观测业务人员应连续监视重要天气过程，及时向有关单位发送观测和预警信息，开展联防工作，按要求完成上述工作的，每日计 10 个基数。

(5)报表基数

雷达月质量报表编制共计 60 个基数，校对计 30 个基数。

(6)资料整编

①基数据整编

月基数据整编:雷达采集的基数据每月应在雷达系统机外妥善保存,完整整理、保存当月基数据的计70个基数。

年基数据整编:按规定每年进行基数据整编的,共计140个基数,计入整编完成当月内,其中按规定进行整编的计80个基数,整编资料在雷达台站妥善保存的计30个基数,整编资料按规定归档到省气象数据管理部门计30个基数。

②个例资料整编

按规定每年对灾害性天气过程或具有科学价值的个例进行整编,每完成一例个例整编,计20个基数,其中天气过程雷达基数据、产品数据资料按规范整编的计8个基数,天气过程描述按规范整编的计4个基数,灾情实况材料按规范整编的计4个基数,雷达运行情况及说明按规范整编的计4个基数,每年个例资料整编200个基数,计满为止,计入整编完成当月内。

按规定将整编的资料汇交省级气象数据管理部门并同时备份保存在雷达站的另计20个基数。

以上项目由多人完成的(如雷达报表、基数据文件整编、个例资料整编等),按实际个人工作量分配基数。

2. 雷达保障业务个人基数统计

(1)设备维护

①日维护:每日按照日维护记录表内容进行日维护,并于当日在ASOM系统中填写日巡查记录的计20个基数,未进行日维护的不计基数。

②周维护:每周按照周维护记录表内容进行周维护,并于完成后48 h内在ASOM系统中填写周维护记录的计40个基数,未进行周维护的不计基数。

③月维护:每月按照月维护记录表内容进行月维护,并于完成后48 h内在ASOM系统中填写月维护记录的计50个基数,未进行月维护的不计基数。

④年维护及巡检:参与本站雷达年维护和巡检工作,并于年维护和巡检工作结束后72 h内在ASOM系统中填写年维护和巡检记录的分别计50个基数,年维护和巡检基数计入工作完成当月的保障业务人员工作基数。

巡检、年、月、周、日维护可按相应内容同时进行,并分别在ASOM系统中填报,分别计算基数。

因持续跟踪天气过程或业务特殊需要,不能停机进行雷达周维护、月维护的,不计维护基数也不计错情,但应在周维护、月维护记录表注明原因。

(2)故障维修

当班的雷达保障业务人员要实时监控台站的雷达、通信、供电等设备运行状况。台站的雷达、通信、供电等设备正常运行的每日计10个基数。设备出现故障时,按以下项目计算基数:①每次故障按要求及时在ASOM系统中上报故障和填报故障维修记录的计2个基数。②台站能够解决的故障,6 h内及时排除的计8个基数;6～12 h内排除的计6个基数;12～24 h内排除的计4个基数;24～48 h内排除的计2个基数;48 h以后排除的计1个基数。③台站无法解决的故障,12 h内将故障情况及时通知省级保障部门或设备厂家并要求给予技术支持的计2个基数。

本条所称的雷达、通信、供电等设备故障是指影响雷达正常业务运行，需要中断设备运转检修处理的故障。

(3)防雷检查

雷达台站负责人或保障业务人员每年联系当地有资质防雷检测机构进行雷达防雷设施年检的，计 60 个基数(防雷设施年检报告以当地有资质防雷检测机构出示的正式检测报告为准)，防雷设施年检基数计入检测当月雷达台站负责人或保障业务人员基数内。

(4)消防检查

雷达台站负责人或保障业务人员每年应对雷达站消防工作进行检查，按照消防设施规定的有效年限及时联系有资质检测机构进行检测并出具检测报告，按要求完成的计 60 个基数，消防设施检查基数计入完成当月雷达台站负责人或保障业务人员基数内。

(5)备件、仪器、仪表保管保养

雷达备件、仪器、仪表保管保养应由专人负责。对雷达备件能妥善保管并及时上报备件需求情况，同时在 ASOM 系统中按要求填报备件储备情况且及时进行动态更新的，每月计 20 个基数；对雷达仪器、仪表正确保养并每月进行检查维护的，每月计 30 个基数。

以上雷达维修维护项目由多人完成的，按完成工作量分配基数。

3. 雷达台站基数统计

雷达观测业务和雷达保障业务个人基数的总和为该雷达台站的基数。

2.1.2.2 雷达业务错情统计

1. 雷达观测业务个人错情统计

(1)开关机时间错：业务规定观测时段内无故未开机的，计 0.5 个错情/小时，10 个错情计满为止。无故未开机而影响重要天气过程观测的，为重大差错，计 15 个错情/次。

(2)开关机操作错：未按观测规定和技术说明书中开关机操作步骤正确开关雷达(包括安全、通信网络、相关软件检查等内容)，造成设备损坏影响正常观测业务或造成人员伤害的，为重大差错，出现一次计 15 个错情；造成雷达采集数据及产品不正常的，出现一次计 5 个错情；未造成影响的出现一次计 2 个错情。

(3)雷达设置错：随意更改雷达设置或配置文件，造成雷达采集数据及产品不正常的，出现一次计 5 个错情；未造成影响的出现一次计 2 个错情。

(4)系统软件监控错：雷达观测业务人员值班期间，要随时监控雷达数据采集存储、产品生成、数据产品传输、雷达状态信息采集和传输等系统软件运行状况，软件出现故障 12 h 后未进行处理或向有关保障部门和管理部门报告的，计 4 个错情；软件出现故障 4 h 后未进行处理或报告的，每延时一小时计 0.5 个错情，4 个错情计满为止。

(5)观测记录错：伪造观测记录为重大差错，出现一次计 15 个错情；未按规定进行观测记录的，出现一次计 2 个错情；观测记录中错、漏一个观测项目，计 0.2 个错情，一次观测记录 2 个错情计满为止。观测项目以《新一代天气雷达观测记录簿》中的观测项目为准。

(6)报表错：雷达月质量报表报出后被审核有错、漏情况发生时，错、漏一项计 0.2 个错情，每月 2 个错情计满为止，报表错情编制和校对各占一半。

(7)观测资料丢失：因人为原因导致出现 1 天以上(含 1 天)基数据或观测记录丢失为重大差错，出现一次计 15 个错情；丢失 1 天以内数据或观测记录的，出现一次计 5 个错情；整编的个例资料因人为原因丢失的,丢失一次过程资料计 2 个错情。

(8)值班日志或统计报表丢失:雷达观测业务人员应妥善保管值班日志和各类质量统计报表,因人为原因丢失值班日志和各类质量统计报表的,出现一次计 5 个错情。

雷达观测业务人员出现重大差错除按以上标准统计错情外,还应依据相关规定给予相应处罚。

2. 雷达保障业务个人错情统计

(1)日常维护错

①无故未进行日维护的计 1 个错情;进行日维护但未在 ASOM 系统中填写日巡查记录的计 0.1 个错情;日维护项目不全,按照日维护记录表内容每错、漏一项计 0.1 个错情,每日 1 个错情计满为止。因故没有进行日维护的,应在维护记录表中详细填写理由。

②无故未进行周维护的计 2 个错情;进行周维护但未在 ASOM 系统中填写周维护记录的计 0.2 个错情;周维护项目不全,按照周维护记录表内容每错、漏一项计 0.2 个错情,每周 2 个错情计满为止。因故没有进行周维护的,应在维护记录表中详细填写理由。

③进行了月维护但未在 ASOM 系统中填写月维护记录的计 0.4 个错情;月维护项目不全的,按照月维护记录表内容每错、漏一项计 0.4 个错情,每月 4 个错情计满为止。

④伪造维护记录、无故未进行 1 次月维护、2 次周维护或 10 日以上日维护的,为重大差错,出现一次计 15 个错情。

⑤影响雷达定标的故障排除后未及时进行标校及记录的,一次计 5 个错情。

(2)故障维修错:当班的雷达保障业务人员要随时监控雷达、通信、供电等设备运行状况,设备出现故障 12 h 后未进行维修处理或向省级保障部门和管理部门报告的,计 4 个错情;设备出现故障 4 h 后未进行处理或报告的,每延时 1 h 计 0.5 个错情,4 个错情计满为止。

(3)维修信息填报错:值班的雷达保障业务人员要及时通过 ASOM 系统上报设备故障情况,并及时更新故障维修信息。雷达故障停机时间超过 1 h 仍未发布停机通知的,计 0.5 个错情;故障维修工作结束时间超过 1 h 仍未关闭停机通知的,计 0.5 个错情;雷达故障停机时间超过 3 h 仍未填报故障单的,计 1 个错情;故障维修工作结束时间超过 2 h 仍未关闭故障单的,计 1 个错情;未更新故障维修信息的计 1 个错情。

(4)防雷检查错:雷达台站负责人或保障业务人员未按要求联系有资质防雷检测机构进行雷达防雷设施年检的,为重大差错,计 15 个错情。

(5)消防检查错:雷达台站负责人或保障业务人员未按要求开展雷达站消防工作年度检查的计 5 个错情;消防设施达到规定使用年限,未联系有资质消防检测机构进行检测的,为重大差错,计 15 个错情。

(6)备件、仪器、仪表保管保养错:雷达保障业务人员应妥善保管保养雷达备件、仪器、仪表。因人为保管保养不善,造成雷达重要备件、仪器、仪表损坏影响正常业务,或造成雷达重要备件、仪器、仪表丢失的,为重大差错,出现一次计 15 个错情。

(7)维护资料丢失:雷达保障业务人员应妥善保管雷达运行状态日志和各类技术档案,因人为原因丢失雷达运行状态日志和各类技术档案的,出现一次计 2 个错情。

以上由多人完成的雷达维修维护项目出现的错情,按实际个人错情,分别计算并统计至相关人员的错情中。

当雷达保障业务人员出现重大差错时,除按以上标准统计错情外,还应依据相关规定给予相应处罚。

3. 雷达台站错情统计

雷达观测业务和雷达保障业务个人错情数的总和为该雷达台站的错情数。

2.1.2.3　雷达业务质量考核指标算法

为使各雷达台站之间、雷达业务人员之间的工作质量具有可比性，采用错情率（包括台站错情率、个人错情率）对雷达业务质量情况进行评定。

错情率算法：

个人月错情率=（个人月错情合计/个人月基数合计）×1000‰

个人年错情率=（个人年错情合计/个人年基数合计）×1000‰

既从事雷达观测又从事雷达保障业务人员个人基数合计及个人错情合计，分别为其所具体从事的雷达观测业务与雷达保障业务基数及错情之和。

雷达台站月错情率=（雷达台站月错情数/雷达台站月基数）×1000‰

其中，雷达台站月错情数为雷达观测业务和雷达保障业务个人月错情数总和；雷达台站月基数为雷达观测业务和雷达保障业务个人月基数总和。

雷达台站年度错情率=（雷达台站年度总错情数/雷达台站年度总基数）×1000‰

其中，雷达台站年度总错情数为雷达台站全年月错情数总和，雷达台站年度总基数为雷达台站全年月基数总和。

2.1.2.4　雷达业务质量报表填报要求

（1）各雷达台站应根据雷达业务质量考核内容自行编制基数和错情日统计表，每月汇总、审核基数及错情日统计表，填报《新一代天气雷达个人业务质量月报表》《新一代天气雷达台站业务质量月报表》，于次月 10 日前报本省（区、市）业务主管部门。

（2）省（区、市）业务主管部门每月对本省（区、市）各新一代天气雷达台站的《新一代天气雷达个人业务质量月报表》《新一代天气雷达台站业务质量月报表》进行审核，对当月各站《新一代天气雷达台站业务质量月报表》（附表 3）进行汇总，形成当月全省（区、市）《新一代天气雷达业务质量月报表》并存档。

（3）省（区、市）业务主管部门于每年 12 月 10 日前，将本省（区、市）上一年度 12 月至本年度 11 月期间各月《新一代天气雷达业务质量月报表》统计、汇总，形成本省（区、市）《新一代天气雷达业务质量年度报表》，报中国气象局业务主管部门。次年 1 月 31 日前将本省（区、市）本年度 1～12 月各月《新一代天气雷达业务质量月报表》统计、汇总，形成本省（区、市）《新一代天气雷达业务质量年度报表》，报中国气象局业务主管部门。

（4）雷达台站个人年错情率由各雷达台站自行统计并上报本省（区、市）业务主管部门备案。

（5）中国气象局每年对上一年全国新一代天气雷达业务质量情况进行通报。

2.1.3　雷达巡检（气测函〔2009〕153 号附件）

新一代天气雷达系统巡检工作的重点是设备性能检查、测试，系统标定，备件储备检查等，目的在于对雷达系统进行全面的维护和检修，及早发现和解决雷达设备故障和故障隐患，加强雷达系统的维护保障，确保新一代天气雷达在汛期和重大气象服务期间高效、稳定运行。

各省气象局省级保障部门根据本地入汛时间制定年度新一代天气雷达系统巡检计划和方案，并报各省(区、市)气象局业务主管部门审核批准。

各新一代天气雷达站必须积极配合和参加新一代天气雷达系统巡检工作，并提供巡检维护过程所需油、脂、清洁剂及基本工具等物品。

巡检人员一般为 3～5 人组成，巡检中具体根据雷达技术状态使用以下主要雷达测试仪器：

(1)示波器；

(2)小功率计；

(3)频谱仪；

(4)噪声测试仪；

(5)信号发生器；

(6)其他检测辅助配件。

巡检人员应认真填写《新一代天气雷达系统巡检维护记录》《新一代天气雷达系统巡检雷达参数测试记录》，并由巡检人员和台站人员共同签名，一式三份，省级业务主管部门、省级保障部门以及雷达站备案。

新一代天气雷达系统巡检与维护内容主要包括：雷达设备性能参数的测试；雷达结构部分、天线座部分、雷达主机房设备、雷达供电设施及线路的检查与维护；雷达基本信息状况、观测环境、雷达站及机房环境、电磁环境、雷达数据的通讯传输、雷达站的基数据存储及软件备份、雷达软件产品生成及应用、雷达备件储备等情况的检查等。

原则上按照新一代天气雷达出厂测试的技术要求，对所巡检的新一代天气雷达进行现场测试、定标与维护。不同型号雷达的巡检测试标准以各雷达出厂测试的技术指标为准。

2.1.4　新一代天气雷达观测规定(气测函〔2005〕81 号)

新一代天气雷达观测是气象业务观测的重要组成部分，新一代天气雷达观测业务包括雷达开机、数据采集、处理、存储、传输、整编、归档，编制各种雷达观测报表，观测环境的保护，雷达参数测量和标校，雷达系统的维护和检修等内容，本规定是新一代天气雷达观测业务的基本准则，适用于新一代天气雷达气象业务观测。

新一代天气雷达观测的主要目的是监测和预警灾害性天气。探测重点是热带气旋、暴雨、冰雹、雷雨大风、龙卷、雪暴、沙尘暴以及其他天气系统中的中小尺度结构等。

1. 从事新一代天气雷达业务工作人员的主要职责

(1)严守工作岗位，严格按照本规定开展观测工作，认真分析雷达回波及其演变，做好重要天气的监测和预警，确保重大灾害性天气观测无遗漏和资料的可靠性、完整性及真实性。

(2)认真填写、妥善保管各种观测记录、统计表簿和各类技术档案。

(3)严格执行值班制度、交接班制度、雷达标校制度和其他有关规章制度，检查各种安全设施。

(4)负责系统运行管理、工作模式选择、雷达系统适配参数设置、系统软件维护。

(5)负责雷达系统和网络设备的维护、保养与检修，监视雷达工作状态，发现异常及时处理、报告。

2. 雷达站址环境应当符合的要求

(1)雷达站址周围无高大建筑物、高大树木、山脉等遮挡。在雷达主要探测方向上(天气系统的主要来向)的遮挡物对天线的遮挡仰角不应大于0.5°,其他方向的遮挡角一般不大于1°。

(2)雷达天线所在位置以经度、纬度、海拔高度表示,经纬度定位精度应小于3 s,海拔高度测量误差应小于5 m。

(3)建站时应绘制四周遮挡角分布图,以及距测站1000 m高度和海拔3000 m、6000 m高度的等射束高度图。观测环境发生变化应重新绘制遮挡角分布图等射束高度图,并上报上级业务主管部门。

(4)雷达站周围不能有影响雷达工作的电磁干扰。

(5)雷达站应具备必要的通信、水、电、路和消防设施,人员生活基本条件及自备供电能力。

3. 雷达机房应当符合的要求

(1)雷达机房内应配备空调设施,保证适宜雷达工作的温度、湿度,收发机环境温度一般保持在22℃及其以下,相对湿度一般不超过80%,确保雷达正常工作。

(2)雷达机房内各分机与墙之间留有足够的空间,连接电缆和导线应埋设在预置的地沟板槽中,机房内工作线缆应屏蔽。

(3)雷达机房地面铺设绝缘物质,防止静电或漏电对雷达、人身造成损伤。

(4)雷达机房内必须有防火警报系统和消防设施;应有防水、防风、防尘、防腐蚀等措施,防止鼠类和各种昆虫侵入。

4. 雷达和人员安全保护应当符合的要求

(1)雷达站安全是保障雷达正常运行的重要环节。雷达站应安装视频监视设备,具有防偷盗、防破坏等安全保护措施。

(2)雷达供电系统必须符合国家有关标准。各路供电电压和电流应满足设备要求,负荷应留有足够的余量。

(3)机房地线要符合要求,接地电阻一般应小于1 Ω,地线布线安全有效。

(4)雷达站应采取有效措施,防止发射机微波辐射泄漏对雷达工作人员产生危害。

(5)天线罩周围应设有防护栏,防止人员跌落。

(6)雷达站必须安装防雷设施,并严格按照相关规定对防雷设施进行定期检测。

5. 定标与检查

新一代天气雷达应当进行强度标定(精度1 dB)、速度检查(精度1 m/s)。

观测时段内每日应对雷达自动定标数据进行检查并记录,出现异常及时处理。

雷达站应当每年汛期前进行机外仪表定标,并与机内定标结果进行对比检验,若对比检验差异较大,应及时处理以保证资料的可靠性。

雷达站应在观测时段每天对系统的相干性进行一次检查。

雷达站应当在每年汛期开始前及结束时,按照雷达建站架设时的方法对天线座水平、天线伺服控制精度、天线波束指向等进行检查调整。

影响系统定标的故障排除后,应当用机外仪表对雷达系统的定标进行检验。

机外测试仪表应当按计量检验规定定期检定。

6. 观测时段及方式

新一代天气雷达观测采用北京时。计时方法采用24 h制,计时精度为秒,观测资料的记录时间从00时—23时59分59秒。观测用的钟表和计算机每天至少对时一次,保证计时准确。

在汛期观测时段内,新一代天气雷达应当全天时连续立体扫描观测。

非汛期观测时段应当符合下列规定:

(1)每天从10时到15时进行连续观测,艰苦雷达站根据实际情况可酌情进行观测,并报中国气象局备案。

(2)在雷达监测范围内,预测和发现天气系统,应开机进行连续观测,直至天气过程结束。

(3)各雷达站应根据当地气象服务需求,增加观测时次或进行连续观测。

根据防汛抗灾、气象业务及科学研究的需要,上级业务主管部门可以增加雷达观测任务。

7. 观测模式

新一代天气雷达具有立体扫描模式(VOL)、圆锥扫描模式(PPI)、垂直扫描模式(RHI)。业务观测主要以连续自动立体扫描模式为主。

(1)降水观测模式1:仰角为0.5°、1.5°、2.4°、3.4°、4.3°、5.3°、6.7°、7.5°、8.7°、10.0°、12.0°、14.0°、16.7°、19.5°的14层观测模式。对降水结构作详细分析时主要采用该模式。

(2)降水观测模式2:仰角为0.5°、1.5°、2.4°、3.4°、4.3°、6.0°、9.9°、14.6°、19.5°的9层观测模式。在降水过程中主要采用该模式。

(3)警戒观测模式:仰角为0.5°、1.5°、2.5°、3.5°、4.5°的5层观测模式。在对晴空气象回波观测时采用该模式。

(4)自选观测模式:除降水观测模式1、降水观测模式2、警戒观测模式外,各雷达站根据当地天气系统特点和科研的特殊要求,设置所需的观测模式。

8. 基本观测程序

雷达开机前应当检查电源电压,天线位置,并确保天线附近无人,严防天线转动和微波辐射对人体的伤害。

开机时应当检查系统中各项设置是否符合要求,检查雷达各分机是否处在正常工作状态,检查雷达系统的产品生成、使用终端及通信网络等是否正常,并按照规定步骤开机。

雷达进入正常运行状态后,确定观测模式。

雷达系统运行过程中,雷达工作人员应注意监视运行状况。

业务工作人员必须注意回波演变,监视重要天气的发生发展,及时向上级部门和有关单位报告灾害性天气的监测和预警信息。

雷达工作人员应当及时存储数据,生成和传送规定产品。

观测结束时应当按规定步骤关机。

因设备维护或故障等原因雷达不能正常工作时,工作人员应报上级主管部门,并通报用户和有关服务单位。

9. 资料传输与分发

新一代天气雷达探测资料必须按有关规定向国家、省级信息中心传送,并向有关单位分发。

按照组网拼图观测时次,传送的数据文件应当为正点前10 min内的资料,并在正点后5 min前发送。

如不能正常按时发送拼图数据文件时,应当在30 min以内补充发送最接近正点的资料或其他信息。

区域或省内天气雷达产品互传的办法应当报中国气象局业务主管部门备案。

本地服务传输时次和方式由省(区、市)和地(市)气象局自行规定,报上级主管职能部门备案。

10. 资料存储和整编

雷达观测基数据,是指以极坐标形式排列的方位、仰角、时间、反射率因子、径向速度、速度谱宽以及采样时的雷达参数等信息的数据集。基数据是长期性保存的气象资料,以文件形式存档。保存介质:光盘等。

11. 基数据文件整编

(1)基数据文件每年必须进行整编;

(2)数据文件整编以时间序列为线索,统计基数据文件的起止时间、基数据文件的种类及个数等;

(3)整编后的基数据按规定归档到省级气象档案部门,并要求雷达站有备份。

12. 典型个例资料整编

(1)典型个例资料整编,是指对灾害性天气或具有科学价值的个例等进行整编。

(2)整编的内容包括:建立典型个例基数据集、典型个例产品图像集、过程演变索引和其他相关资料等。

(3)个例数据整编的结果及其他资料形成文档装订成册,并制作成电子文本和图像集。

(4)整编后的典型个例资料按规定归档到省级气象档案部门,雷达站同时要进行备份保存,并于下一年度3月份前上报中国气象局业务主管部门。

13. 维护和检修

雷达硬件设备和软件系统应当进行日巡查和周、月、年维护与保养,配套的发电机每月至少启动一次。以保障新一代天气雷达的正常运行。

雷达站汛期观测开始前,应当对雷达系统进行一次全面的检查维护。汛期观测期间,周、月维护应选择在本站监测范围内无重要天气过程时段内停机进行。

当系统设备出现故障时,雷达站工作人员必须及时处理并向本单位主管领导报告;故障在12 h内未能排除,应当向上级业务保障和业务主管部门报告;故障在24 h内未能排除,应当向省(区、市)局业务保障和业务主管部门报告;故障在3天以上未能排除,由省(区、市)局业务主管部门上报省(区、市)局领导和中国气象局业务保障和业务主管部门。

应当妥善保管雷达随机资料、仪器仪表、工具、备件等。

14. 表簿

新一代天气雷达站业务工作人员必须填写天气雷达值班日记,保存在本站备查。

雷达站必须保存天气雷达运行状态日志和定标记录的电子文档,制作和保存系统维护和故障检修记录电子文档。

雷达站应当每月10日前制作上月的天气雷达业务运行情况月报表和电子版本,并报送省(区、市)局业务主管部门,省(区、市)局业务主管部门汇总审核后于20日前报送中国气象局业务主管部门。

2.2　广东省气象局关于天气雷达管理有关规定

2.2.1　广东省气象局新一代天气雷达业务质量考核办法(试行)

为进一步提高我省新一代天气雷达业务人员的业务技术水平,促进我省新一代天气雷达工作业务质量的提高,充分发挥新一代天气雷达业务人员的积极性和创造性,特制定本办法。

1. 广东省新一代天气雷达业务人员优秀评比条件和要求

(1)拥护党的基本路线,遵守国家政纪法纪;思想作风正派,热爱本职工作,积极主动,严守各项业务规章制度,遵守职业纪律和职业道德;关心集体,团结帮助同志。

(2)努力学习业务知识和先进技术,苦练本职业务基本功,熟练掌握本专业各项业务,在省、地组织的年度或抽查技术测试中成绩优良;能在复杂情况下较好地完成工作任务;在实际工作中发挥业务技术骨干作用。

(3)业务工作成绩突出。其具体要求是:

①评优时段内的业务工作量必须多于或相当于同期本地区或本站同类业务人均工作量。

②必须达到本专业的连续工作无错情(或优秀)标准。具体如下:

新一代天气雷达机务人员或保障人员工作连续无错情(基数统计办法主要依据中国局业务质量考核办法),其连续无错情工作基数,应达到 8000 个或以上;或连续工作基数达 10000 个或以上但错情和≤2.0 个错情。新一代天气雷达机务、保障工作报表合并统计其连续无错情工作基数。台站审核人员必须坚持参加值班,且值班次数不得少于本站平均值班数的 1/3。

(4)凡连续半年或以上时间中断值班(或报表预审)工作者,其中断工作前后的工作基数应分别进行计算,不得连续计算参加评比。

(5)个人质量考核按《新一代天气雷达业务质量考核办法(试行)》(气测函〔2011〕202 号)的规定进行考核。

(6)若发现被验收台站有如下情况之一者,取消该台站当年申报评比资格。

①业务质量考核不严格,隐瞒错情不报;

②年度 ASOM 统计雷达可用性少于 96%;

③年度雷达保障不力导致故障次数过多;

④出现重大安全生产事件;

⑤出现其他意外情况,验收小组认为应该取消其评比资格且经省局批准的台站。

2. 奖励和表彰

(1)符合新一代天气雷达业务人员优秀评比条件,达到新一代天气雷达业务人员评审条件,经本台站初审合格后,报省局观测与网络处候审。

(2)符合新一代天气雷达业务人员优秀评比条件,达到连续工作满 8000 个基数或 10000 个基数以上但错情和≤2.0 个,经由省局统一组织验收小组验收合格后,由省局授予“广东省新一代天气雷达优秀业务员”称号,发给证书和奖金。

(3)“广东省新一代天气雷达优秀业务员”称号获得者可在职称评定、晋级等方面予以优先考虑。

3. 申报

(1)台站申报:新一代天气雷达业务人员连续工作达到省新一代天气雷达优秀业务员时,台站需进行初查,然后填写《广东省新一代天气雷达优秀业务员呈报表》,报省局观测与网络处验收和审批。

(2)台站初查、申报工作由站领导组织。

(3)初查工作包括:达到连续工作的起止日期;核查时段内逐日的工作基数、全部质量登记报告表、值班日记、观测记录簿和报告单、审核查询单;抽查 1/2 以上各类原始记录,召开全站新一代天气雷达业务人员会议,民主评议申报者的政治表现、工作状况、业务水平和质量情况。

(4)初查确认符合标准者,填写《广东省新一代天气雷达优秀业务员呈报表》。呈报表一式两份上报省局观测与网络处。填写报告表字迹要清楚,事迹要详细真实,并写明起止时段内值班、预审的工作基数。台站意见栏要说明初查范围和情况,民主评议意见。台站所在市局领导签名、盖印后上报省局观测与网络处。

(5)新一代天气雷达优秀业务员达到省优秀业务员时,台站须在其达标终止日期后的 2 个月内完成初查和上报。逾期上报者,不再验收和审批。

4. 验收

(1)验收小组由 2～3 人组成。

(2)验收程序和要求

①了解情况、征求意见。验收组先向全站公布被验收人姓名、无错情工作时段;通过个别交谈,听取站领导、业务员和经常使用气象观测资料同志对被验收者的政治表现、工作表现等意见,特别是在被验收时段内有无违反政策法纪、职业道德纪律、业务规章制度等行为。

②复核工作基数。抽查逐日工作基数的计算是否符合规定;复核累计基数是否准确;核实无错情时段起止时间。

③抽查、复查有关记录资料。

a. 复查无错情时段全部值班日记、观测记录簿、质量考核报告表。预审登记本、预审单、查询单等。对群众反映的问题、疑问记录要逐一查实。

b. 抽查无错情时段内记录资料,包括各类观测记录簿、值班日志(纸质或存储文件)、个例资料整编光盘和其他机外保存数据等。重点查核重大天气过程的天气现象记录、复杂天气记录及观测分析等。季节转换、节假日和仪器更换前后的记录,也应重点查核。必要时应请省局信息中心、省大探中心等单位校对报底,检查数据资料上传及故障维护维修情况。抽查记录资料的数量,不少于记录总量的 1/2(按时段计算)。

c. 检查台站备件储备、仪器仪表及现用仪器情况;检查台站故障更换备件记录情况和备件库更新情况。

④做验收结论,验收小组对查出的问题,应与台站所在市局领导、当事人、知情人认真核实,并集体讨论验收情况,写出验收结论初稿。召开台站所在市局领导、台站有关同志集体座谈会。验收组介绍验收情况,对发现的问题进行座谈讨论。在站上难以确定的问题,可回省局后研究决定。对不合格者,验收组和台站所在市局领导应与其当面交谈,做好思想工作,鼓励其继续努力。

⑤填写验收意见。验收工作结束后,验收组应将验收结论填入《广东省气象局新一代天气雷达优秀业务员登记表》有关栏中。验收结论应包括:验收经过和情况;抽复查的记录资料范

围及时段;发现问题及处理意见;是否符合标准的结论性意见。验收人员签名,以示负责。

⑥验收纪律要求。

a. 参加广东省新一代天气雷达优秀业务员验收的人员必须认真负责、秉公办事,以新一代天气雷达观测规范、技术规定、规章制度为准绳,以事实为依据。严禁感情用事、走过场或放宽标准尺度。

b. 必须坚持下台站实地进行验收。不允许以调用记录资料的方式代替下台站。

c. 被验收的单位和个人必须为验收组提供必要的工作条件、所需的全部记录资料,如实反映有关情况和回答验收人员的一切咨询。不许说假话、提供假情况或以任何形式掩盖事实真相;不许以任何形式阻挠或干扰验收工作。如发生上述情况者,验收组可认为该单位或个人所报优秀业务员有虚假而不予验收或予以否定。

本考核办法自 2013 年 5 月 1 日开始实行,广东省新一代天气雷达业务员的基数和错情统计工作根据中国气象局的要求从 2012 年 1 月 1 日开始计算。

第3章 主要测试仪表及使用方法

本章着重讲述示波器、功率计、频谱仪、信号源和电池容量测试仪的使用方法及使用注意事项。

3.1 示波器的使用方法

安捷伦DSO5032A型数字示波器前面板如图3.1所示，按键使用说明如下。

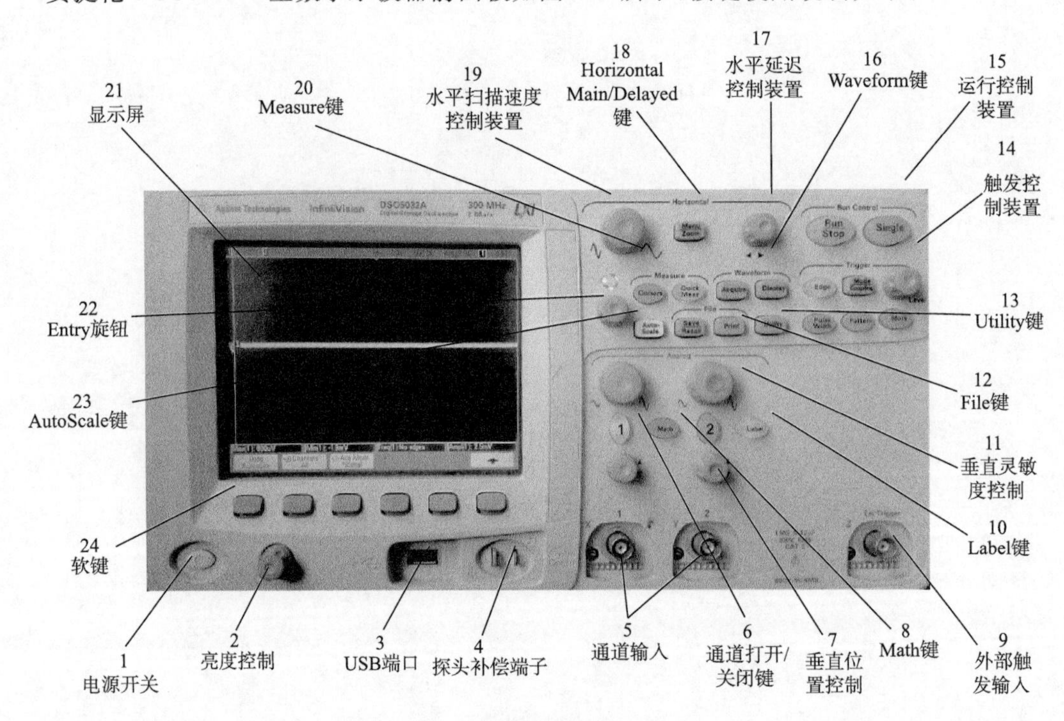

图3.1 示波器前面板介绍

(1)电源开关:按一次打开电源;再按一次关闭电源。

(2)亮度控制:顺时针旋转提高波形亮度,逆时针旋转降低亮度。

(3)USB端口:连接符合USB标准的大容量存储设备以保存或调用示波器设置文件或波形。

(4)探头补偿端子:使用这些端子的信号使每个探头的特性与其所连接的示波器通道相匹配。

(5)通道输入:将示波器探头或BNC电缆连接到通道输入接口。这是通道的输入连接器。

(6)通道打开/关闭键:使用此键打开或关闭通道,或访问软键中的通道菜单。每个信道对应一个信道打开/关闭键。

(7)垂直位置控制:使用此旋钮更改通道在显示屏上的垂直位置。每个信道对应一个垂直位置控制。

(8)Math 键:通过 Math 键可以使用 FFT(快速傅立叶变换)、乘法、减法、微分和积分函数。

(9)外部触发输入:外部触发信号输入通道。

(10)Label 键:按此键访问 Label 菜单,可以输入标签以识别示波器显示屏上的每个轨迹。

(11)垂直灵敏度控制:使用此旋钮更改通道的垂直灵敏度(增益)。

(12)File 键:按 File 键访问文件功能,如保存或调用波形或设置。或按 Quick Print 键打印显示屏上的波形。

(13)Utility 键:按此键访问 Utility 菜单,可以配置示波器的 I/O 设置、打印机配置、文件资源管理器、服务菜单和其他选项。

(14)触发控制装置:这些控制装置确定示波器如何触发以捕获数据。

(15)运行控制装置:按 Run/Stop 键使示波器开始寻找触发,Run/Stop 键将点亮为绿色。

如果触发模式设置为"Normal",则直到找到触发才会更新显示屏。如果触发模式设置为"Auto",则示波器寻找触发,如果未找到,它将自动触发,而显示屏将立即显示输入信号。在这种情况下,显示屏顶部的 Auto 指示灯的背景将闪烁,表示示波器正在强制触发。

再次按 Run/Stop 键将停止采集数据。Run/Stop 键将点亮为红色。现在您可以对采集的数据进行平移和放大。按 Single 键进行数据的单次采集。Run/Stop 键将点亮为黄色,直到示波器触发为止。

(16)Waveform 键:使用 Acquire 键可以设置示波器以正常、峰值检测、平均或高分辨率模式进行采集("采集模式"),还可打开或关闭实时采样。使用 Display 键可以访问能够选择无限余辉菜单、打开或关闭矢量或调节显示网格亮度。

(17)水平延迟控制装置:当示波器运行时,使用此控制装置可以设置触发点相应的采集窗口。当示波器停止时,可以转动此旋钮在数据中水平平移。这样就可以在触发之前(顺时针转动旋钮)或触发之后(逆时针转动旋钮)查看捕获的波形。

(18)Horizontal Main/Delayed 键:按此键访问可以将示波器显示屏分成 Main 和 Delayed 部分的菜单,在此还可以选择 XY 和 Roll 模式。也可以选择水平时间/格游标,并在此菜单上选择触发时间参考点。

(19)水平扫描速度控制装置:转动此旋钮调节扫描速度。这将更改显示屏上每个水平格的时间。如果在已采集波形和示波器停止后调节,则将产生水平拉伸或挤压波形的效果。

(20)Measure 键:按 Cursors 键打开可以用于进行测量的游标。按 Quick Meas 键访问一组预定义测量。

(21)显示屏:显示屏对每个通道使用不同的颜色来显示捕获的波形。

(22)Entry 旋钮:Entry 旋钮用于从菜单选择项或更改值。其功能根据所显示的菜单而异。请注意,只要 Entry 旋钮可用于选择值,旋钮上方的弯曲箭头符号 ∪ 就会点亮。使用 Entry 旋钮在软键上显示的选项中进行选择。

(23)AutoScale 键:按 AutoScale 键时,示波器将快速确定哪个通道有活动,并将打开这些通道且对其进行定标以显示输入信号。自动定标通过分析位于每个通道和外部触发输入中的任何波形来自动配置示波器，使输入信号的显示效果达到最佳。

(24)软键：这些键的功能根据显示屏上键正上方显示的菜单而异。

3.2 功率计的使用方法

目前雷达站使用功率计大都为 Agilent（安捷伦）的 E4418B，功率探头则为 8481A/N8481A。功率计前面板如图 3.2 所示。

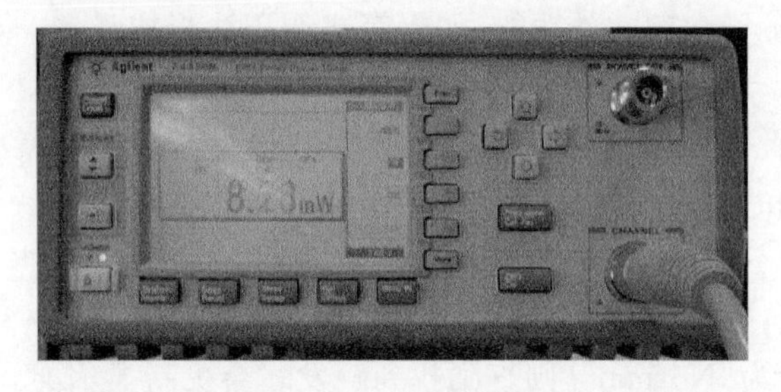

图 3.2 功率计前面板

使用前，先对仪器进行标定。

把功率探头连接至功率计的 POWER REF 处，如图 3.3 所示。

点击 Zero/Cal 功能键，如图 3.4 所示。

图 3.3

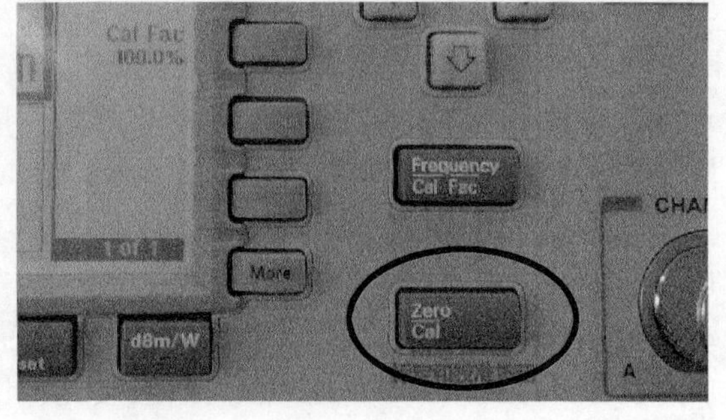

图 3.4

第一步：选择软键“Zero”，第二步：选择软键“Cal”。如图 3.5 所示。

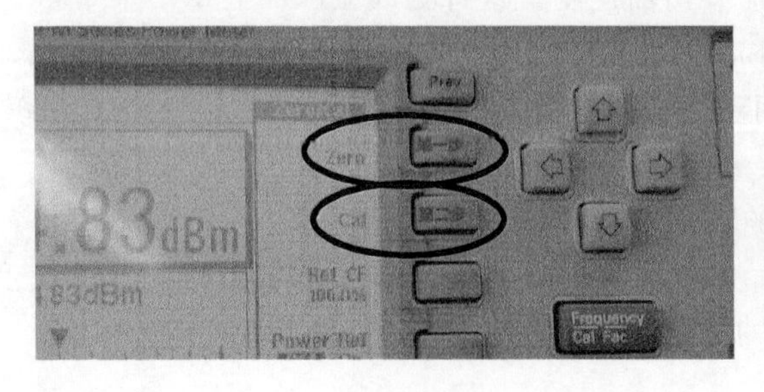

图 3.5

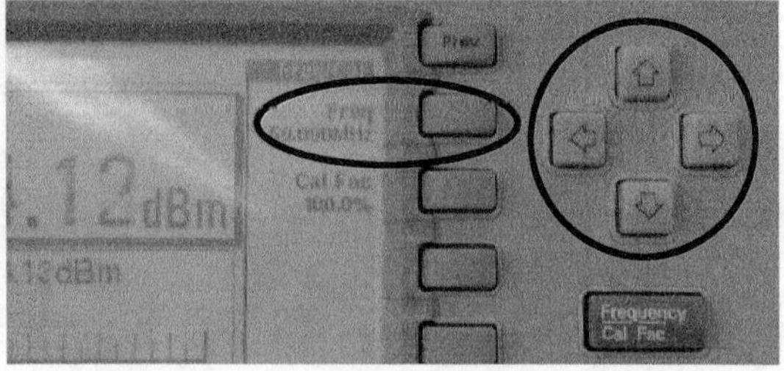

图 3.6

设置频率，点击[按键图]，设置如图 3.6、3.7、3.8 所示。

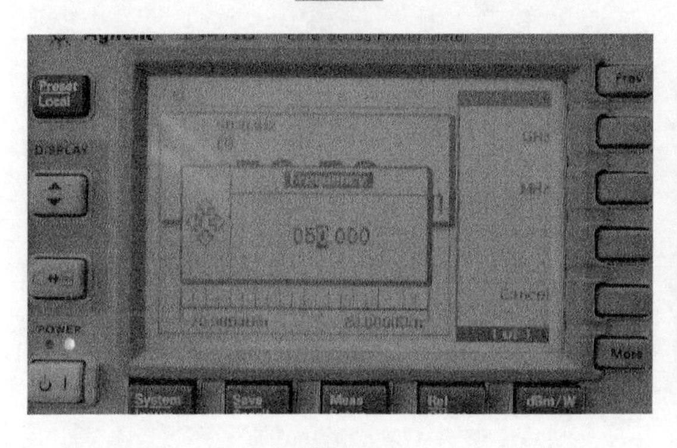

图 3.7

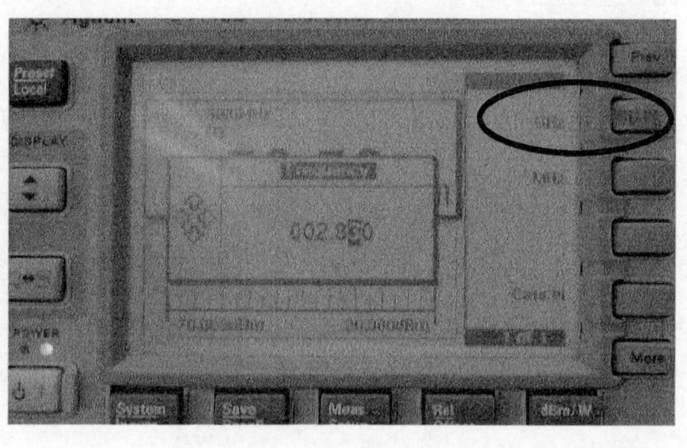

图 3.8

完成以上步骤，即可进行功率测试。测量频综输出时，需要加 20 dB 固定衰减器，并进行偏置设置，偏置的设置方法如下。

点击 System inputs，如图 3.9 所示，进入设置页面，选择 Input Settings，如图 3.10 所示。

图 3.9

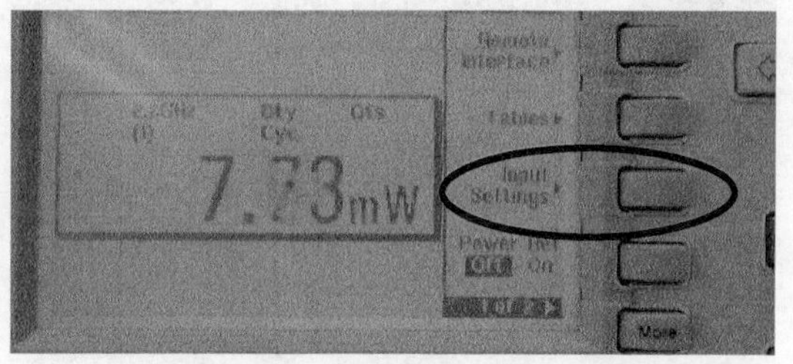

图 3.10

偏置数值根据你所加的固定衰减器而设定，如图 3.11 所示。测试接收机频综输出时，需要加 20 dB 衰减器。测试发射机输出时，总的偏置一般约为 70 dB，同时需要设置占空比。

功率探头的最大输入功率为 20 dBm，如果输入过大易烧毁，如图 3.12 所示。

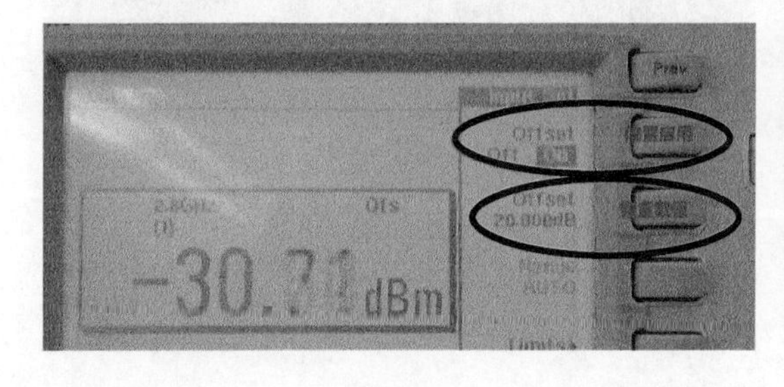

图 3.11

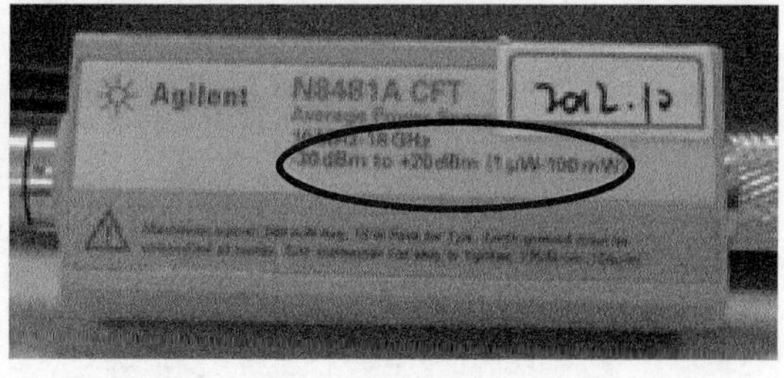

图 3.12

功率单位的切换，如图 3.13 所示。

进入设置页面,图 3.14 所示。测量发射机功率(脉冲信号)时需要进行占空比设置,占空比设置方法如下。

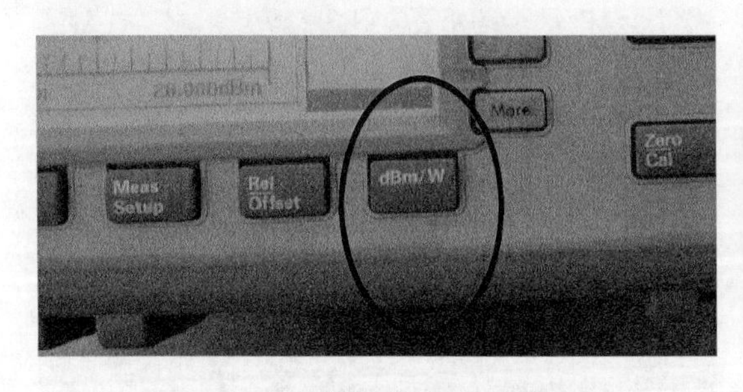

图 3.13

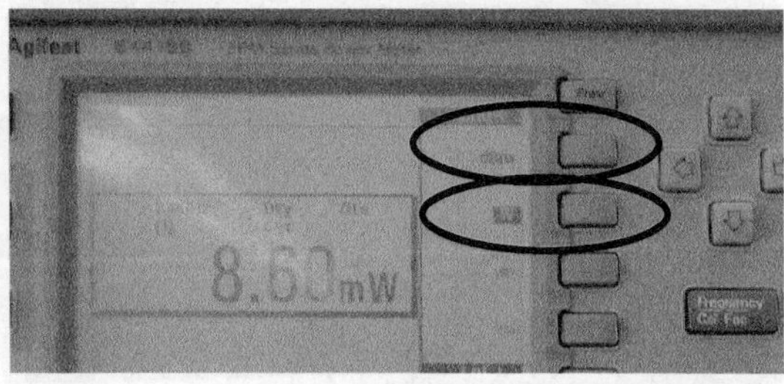

图 3.14

点击 System inputs,如图 3.15 所示。依次选择 Input Settings、More、Duty Cycle 设置,如图 3.17、图 3.18 所示。

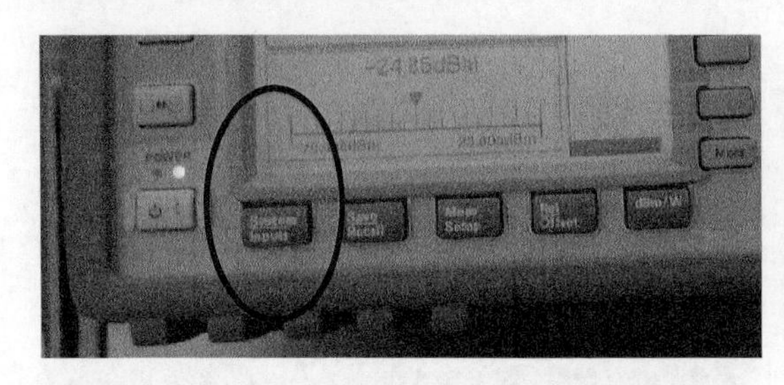

图 3.15

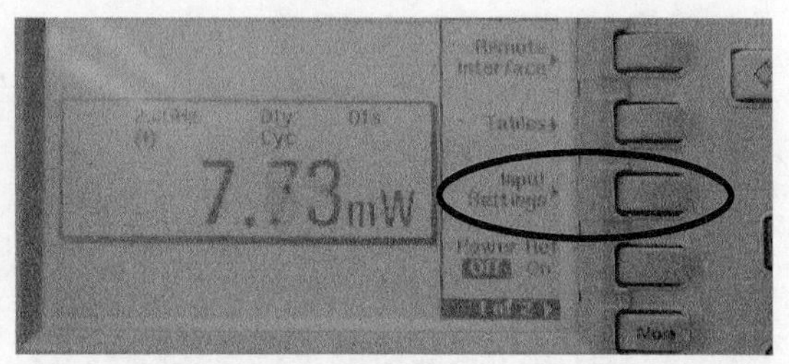

图 3.16

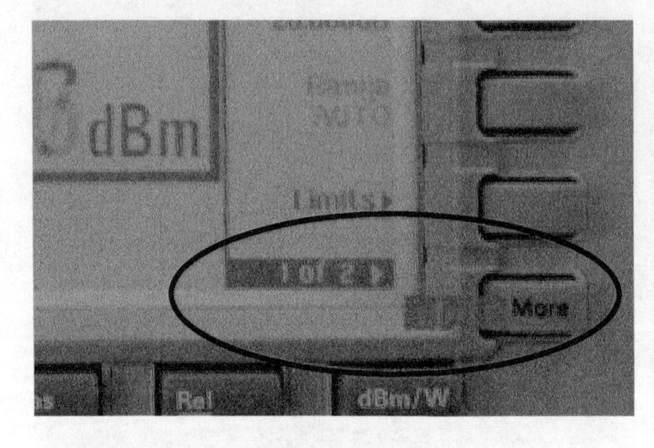

图 3.17

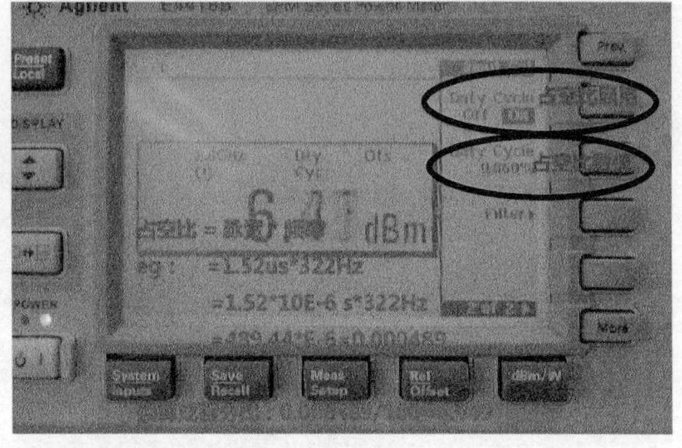

图 3.18

3.3 频谱仪的使用方法

安捷伦 E4445A 型频谱仪前面板如图 3.19 所示,常用按钮解释如下。

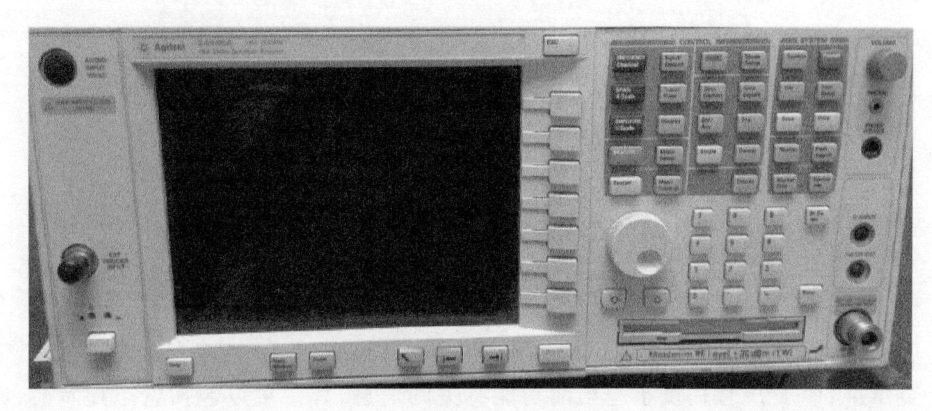

图 3.19　频谱仪前面板

FREQUENCY Channel 设置中心频率或起始和终止频率数值。

SPAN X Scale 设置扫描宽度。

AMPLITUDE Y Scale 修改参考电平幅度或刻度幅度。

MEASURE 可以对占用带宽、信道功率、频谱参数等一键测量。

Trace/ View 查看或对比当前、历史曲线。

BW/ Avg 设置视频带宽(VBW)或者分辨率带宽(RBW)相关参数。

Single 进行单次扫描。

Det/ Demod 标记指示的读数为参考标记和当前激活的标记之间的幅度差。

Sweep 扫频时间设置。

Marker 标记频率或幅度。

Peak Search 搜索信号频谱峰值。

Enter 确认键。

Bk Sp 退出或清除数据。

Print 打印当前屏幕。

Save 保存当前曲线。

Preset 将频谱仪恢复出厂设置。

3.4　信号源的使用方法

安捷伦 E4428C 型信号源前面板如图 3.20 所示，按键使用说明如下。

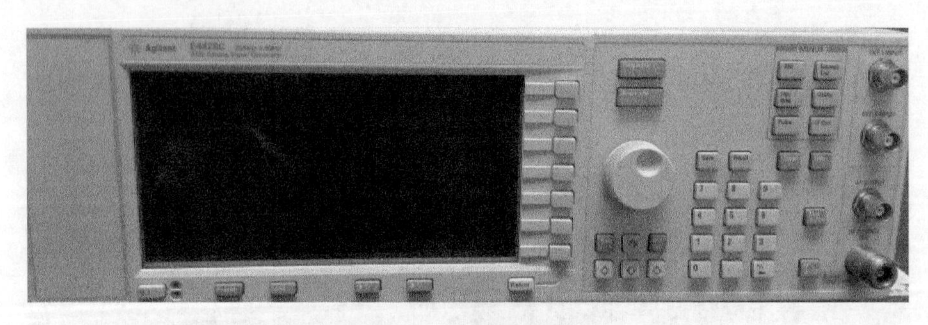

图 3.20　信号源前面板

(1)显示屏:LCD 屏幕提供了与当前功能有关的信息,其中可以包括状态指示灯、频率和幅度设置及错误信息。软功能键标注位于显示屏的右侧。

(2)软功能键:软功能键用来激活左侧屏幕上所标注的功能。

(3)数字小键盘:数字小键盘包括 0～9 个硬功能键、1 个小数点硬功能键、1 个减号硬功能键和 1 个 backspace 硬功能键。

(4)Arrows and Select(键盘和选择键):Select 和箭头硬功能键可以选择信号发生器显示屏上的项目进行编辑。

(5)Frequency(频率键):设置信号发生器的信号输出频率。

(6)Amplitude(幅度键):设置信号发生器的信号输出幅度。

(7)MENUS(菜单键):这些硬功能键打开软功能键菜单,可以配置仪器功能或访问信息。

AM 设置载波(RF)调制幅度。

FM/ΦM 设置载波(RF)调制频率。

Pulse 设置载波调制脉冲频率、幅度、脉冲来源等参数。

Utility 进入用户首选项和远程操作首选项及打开仪器选件的菜单。

(8)Trigger(触发键):当触发模式设为 Trigger Key 时,这个硬功能键对列表扫描或步进扫描等功能立即引起触发事件。

(9)RF Output(RF 输出键):

类型	名称	技术指标
连接器	标配	母头 Type-N
	选件 1EM	后面板母头 Type-N
	阻抗	50 Ω
电平	限额	50 Vdc,2 W 最大 RF 功率

(10)RF On/Off(RF 开/关):切换 RF OUTPUT 输出的 RF 信号的工作状态。

(11)Mod On/Off(调制开/关):允许或禁止调制器调制载波信号。这个硬功能键不会设置或激活一种形式的调制格式。

(12)Knob(旋钮):旋转旋钮提高或降低数字值,或把突出显示点移到下一个位、字符或列表项。

(13)Incr Set(增量设置键):这个硬功能键可以设置目前激活的功能的增量值。根据旋钮当前的比率设置，增量值还影响着每次旋转旋钮改变激活函数值的量。

(14)Local(本地键)：这个硬功能键使远程操作无效，把信号发生器返回前面板控制，取消激活的功能项，取消长时间操作(如 IQ 校准)。

(15)Help(帮助键)：显示任何硬功能键或软功能键说明。显示帮助信息时，该键不能正常工作。使用步骤：按下 Help；按下所需帮助的键。

(16)Preset(预设键)：这些硬功能键把信号发生器设置成已知状态(出厂时的状态或用户自定义状态)。

(17)Return(返回键)：这个硬功能键可以返回到以前的按键操作。在一级以上的菜单中，Return 键退回到以前的菜单页面。

3.5　电池容量测试仪的使用方法

目前全省雷达站统一配备泰仕电子工业股份有限公司生成的型号为 TES-32 的电池容量测试仪，可用来测试镍氢、锂充电式电池，碱性电池及铅酸电池等一般电池的好坏。

现在蓄电池的使用已经非常普遍，对蓄电池进行准确快速地检测及维护也日益迫切。国内外大量实践证明，电压与容量无必然相关性，电压只是反映电池的表面参数。国际电工 IEEE-1188—1996 为蓄电池维护制定了“定期测试蓄电池内阻预测蓄电池寿命”的标准。中国信息产业部邮电产品质量检验中心也提出了蓄电池内阻的相关规范。蓄电池内阻已被公认是判断蓄电池容量状况的决定性参数。

内阻与容量的相关性是：当电池的内阻大于初始值(基值)的 25%时，电池将无法通过容量测试。当电池的内阻大于初始值的 2 倍时，电池的容量将在其额定容量的 80%以下。

蓄电池技术参数中，内阻值最为重要，直接影响到蓄电池转化效率，电池内阻越低越好；电解电池用久了，里面的电解液减少，内阻增大。如是干电池，使用时会产生 H_2 气体，导致内阻增大。内耗增大，蓄电能力降低。例如 12 V，200 AH 的蓄电池，好的内阻应在 6 mΩ 以内，一般都是 10 mΩ 以内。内阻超过 10 mΩ 的蓄电池应该进行更换。

使用前注意事项：

(1)最大输入直流电压为 50 V，超过可能会损坏仪器。

(2)当电池电力不足时，则 LCD 上将出现 BT 指示，表示必须更换电池 6 支。

(3)热机时间：为保证测量准确性，至少开机 10 min 后再测量。

TES-32 型的电池容量测试仪能够实现蓄电池内阻的在线测量，无需拆下来单独测量。

第一步：归零调整(REL)

归零调整功能，可将本测试器的电阻及电压挡位调整至零值。在归零调整期间会将读取值去除而视为零，以作为下一个测量前的校正。

(1)将测试棒红色及黑色端子短路，如图 3.21 所示。

(2)按 REL 键，显示器出现 R 符号，然后电阻及电压值变成零，再连接测试棒至被测电池。

(3)归零调整只有电源维持开机且在该被选择电阻及电压挡位有效情况下才适用。

第二步:蓄电池测量

(1)连接红色测试线插头至"+"插座及黑色测试线插头至"-"插座。

(2)按电源键开机。

(3)连接红色测试棒至被测电池正极端(+)及黑色测试棒至被测电池负极端(-),如图3.22所示。

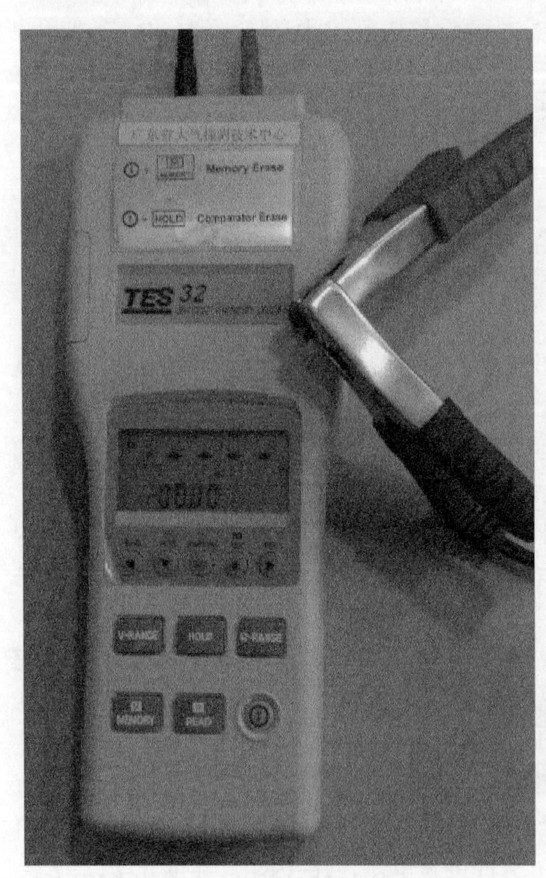

图 3.21

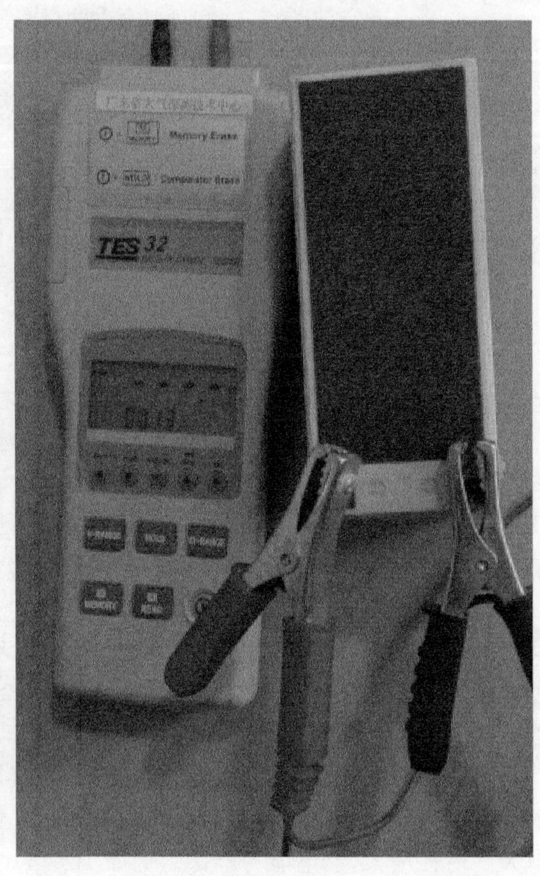

图 3.22

(4)使用 V-RANGE 和 Ω-RANGE 键,设定至所需的电压及电阻挡位,雷达 UPS 电池。

(5)测量应选择 40 V 电压挡和 40 mΩ 电阻挡。

(6)从显示器上读出电池内部电阻及直流电压值。

3.6 本章小结

示波器主要用来测量发射机输出的射频脉冲包络、人工线电压以及关键点信号,见表 3.1。

表 3.1　示波器测量指标汇总

部位	部件	接口名称	测量指标
接收机	I/O 信处转接板(5A16)	RC PT CMD N——接收机保护器命令 CMD	脉宽 16 μs 左右
		RC PT RSPS N——接收机保护器响应 RSP	脉宽 16 μs 左右
		9.6 M MS CK N——主时钟信号	脉冲频率 9.6 M
		MODCHRG——充电触发信号	脉冲信号,8 V 左右
		MODISCH——放电触发信号	脉冲信号,6.5 V 左右
发射机	发射机输出(1DC1)	十字定向耦合器	窄脉冲(1.57±0.1) μs;宽脉冲 4.5～5.0 μs;输出脉冲前后沿≥0.12 μs;顶降≤10%
	开关组件(3A10)	ZP1——发射机充电触发	波形为脉冲,15 V 左右
	触发器(3A11)	ZP15——发射机放电触发	方波,−200 V 左右
	调制器(3A12)	XS6——人工线采用电压	直流 4～5 V

功率计主要是用来测试发射机的输出功率和接收机频综的 J1-J4 的各路输出。系统各测试点输出功率,测量指标见表 3.2。

表 3.2　功率计测量指标汇总

部位	部件	接口名称	测量指标
接收机	频综(4A1)	J1——射频激励信号(RF DR1VE)	峰值功率为+10 dBm
		J2——本振信号(STALO)	输出功率为+14.85～+17 dBm
		J3——射频测试信号(RF TRST SIGNAL)	输出功率为+21.75～+24.25 dBm
		J4——中频相干信号(COHO)	频率为 57.55 MHz,功率为+26～+28 dBm
发射机	高频激励器(3A4)	高频输入 XS2	峰值功率 10 MW=10 dBm,脉冲宽度 10 μs
		高频输出 XS4	峰值功率≥48 W=46.8 dBm,顶降≤10%
	高频脉冲形成器(3A5)	高频输入 XS2	峰值功率≥48 W=46.8 dBm,脉冲宽度 10 μs
		高频输出 XS3	峰值功率≥15 W=41.8 dBm
	发射机输出(1DC1)	十字定向耦合器	峰值功率 650～700 kW(88.1～88.5 dBm)

频谱仪主要是用来测量发射脉冲射频频谱、发射机极限改善因子,测量指标见表 3.3。

表 3.3　功率计测量指标汇总

部位	部件	接口名称	测量指标
发射机	发射机输出(1DC1)	十字定向耦合器——发射机输出端极限改善因子测量	优于 52 dB
	可变衰减器(3AT1)	输出端——发射机输入端极限改善因子测量	优于 55 dB
	触发器(3A11)	ZP15——发射机放电触发	−40 dB 处谱宽不大于±7.26 MHz; −50 dB 处谱宽不大于±12.92 MHz; −60 dB 处谱宽不大于±22.94 MHz

信号源主要是用来测量最小可测信号功率、接收系统动态特性、系统回波强度定标和速度检验。测量指标见表 3.4。

表 3.4　信号源测量指标汇总

部位	部件	接口名称	测量指标
天线座	接收机保护器(2A3)	J1——接收机前端	最小可测信号功率:宽带优于－109 dBm,窄带优于－114 dBm
			接收系统动态特性:接收系统的动态范围≥85 dB,拟合直线斜率应在 1±0.015 范围内,线性拟合均方根误差≤0.5 dB
			系统回波强度定标:回波强度测量值与注入信号计算回波强度值(期望值)的最大差值应在±1 dB 范围内
			速度检验:速度最大差值小于 1

电池容量测试仪主要用来测试 UPS 电池性能好坏,以此判断是否需要更换。蓄电池测量指标见表 3.5。

表 3.5　蓄电池测量指标

部位	部件	接口名称	达标
UPS 电池组	蓄电池	正、负极端子	内阻<10 mΩ

第 4 章　天气雷达基本原理及构造

新一代多普勒天气雷达(CINRAD/SA)是由中国气象局所属中国华云技术开发公司和美国洛克希德·马丁公司于 1996 年共同投资研制并生产的新一代天气雷达。高新技术企业名为"北京敏视达雷达有限公司"。该公司研制的"新雷达 CINRAD"吸收了美国 WSR-88D 雷达的设计方案和先进技术,在完全继承美国下一代天气雷达 NEXRAD 优点的基础上,充分吸收了近年来计算机技术革新和微电子技术的最新成果,并兼顾国内、国外市场的需要重新设计而成。

CINRAD/SA 新一代天气雷达系统采用高相位稳定的全相干脉冲多普勒体制。该雷达系统由发射机、接收机、天线伺服系统、RAD 计算机、RPG 计算机、PUP 计算机及其他附属设备组成,如图 4.1 所示。

文中有关英文缩写释义:

(1)RDA:雷达数据采集子系统,RDA 是用户所使用的雷达数据的采集单元,由四个部分构成:发射机、天线、接收机和信号处理器。它的主要功能是产生和发射射频脉冲,接收目标物对这些脉冲的散射能量,并通过数字化形成基本数据(反射率因子、平均径向速度和速度谱宽)。

(2)RPG:雷达产品生成子系统,是一个多功能的单元。它由宽带通信线路从 RDA 接收数字化的基本数据,对其进行处理和生成各种产品,并将产品通过窄带通信线路传给用户。RPG 是控制整个雷达系统的指令中心。

(3)PUP:主用户终端子系统,主要功能是获取、存储和显示产品。预报员主要通过这一界面获取所需要的雷达产品,并将它们以适当的形式显示在监视器上。

(4)UCP:雷达控制台。

(5)DCU:数字控制单元。

(6)PAU:功率放大单元。

(7)AGC:自动增益控制。

(8)DAU:数据采集单元。

(9)BITE:机内自检设备。

4.1　发射机系统

天气雷达发射机系统是一部主振放大式速调管发射机,主要由高频激励器、脉冲整形器、速调管、电弧保护、钛泵电源、聚焦线圈、磁场电源、灯丝电源、调制器、脉冲变压器、灯丝变压器、整流电容组件等组成,除高功率速调管外,其余组成部分为全固态电路。

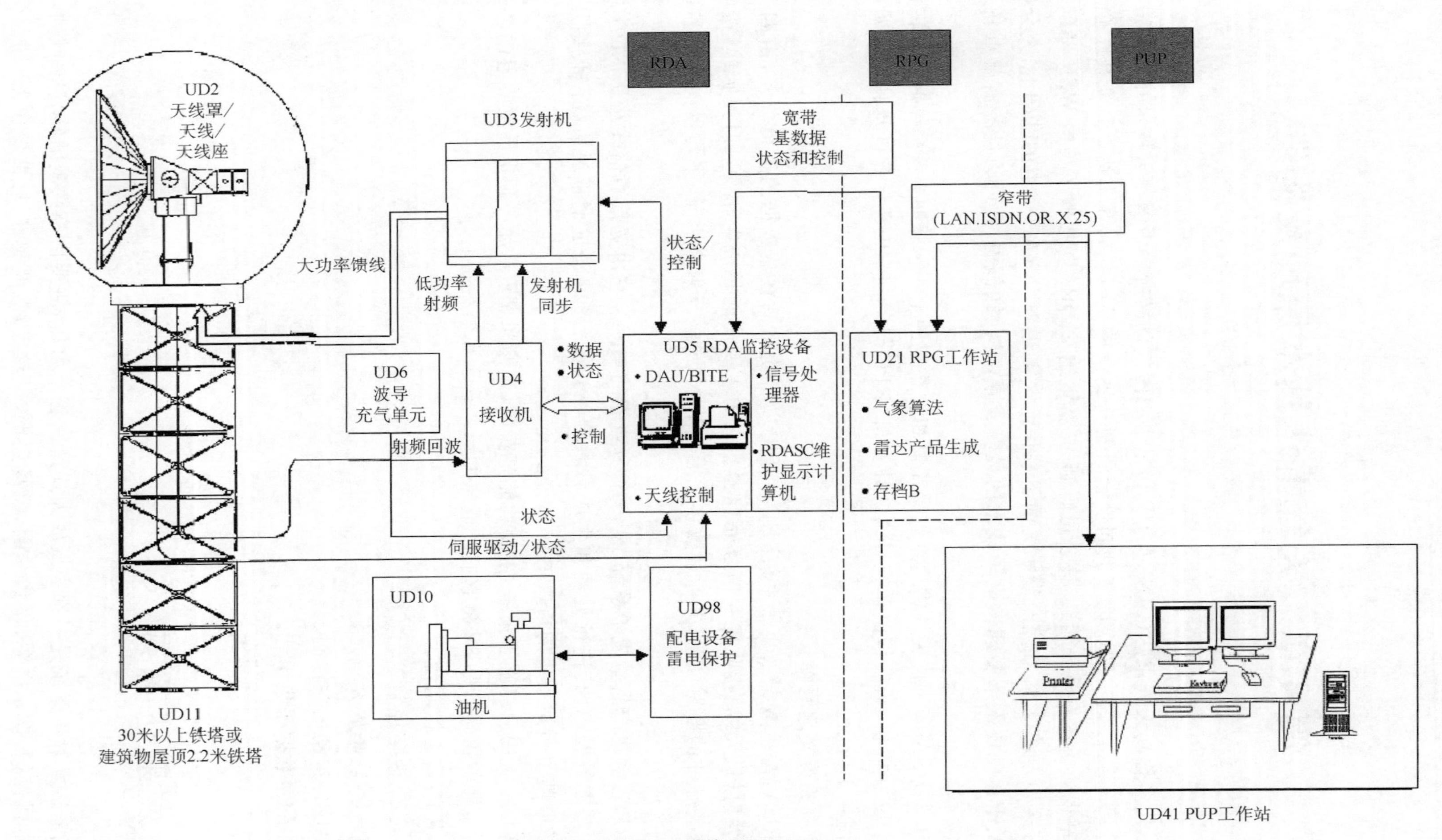

图 4.1　CINRAD系统配置图

发射机高频工作频率为2.7～3.0 GHz，机械可调，输出高频峰值功率≥650 kW，可工作于1.57 μs或者4.5～5.0 μs两种高频脉冲宽度，前者称为窄脉冲，后者称为宽脉冲。窄脉冲时，脉冲重复频率从318～1304 Hz可变，也可在工作比不超过最大值的前提下，工作于脉冲重复频率组合状态；宽脉冲时，脉冲重复频率从318～452 Hz可变。

发射机的输出高频脉冲高度稳定，相位噪声指标优于－85 dB/Hz，即由发射机导致的地物干扰抑制比指标优于－57 dBc。

发射机接受来自接收机的高频激励信号（约10 mW），及来自信号处理机的七种同步信号、重复频率预报码、脉宽选择信号；并向接收机返回速调管高频激励取样信号，向信号处理机返回速调管阴极电流脉冲取样信号。

可选择遥控或本控模式。遥控时，由雷达系统控制；本控用于发射机的维修及调试。

发射机具有完善的故障保护及安全锁功能，也可接受来自RDA CONTROL的外部安全锁信号。出现故障时，可在微秒级时间内切断高压。对于某些故障，发射机自动进入“故障重复循环”状态：出现故障并间断一定时间后，自动故障复位，自动重加高压，自动重判故障，经最多五次循环，判明“故障”或“非故障”，若非故障，则自动恢复正常工作。若出现电网断电故障并随即恢复，发射机可根据断电时间，自行决定速调管重新预热时间。

发射机的监控系统，通过BITE收集并显示故障信息及状态信息，利用这些信息，可人工隔离故障至可更换单元。监控系统还将这些信息传送给RDA。在RDA CONTROL，利用这些信息和算法软件，可自动隔离故障至可更换单元。

4.1.1 主要技术指标

发射机UD3主要技术指标如下。

1. 高频工作频率

2.7～3.0 GHz，机械可调。

2. 高频输入峰值功率

不小于10 mW。

3. 高频输出峰值功率

不小于650 kW。

4. 高频脉冲波形及脉冲重复频率

(1)窄脉冲

高频脉冲宽度（50％处计算）：1.47～1.67 μs；

高频脉冲前沿（10％～90％）：略大于0.12 μs；

高频脉冲后沿（90％～10％）：略大于0.12 μs；

脉冲重复频率：318～1304 Hz。

(2)宽脉冲

高频脉冲宽度（50％处计算）：4.5～5.0 μs；

高频脉冲前沿（10％～90％）：略大于0.12 μs；

高频脉冲后沿（90％～10％）：略大于0.12 μs；

脉冲重复频率：318～452 Hz。

5. 输出频谱宽度

－40 dB处谱宽不大于±7.26 MHz；

－50 dB 处谱宽不大于±12.92 MHz；

－60 dB 处谱宽不大于±22.94 MHz。

6. 地物干扰抑制比

在恒定重复频率下，距主谱线 40 Hz～(PRF/2)范围内，总杂波功率与主谱线功率的比值，应不劣于－57 dBc。

7. 预热时间

正常预热时间 12＋1 min。

预热结束后，若交流供电掉电，并随即恢复：若掉电时间小于 30 s，不须重新预热；若掉电时间为 30～300 s，重新预热时间等于掉电时间；若掉电时间大于 300 s，重新预热时间为(12＋1) min。

8. 交流供电

三相 380VAC±10％，(50±2.5)Hz。

9. 环境条件

工作温度及湿度：温度：0～40℃；湿度：20％～80％。

贮存温度及湿度：温度：－35～＋60℃；湿度：15％～100％(不结露)。

可工作海拔高度：3300 m。

4.1.2 发射机总体结构

下面论述发射机的各组成部分，如何有机地组成能满足指标要求的完整的发射机。图 4.2 是发射机框图。

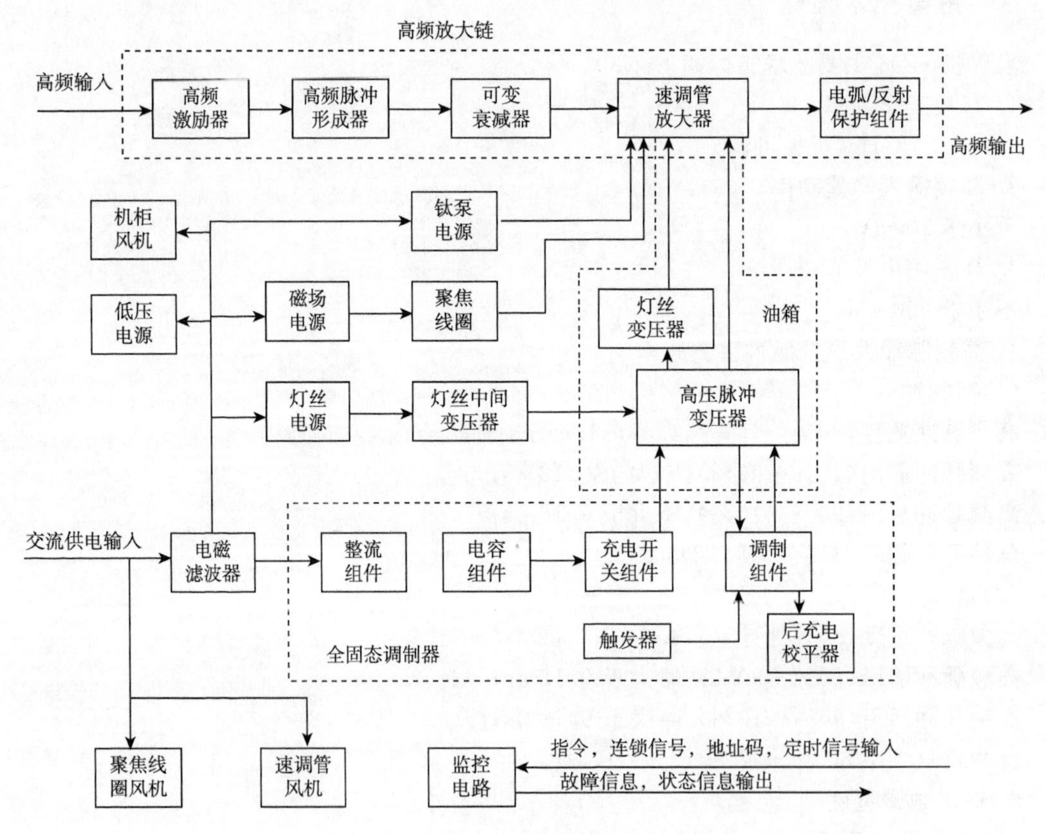

图 4.2 发射机系统框图

图4.2中，高频激励器、高频脉冲形成器、可变衰减器、速调管放大器、电弧/反射保护组件，构成了发射机的核心部分——高频放大链。高频输入信号的峰值功率约10 mW，脉冲宽度约10 μs。高频激励器放大高频输入信号，其输出峰值功率大于48 W，馈入高频脉冲形成器。高频脉冲形成器对高频信号进行脉冲调制，形成波形符合要求的高频脉冲，并通过控制高频脉冲的前后沿，使其频谱宽度符合技术指标要求。调节可变衰减器的衰减量，可使输入速调管的高频脉冲峰值功率达到最佳值(约7.5 W)。速调管放大器的增益约50 dB，经电弧及反射保护器后，发射机的输出功率不小于650 kW。电弧/反射保护器，监测速调管输出窗的高频电弧，并接收来自馈线系统的高频反射检波包络，若发现高频电弧，或高频反射检波包络幅度超过95 mV，立即向监控电路报警，切断高压。

图4.2中，全固态调制器是发射机的重要组成部分。它将交流电能转变成直流电能，并进而转变成峰值功率约2 MW的脉冲能量。调制器输出的2 MW调制脉冲馈至高压脉冲变压器初级，并经脉冲变压器升压，在其次级产生60～65 kV负高压脉冲，加在速调管阴极(速调管阳极及管体接地)，提供速调管工作所需的电压和能量，称之为束电压脉冲，与之相应的流经速调管的电流脉冲称为束电流脉冲，统称之为束脉冲。束脉冲所包含的能量中，略多于1/3转变为发射机的输出高频能量，略少于2/3消耗在速调管收集极(绝大部分)和管体，使其发热。速调管风机，用于耗散这部分热量。为使速调管有效地工作，并获得较好的技术指标(如频谱)，输入速调管的高频脉冲，在时间上，必须套在束脉冲之中，如图4.3所示。雷达出厂前，已调整了二者间的时间关系，以获最佳综合效果。

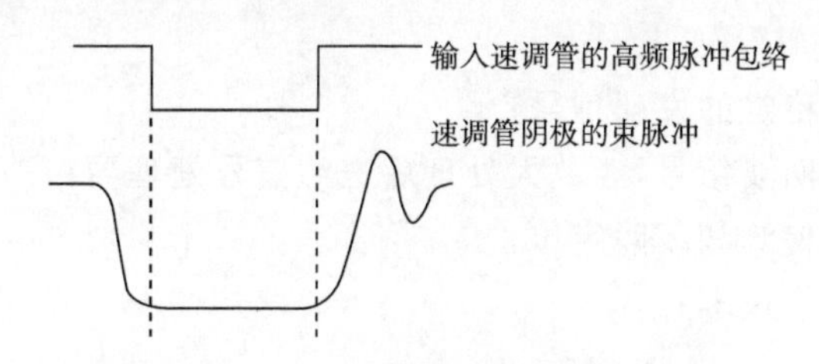

图4.3　高频脉冲套在束脉冲之中

发射机的速调管有六个谐振腔，排列在阴极和收集极之间，称为六腔速调管。为了提高速调管的工作效率，也为了避免过多的电子轰击管体导致损坏，必须使由阴极发出的电子中的约90%顺利地通过腔体的孔隙，到达收集极。为此，必须令阴极发出的电子聚成细小的电子束，这就需要使用聚焦线圈和磁场电源。速调管插在聚焦线圈之中，其电子束大致位于线圈的中心线上。

磁场电源将约22 A(按线圈铭牌值)直流电流输入聚焦线圈，从而产生沿速调管轴线的直流磁场。这磁场能阻止电子发散，而将其聚成细束。磁场电源输出的能量，全部消耗在线圈之上，使其发热。为此，用聚焦线圈风机，对线圈实施风冷。

速调管的内部构件有时会放出微量气体，在受到电子轰击或温度升高时，放出气体量增多。因此，此类大功率电真空器件都附有钛泵。钛泵抽取微量气体，保持管内高真空状态。图4.2中，钛泵电源提供钛泵需用的3000 V直流电压——钛泵电压，及微安级的电流——钛泵电流。钛泵电流数值，随管内真空度变化:真空度高，钛泵电流小;真空度低，钛泵电流大。因此，监控系统中设置了钛泵电流表和钛泵电流监控电路，当钛泵电流超过20 μA时，切断高压。

如前所述，脉冲变压器次级的脉冲高压高达60～65 kV，速调管的阴极、灯丝及其灯丝变压器，均处于此脉冲高电位。为避免电晕、击穿、爬电，也为了散热，高压脉冲变压器、灯丝变压器、调制器的充电变压器，都放在油箱之中；速调管的灯丝及阴极引出环，以及绝缘瓷环则插入油箱，泡在油中。

图 4.2 中，灯丝电源输出的灯丝电压，经灯丝中间变压器(位于低电位)，馈至高压脉冲变压器次级双绕组的两个低压端，经脉冲变压器次级双绕组，在双绕组的两个高压端，接至灯丝变压器初级(位于高电位)。灯丝变压器次级接至速调管灯丝，为速调管提供灯丝电压及电流。这种灯丝馈电方式的优点是：省去了高电位隔离灯丝变器。为了提高发射机的地物干扰抑制比，灯丝电源提供的灯丝电压、灯丝电流是与发射脉冲同步的交变脉冲，且具有稳流功能。

监控电路实施发射机的本地控制、遥远控制、连锁控制、故障显示、电量及时间计量和监控，收集 BIT 信息，接受 RDA 的控制指令、外部故障连锁信号、信息地址选择码及同步信号，向 RDA 输出发射机故障及状态信息，向发射机各组成部分输送同步信号。

低压电源产生+5 V、+15 V、−15 V、+28 V 及+40 V 直流电压。

发射机总发热量约 3.5 kW，机柜风机实施发射机风冷，由进风口吸入冷空气，由出风口排出热空气。

4.2 接收机系统

接收机的主要功能：

(1)向发射机提供高稳定的发射信号；

(2)相参接收雷达的回波信号，经放大处理后送给信号处理器；

(3)能自动进行故障检测和故障定位；

(4)能进行系统的定标校准；

(5)能进行干扰检测。

4.2.1 接收机的主要技术性能指标

(1)接收频率为 2.7～3.0 GHz 已预选的射频信号。

(2)接收机有瞬时 AGC，控制范围 0～58.5 dB。

(3)接收系统的噪声系数 N_F≤4.0 dB。

(4)接收机中频频率为 57.55 MHz，6 dB 带宽为 0.79 MHz。

(5)接收机通道有：线性 I、Q 输出，对数 LOG 输出。

(6)接收机线性通道的动态范围≥93 dB，瞬时动态范围≥50 dB。

(7)接收机对数通道的动态范围≥94 dB。

(8)接收机镜像抑制度≥50 dB，寄生响应≥60 dB。

(9)接收机杂波抑制极限≥51.5 dB。

(10)接收机系统 DC 偏置校准≤±0.25LSB。

(11)接收机冷启动响应时间≤10 min，热启动响应时间≤10 s。

(12)接收机具有自动故障检测、故障定位、干扰检测和系统定标校准的功能。

(13)接收机能在海拔 3300 m 范围内工作。

(14)接收机柜工作温度为＋10～＋35℃，湿度为 20％～80％；接收机前端工作温度为－40～＋49℃，湿度为 15％～100％。

(15)接收机平均故障间隔时间 MTBF 为 3018 h。平均故障修复时间 MTTR 为 0.624 h。

4.2.2　接收机通道

接收机通道主要由接收机主通道和测试通道组成(图 4.4)。接收机主通道主要由接收机保护器、低噪声放大器、固定衰减器、定向耦合器、预选带通滤波器、混频/前置中放、匹配带通滤波器、A/D 转换器等部件组成。测试通道主要由频率源、噪声源、四位开关、二位开关、十位开关、微波延迟线等部件组成。各部件间的关系如图 4.4 所示，各部件的工作原理分别叙述如下。

4.2.2.1　接收机保护器(2A3)

当高功率射频脉冲从发射机进入天线馈线时，其中一部分射频能量将会通过天线馈线通路漏进接收机，为了防止烧坏敏感的接收机部件，在低噪声放大器(2A4)和天线馈线之间装有一个射频高功率接收机保护器(2A3)。接收机保护器由射频高功率二极管开关和无源二极管限幅器组成。在发射基准时间之前大约 6.5 μs 时，接收机保护器接收来自硬件信号处理器综合器的接收机保护命令(驱动信号)。接收机保护器中的高功率二极管开关响应驱动信号，使二极管开关处于高隔离状态，防止射频能量进入低噪声放大器。同时，二极管开关还要将其高隔离状态通知给二极管状态监视器。二极管状态监视器把接收机的保护响应返送给综合器，该响应告知接收机已经被保护，允许发射机向天线馈线发送高功率射频脉冲，硬件信号处理器在其监控电路指明发射机的阴极、射线电流脉冲结束后，撤消接收机的保护命令。在二极管开关处于低损耗状态，接收机接收雷达回波或测试信号时，无源二极管限幅器限制进入到低噪声放大器中的最大射频能量。接收机保护器内的 20 dB 定向耦合器，可用于射频测试信号加入接收机。

4.2.2.2　低噪声放大器(2A4)

从接收机保护器出来的信号(雷达回波或测试信号)经低噪声放大器(LNA)(2A4)放大，然后经一段长电缆送到接收机柜的输入端。低噪声放大器的增益为(30±0.5)dB，噪声系数小于 1.3 dB，1 dB 压缩时输出功率为＋15 dBm。

4.2.2.3　预选滤波器(4A4)

在接收机柜里，低噪声放大器输出，通过固定衰减器和 20 dB 定向耦合器 DC2，送到射频预选滤波器，然后再送到混频/前中，来自测试信号选择器的测试信号，可以通过 20 dB 定向耦合器的耦合端，送到接收通道里。预选滤波器的中心频率等于发射频率(2.7～3.0 GHz 的已预定的频率)，其中心频率精度为±2 MHz。其带通特性如下。

衰减	带宽(无干扰检测)	带宽(有干扰检测)
0.2 dB	≤5 MHz	≤8 MHz
3.0 dB	12～17 MHz	18.5～24 MHz
40 dB	≤52 MHz	≤70 MHz
60 dB	≤90 MHz	≤120 MHz

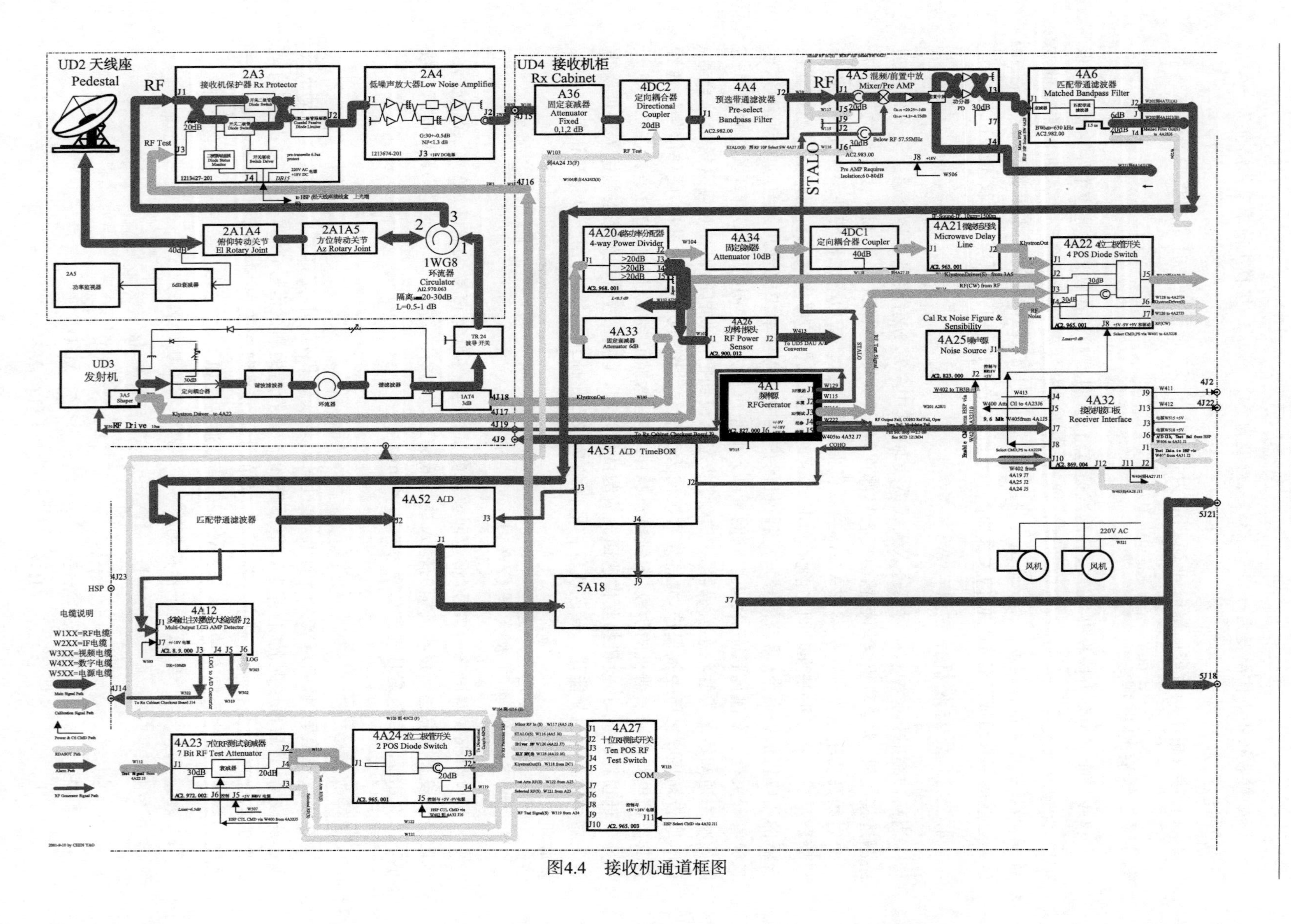

UD2 天线座
Pedestal
UD4 接收机柜
Rx Cabinet
UD3
发射机
2A3
接收机保护器 Rx Protector
2A4
低噪声放大器 Low Noise Amplifier
2A1A4
俯仰转动关节
El Rotary Joint
2A1A5
方位转动关节
Az Rotary Joint
1WG8
环流器
Circulator
A36
固定衰减器
Attenuator
Fixed
4DC2
定向耦合器
Directional
Coupler
20dB
4A4
预选带通滤波器
Pre-select
Bandpass Filter
4A5 混频/前置中放
Mixer/Pre AMP
4A6
匹配带通滤波器
Matched Bandpass Filter
STALO
4A34
Attenuator 10dB
4DC1
定向耦合器 Coupler
40dB
4A21
Microwave Delay
Line
4A22
4 POS Diode Switch
Cal Rx Noise Figure &
Sensibility
4A25
Noise Source
4A32
Receiver Interface
4A1
RFGenerator
4A26
RF Power
Sensor
4A20
4-way Power Divider
4A33
4A51 A/D TimeBOX
5A18
4A52 A/D
匹配带通滤波器
4A12
Multi-Output LG3 AMP Detector
4A23
7 Bit RF Test Attenuator
4A24
2 POS Diode Switch
4A27
Ten POS RF
Test Switch
220V AC
风机
电缆说明
W1XX=RF电缆
W2XX=IF电缆
W3XX=视频电缆
W4XX=数字电缆
W5XX=电源电缆

图4.4　接收机通道框图

4.2.2.4　混频/前中(4A5)

预选滤波器输出信号(雷达回波或两个测试信号之一)从J1注入到混频/前中组件。从J1输入的信号,经过20 dB定向耦合器、隔离器,加到混频器的信号端。20 dB定向耦合器的耦合端从J5输出,作为测试采样被送到故障定位功能组件。稳定本振信号(STALO)从J2输入,经过30 dB定向耦合器、隔离器、加到混频器的本振端。30 dB定向耦合器的耦合端从J6输出,作为稳定本振的测试采样被送到故障定位功能组件。稳定本振信号由频率源产生,其频率比发射频率低57.55 MHz,其功率电平为(15±0.75)dBm。混频器将射频信号变换成57.55 MHz的中频信号。中频信号经过放大带通滤波后,被功分器分成2路,一路从J4输出,被送到干扰检测部分。从J1到J4的功率增益为(4.2±0.75)dB。另一路被送入中频放大器,然后通过30 dB定向耦合器,从接头J3输出。从J1到J3的总功率增益为(20.25+1.0)dB或(20.25−0.75)dB。30 dB定向耦合器的耦合端从J7输出,被送到故障检测部分。

4.2.2.5　A/D变换器

A/D变换器有三个通道,分别接收I、Q视频信号,以每隔250 m距离(1.66 μs)进行采样,把这些模拟视频输入信号变换成12 bit的双互补数字数据。该采样间隔宽度与0.6 MHz的采样率和变换率相对应。在A/D变换器中,对I、Q增加了偏置校正,并可以用测试信号来取代所有两个视频信号。

4.2.3　频率源(4A1)

频率源产生5种输出信号,分别叙述如下。

4.2.3.1　主时钟信号

主时钟信号是9.6 MHz的连续波信号。它由57.55 MHz的高稳定晶振产生的信号,不加波门和移相控制,经6分频而得到。主时钟信号通过接口送到硬件处理器,用作整个RDA的定时信号。

4.2.3.2　中频相干信号(COHO)

COHO用作I/Q相位检波器的基准信号,解调出回波信号中的多普勒信号I、Q。COHO由J4送到I/Q相位检波器的J2。COHO的频率为57.55 MHz,功率为26～28 dBm。在测试模式中,COHO没有相移,这样对射频有相移,对COHO无相移,所模拟的多普勒将表现为它们之间的相位差值。

4.2.3.3　射频激励信号(RF DR1VE)

射频激励信号频率为2.7～3.0 GHz,脉宽为10 μs,峰值功率为10 dBm,该信号经J1送到发射机,脉冲宽度被减窄到1.5～5 μs,经放大变成发射的射频载波。发射机的具体工作频率可以预先选定,由插入式晶体振荡器提供。对于相应的稳定本振信号(STALO)射频激励载波被移相,通过给每一个发射脉冲一个伪随机相位,就有可能识别多次环绕回波。在这一应用中,COHO必须具有一个相移,以匹配给定的射频激励信号的相位。

4.2.3.4　稳定本振信号(STALO)

稳定本振信号与射频激励信号是相干信号,它比射频激励信号的频率低57.55 MHz,输出功率为 14.85～17 dBm，由 J2 送到混频/前中，在那里与雷达回波信号进行混频，把射频回波信号变换成中频回波信号。

4.2.3.5 射频测试信号(RF TRST SIGNAL)

射频测试信号与射频激励信号的载频频率相同，输出功率为 21.75～24.25 dBm。它经 J3 被送到测试源选择功能组，如果被选择，它将变成一个检查接收机的信号。射频测试信号可以是一个脉冲，也可以是连续波，这取决于硬件信号处理器中产生的射频门(RF GATE0)。在测试模式，用移相器把模拟多普勒相移加到射频测试信号上。在此应用中，所选择的相干信号将没有相移。这样，对射频有相移，对相干信号(COHO)无相移，模拟的多普勒表现为它们之间的相位差值。

频率源中还有故障监测电路，该电路对主时钟信号，中频相干信号，射频激励信号，稳定本振信号及射频测试信号进行采样、监控。这些信号中任何一个超出允许的限制范围，都将产生一个相应的故障码，该故障码经 J5 被送到监控功能组，产生 RDA 告警信号。

4.2.4 射频测试源选择

射频测试源选择由 RF 噪声源、微波延迟线、四位开关、二位开关及 RF 数控衰减器等部件组成，它们之间的关系见图 4.5。根据来自接收机接口的控制信号，选择四个可能的射频测试信号之一，所选信号将在接收机保护器 2A3 的定向耦合器处注入接收机，或者在接收机柜内的定向耦合器 4DC2 处注入接收通道。下面将分别讨论各个功能部件。

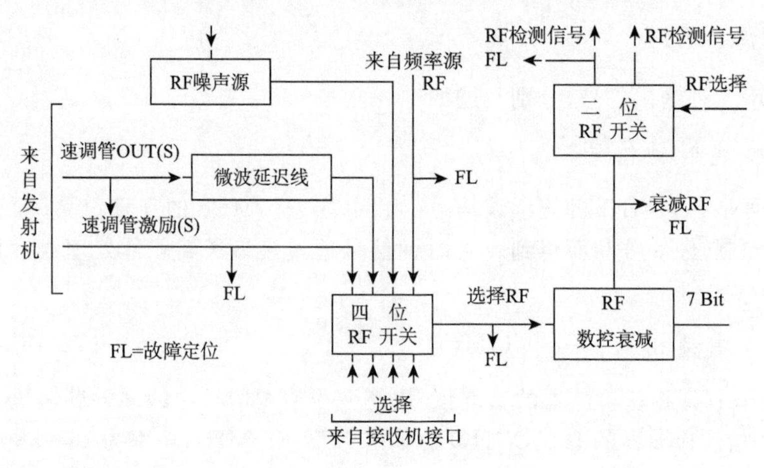

图 4.5 RF 测试源选择框图

4.2.4.1 RF 噪声源(4A25)

RF 噪声源用固态噪声二极管产生宽带噪声信号，用来检查接收机通道的灵敏度或噪声系数。所产生的宽带噪声测试信号被送到四位开关 4A22。噪声测试信号的有或无，由来自信号处理器的控制信号决定。

4.2.4.2 微波延迟线(4A21)

微波延迟线是石英晶体制成的体声波延迟线。在输入端通过换能器，把微波信号变换成声波，然后在石英晶体内以体声波形式向输出端传输。在输出端又通过换能器，把声波变换成微波信号。由于声波的传播速度是很低的。因此在一定距离上，传输的时间很长，信号延迟也很长。在这里，要求微波延迟线的延迟时间约 10 μs。

发射机速调管射频输出的采样信号，经过四路功分器，定向耦合器被送到微波延迟线，延迟约10 μs。当该信号被选作注入到接收机的测试信号时，由于它在时间上被延迟10 μs，故看上去像接收到的点目标回波信号一样，微波延迟线的输出接入到四位开关。

4.2.4.3 四位开关(4A22)

四位开关选择四个测试信号中的一个信号，选中的信号经过RF数控衰减器和二位开关，送到混频/前中或接收机前端作为测试信号用。

该四位开关的工作频率为2.7～3.0 GHz，最大插损为3 dB。四位开关包括两个30 dB的定向耦合器。其中一个定向耦合器经J6将其耦合的速调管激励测试信号采样送到故障检测功能组。而另一个定向耦合器经J7将其耦合的RF测试信号采样送到故障检测功能组。

四个测试信号分别为：来自频率源4A1的射频测试信号；来自RF噪声源4A25的宽带噪声测试信号；来自微波延迟线4A21的高功率射频测试信号；来自发射机脉冲整形器3A5的速调管激励测试信号。

4.2.4.4 二位开关(4A24)

二位开关的工作频率为2.7～3.0 GHz，最大插损2.5 dB。该开关用于射频测试信号目的地的选择。单刀双掷开关的两个输出分别加到接收机保护器(2A3)的J2和加到4DC2的J3。二位开关在J2输出之前，有一个20 dB定向耦合器，耦合端输出经J4被送入故障检测功能组。

4.2.4.5 RF数控衰减器(4A23)

RF数控衰减器的信号由J1输入，J2输出，工作频率为2.7～3.0 GHz，零衰减时最大插损6.5 dB。含有7位数控衰减，各位衰减量为1.0 dB、2.0 dB、4.0 dB、8.0 dB、16.0 dB、32.0 dB、40.0 dB，衰减精度小于±0.7 dB。

RF数控衰减器的输入部分有一个30 dB的定向耦合器，将输入信号耦合出来经J4将其送到故障检测功能组。RF数控衰减器的输出部分也有一个20 dB的定向耦合器，将输出信号耦合出来经J3将其送到故障检测功能组。

RF数控衰减器的衰减量由硬件信号处理器的控制信号确定。

4.2.5 接收机故障检测

故障检测由RF十位开关、IF十位开关、四路功分器以及功率监视器等部件组成，用于接收机的故障检测和故障定位。

4.2.5.1 RF十位开关(4A27)

RF十位开关按来自硬件信号处理器的选择控制数据，将8个RF采样信号选出其中的一个，通过后续部件的检测，达到故障检测的目的。

4.2.5.2 IF十位开关(4A28)

IF十位开关按来自硬件信号处理器的选择控制数据，将10个IF采样信号选出其中的一个，通过后续部件的检测达到故障检测的目的。

4.2.5.3 四路功分器(4A20)

四路功分器将速调管发射机的采样信号分成四等分：一部分功率经微波延迟线后，用作

RF 测试信号；一部分送到检测板上的 4J25 接头，用作外部检查；一部分送到 RF 功率监视器，变换成直流信号后用于发射功率的监视；最后一部分用吸收负载吸收，作为备份接口。

四路功分器各路之间的隔离≥20 dB，插损≤0.5 dB，驻波≤1.3，承受功率为 5 W。

4.2.5.4 RF 功率监视器（4A26）

RF 功率监视器用于监视发射机的输出功率，它将发射采样信号（RF 脉冲信号）变成直流信号。该直流信号正比于 RF 脉冲信号的平均功率。对于输入 RF 脉冲信号平均功率 100 mW，输出为 1000 mV（即每 mW 对应 10 mV）。

4.3 天线/伺服系统

雷达中的伺服系统是用来控制天线转动的，它能够按照 RDASC 信息处理机发布的位置命令使天线准确、快速地转动到指定的位置，亦能够按照 RDASC 信息处理机发布的速度命令精确地使天线匀速转动。

4.3.1 主要性能和指标

方位 运动范围：0°～360°连续转动　　最大速度：34.5°/s

速度误差精度：5%　　加速度和减速度范围：$15°/s^2$～$19°/s^2$

位置误差：±0.2°　　轴角编码的精度优于±0.05°。

俯仰 运动范围：－1°～＋90°　　最大速度：34.5°/s

速度误差精度：5%　　加速度和减速度范围：$15°/s^2$～$19°/s^2$

位置误差：±0.2°　　轴角编码的精度优于±0.05°。

伺服系统满足下列环境条件：

温度和湿度条件见表 4.1，4.2。

表 4.1 室外环境

	温度		湿度
	最低	最高	
工作状态	－20℃	＋49℃	15%～100%
非工作状态	－62℃	＋49℃	15%～100%

表 4.2 室内环境

	温度		湿度
	最低	最高	
工作状态	＋10℃	＋35℃	20%～80%
非工作状态	－35℃	＋60℃	15%～100%

供电条件：需要三相四线制，220/380 VAC±10%，55 AMP。

4.3.2 天线/伺服系统的构成

天伺系统涉及 RDA 中央计算机、DCU 数字控制单元、PAU 功率放大单元、天线伺服电机、光纤传输系统、DAU 数据获取单元和相关的线缆，其作用是实现对天线的姿态控制。天线/伺服系统内部连接图见图 4.6，天线/伺服系统组成单元见图 4.7。

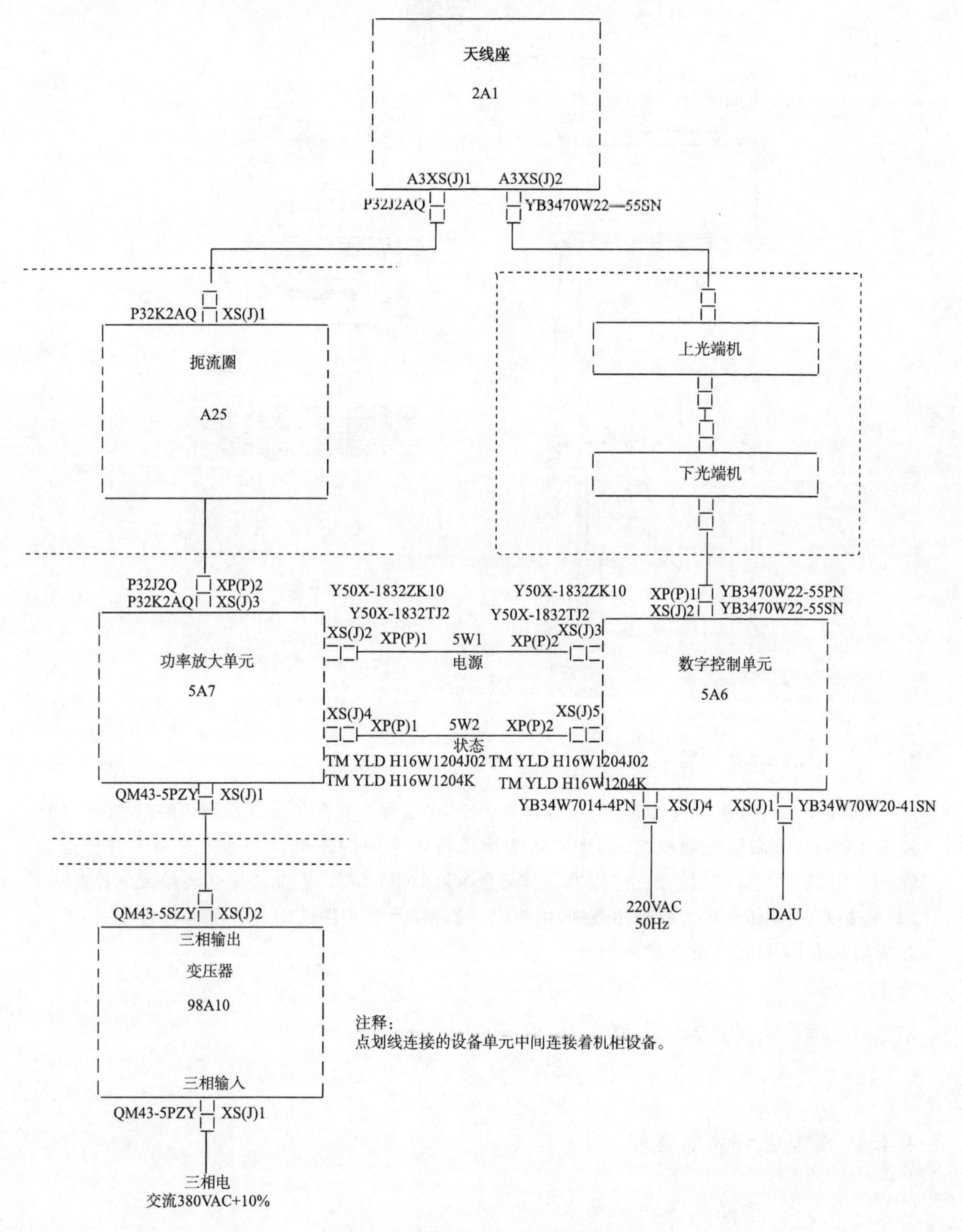

图 4.6　天线/伺服系统内部连接图

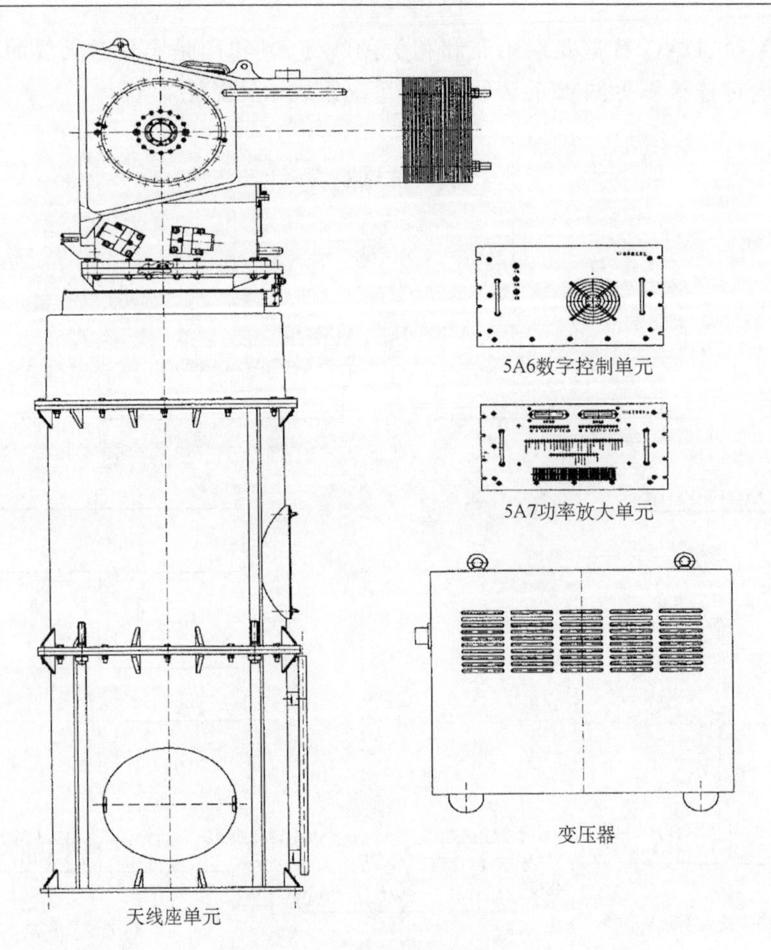

图 4.7 天线/伺服系统各单元

4.3.3 RDA 中央计算机

RDA 中央计算机所包含的 PC 机软件与 DSP 控制程序实现了高层控制策略，设定了体扫和 RDASOT 等高层控制模式，实现方式为形成特定序列的速度命令和位置命令并传送给 DCU。RDA 中央计算机还发送“待机/工作”命令给 DCU，DCU 据此决定功放单元工作与否。RDA 接收 DCU 传来的天线轴角数据、电机测速数据、天线和功放的各种状态报警信息，并据此调整发往 DCU 的控制命令序列。

4.4 雷达供电系统

4.4.1 雷达系统供电要求

4.4.1.1 雷达机房供电要求

雷达机房的电源进线应是 5 线制，即 3 根火线、1 根中线和 1 根保护地线，其中应特别注意中线和地线除了地网处连接外，应相互隔离，该两线内部的连接应长期可靠，最好采用焊接，不允许因导体表面氧化而增加阻值。

电源电压：三相 220 V/380 VAC±10%；

电源频率：50 Hz±5%；

功率容量：不小于 30 kVA。

另外，根据已建雷达站在供电方面的经验，在输电线路容量不大，供电电压波动较大的地区，为保证雷达设备的安全运行，建议加装三相交流电子稳压器。在输电线路不能保证可靠供电的地区，为保证雷达设备免受突然断电时造成的损坏，建议加装 40 kVA UPS 电源。

4.4.1.2 雷达机房的接地

雷达接地母线必须从建筑物地网上引出，通过走线桥架敷设到雷达设备室；雷达接地系统源于接地母线，CINRAD 设备对地的电阻应该小于或等于 5 Ω。必须在 RDA、RPG 和 PUP 设备室提供建筑物接地端子；雷达站低压供电应选用 TN-S 或 TN-C-S 接地系统。在低压配电线路中，当变电所与雷达站合一时，必须采用 TN-S 系统，当分设两处时，宜采用 TN-C-S 系统。

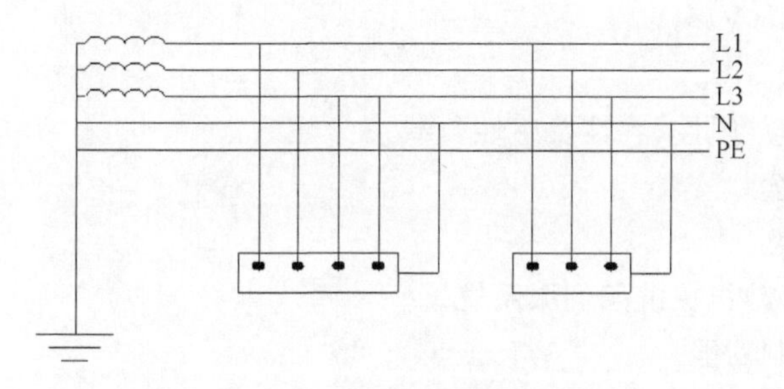

图 4.8 TN-S 接地系统

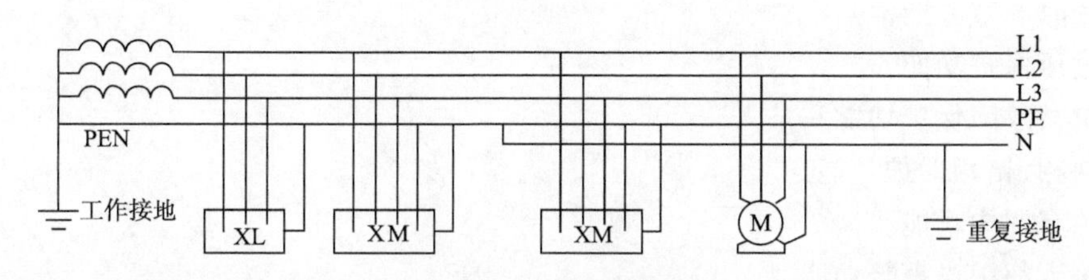

图 4.9 TN-C-S 接地系统

4.4.2 SDMO 柴油发电机组

4.4.2.1 工作原理

发电机组是有法国 SDMO 柴油发电机和 R3000 控制转换系统共同组成。在市电正常情况下，由 R3000 系统控制市电直接给雷达输电，如果市电异常（欠压、过压、缺相、相序错误或无电等），则通过 R3000 系统检测的信息进行判断，发出市电/油机转换工作指令，油机开始工作送电。当市电恢复正常，R3000 系统发出油机/市电转换工作指令，此时市电正常供电而机组 3 min 后自动关机。

4.4.2.2　注意问题

(1)定期检查水箱,油机加水时不能使用自来水,要用纯净水。

(2)定期更换三滤(柴油滤清器、机油滤清器、空气滤清器),定期更换机油。

(3)定期检查电池。

(4)定期热机(每月 2 次,每次 20 min)。

(5)定期检查地极。

4.4.3　大功率稳压器

4.4.3.1　主要技术指标及功能

(1)稳压范围:Ⅱ型 304～456 V;Ⅲ型 285～475 V。

(2)稳压精度:380 V±(1%～5%)可设定。

(3)频率:50/60 Hz。

(4)效率:≥98%。

(5)调节速率:≥25 V/s。

(6)响应时间:≤0.1 s。

(7)负载方式:任意(阻性、容性及感性负载)。

(8)运行方式:连续。

(9)绝缘等级:B 级。

(10)调节方式:电动机械链条伺服系统。

(11)手动自动控制功能。

(12)稳压延时自动送电功能。

(13)延时调节功能。

(14)过压保护功能。

(15)机械故障保护功能。

(16)缺相、错相保护功能。

(17)独有回中功能。

(18)输入超限光报警功能。

(19)声光报警功能。

(20)声音解除功能。

(21)稳压、市电切换功能。

(22)可加装快速双电源切换功能、抗干扰滤波装置、避雷器、隔离变压器等。

4.4.3.2　使用环境

(1)环境温度:－15～40℃,通风良好。

(2)海拔高度:<2000 m。

(3)相对湿度:<90%(25℃时)。

(4)安装场所:应无导电或爆炸尘埃,无腐蚀金属或有破坏稳压器绝缘强度的气体或蒸汽;安装场地周围无严重的振动或颠簸。

4.4.3.3 实物图

图 4.10 大功率稳压器实物图

4.4.3.4 电路图及工作原理

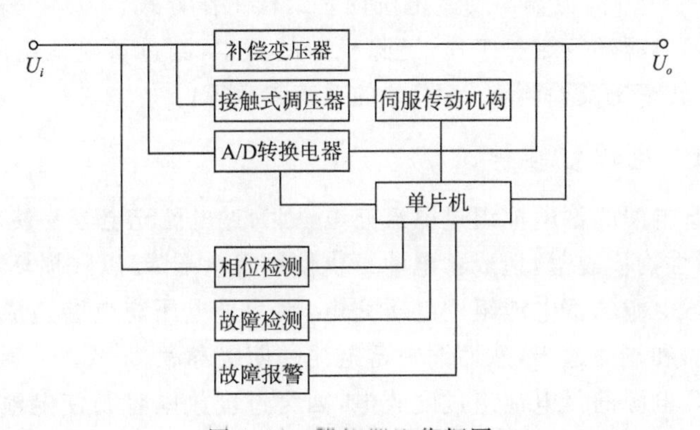

图 4.11 稳压器工作框图

当输入电压 U_i 发生变化 ΔU_i 或负载变化产生 ΔI 而引起输出电压 U_o 产生一个 ΔU_o，使输出电压产生偏移，此时由取样变压器从输出端取样，通过和上限（或下限）基准电压比较，如果超越设定的基准电压，则发出指令，通过伺服机构改变调压变压器，补偿变压器的补偿电压 ΔUB，使 $\Delta U_o \to 0$，即维持输出电压不变起到稳定电压作用。

4.4.3.5 注意事项

(1)定期检查碳刷磨损程度。

(2)定期检查伺服系统链条的松紧情况并注意加润滑油。

(3)定期检查各开关、接触器接线头有无松动。

(4)定期检查各表头指示是否正常。

(5)定期检查各按钮的工作情况。

(6)定期清理补偿变压器、调压变压器等部件,检查有无过载现象。

4.4.4 UPS 电源

4.4.4.1 UPS 电源使用

(1)UPS 电源的场所摆放应避免阳光直射,并留有足够的通风空间,同时,禁止在 UPS 输出端口接带有感性的负载。

(2)使用 UPS 电源时,应务必遵守厂家的产品说明书有关规定,保证所接的火线、中线、地线符合要求,用户不得随意改变其相互的顺序。

(3)严格按照正确的开机、关机顺序进行操作,避免因负载突然加上或突然减载时,UPS 电源的电压输出波动大,而使 UPS 电源无法正常工作。

(4)禁止频繁地关闭和开启 UPS 电源,一般要求在关闭 UPS 电源后,至少等待 6 s 后才能开启 UPS 电源,否则,UPS 电源可能进入“启动失败”的状态,即 UPS 电源进入既无市电输出,又无逆变输出的状态。

(5)禁止超负载使用,厂家建议:UPS 电源的最大启动负载最好控制在 80%之内,如果超载使用,在逆变状态下,时常会击穿逆变三极管。实践证明:对于绝大多数 UPS 电源而言,将其负载控制在 30%～60%额定输出功率范围内是最佳工作方式。

(6)定期对 UPS 电源进行维护工作:清除机内的积尘,测量蓄电池组的电压,更换不合格的电池,检查风扇运转情况及检测调节 UPS 的系统参数等。

4.4.4.2 UPS 电源蓄维护保养

(1)严禁对 UPS 电源的蓄电池组过电流充电,因为过电流充电容易使电池内部的正、负极板弯曲,板表面的活性物质脱落,造成蓄电池可供使用容量下降,以致损坏蓄电池。

(2)严禁对 UPS 电源的蓄电池组过电压充电,因为过电压充电会造成蓄电池中的电解液所含的水被电解成氢和氧而逸出,从而缩短蓄电池的使用寿命。

(3)严禁对 UPS 电源的蓄电池组过度放电,因为过度放电容易使电池的内部极板的表面硫酸盐化,其结果是导致蓄电池的内阻增大,甚至使个别电池产生“反极”现象,造成电池的永久性损坏。

(4)对于长期闲置不用的 UPS 电源,为保证蓄电池具有良好的充放电特性,在重新开机使用之前,最好先不要加负载,让 UPS 电源利用机内的充电回路对蓄电池浮充电 10～15 h 以后再用;对于长期工作在后备工作状态的 UPS 电源,通常每隔一个月,让其处于逆变器状态工作至少 2～5 min,以便激化 UPS 的蓄电池。

(5)定期对每个电池作快速充放电测量,检查电池的蓄电能力和充放电特性,对不合格的电池，坚决给予更换，更不应将其与另外的蓄电池混合使用，以影响其他蓄电池的性能。

4.4.5　配电机柜

配电设备(UD98)是 WSR-98D 的总配电系统。动力三相电，通过电缆把 UPS 送过来的高精度稳压电源，输入到配电机柜后面板下方的“全机供电输入”端子上，经过 98A3、98A4、98A5、98A6 四个滤波和交流互感器，进一步消除纹波电压，同时还进行一定的隔离和防雷，然后将该高质量的电源送 98A9 实现整机供电控制和输入电压电流显示，接着对 98A9 输出进行整机配电：通过 98A1 给铁塔/备用配电，通过 98A2 给机房 RAD 监控机柜、接收机、发射机、伺服、空气压缩机配电。配电机柜的输出端是机柜顶板上的 10 个插座，通过电缆分别连接到雷达系统的各装置上。

4.4.5.1　配电机柜顶板接口图

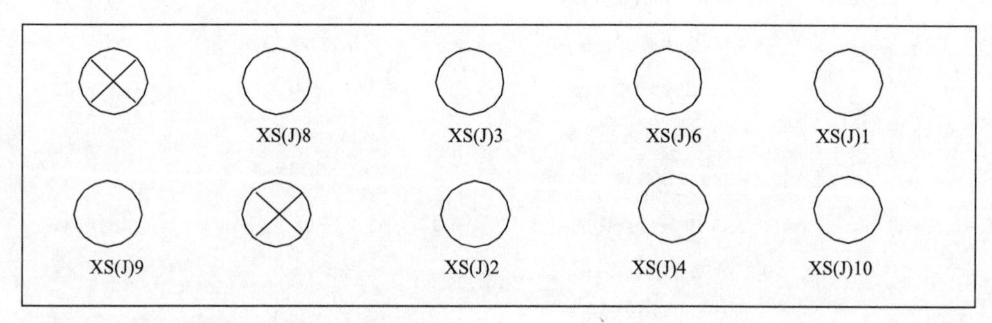

A4XS1—XS(J)6—伺服变压器—监控机柜/XP(J)2
A3XS1—XS(J)1—接收机
A6XS1—XS(J)2—监控机柜/XP(J)1
A5XS1—XS(J)3—空气压缩机
XS(J)4—发射机
XS(J)8—天线
XS(J)9—天线
XS(J)10—天线

图 4.12　配电机柜实顶板接口图

4.4.5.2　发射机柜供电

来自配电机柜的三相交流电从发射机柜顶 XP(J)4 输入，到达发射机柜顶接线排 XT1，接线排 XT1 输出有两路给其他设备供电。一路输入到风机接线排 XT2，给聚焦线圈风机和速调管风机供电，另一路经过电磁干扰滤波器滤波后输入到机柜后面板接线排，提供发射机工作的多路电源：给机柜鼓风机提供三相交流电；分别给 3PA3/3PA4/3PA53PA6/3PA7 输入 220 V 交流电，输出＋28 V/＋15 V/－15 V/＋5 V/＋40 V 直流电；给钛泵电源 3PS8 及其负载电路供电；给灯丝电源 3PS3 及其负载电路供电；给磁场电源 3PS 及其负载电路供电；给高压电源电路 3A7、3A8、3A9、3A10 及其负载电路供电。

4.4.5.3　接收机柜供电

交流单相 220 V 电源从顶板电缆接头 T26 输入，送到接线排 X15，然后分出两路，一路线给风机提供 220 V 交流电压，一路给电源组合箱 4PS1 提供 220 V 交流电压。4PS1 经过变压处理后输出＋18 V、＋9 V、＋15 V、－18 V、－9 V、－15 V，以及2个＋5 V和1个－5.2 V的直流电压。这些直流电压直接为接收机各分机提供配电。

接线排组TB2(表4.3)和TB3(表4.4)有个共同的特点：每个接线排组上都有几个小接线排，每个小接线上都有5个接线柱。其中：接线柱1电压为＋9 V，接线柱2电压为－9 V，接线柱3电压为＋5 V，接线柱4电压为－18 V，接线柱5电压为＋18 V。

表4.3　TB2接线排组连线表

接线柱编号	连接设备	输入电压	备注
A4、A5	4A12主对放检波器	－18 V/＋18 V	
B3、B4、B5	4A19干扰检测器	＋5 V/－18 V/＋18 V	XS6
B5	4A9 IF放大/限幅器	＋18 V	XS5
C4、C5	4A18G(－)对放检波器	－18 V/＋18 V	J7
C5	4A14G中频放大器	＋18 V	XS6
D4、D5	4A30 IF对放检波器	－18 V/＋18 V	J3
D4、D5	4A17G(＋)对放检波器	－18 V/＋18 V	
E	9组电源排		
F1、3、4、5	4A8 IF数控衰减器	＋9 V/＋5 V/－18 V/＋18 V	J4
G3	4A32接收机接口	＋5 V	XS3
G3、G5	4A28十位IF开关	＋5 V/＋18 V	
H2、3、4、5	4A31 RF/IF监视器	－9 V/＋5 V/－18 V/＋18 V	XS3
J2、3、4、5	4A13AGC控制器	－9 V/＋5 V/－18 V/＋18 V	

表4.4　TB3接线排组连线表

接线柱编号	连接设备	输入电压	备注
A1、A2、A3、A4、A5	4A1频率源	5 V/－9 V/＋5 V/－18 V/＋18 V	J6
B4、B5	4A29 RF检波对放	－18 V/＋18 V	
B5	4A25 RF噪声源	＋18 V	
C4、C5	4A10 I/Q相位检波器	－18 V/＋18 V	J8
D1、D2、D3	4A23 RF数控衰减器	5 V/－9 V/＋5 V	J5
E	9组电源排		
F5	4A5混频/前中	＋18 V	XS8
G3、G5	4A27十位IF开关	＋5 V/＋18 V	
H3	4A24二位开关	＋5 V	XS6
9组电源排	4A5混频/前中	＋5 V	
	4A22四位开关	＋5 V	

表 4.5　W5XX＝电源

线缆号	线号	信号特性	连接点 1			连接点 2			电缆规格	长度(m)	备注(m)
			位号	端子号	接头型式	位号	端子号	接头型式			
W500		IF 数控衰减器	4A8	J4	DE9S(弯)	TB2		焊接	AFPF2(0.2)	0.35	
	1 蓝	＋5 V		－1			F-3				
	1 白	DC		－3			F-G				
	2 蓝	＋18 V		－2			F-5				
	2 白	DC		－7			F-G				
	3 蓝	－18 V		－4			F-4				
	3 白	DC		－8			F-G				
	4 蓝	＋9 V		－5			F-1				
	4 白	DC		－8			F-G				
				地			空				
		＋18 V		2.6 连							
		－18 V		4.9 连							
W501		IF 放大/限幅	4A9	J5	DE9S(弯)	TB2			AFPF2(0.2)	0.36	
	1 蓝	＋18 V		－1			B-5				
	1 白	DC		－6			B-G				
				地			空				
W502		I/Q 相位检波	4A10	J8	DE9S(弯)	TB3			AFPF2(0.2)	0.83	
	1 蓝	＋18 V		－2			C-5				
	1 白	DC		－3			C-G				
	2 蓝	－18 V		－1			C-4				
	2 白	DC		－7			C-G				
							空				
		＋18 V		2.6 连							
		地		7.8 连							
		－18 V		4.9 连							
W503		主对放大器	4A12	J7	DE9S(弯)	TB2			AFPF2(0.2)	0.23	
	1 蓝	＋18 V		－1			A-5				
	1 白	DC		－3			A-G				
	1 蓝	＋18 V		－5			A-4				
	1 白	DC		－7			A-G				
				地			空				
		DC		7.8 连							

续表

线缆号	线号	信号特性	连接点 1			连接点 2			电缆规格	长度(m)	备注(m)
			位号	端子号	接头型式	位号	端子号	接头型式			
W504		AGC 电源	4A13	J11	DE9S (弯)	TB2			AFPF2 (0.2)	0.23	
	1 蓝	18 V		−1			J-5				
	1 白	DC		−2			J-G				
	2 蓝	−18 V		−3			J-4				
	2 白	DC		−4			J-G				
	3 蓝	+5 V		−5			J-3				
	3 白	DC		−6			J-G				
	4 蓝	−9 V		−7			J-2				
	4 白	DC		−8			J-G				
				地			空				
W505		频率源	4A1	J6	DE9S (弯)	TB3			AFPF2 (0.2)	1.4	
	1 蓝	18 V		−1			A-5				
	1 白	DC		−3			A-G				
	2 蓝	+9 V		−2			A-1				
	2 白	DC		−7			A-G				
	3 蓝	DC		−7			A-G				
	3 白	−9 V		−4			A-2				
	4 蓝	−18 V		−5			A-4				
	4 白	DC		−8			A-G				
	5 蓝	+5 V		−9			A-3				
	5 白	DC		−14			A-G				
				地			空				
		−9 V		4.6.13							
		+18 V		1.10							
		+5 V		9.11							
		+9 V		5.12							
		−18 V		5.15							
	2 蓝	−18 V		−5			D-4				
	2 白	DC		−7			D-G				
				地			空				
		DC		7.8							
W511		G-对数	4A18	J7	DE9S (弯)	TB2			AFPF2 (0.2)	0.6	
	1 蓝	18 V		−1			C-5				
	1 白	DC		−3			C-G				
	2 蓝	−18 V		−5			C-4				
	2 白	DC		−7			C-G				
				地			空				
		DC		7.8							

续表

线缆号	线号	信号特性	连接点 1			连接点 2			电缆规格	长度(m)	备注(m)
			位号	端子号	接头型式	位号	端子号	接头型式			
W512		干扰检测	4A19	J7	DE9S (直)	TB2			AFPF2 (0.2)	0.2	
	1 蓝	+5 V		−1			B-3				
	1 白	DC		−3			B-G				
	2 蓝	+18 V		−2			B-5				
	2 白	DC		−7			B-G				
	3 蓝	−18 V		−4			B-4				
	3 白	DC		−8			B-G				
				地			空				
		−5 V		1.5							
		−18 V		2.6							
		−18 V		4.9							
W513		IF 对放	4A30	J3	DE9S (弯)	TB2			AFPF2 (0.2)	0.4	
	1 蓝	+18 V		−1			D-5				
	1 白	DC		−3			D-G				
	2 蓝	−18 V		−5			D-5				
	2 白	DC		−7			D-G				
				地			空				
		DC		3.8							
W514		RF/IF 监视	4A13	J3	DE9S (弯)	TB2			AFPF2 (0.2)	0.95	
	1 蓝	18 V		−1			H-5				
	1 白	DC		−3			H-G				
	2 蓝	−18 V		−2			H-4				
	2 白	DC		−4			H-G				
	3 蓝	−9 V		−5			H-2				
	3 白	DC		−6			H-G				
	4 蓝	+5 V		−7			H-3				
	4 白	DC		−10			H-G				
				地			空				
		+5 V		7.8.9							
		−9 V		5.11.12							
		DC		10.13							
		−18 V		2.14							
		+18 V		1.15							

续表

线缆号	线号	信号特性	连接点1			连接点2			电缆规格	长度(m)	备注(m)
			位号	端子号	接头型式	位号	端子号	接头型式			
W515		接收机接口	4A32	J3	DE9S（直）	TB2			AFPF2（0.2）	095	
	1蓝	+5 V		−1			G-3				
	2蓝	+5 V		−2			G-4				
	2白	DC		−4			G-G				
				地			空				
		+5 V		2.5.6							
		DC		4.7.8.9							
W516		A/D变换	4A11	J4	DE9S（弯）	PS			AFPF2（0.2）	095	
	1蓝	+15 V		−1			+15 V				
	1白	+15 V RET		−2			RET				
	2蓝	−15 V		−3			−15 V				
	2白	−15 V RET		−4			RET				3号用双线
	3蓝	+5 V		−5			+5 V				
	3白	+5 V RET		−6			RET				
	4蓝	−5.2 V		−8			−5.2 V				
	4白	−5.2 V RET		−9			RET				
				地			空				
W518		接收机接口	4A32	J6	DE9S（直）	PS			AFPF2（0.2）	2.4	
	1蓝	+5 V		−1			+5 V				
	1白	+5 V RET		−3			RET				
	2蓝	+5 V		−5			+5 V				
	2白	+5 V RET		−7			RET				
				地			空				
W530		低噪放大	2A3	J4	DE9S						接馈线电源，调机用1根
		+18 V		−1							
		+18 V RET		−3							
				地							

续表

线缆号	线号	信号特性	连接点 1			连接点 2			电缆规格	长度(m)	备注(m)
			位号	端子号	接头型式	位号	端子号	接头型式			
W531			2A3	J4	DE15S						接系统电源，调机用 1 根
	1 蓝	+5 V		−4							
	1 白	+5 V RET		−2							
	2 蓝		驱动信号 1	−6							
	2 白		驱动信号 2	−7							
	1 蓝		驱动信号 1	−8							
	1 白		驱动信号 2	−9							
	2 蓝	220/50 Hz		−14							
	2 白			−15							
				地			空				

4.4.5.4　天线供电

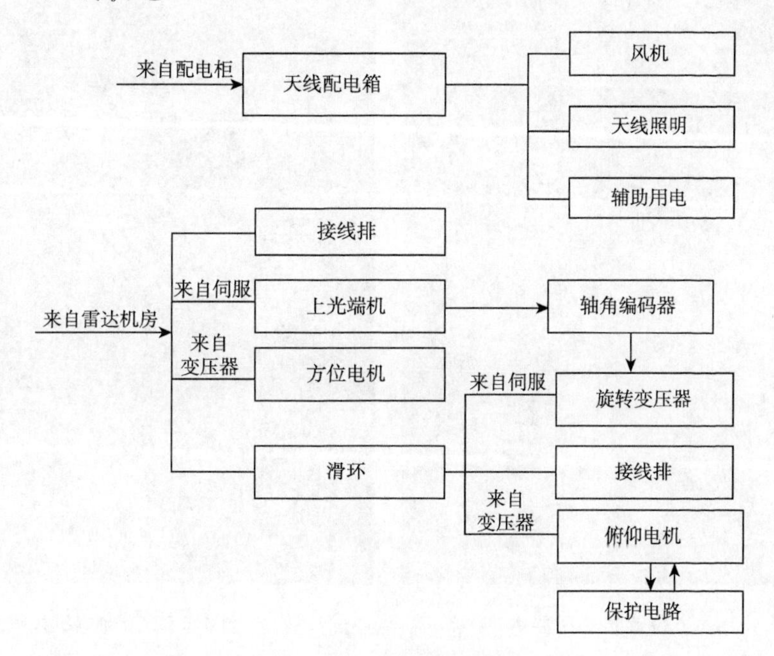

图 4.13　天线配电框图

由机房配电机柜输出一路市电，送到天线座上的天线配电箱，再由配电箱输出：一路输入到风机，一路送到照明，还有一路是辅助用电，供其他辅助设备用。另有一路从机房输入的市电专供雷达设备用，这一路线进入天线后，分为几路：一路供上光端机、一路供俯仰/方位电机、一路供滑环、一路输入到电机接线排(供电机附属设备用)，各设备如图 4.14～4.18 所示。

图 4.14 上光端机

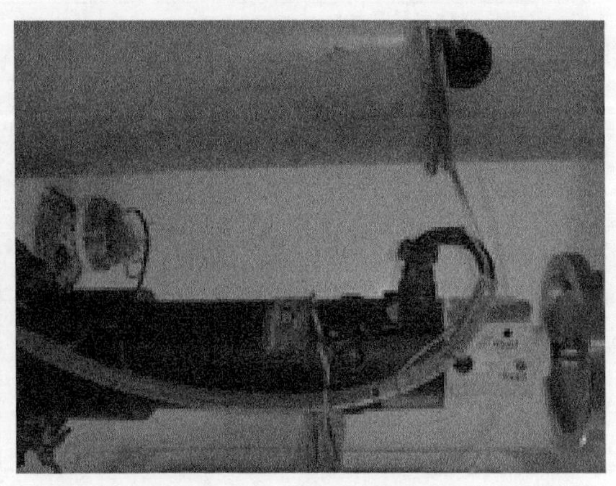

图 4.15 天线俯仰机座

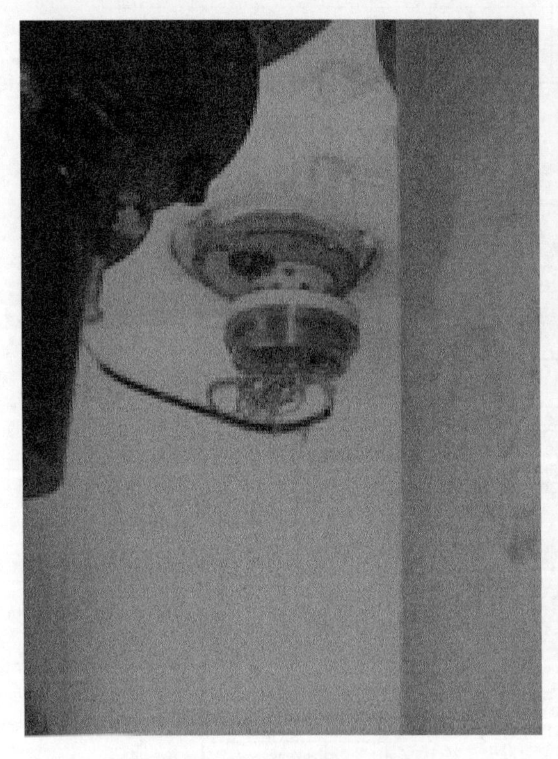

图 4.16 方位旋转变压器

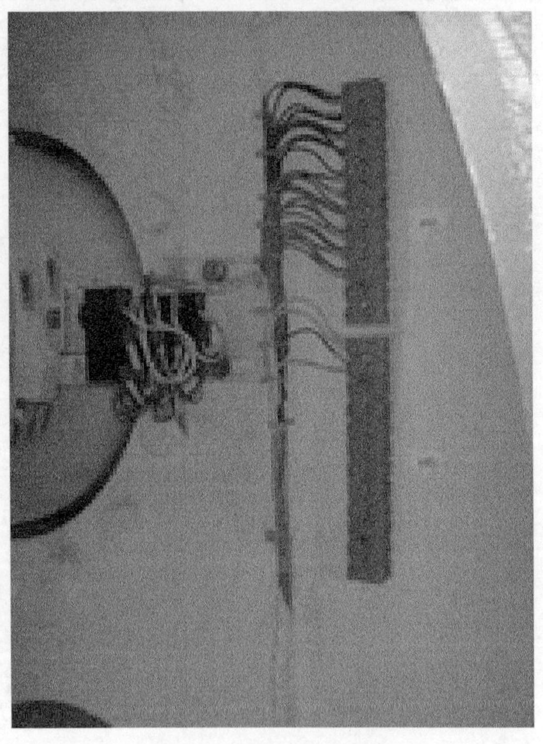

图 4.17 俯仰电机接线排

图 4.18　天线辅助接线盒

第5章　天气雷达主要技术指标及测试方法

本章阐述了新一代天气雷达(CINRAD/SA)各系统技术指标,着重讲述发射机、接收机、伺服系统各性能指标测试方法。

5.1　CINRAD/SA新一代天气雷达技术指标要求

表5.1　CINRAD/SA技术指标参数表

项目		指标	备注
1. 天线罩			
直径(m)		11.9 m	
工作频率(GHz)		2.7～3.0 GHz	
射频损失(双程)(dB)		≤0.3 dB	
引入波束偏差(°)		≤0.03°	
引入波束展宽(°)		≤0.03°	
抗风能力(阵风)		60 m/s能工作	
2. 天线			
反射体直径		8.6 m	
功率增益(dB)		≥44 dB	
波瓣宽度(°)	H面	≤1.0°	
	E面	≤1.0°	
第一副瓣电平(dB)		≤−29 dB	
远端副瓣电平(±10°以外)		≤−40 dB	
极化方式		线性水平	
馈线损耗		1.5 dB	
3. 天线运转范围			
天线扫描方式		体扫,体积扫描最多可到20个PPI,仰角可预置	
天线扫描速度		速度为0～36°/s可调	
天线控制方式		a. 预置全自动,b. 人工干预自动,c. 本地手动控制	
天线定位精度		方位、仰角均≤0.3°	
天线控制字长		≥12位	
角码数据字长		12位	

续表

项目	指标	备注
4. 伺服监控系统控制误差		
方位角(°)	≤0.1°	
俯仰角(°)	≤0.1°	
5. 发射机		
工作频率(GHz)	2.7～3.0 GHz	
高频输出峰值功率(kW)	≥650 kW	
窄脉冲宽度	(1.57±0.1)μs	
脉冲重复频率	318～1304 Hz	
宽脉冲宽度	4.5～5.0 μs	
脉冲重复频率	318～452 Hz	
发射机输出(端)极限改善因子(dB)	≥52 dB	PRF=1282 Hz
发射机输入(端)极限改善因子(dB)	≥55 dB	PRF=1282 Hz
预热时间(现在的指标中没有)	正常预热时间 13 min。预热结束后,若交流供电掉电,并随即恢复:若掉电时间小于 30 s,不须重新预热;若掉电时间为 30～300 s,重新预热时间等于掉电时间;若掉电时间大于 300 s,重新预热时间为 13 min	
交流供电(供电对雷达的要求)	三相 380 VAC±10%,(50±2.5)Hz	
环境条件	工作温度及湿度:温度:0～40℃;湿度:20%～80%。 贮存温度及湿度:温度:−35～+60℃湿度:15%～100%(不结露)	
可工作海拔高度	3300 m	
6. 接收机		
频综短期(1 ms)频率稳定度	10^{-11}	
中频频率(MHz)	57.5 MHz	
中频带宽	1.1 MHz(1 μs),0.28 MHz(4 μs)	
匹配滤波器带宽(kHz)	630 kHz	
	210 kHz	
接收系统动态范围(dB)		
接收系统动态范围(机外)	≥85 dB	
线性拟合直线斜率(机外)	1±0.015	
均方根误差(机外)	≤0.5 dB	
接收系统动态范围(机内)	≥85 dB	
线性拟合直线斜率(机内)	1±0.015	
均方根误差(机内)	≤0.5 dB	
收机噪声系数(dB) A/D前	≤3.1 dB	
收机噪声系数(dB) A/D后	≤4.0 dB	
最小可测信号功率(dBm)	≤−107 dBm(宽带)	
	≤−113 dBm(窄带)	(CW)

续表

项目	指标	备注
接收机输出	lgZ、I、Q	
7. 相干性		
系统相位噪声(°)	≤0.15°	
8. 定标精度		
强度定标检查(dB)	±1 dB	
速度测量检查(m/s)	±1 m/s	
雷达整机能全天 24 h 不间断地连续工作		
系统的平均无故障工作时间(MTBF)	>300 h	
平均故障修复时间(MTTR)	<0.5 h	

5.2 CINRAD/SA 新一代天气雷达技术指标测试方法

目前广东省气象探测数据中心备有的测试仪表有示波器(型号:安捷伦 DSO5032A)、功率计(型号:安捷伦 E4416A)、信号源(型号:安捷伦 N4428C)、频谱仪(型号:安捷伦 E4445A)。雷达站配备的测试仪器主要有:功率计(型号:安捷伦 E4416A)、示波器(型号:安捷伦 DSO5032A)、电池容量测试仪(型号:TES-32)。

5.2.1 发射机主要性能指标及测试方法

大纲要求:发射机所进行的测试项目有发射射频脉冲包络、发射机输出功率、发射机射频频谱、发射机输入端及输出端极限改善因子等。

SA 雷达技术指标:发射机输出功率≥650 kW;发射频谱应达到国家有关的标准和要求;发射机输出端极限改善因子应≥52 dB(高重复频率时);发射机输入端极限改善因子应≥55 dB(高重复频率时)。

5.2.1.1 发射射频脉冲包络

测量项目:测量发射机输出的射频脉冲包络的宽度 τ(−3 dB)、上升沿 τ_r、下降沿 τ_f 和顶部降落 δ%。

指标要求:窄脉冲 1.57±0.1 μs;宽脉冲 4.5～5.0 μs;输出脉冲前后沿≥0.12 μs;顶降≤10%。

使用仪器:示波器,检波器,7 dB 衰减器。

测试方法:测试前确保在发射机定向耦合器 1DC1 的耦合输出端接有 30 dB 固定衰减器,如图 5.1 所示。

发射机预热完毕,在"本控""手动"模式下,同时要在 RDA 计算机上运行 RDASOT 程序,点击 Signal Test,如图 5.2 所示。

根据需要发不同的重复频率,如图 5.3 所示,点击 Start。

图 5.1

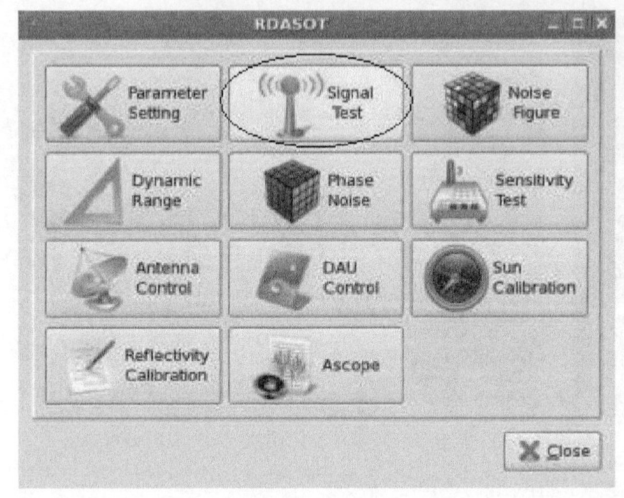

图 5.2

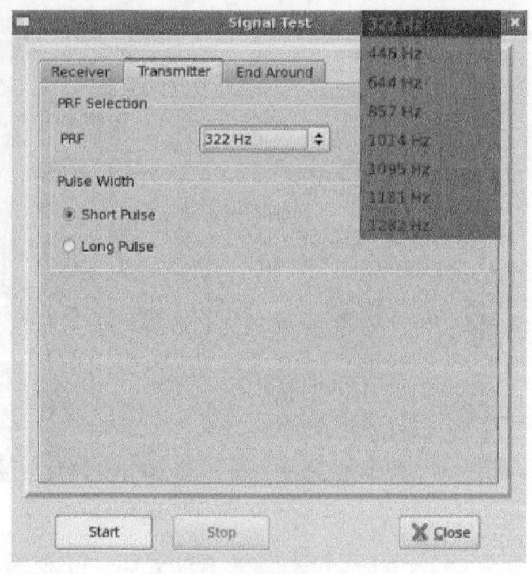

图 5.3

测试线缆一端接 30 dB 固定衰减器，另一端接 7 dB 固定衰减器和检波器，用 BNC 线缆连接至示波器，如图 5.4 所示。

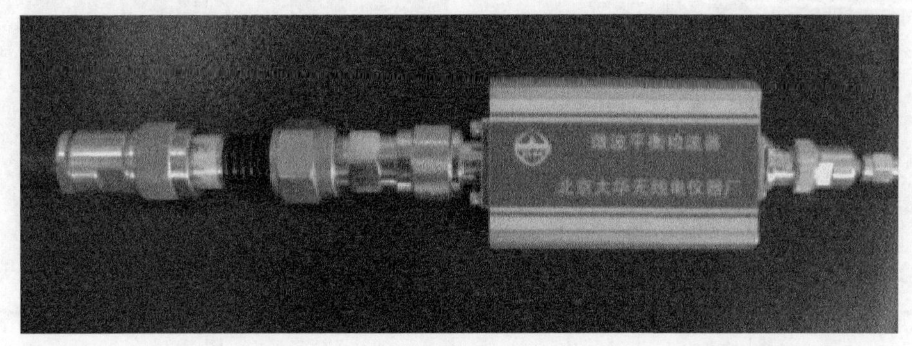

图 5.4

示波器设置如下。

(1)按下“MENU”键,在屏幕显示区域将匹配阻抗选择在“50”(Ω),如图 5.5 所示。

(2)按下示波器功能键上方的“MEASURE”键,如图 5.6 所示。

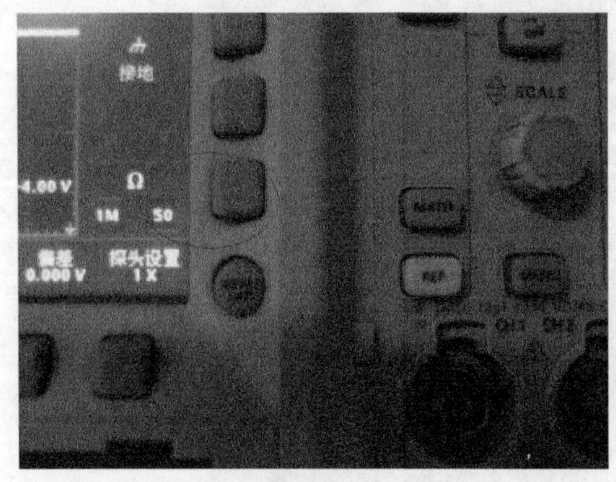

图 5.5

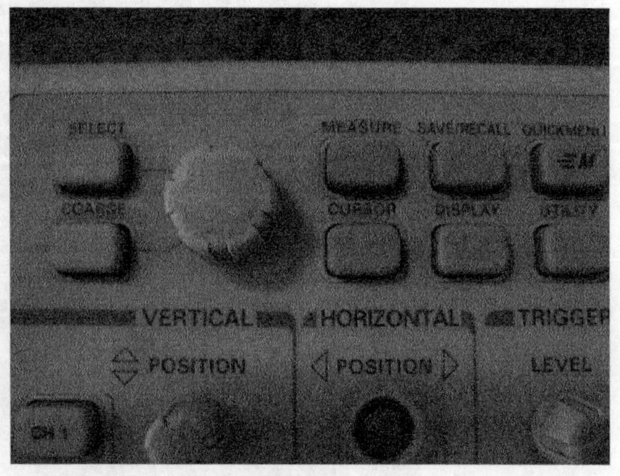

图 5.6

(3)在屏幕显示区域选择“上升时间”“下降时间”“正脉冲宽度”,如图 5.7、5.8 所示。

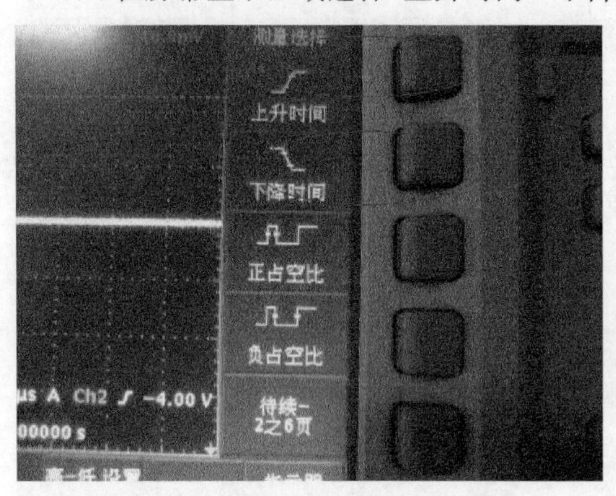

图 5.7

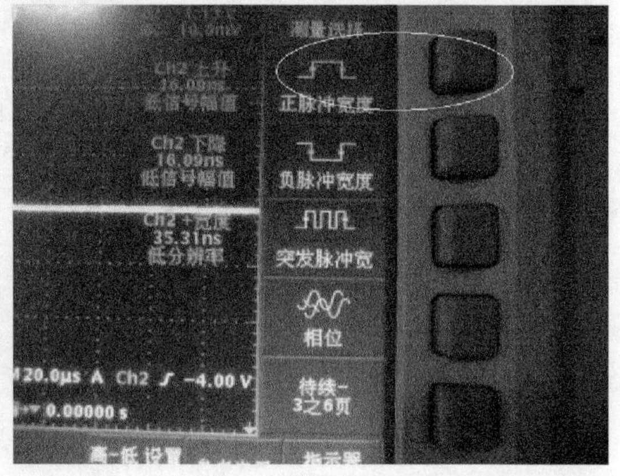

图 5.8

(4)顺时针选择“SCALE”键,将波形展宽,如图 5.9 所示。

(5)在屏幕右侧读出上升时间、下降时间、脉冲宽度,如图 5.10 所示。

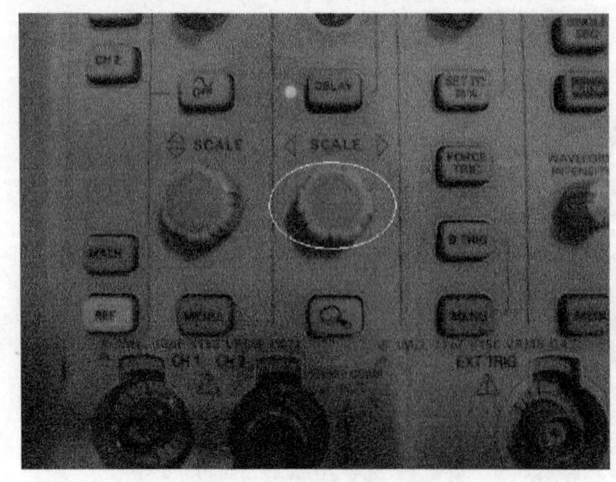

图 5.9

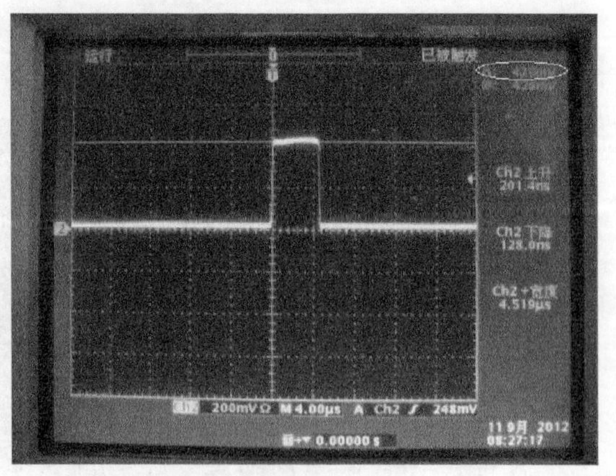

图 5.10

(6)将光标线放置于包络顶部的起伏处最低点和最高点，读出两线间的幅度，如图 5.11 所示，除以两倍的包络幅度即得出顶降，将顶降数值换算成百分数记录。

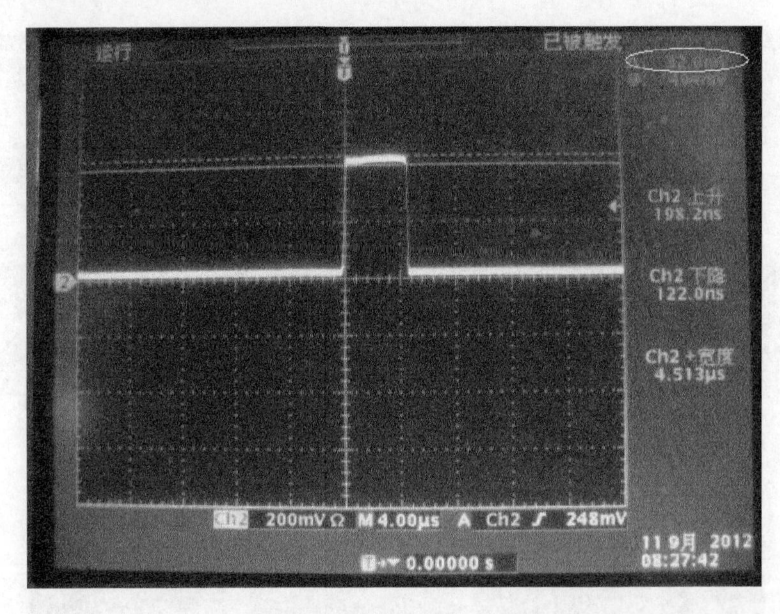

图 5.11

5.2.1.2　发射机输出功率测量

大纲要求：用外接仪表(大功率计或小功率计)及机内功率检测装置对不同工作比时的发射机输出功率进行测量。雷达正常运行时，外接仪表与机内检测装置同时测量值的差值应≤0.4 dB。

1. 外接仪表测量

测量仪表：功率计：Agilent N1913A，探头：N8481A。

首先进行功率计校准，如图 5.12 所示连接功率计探头。

按下 Channel 键，将频率设置为发射机主频，之后按下 Offsets 键，如图 5.13 所示。

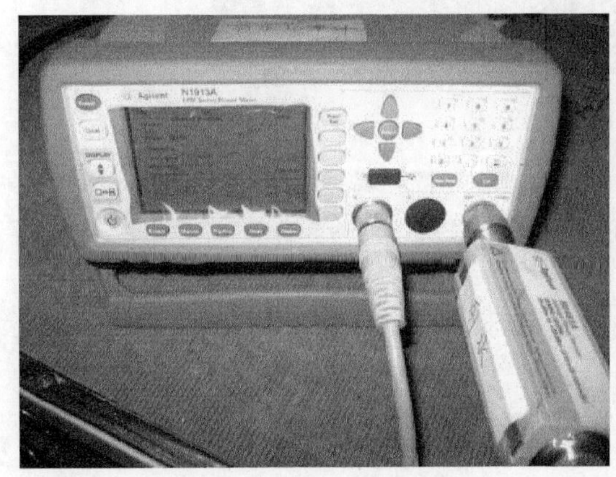

图 5.12

图 5.13

移动功率计面板上的方向箭头将图示里的两个对钩去掉，如图 5.14 所示。

按下 Cal 键，如图 5.15 所示。

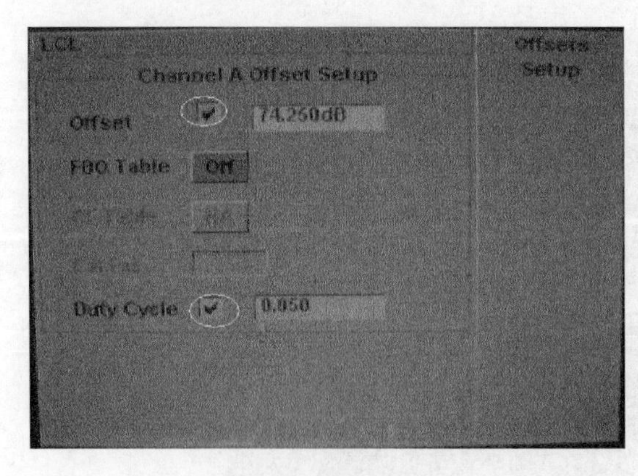

图 5.14

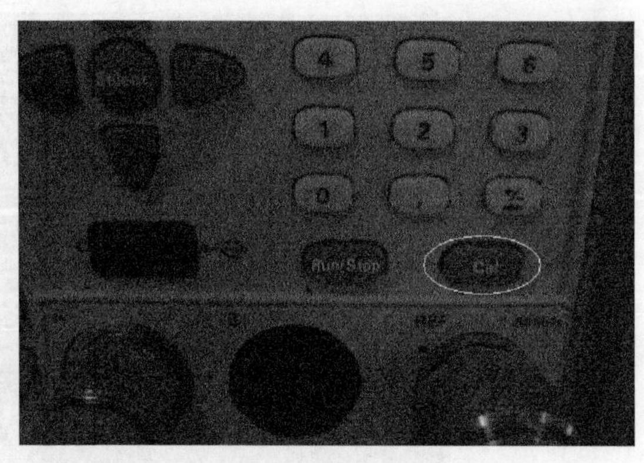

图 5.15

按下 Zero＋Cal 键，如图 5.16 所示，则仪器自动校准。

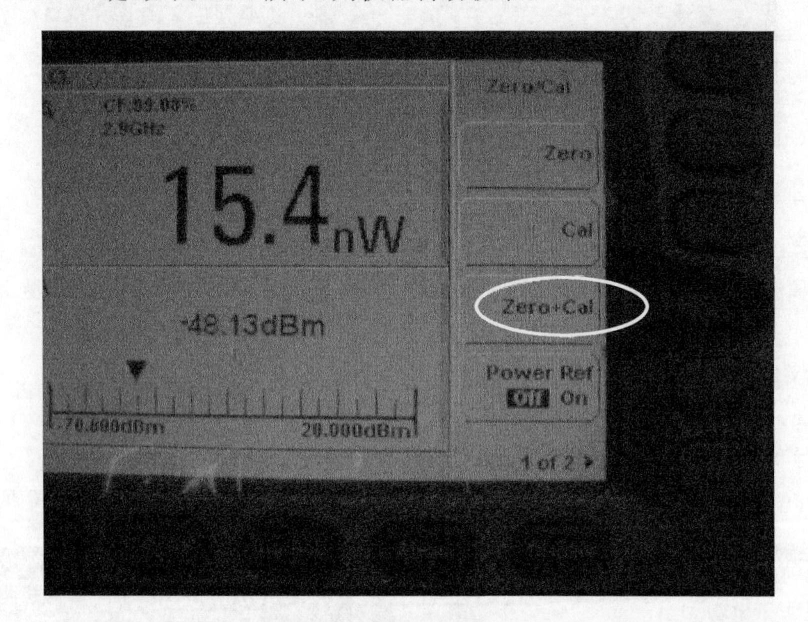

图 5.16

待仪器校准完成后，将功率计探头与发射机测试线缆通过 7 dB 衰减器连接紧密，将 Offset 设置为发射机定向耦合器到功率计探头的所有衰减之和，将 Duty Cycle 设置为当前频率下的占空比，并将此前去掉的两个钩重新勾选上。

所有衰减之和＝定向耦合器耦合值＋30 dB 固定衰减器＋线缆衰减值＋其他衰减值(0.5 dB)＋7 dB 固定衰减器。

占空比＝当前脉宽(μs)×重复频率(Hz)/1000000×100％

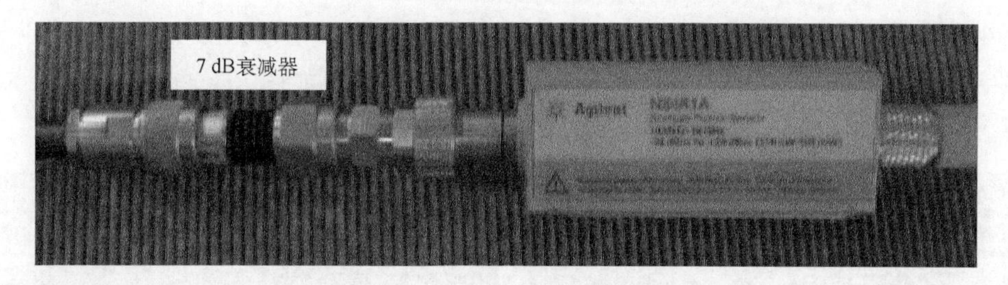

图 5.17

2. 机内功率测量

该测量结果在 RDASC 运行第一个 0.5°以后即可在 Performance 中查找，如图 5.18 所示。

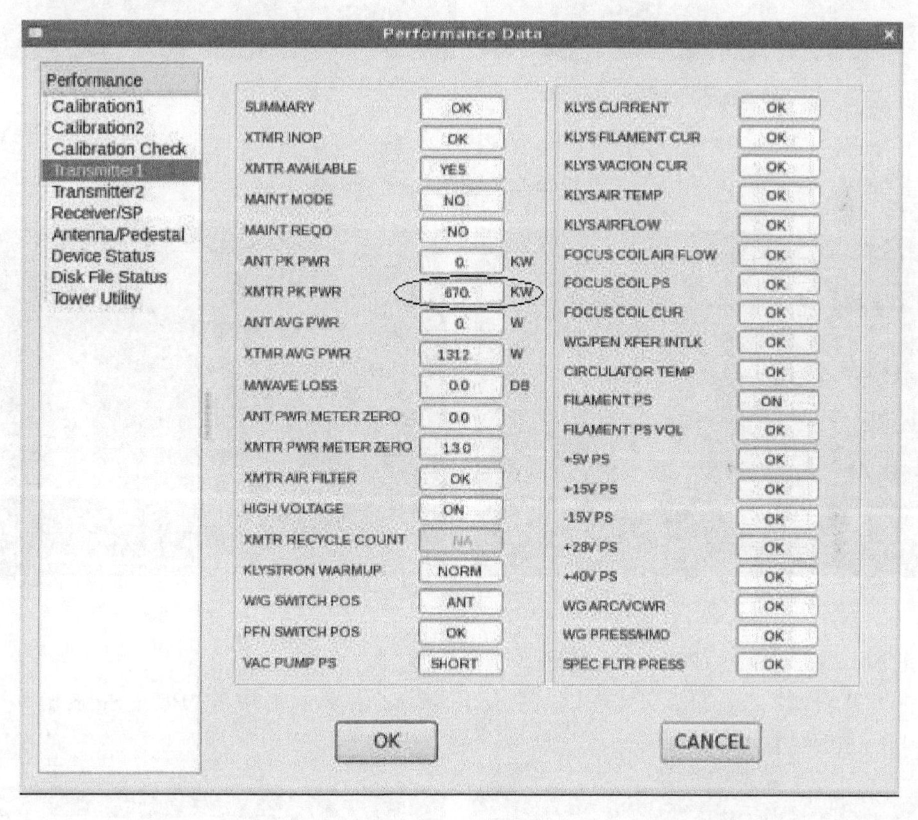

图 5.18

5.2.1.3　发射脉冲射频频谱

测量发射脉冲射频频谱，测量的频谱图应附在测试记录中。

使用仪器：频谱仪。

指标要求：−40 dB 处谱宽不大于±7.26 MHz；

　　　　　−50 dB 处谱宽不大于±12.92 MHz；

　　　　　−60 dB 处谱宽不大于±22.94 MHz。

仪器连接：将发射机测试线缆通过 7 dB 固定衰减器直连至频谱仪输入端。

首先设置频点，点击“FREQUENCY Channel”，如图 5.19 所示。

数字键盘区输入本机频点，点击屏幕右侧按钮确认单位，如图 5.20 输入的是 2800 MHz 的频点。

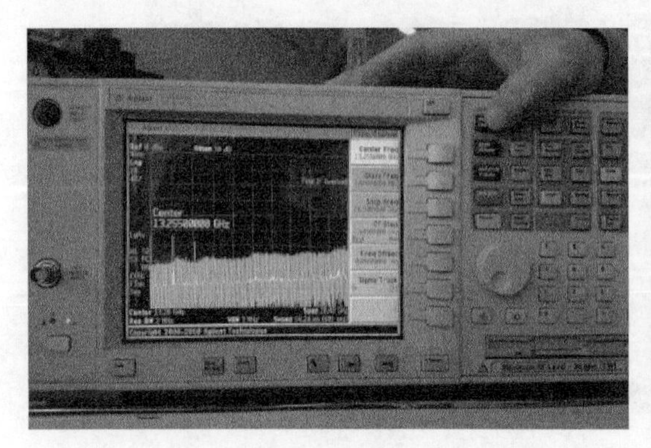

图 5.19

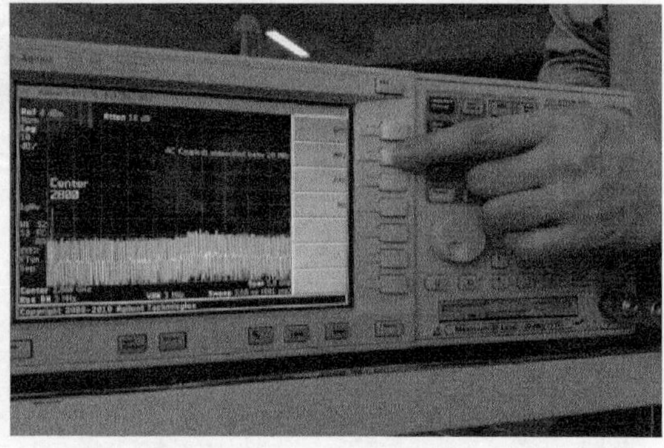

图 5.20

点击“SPAN X Scale”输入 50 MHz，如图 5.21 所示。

点击“BW/Avg”输入 30 kHz 解析带宽，如图 5.22 所示。

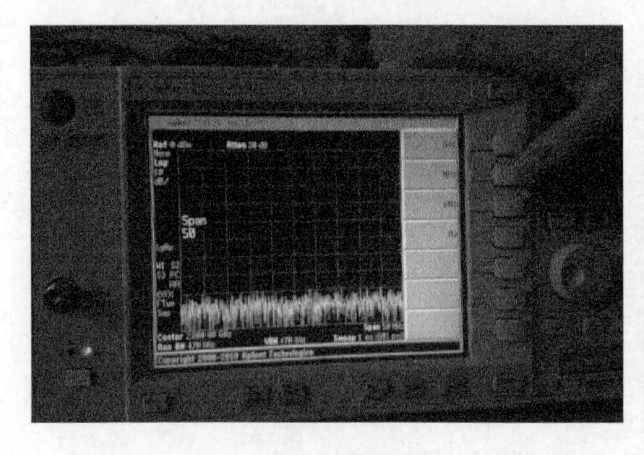

图 5.21

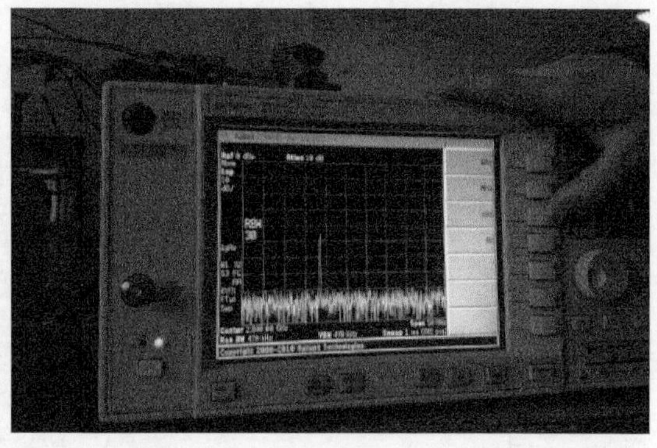

图 5.22

点击“Trace/View”，如图 5.23 所示。

点击屏幕右侧“Max Hold”按钮，如图 5.24 所示，依次点击按键“Peak Search”→“Marker”→“Normal”→“Delta”。

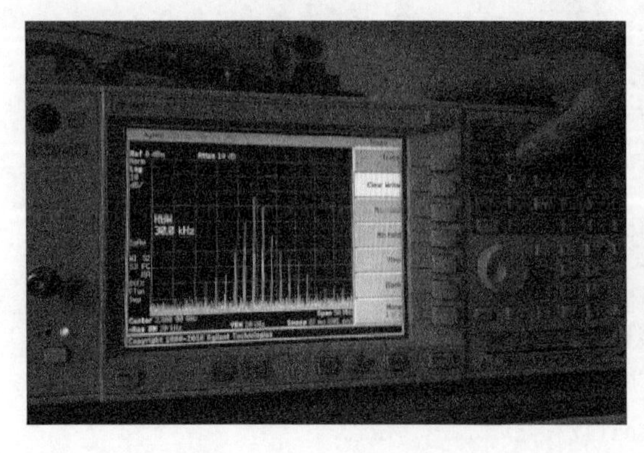

图 5.23

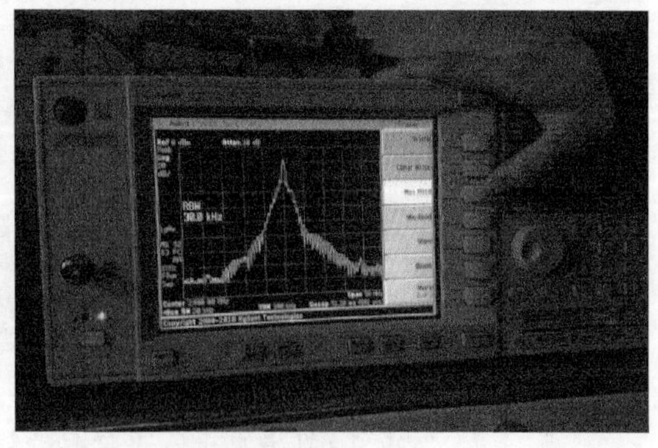

图 5.24

旋动旋钮即可读出相应点的频谱，记录数据，如图5.25所示。

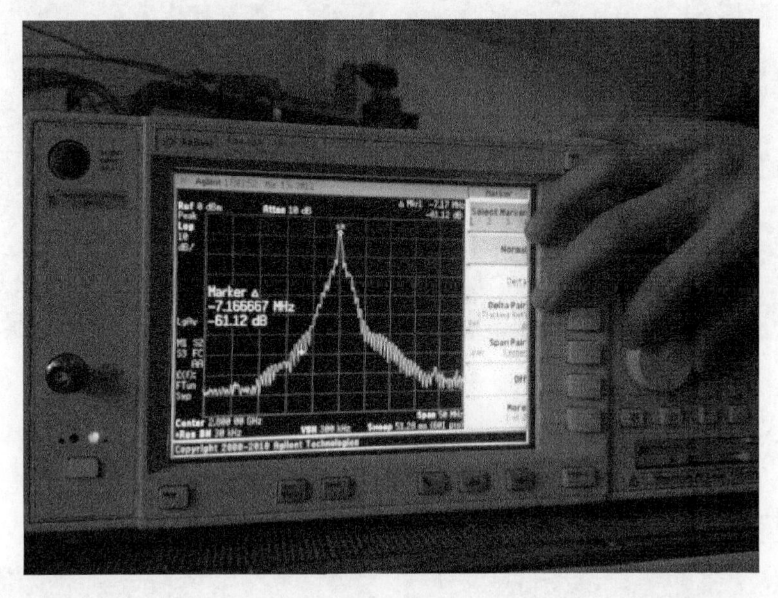

图5.25

5.2.1.4　发射机极限改善因子测量

大纲要求：用频谱仪检测信号功率谱密度分布，从中求取信号和相噪的功率谱密度比值(S/N)，根据信号的重复频率(F)、谱分析带宽(B)，计算出极限改善因子(I)。测量的信号功率谱密度分布图应附在测试记录中。

1. 发射机输出端极限改善因子测量

对雷达高重复频率(1000 Hz左右)和低重复频率(600 Hz左右)时的发射机极限改善因子分别进行测量。

实际测量中使用的高重复频率是1282 Hz，低重复频率是644 Hz。

测量仪表：频谱仪。

指标要求：发射机输出极限改善因子应优于52 dB；

发射机输入极限改善因子应优于55 dB。

计算公式：

$$I = S/N + 10\lg B - 10\lg F$$

式中：I为极限改善因子(dB)；S/N为信号噪声比(dB)；B为频谱仪分析带宽(Hz)；F为发射脉冲重复频率(Hz)。

首先设置频点，点击“FREQUENCY Channel”，如图5.26所示。

数字键盘区输入本机频点，点击屏幕右侧按钮确认单位，如图5.27所示输入的是2800 MHz的频点。

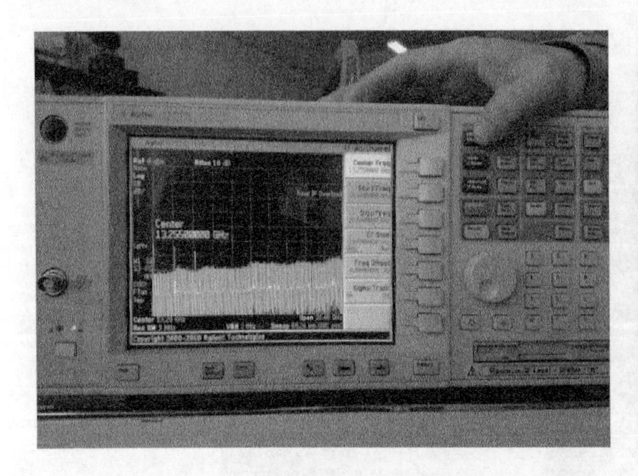

图 5.26

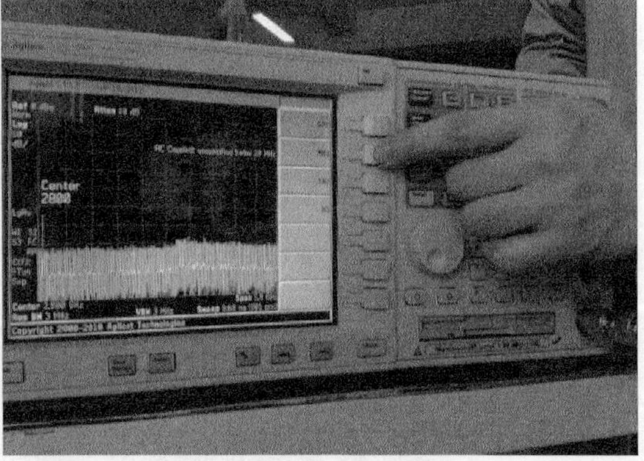

图 5.27

点击“SPAN X Scale”，如图 5.28 所示。

重复频率 644 Hz 设置为 1 kHz，重复频率 1282 Hz 设置为 2 kHz。数字键盘区域输入数值，屏幕右侧按钮选择单位，如图 5.29 所示。

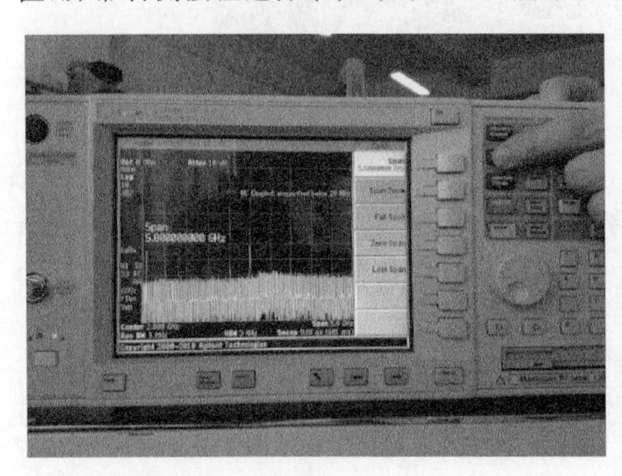

图 5.28

图 5.29

点击“AMPLITUDE Y Scale”，如图 5.30 所示。

旋转旋钮，调整图形到达合适位置，如图 5.31 所示。

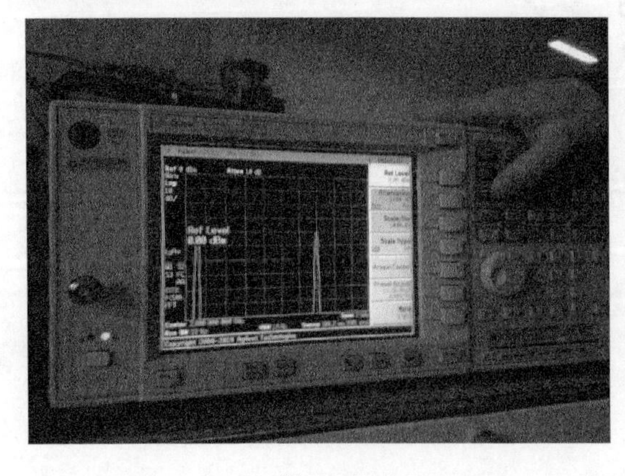

图 5.30

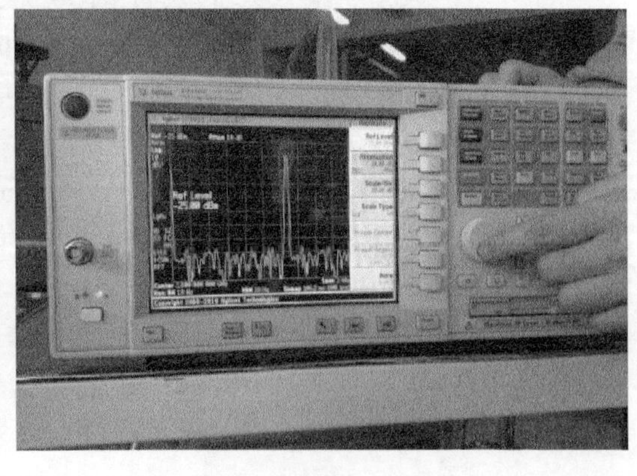

图 5.31

再次点击“FREQUENCY Channel”，通过旋钮调整中心频点的位置，如图 5.32 所示。

点击“BW/Avg”，如图 5.33 所示。

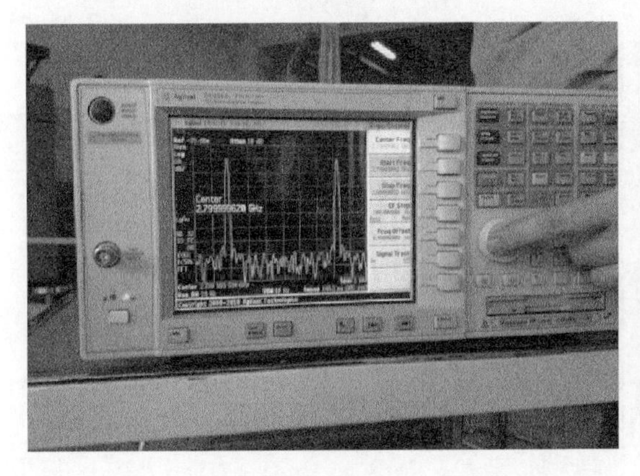

图 5.32

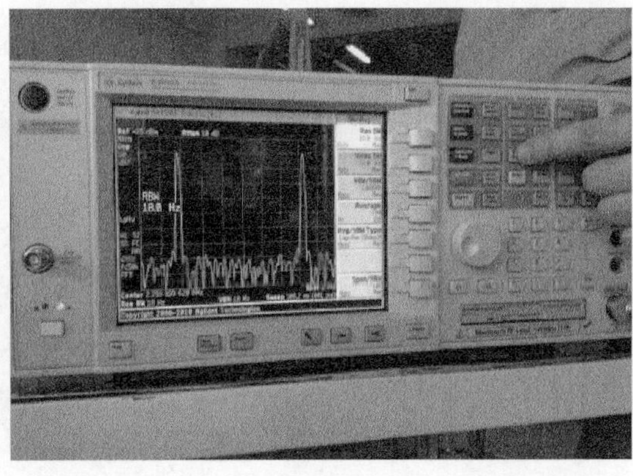

图 5.33

数字键盘输入 3 Hz 解析带宽，如图 5.34 所示。

同级菜单中选择“Average”使之处于“ON”状态，如图 5.35 所示，一般取 10 次平均数字键盘输入 10 后，点击屏幕旁的按钮 ENTER 进行确认，即为平均 10 次。

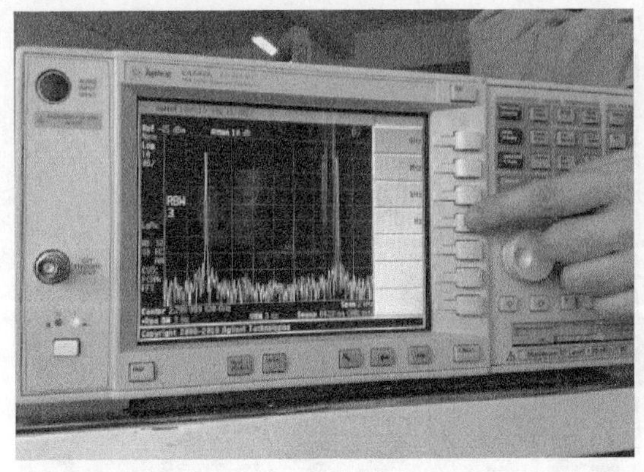

图 5.34

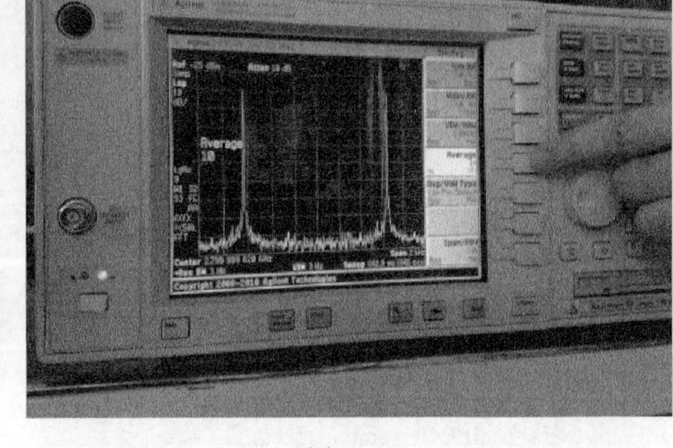

图 5.35

点击“Peak Search”，如图 5.36 所示。

点击“Marker”，如图 5.37 所示。

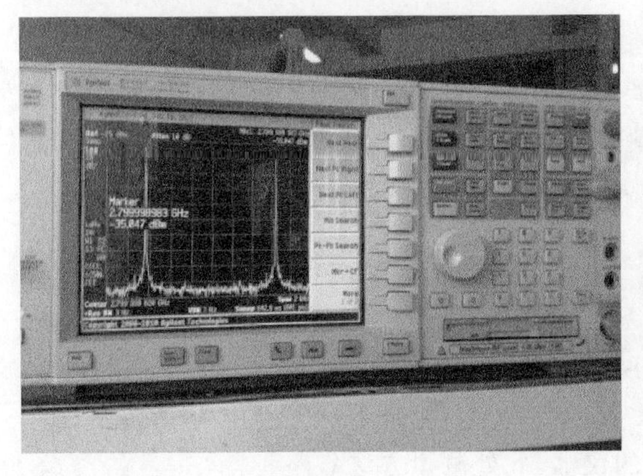

图 5.36

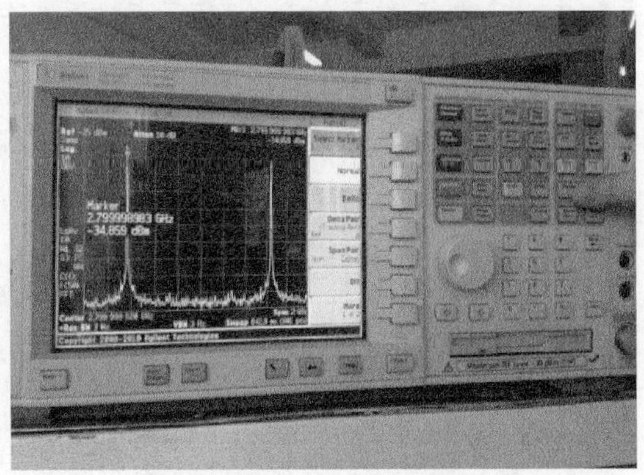

图 5.37

屏幕右侧点击按钮，选择 Delta，如图 5.38 所示。

输入 1/2 PRF 的数值，查看信噪比，如图 5.39 所示。

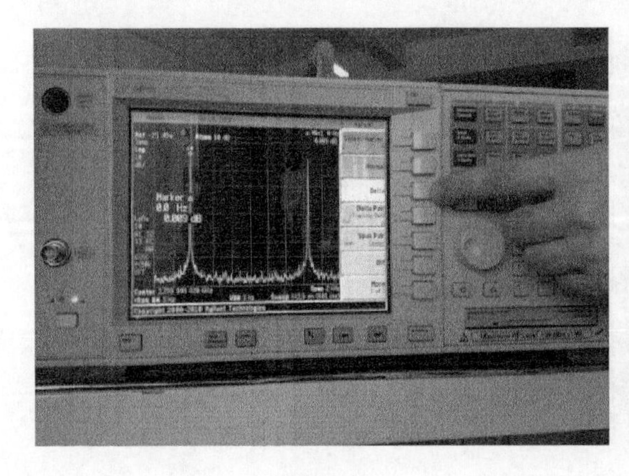

图 5.38

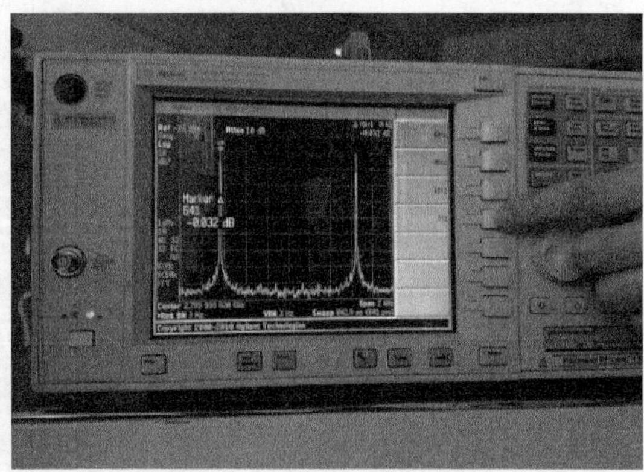

图 5.39

结果如图 5.40 所示。

2. 发射机输入端极限改善因子测量

测试方法同上，但是测量点的位置改为可变衰减器输出端，如图 5.41 所示。

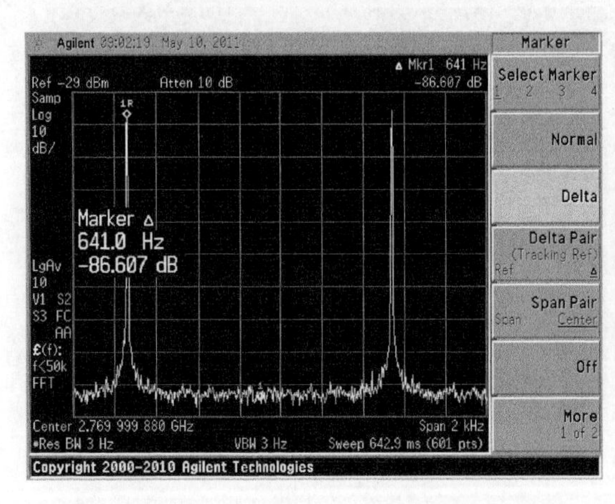

图 5.40

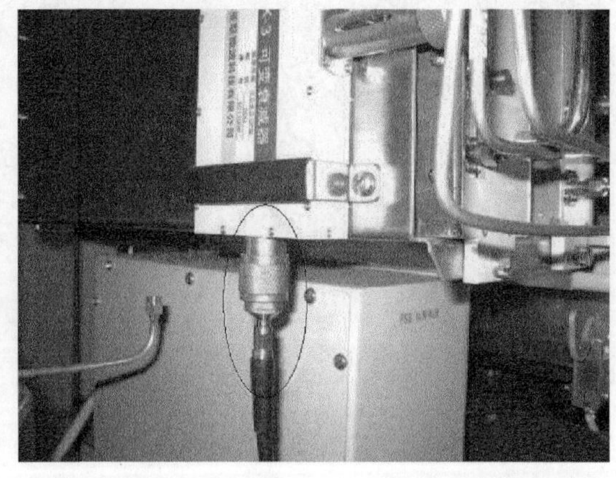

图 5.41

5.2.2　接收机主要性能指标及测试方法

大纲要求：接收机所进行的测试项目有噪声系数、最小可测信号功率和接收系统动态特性、中频频率、中频带宽等，其中，中频频率、中频带宽、ADC 速率、频综短期(1 ms)频率稳定度必须以分机实测数据为依据进行检查。频综具有相位编码受控功能，在功能检查中进行检查。

5.2.2.1　噪声系数测量

指标要求：噪声系数≤4.0 dB，接收机噪声系数用外接噪声源和机内噪声源测量。外接噪声源和机内噪声源测量的差值应≤0.2 dB。噪声系数测量方法如下。

1. 外接噪声源测量噪声系数

由于缺少噪声系数分析仪和噪声源等必要的仪器，此处测量方法省略。

2. 机内噪声源测量噪声系数

用机内噪声源测量噪声系数是通过雷达系统内设置的噪声源测量接收机噪声系数。机内检测的噪声系数或噪声温度分别列表记录。

噪声温度(T_N)与噪声系数的换算公式为：$N_F=10\ \lg[T_N/290+1]$

可在 Performance 中查找，如图 5.42 所示。

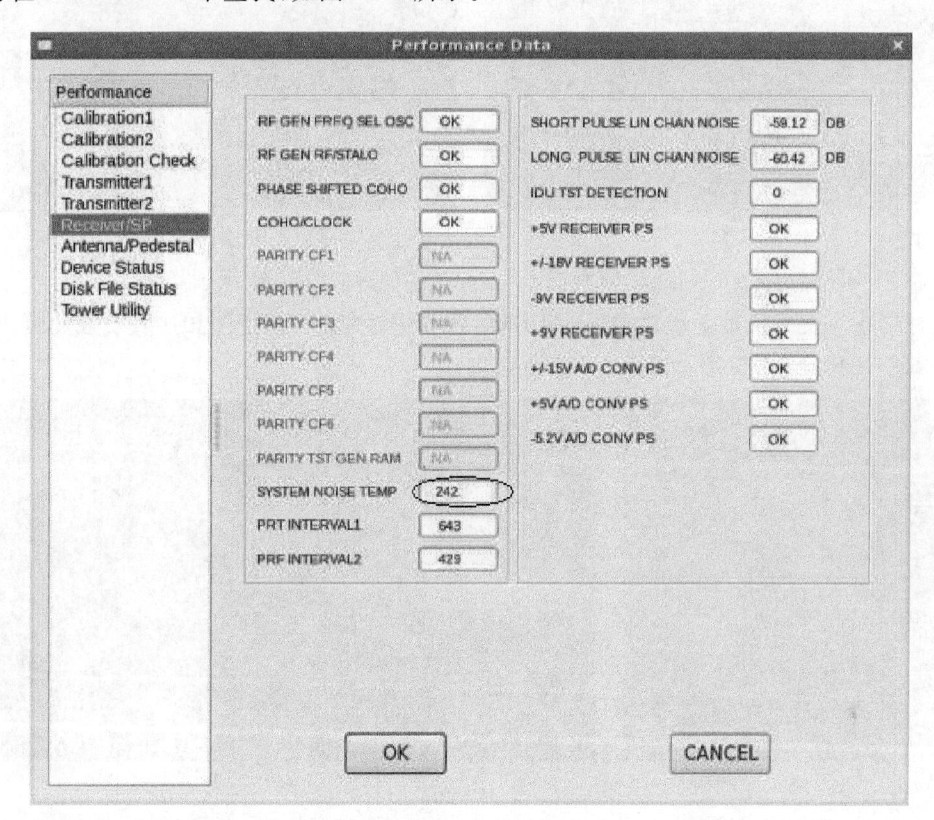

图 5.42

5.2.2.2　最小可测信号功率测量

大纲要求：在接收机无输入(信号源无输出)时，测量终端输出的噪声电压(V)或噪声电平(dB)，再输入外接信号源信号，逐渐增大其信号功率，当终端输出的电压幅度为 1.4 倍噪声电压(V)或噪声电平增加 3 dB 时，注入接收机的信号源信号功率为接收机的最小可测信号功率。接收机两种带宽分别测量。

指标要求：宽带优于－109 dBm，窄带优于－114 dBm。

仪器设置：以 Agilent E8527D 信号源为例，按下“Frequency”，设置频率与发射机频点一致，然后按下“Pulse”键，如图 5.43 所示。

将状态栏中的各项依次设置为：Pulse—on，Pulse Source—Int Triggered，Pulse Width—1.57 或 4.50 μs，Pulse Delay—70 μs(不同站点此延迟时间部分有区别)，如图 5.44 所示。

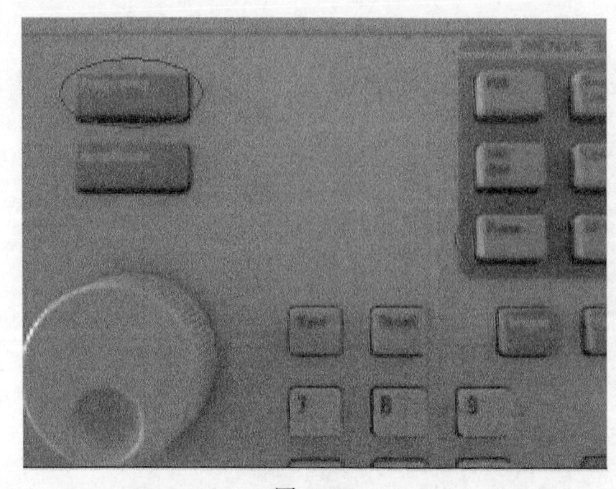

图 5.43

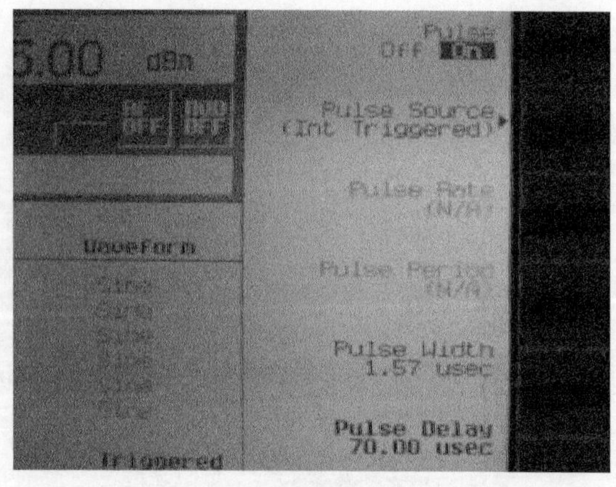

图 5.44

设置 Mod on/off、RF on/off 依次设为 ON 状态，如图 5.45 所示。

此时应注意发射机辅助供电打开，用 BNC 线缆连接发射机面板上的“射频触发脉冲”至仪器的 TRIGGER INPUT 端，如图 5.46 所示。

图 5.45

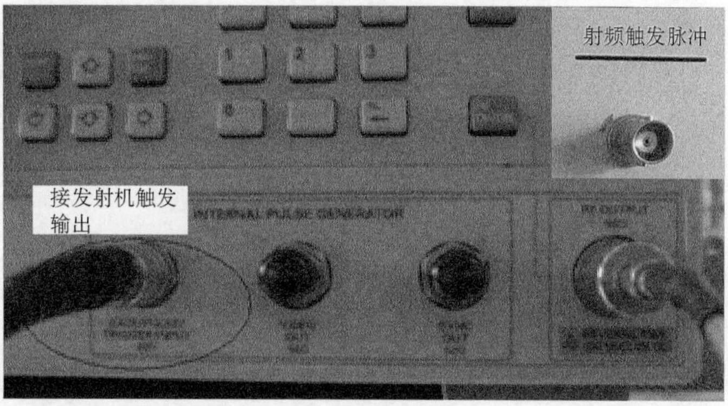

射频触发脉冲

接发射机触发输出

图 5.46

按下 RDASOT 中的 Ascope，将模拟示波器的界面设置如图 5.47 所示，然后点击 Start。从图 5.48 回波的图形上看到 12 km 处回波强度最大。

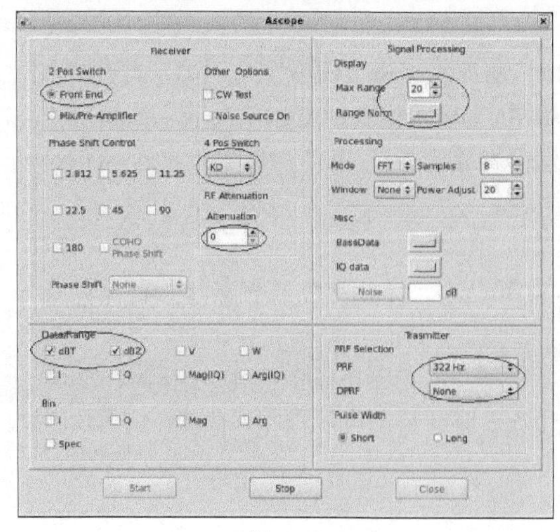

图 5.47

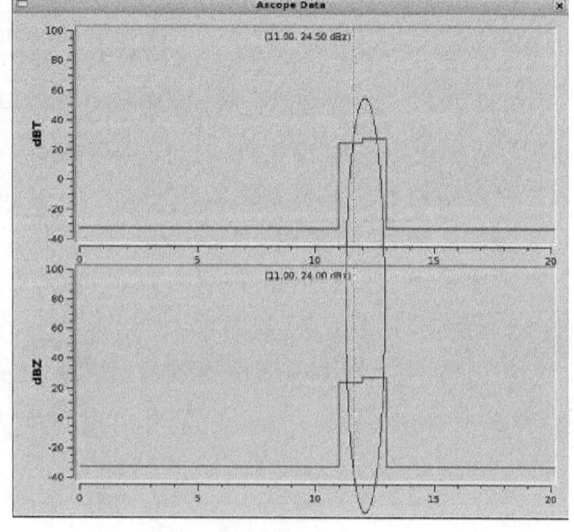

图 5.48

那么采样点数量＝12×4＝48(1 km 包含 4 个库)，与逐点试验法得到的采样点一致，如图 5.49 所示。

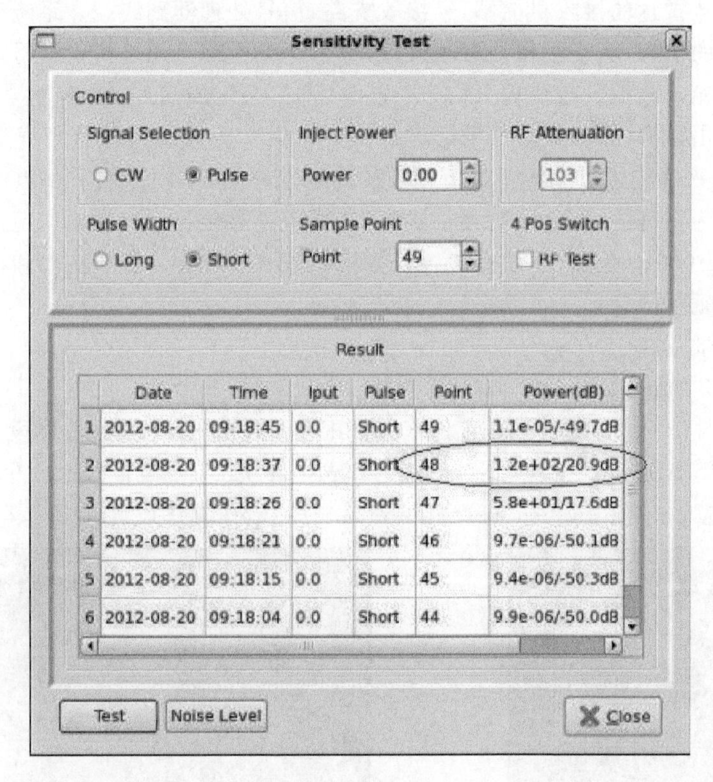

图 5.49

为保证在保护器 J1 处得到－109 dBm 的功率，即－109＝仪器输出＋线损，故测试前应该先标定线缆的衰减，使得有信号输入比无信号输入差值大 3 dB，如图 5.50 所示。

宽脉冲的采样点为经验值，等于窄脉冲采样点＋1，仪器设置同窄脉冲，仪器输出为－114＝仪器输出＋线损，有信号输入比无信号输入差值大于 3 dB 即判断合格，如图 5.51 所示。

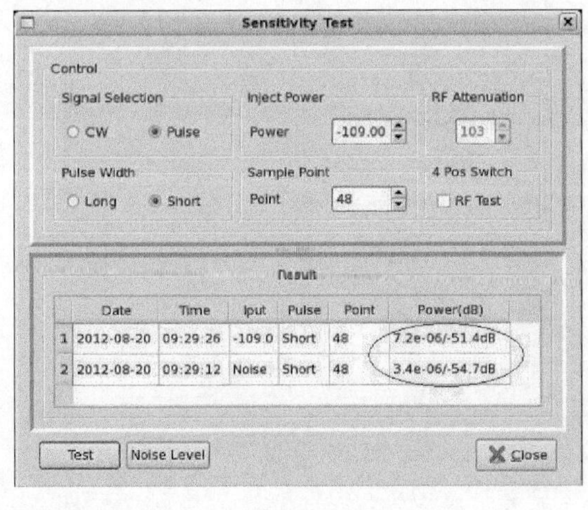

图 5.50

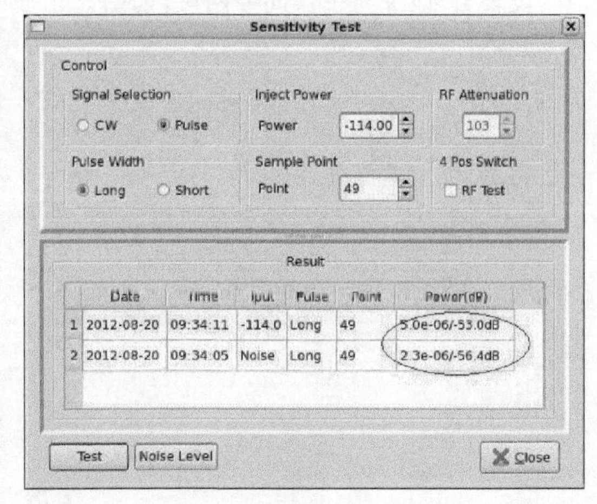

图 5.51

5.2.2.3　接收系统动态特性测试

接收系统指从雷达的接收机前端，经接收支路、信号处理器到终端。系统动态特性的测量采用信号源产生的信号，由接收机前端注入(信号可用外接信号源或机内信号源产生)，在数据终端读取信号的输出数据。改变输入信号的功率，测量系统的输入输出特性。

根据输入输出数据，采用最小二乘法进行拟合。由实测曲线与拟合直线对应点的输出数据差值≤1.0 dB来确定接收系统低端下拐点和高端上拐点，下拐点和上拐点所对应的输入信号功率值的差值为系统的动态范围。新一代天气雷达要求接收系统的动态范围≥85 dB，拟合直线斜率应在1±0.015范围内，线性拟合均方根误差≤0.5 dB。机外信号和机内信号在接收机前端输入点必须相同。

1. 外接信号源测量接收系统动态特性

测量仪表：以 Agilent E8527D 信号源为例。

先查询仪器的IP地址，然后将RDA计算机的IP地址设置为与仪器同一网段。仪器IP地址路径为 Utility→GPIB/RS－232→LAN Setup→IP Address，IP Address 设置界面如图5.52所示。

RDA中IP地址按单击 System→Administration→Network 顺序设置，如图5.53所示。

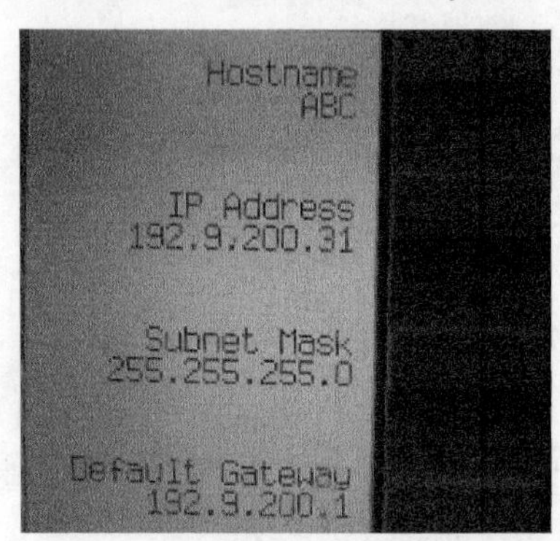

图5.52

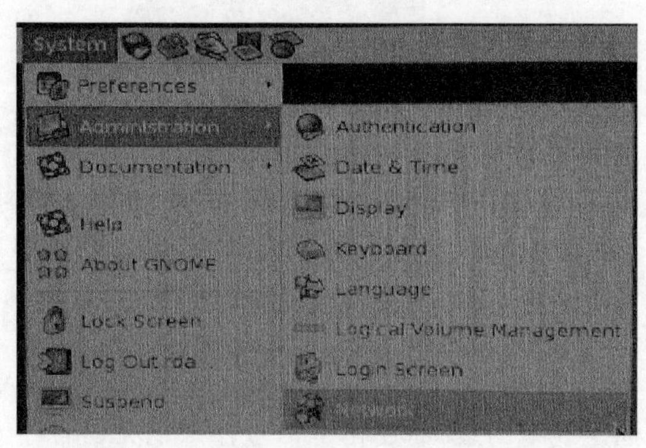

图5.53

得到如下菜单，如图5.54所示，鼠标单击选中框。

设置IP地址与仪器同一网段，如图5.55所示。

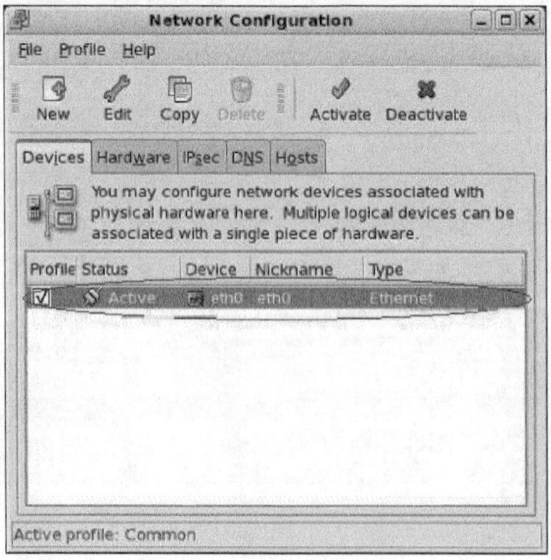

图5.54

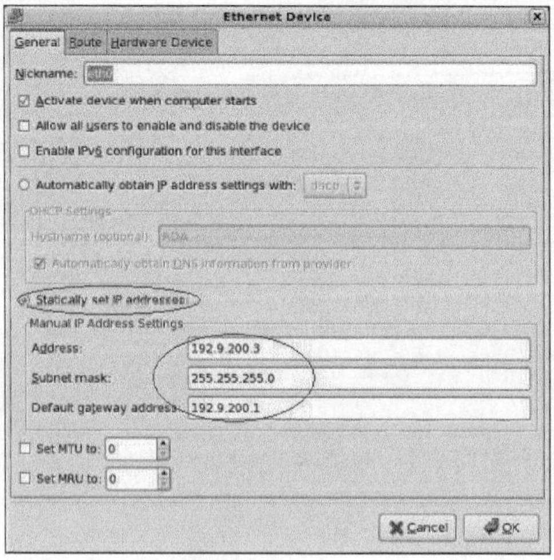

图5.55

然后点击 Activate，如图 5.56 所示。

在随后的对话框中分别点击“Yes”“Ok”，如图 5.57 所示。

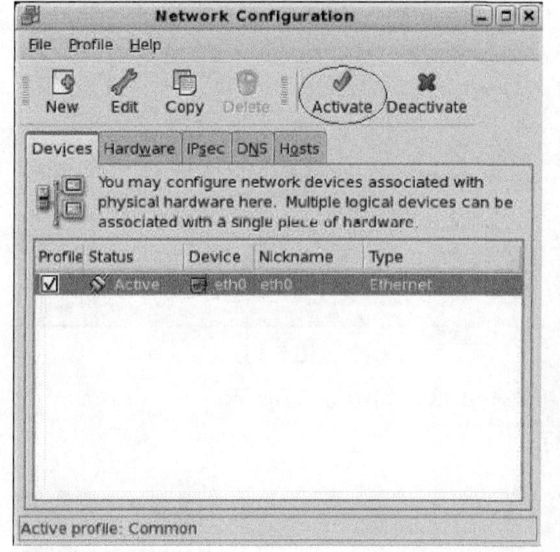

图 5.56

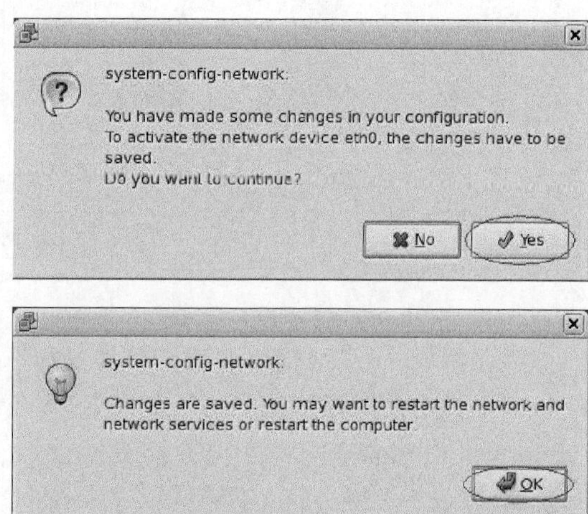

图 5.57

软件的设置如下。

(1)鼠标点击“Parameter Setting”，如图 5.58 所示。

(2)在弹出的对话框中，首先将控制信号源的对钩选中，然后输入仪器的 IP 地址和发射机的频点，保存后退出，如图 5.59 所示。

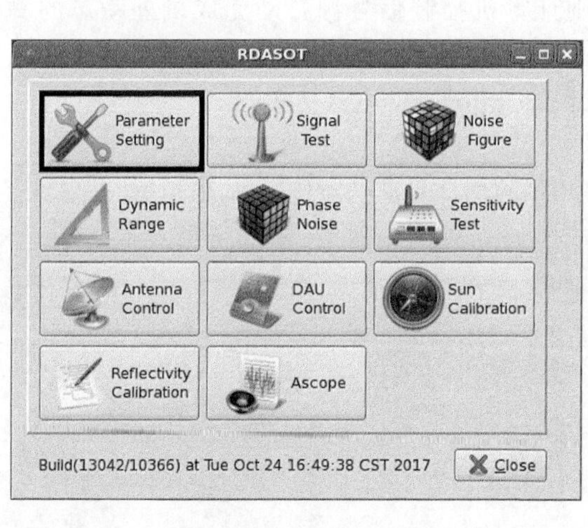

图 5.58

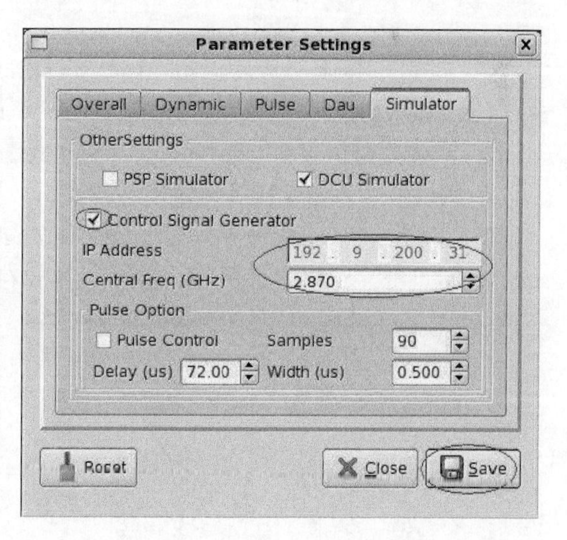

图 5.59

测试方法如下。

(1)在 RDASOT 中选择“Dynamic Range”，如图 5.60 所示。我们可以看到动态测试的对话框，如图 5.61 所示。

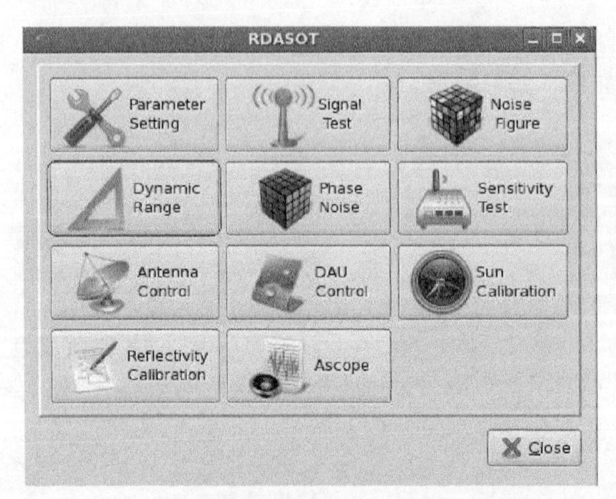

图 5.60

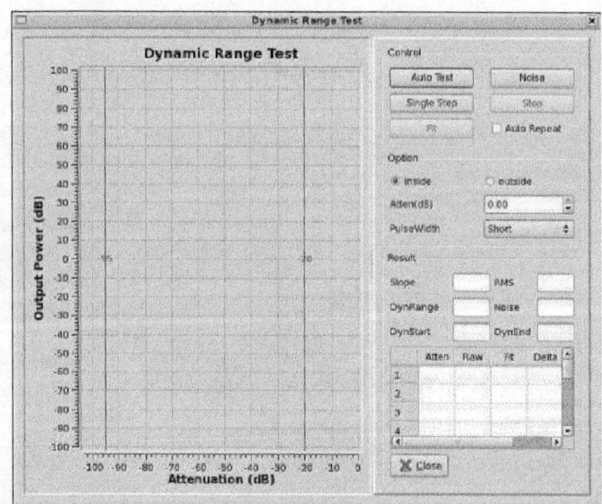

图 5.61

(2)在图 5.61 中网格线的区域单击鼠标右键,选“dBZ”,如图 5.62 所示。

(3)在弹出的对话框选“OK”,如图 5.63 所示。

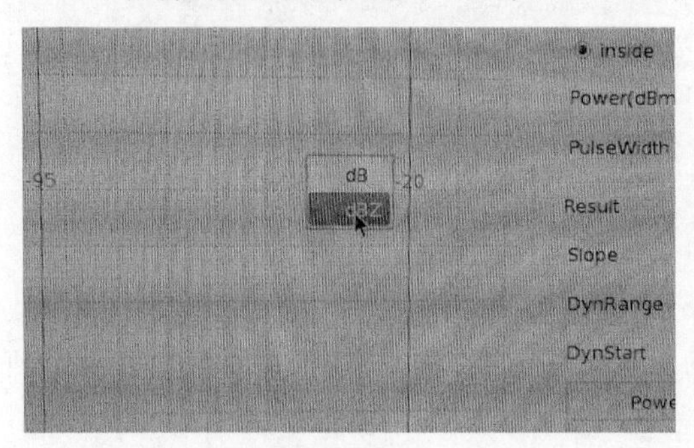

图 5.62

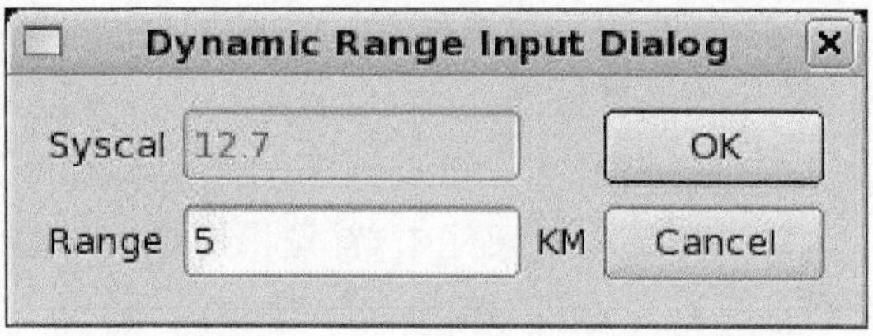

图 5.63

(4)选择“outside”,然后点击“Auto Test”,则计算机控制信号源自动完成机外动态的测试,如图 5.64 所示。

(5)测试数据保存在“computer/filesystem/opt/rda/log/Dyntest_date. txt”。

2. 机内信号源测量接收系统动态特性

做机内动态时应注意要将“Parameter Setting”中的控制信号源的对钩去掉,然后选“dBZ”“inside”,然后点击“Auto Test”,结果按时间顺序保存位置同机外动态,如图 5.65 所示。

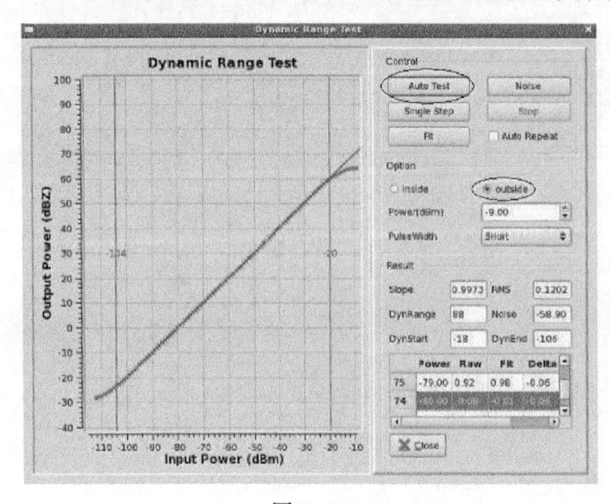

图 5.64

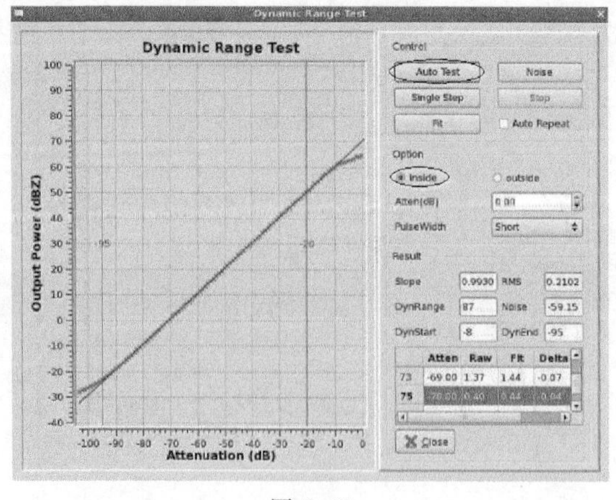

图 5.65

5.2.2.4　系统相干性

1. I、Q 相角法

将雷达发射射频信号经衰减延迟后注入接收机前端，对该信号放大、相位检波后的 I、Q 值进行多次采样，由每次采样的 I、Q 值计算出信号的相位，求出相位的均方根误差 σ_{φ} 来表征信号的相位噪声。在验收测试时，取其 10 次相位噪声 σ_{φ} 的平均值来表征系统相干性。

指标要求：S 波段雷达相位噪声≤0.15°。

测试方法：发射机预热完毕后打到遥控、自动的位置。

启动 RDASC，标定结束后在 State 中选择 Off-line operate，连续标定 10 次，在文件 computer/filesystem/opt/rda/log/date-IQ62.log 中记录结果。

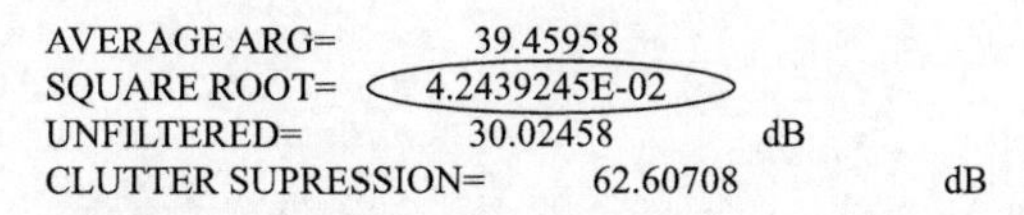
AVERAGE ARG= 39.45958
SQUARE ROOT= 4.2439245E-02
UNFILTERED= 30.02458 dB
CLUTTER SUPRESSION= 62.60708 dB

当 σ_{φ} 小于 5°时可近似地用来估算系统的地物对消能力，其转换公式为：

$$L = -20\ \lg(\sin\sigma_{\varphi})$$

2. 单库 FFT 谱分析法测量系统极限改善因子

大纲要求：将雷达的发射射频信号经衰减延迟后注入接收机前端，在终端显示器上观测信号处理器对该信号作单库 FFT 处理时的输出谱线（不加地物对消），从谱分析中读出信号和噪声的功率谱密度比值（S/N），由雷达系统的重复频率（F）、分析带宽（B），计算出极限改善因子（I）。

指标要求：理论上应与发射机输出极限改善因子一致，应优于 52 dB。

测试方法：首先发射机本控状态下开高压，然后选择 RDASOT 中的 Ascope 项，并按图 5.66 所示进行设置。

点击"Start"后出现如图 5.67 界面，用鼠标拖动"dBZ"上的虚线，寻找"Spec"中"sig"与"noise"的最大差值并记录，可以适当调整"Power Adjust"数值。

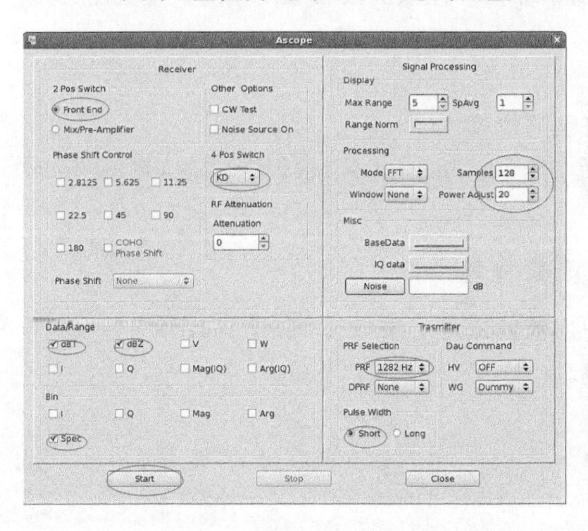

图 5.66

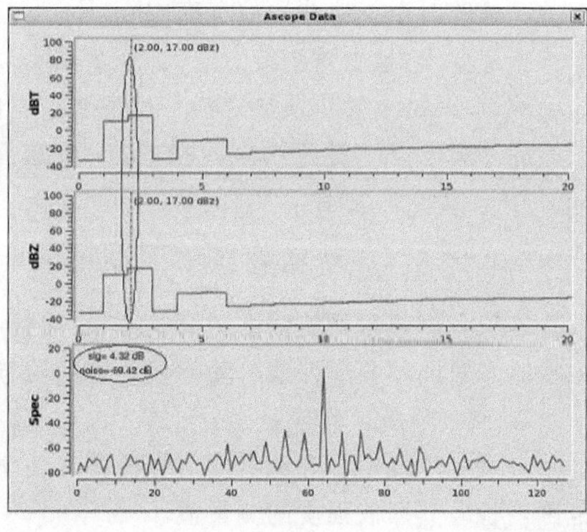

图 5.67

然后改变“Samples”的数值为 256，如图 5.68 所示，重复以上步骤，继续寻找“Spec”中“sig”与“noise”的最大差值并记录，如图 5.69 所示。

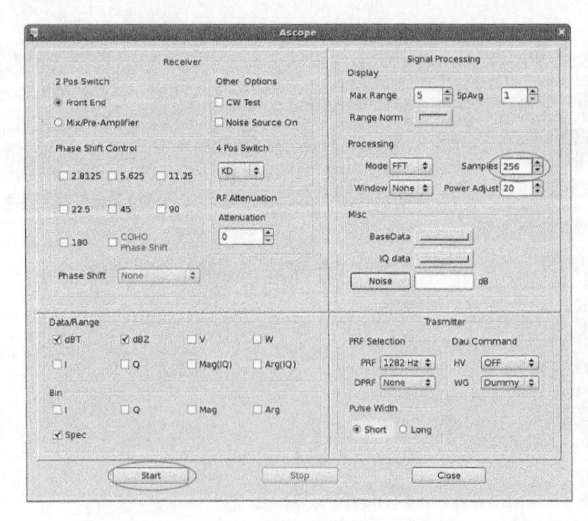

图 5.68

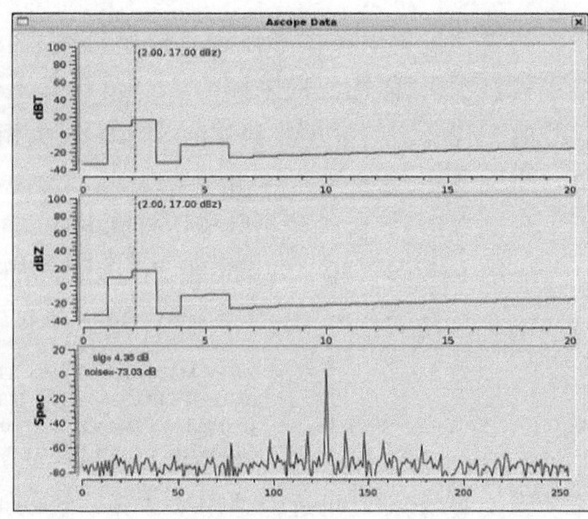

图 5.69

将记录到的数据套入计算公式：$I=S/N+10\lg B-10\lg F$。

分析带宽 B 与单库 FFT 处理点数 n、雷达重复频率 F 有关，即 $B=F/n$，因此上式可改写为：$I=S/N-10\lg n$。

5.2.2.5 地物对消能力检查

采用滤波前后功率比估算地物对消能力和单库 FFT 估算地物对消能力两种方法，可任选一种方法检验系统的地物对消能力。下面仅详细介绍根据滤波前后功率比估算地物对消能力的方法。

将雷达发射射频信号经衰减延迟后注入接收机前端，信号处理器（PPP 模式）分别估算出滤波前后的信号功率，其比值表征系统的地物对消能力。此项测试和滤波器的设计宽度、深度有关。检验时选择滤波器的宽度应≤1 m/s。

指标要求：地物对消能力应大于 52 dB。

测试方法：发射机预热完毕后打到遥控、自动的位置

启动 RDASC，标定结束后在 State 中选择 Off-line operate，连续标定 10 次，在 performance 中记录结果，如图 5.70 所示。

5.2.2.6 系统回波强度定标和速度测量检验

本项测试包括回波强度定标检验、测速检验、双脉冲重复频率（DPRF/APRF）测速展宽能力检验和对回波强度在线自动标校能力的检验。

1. 回波强度定标检验

分别用外接信号源和机内信号源注入功率为－90～－40 dBm 的信号，在距离 5～200 km 范围内检验其回波强度的测量值。

指标要求：回波强度测量值与注入信号计算回波强度值（期望值）的最大差值应在±1 dB 范围内。机外信号和机内信号在接收机前端输入点必须相同。

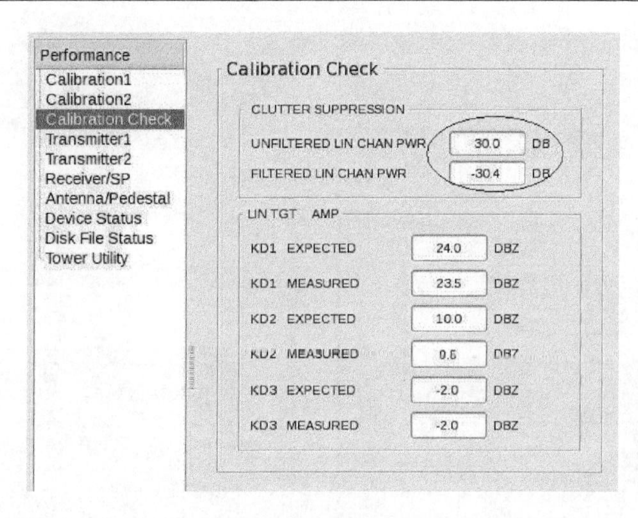

图 5.70

使用仪器：信号源。

(1)外接信号源对回波强度定标的检验

测试方法：运行 RDASOT 中的 Reflectivity Calibration，选择 Calibration，external test，如图 5.71～5.73 所示。注意测试时应该先将测试线缆的衰减进行标定，用功率计测量保护器 J3 的注入功率，读表得到保护器的耦合度，则外接信号源的输出功率设置应该满足如下条件：保护器 J3 注入功率＋保护器耦合度＝信号源输出＋线缆衰减；在信号源输出设置完毕的基础上再依次衰减：－30 dBm，－40 dBm，－50 dBm，－60 dBm，－70 dBm，－80 dBm，测量 6 次。

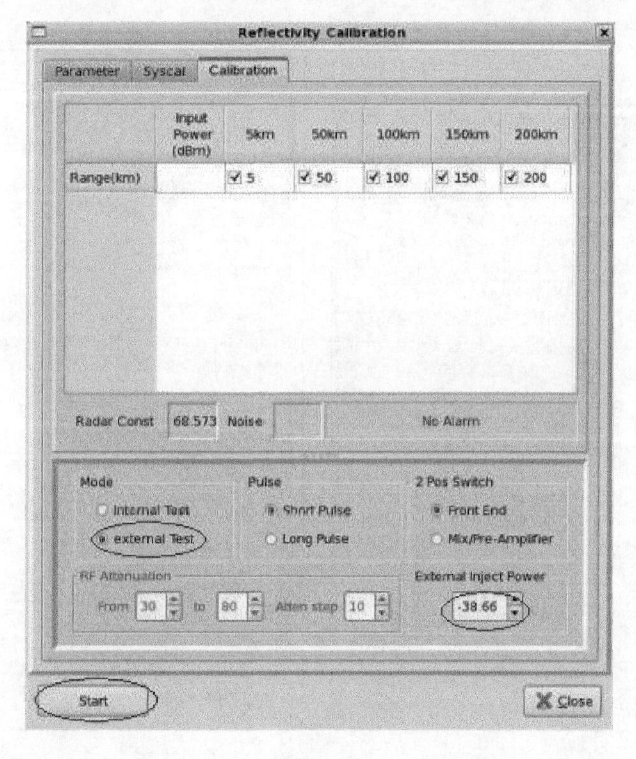

图 5.71

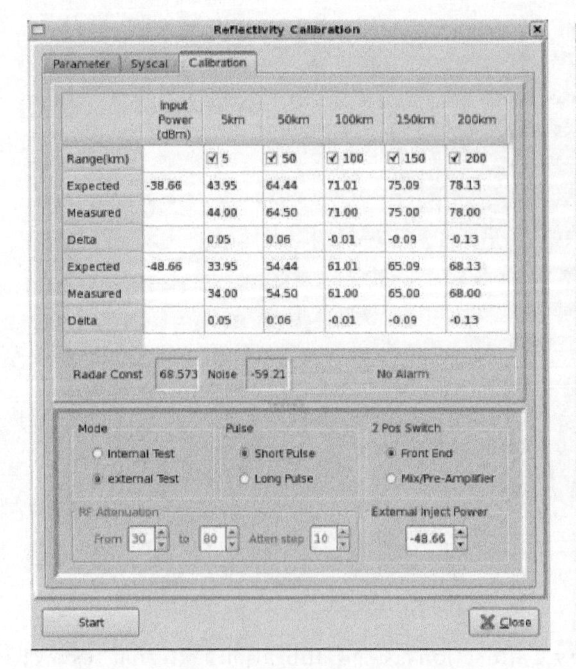

图 5.72

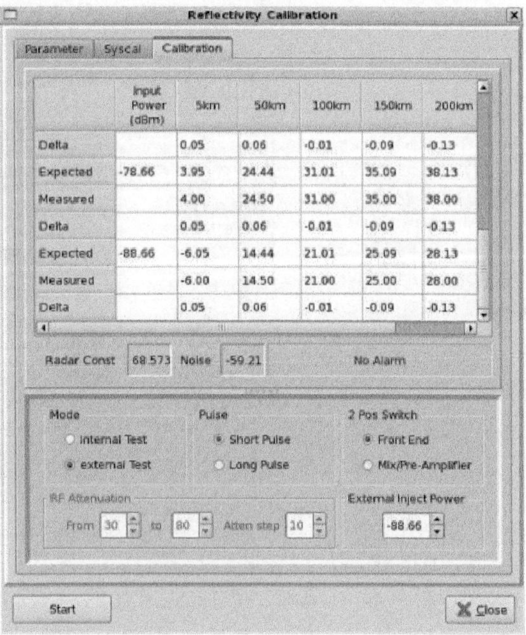

图 5.73

(2)机内信号源对回波强度定标检验

测试方法:运行 RDASOT 中的 Reflectivity Calibration,选择 Calibration,点击 Start,则计算机自动运行标定程序,如图 5.74、5.75 所示。

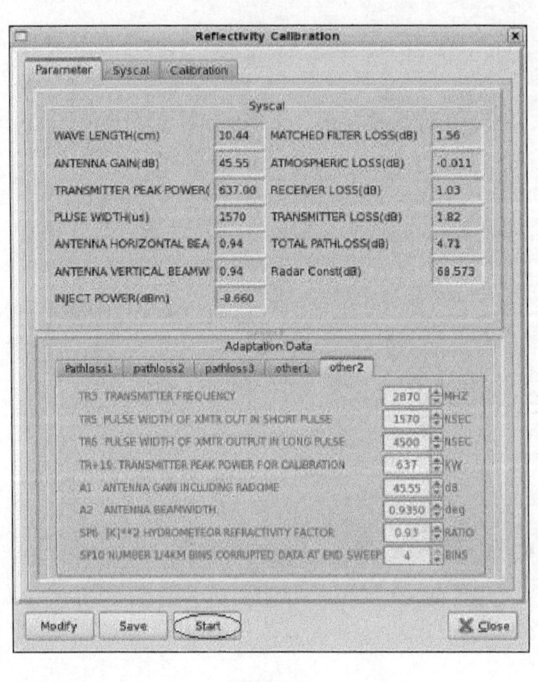

图 5.74

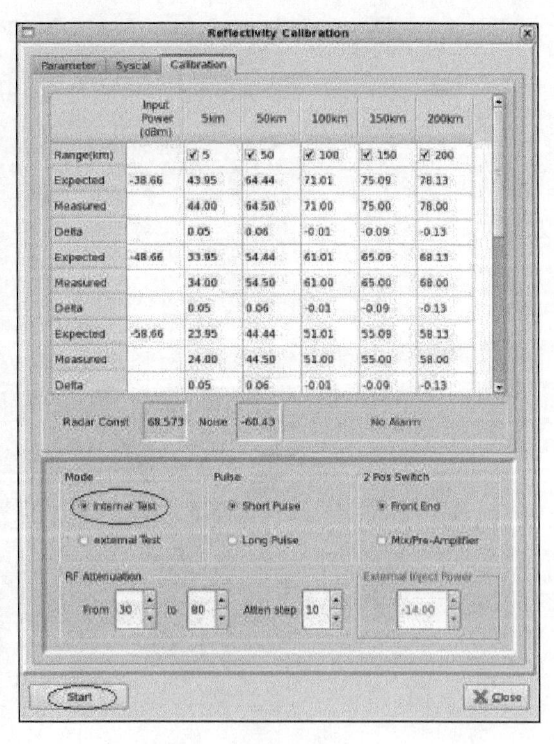

图 5.75

2. 速度测量检验

速度测量采用机内信号源进行，其方法有：变化注入信号相位或变化注入信号频率，可任选一种方法。

指标要求：速度最大差值小于 1。

使用仪器：信号源。

用机外信号源输出频率为 f_c+f_d 的测试信号送入接收机，f_c 为雷达工作频率，改变多普勒频率 f_d，读出速度测量值 V_1 与理论计算值 V_2（期望值）进行比较，V_3 为终端速度显示值。

$$V_2=\lambda f_d/2。$$

式中：λ 为雷达波长，f_d 为多普勒频移。

测试方法：设置信号源频率与发射机同频点，信号源发连续波，输出幅度−10 dBm 连接至保护器 J1，运行 RDASOT 中的 Ascope，并设置如图 5.76 所示，设置完毕后点击“Start”。

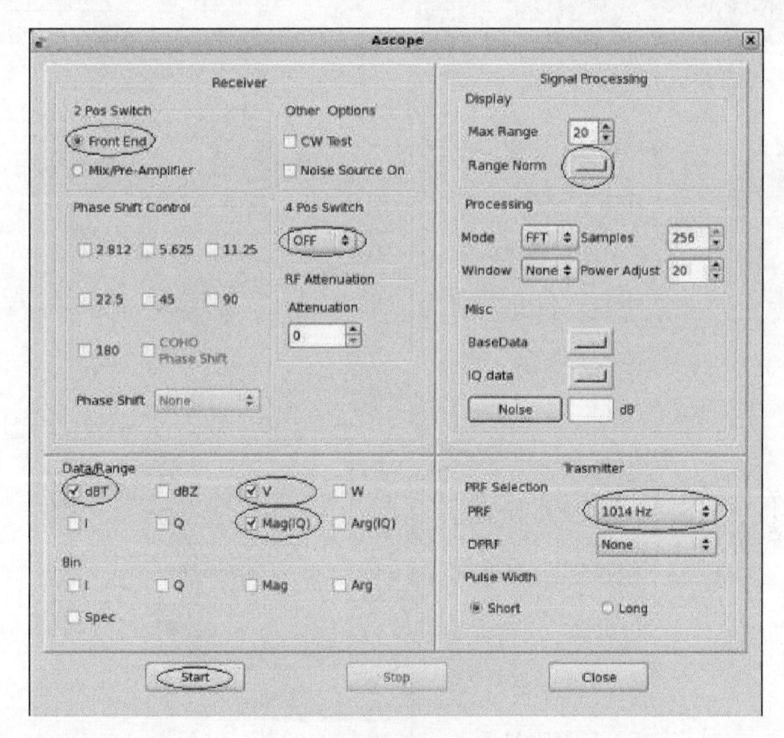

图 5.76

改变信号源的频率，找速度 0 点，通常先从“百位”上改频率，方法为按下频率键，移动左右箭头，将光标移动到“百位”上粗调，再在“十位”和“个位”上细调，如图 5.77 所示。

待找到速度 0 点以后，将信号源的光标移动到百位上，即每次步进为 100 Hz，负速向上变频至 1 kHz，记录数据；正速向下变频至 1 kHz，记录数据，如图 5.78 所示。

3. 速度谱宽检验

指标要求：期望值与实测值差值应小于 1 m/s。

测试方法：该结果在运行 RDASC 后，在 Performance 中的 Calibration1 中查找，如图 5.79 所示。

FREQUENCY
2.870 000 640 000 GHz
Freq: 2.870 000 640 000 GHz

图 5.77

Ascope Data
dBT
(1.00, 42.00 dBz)
V
(1.25, 0.00 m/s)
Mag(IQ)
(1.25, 12.21 dB)

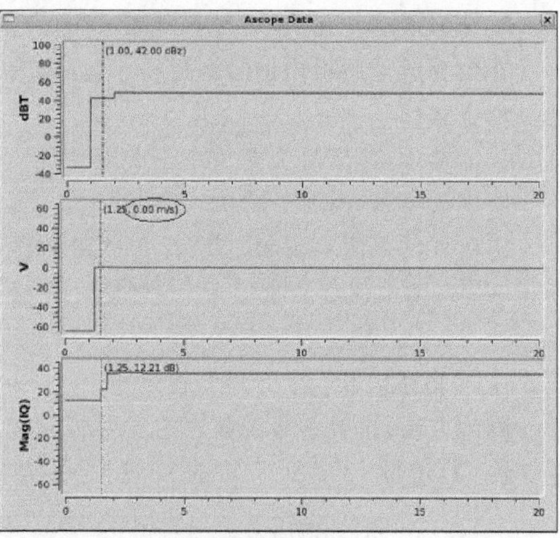

图 5.78

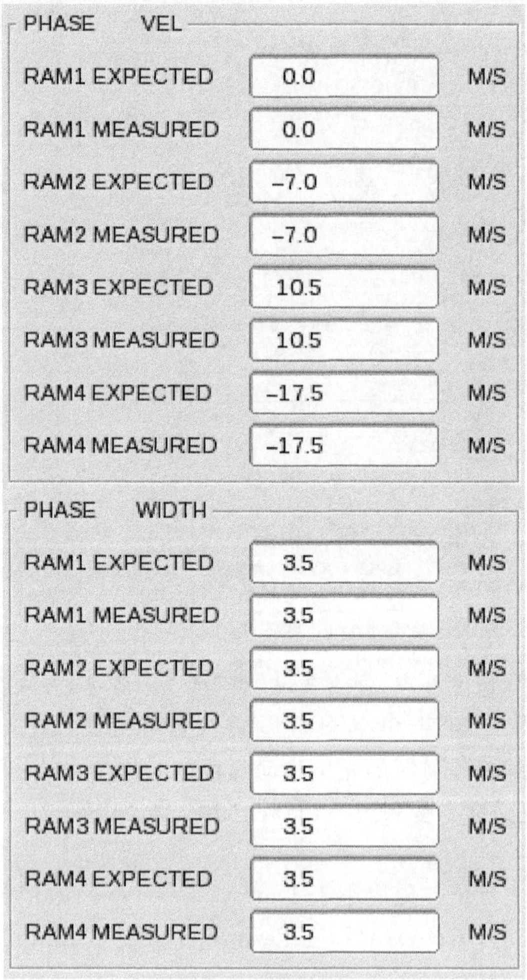

PHASE VEL
RAM1 EXPECTED 0.0 M/S
RAM1 MEASURED 0.0 M/S
RAM2 EXPECTED –7.0 M/S
RAM2 MEASURED –7.0 M/S
RAM3 EXPECTED 10.5 M/S
RAM3 MEASURED 10.5 M/S
RAM4 EXPECTED –17.5 M/S
RAM4 MEASURED –17.5 M/S
PHASE WIDTH
RAM1 EXPECTED 3.5 M/S
RAM1 MEASURED 3.5 M/S
RAM2 EXPECTED 3.5 M/S
RAM2 MEASURED 3.5 M/S
RAM3 EXPECTED 3.5 M/S
RAM3 MEASURED 3.5 M/S
RAM4 EXPECTED 3.5 M/S
RAM4 MEASURED 3.5 M/S

图 5.79

4. 双脉冲重复频率(DPRF)测速范围展宽能力的检验

由变化注入信号的频率检验雷达双脉冲重复频率(DPRF/APRF)模式工作时的测速展宽能力。注入信号的频移调整在单重复频率(1000 Hz)附近,进行 10 个点的单重复频率模式和双重复频率模式(3/2 或 4/3)时的测量值比较,检验测速展宽能力。

指标要求:速度最大差值小于 1。

使用仪器:信号源。

测试方法:设置信号源频率与发射机同频点,信号源发连续波,输出幅度－10 dBm 连接至保护器 J1,运行 RDASOT 中的 Ascope,并设置如图 5.80 所示。

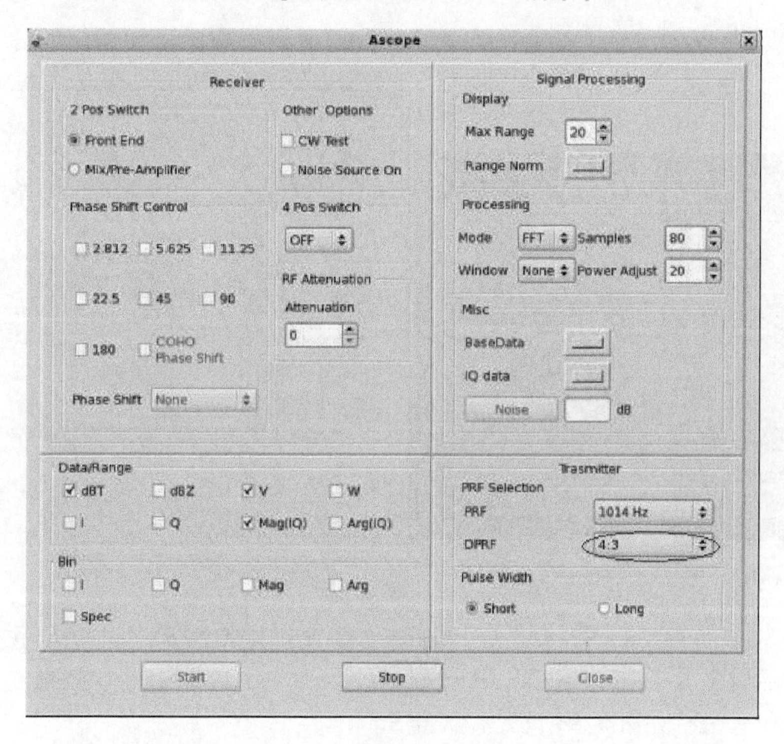

图 5.80

待找到速度 0 点以后,将信号源的光标移动到“百位”上,即每次步进为 100 Hz,负速向上变频至 1 kHz,记录数据;正速向下变频至 1 kHz,记录数据。

5. 回波强度测量在线自动标校能力的检验

回波强度测量在线自动标校是保证雷达测量精度的重要手段,通过对雷达监测的重要参数值测量,自动对回波强度定标进行修正,以保障回波强度测量值不因运行中雷达参数的变化而出现较大的误差。

(1)变化发射功率,检查回波强度测量在线自动标校能力

发射机加高压,将雷达发射微波脉冲经衰减延迟后注入接收机前端,在终端显示器上观测并记录发射功率监测值和该信号对应的回波强度值(dBZ),然后在技术条件允许范围内(20%)变化发射机输出功率,检查发射功率变化与回波强度变化的关系。

指标要求:回波强度变化差值小于 1。

使用仪器:功率计。

测试方法：用功率计监测发射机功率，调高人工线电压直至发射机输出功率为 750 kW，关 Signal Test，如图 5.81 所示。

如图 5.82 所示，运行 RDASOT 中的 Reflectivity Calibration，选择 Syscal，依次按下右下角的按钮：

①Get Power Meter Zero；使 Zero 得到一个 10 左右的数；

②Set Tx Off；

③Get Tx Peak Power；使 Peak Power 与发射机输出功率一致，如果不一致，可以适当调整校准因子 Scale Factor，然后直接按 3 即可再次取功率值；

④Save Result。

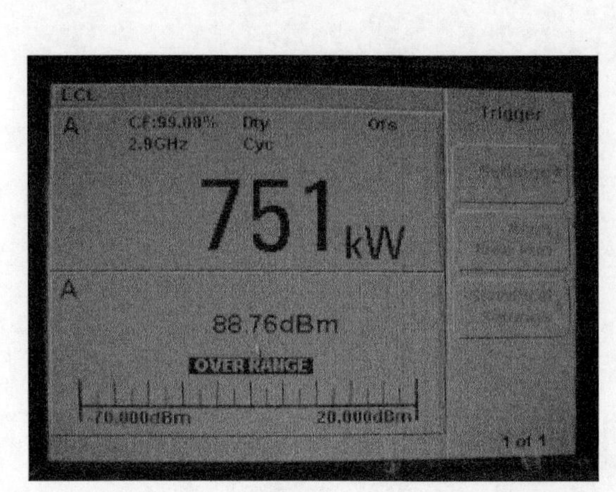

图 5.81

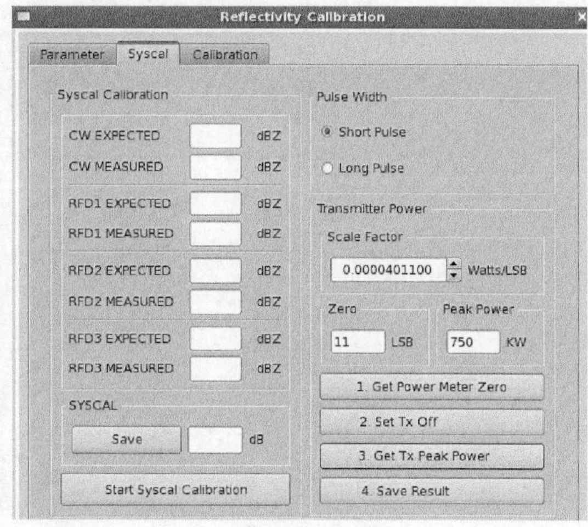

图 5.82

然后点击左下角的 Start Syscal Calibration，将重新计算的 SYSCAL 值进行保存，如图 5.83 所示，然后退出 Reflectivity Calibration。

进入 Ascope，进行如图 5.84 设置后点击 Start。

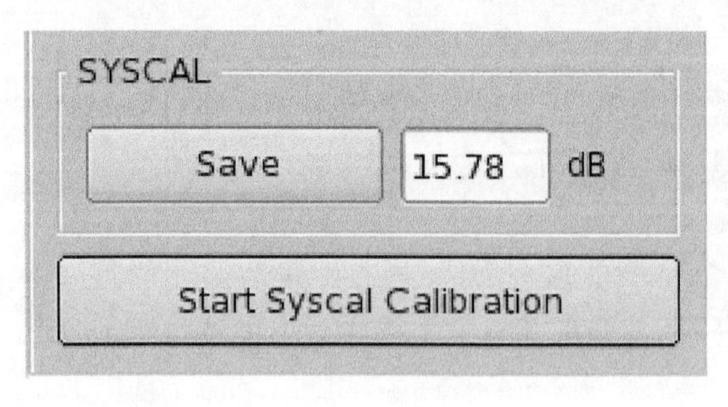

图 5.83

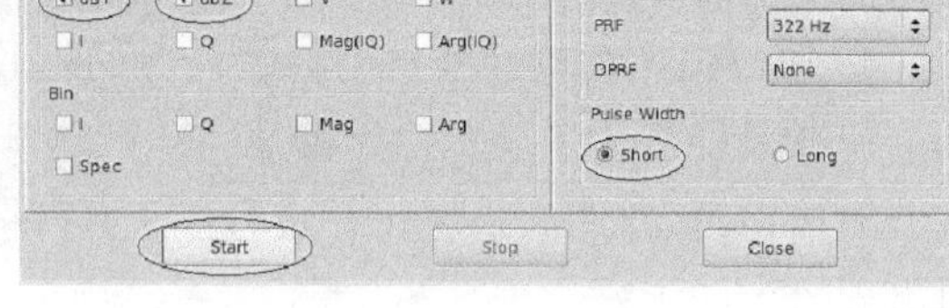

图 5.84

用鼠标拖动虚线至最高点，记录数据。

用同样的方法将发射机功率分别调整至 700 kW、650 kW、600 kW、500 kW，然后记录数据，如图 5.85 所示。

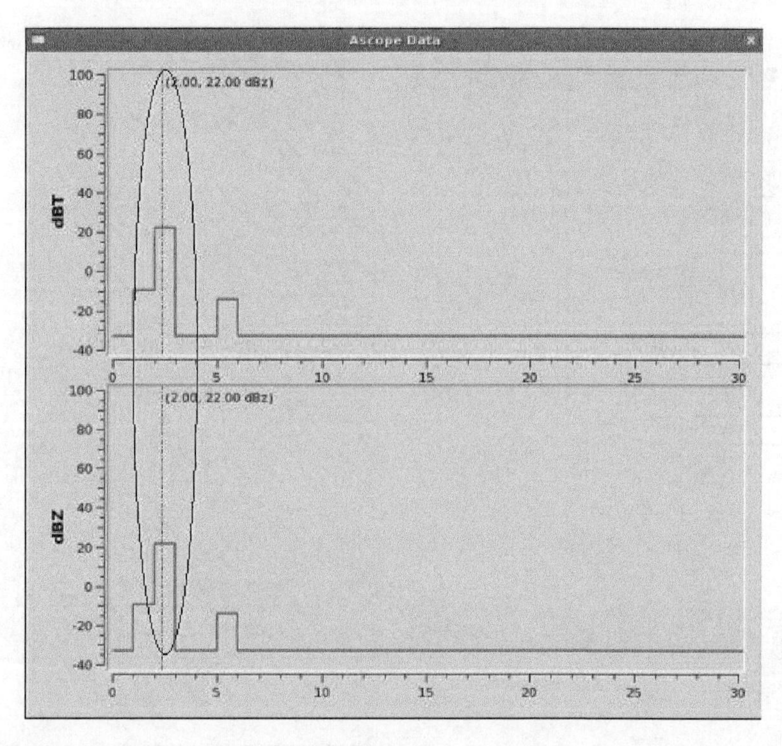

图 5.85

(2)变化接收机增益,检查回波强度测量在线自动标校能力

大纲要求:用外接信号源(或机内信号源)注入接收机前端,在终端显示器上观测并记录20 km和50 km处的回波强度值(dBZ)。然后在接收通道中串接一个固定衰减器(如5 dB),模拟接收机增益下降,检查执行自动标校功能后回波强度的变化,观测并记录20 km和50 km处的回波强度值(dBZ),比较接收机状态变化前后,输出信号回波强度变化的情况。

指标要求:回波强度变化小于1。

测试方法:首先运行RDASOT中的Reflectivity Calibration,观察20 km和50 km处的回波强度值(dBZ),记录数据(双击任意公里数即可修改),如图5.86所示。

然后在接收机通道内串入5 dB衰减器,打开RDASOT中的Reflectivity Calibration,进行SYSCAL值校准,如图5.87所示。等待出现新的SYSCAL值后点击Save保存校准结果。如图5.88所示。

然后再次进行反射率的标定,两次标定的测量值之差不能超过1。图5.89为串入5 dB衰减器后的反射率标定结果。

(3)自动修改定标系数,检查回波强度测量在线自动标校能力

大纲要求:利用机内对功率和接收特性的监测数据对定标系数(SYSCAL)进行自动修改,达到对回波强度进行在线修正的目的,记录SYSCAL数据的定标自动变化情况。

指标要求:SYSCAL值变化范围不能超过1。

测试方法:在雷达连续考机时记录SYSCAL数值。

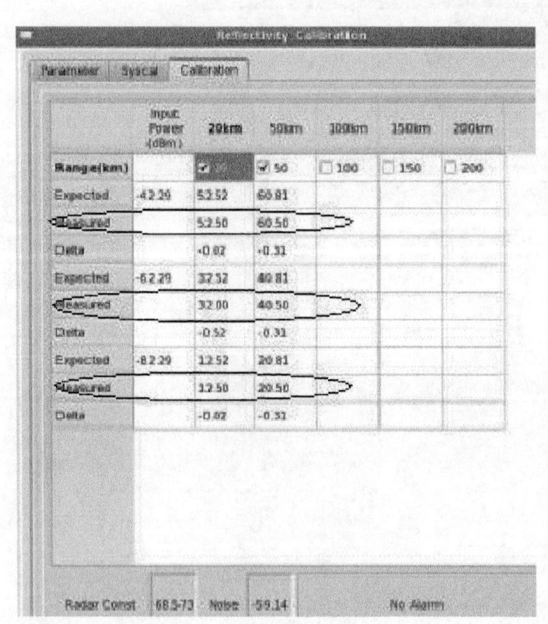

图 5.86

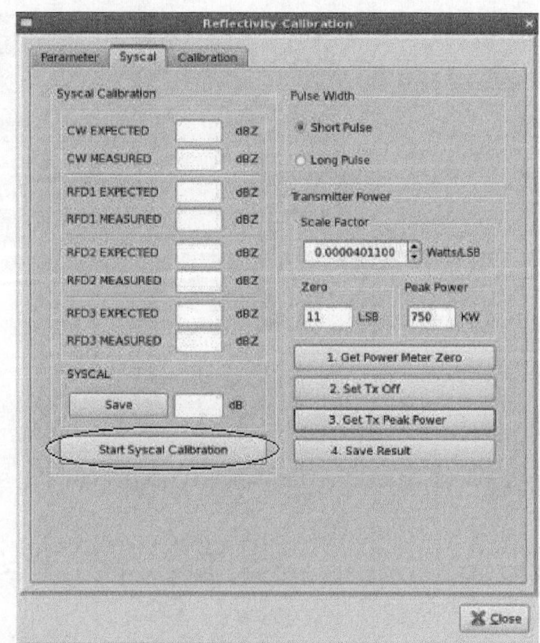

图 5.87

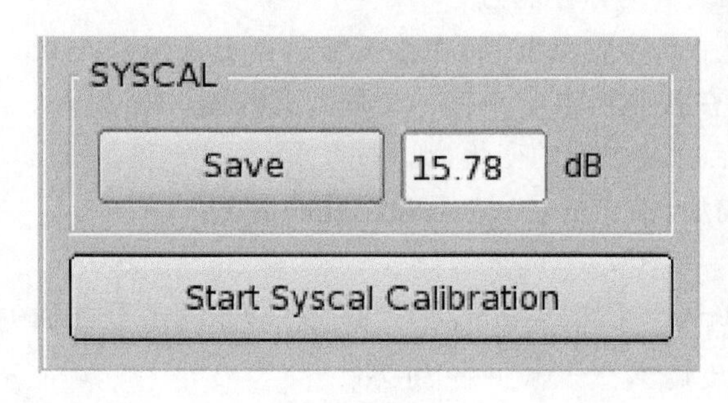

图 5.88

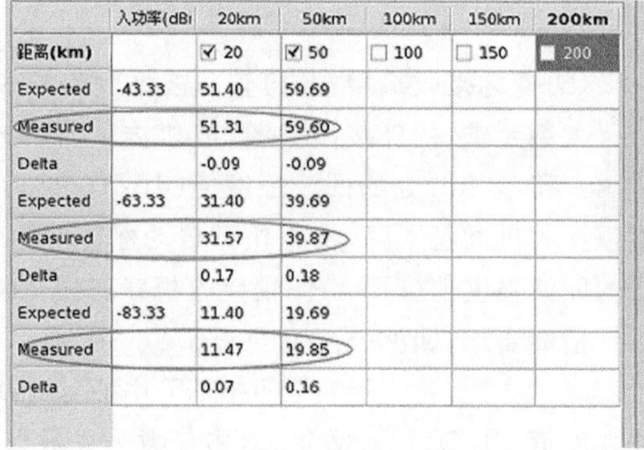

	入功率(dBı	20km	50km	100km	150km	200km
距离(km)		☑ 20	☑ 50	☐ 100	☐ 150	☐ 200
Expected	-43.33	51.40	59.69			
Measured		51.31	59.60			
Delta		-0.09	-0.09			
Expected	-63.33	31.40	39.69			
Measured		31.57	39.87			
Delta		0.17	0.18			
Expected	-83.33	11.40	19.69			
Measured		11.47	19.85			
Delta		0.07	0.16			

图 5.89

5.2.3 伺服系统性能指标及测试方法

5.2.3.1 位置精度

利用太阳的回波强度判定天线方位和俯仰角度的经纬度偏差，以保证在回波图上能正确显示回波的位置。

指标要求：方位和俯仰角度偏差小于 0.3°。

测试方法：首先确定天线能正常运行，RDA 计算机时间要保持与北京时间一致，必要时可拨打电话 01012117 与北京时间对时，由于太阳法受太阳角度影响，一般在太阳角度为 20°～50°之间做太阳法。

修正 RDA 计算机显示时间，点击电脑上的时间显示，在弹出的栏目中选择时间调整，如

图5.90所示。

输入密码“radar”，如图5.91所示。

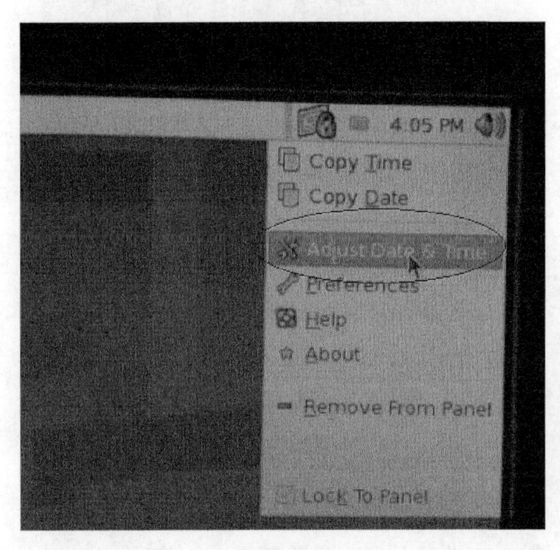

图5.90

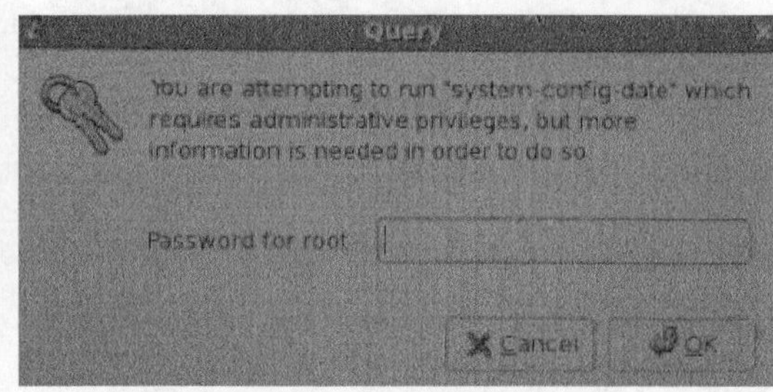

图5.91

选择Network Time Protocol，将Enable Network Protocol前面的对钩去掉，如图5.92所示。进入Date&Time项即可修改时间，如图5.93所示。

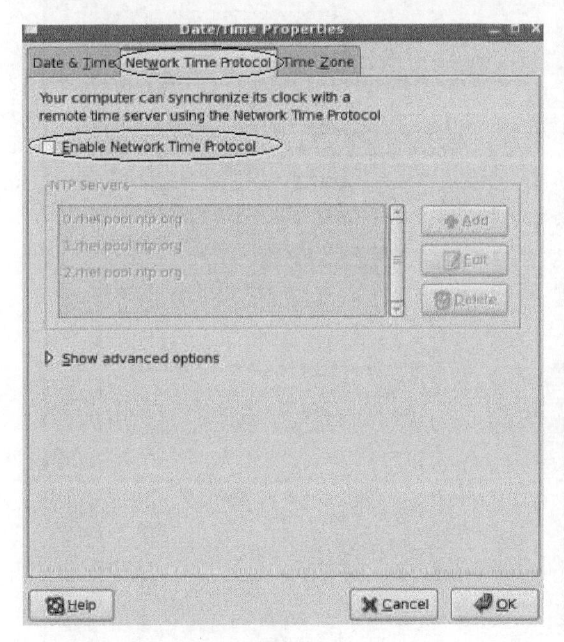

图5.92

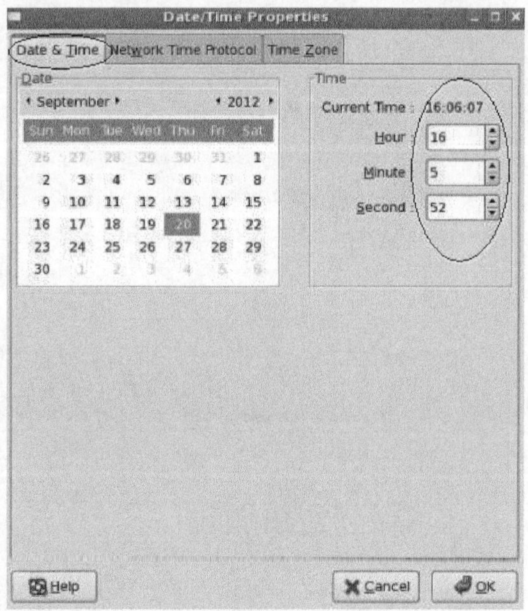

图5.93

然后运行RDASOT中的Sun Calibration，如图5.94所示。

选择Setting，如图5.95所示。

图 5.94

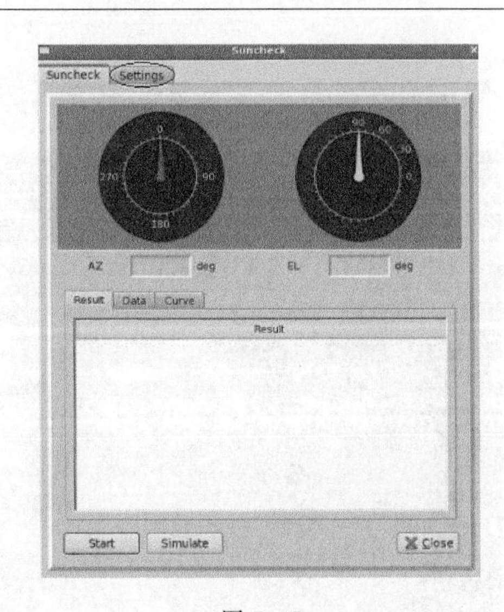

图 5.95

将雷达站点的经纬度设置正确，如图 5.96 所示。

然回到 Suncheck 界面，点击 Start 键，则系统自动进行计算，框选部分为计算结果，如图 5.97～5.99 所示，该三张图示分别表示方位角度、俯仰角度、波束宽度的计算结果。

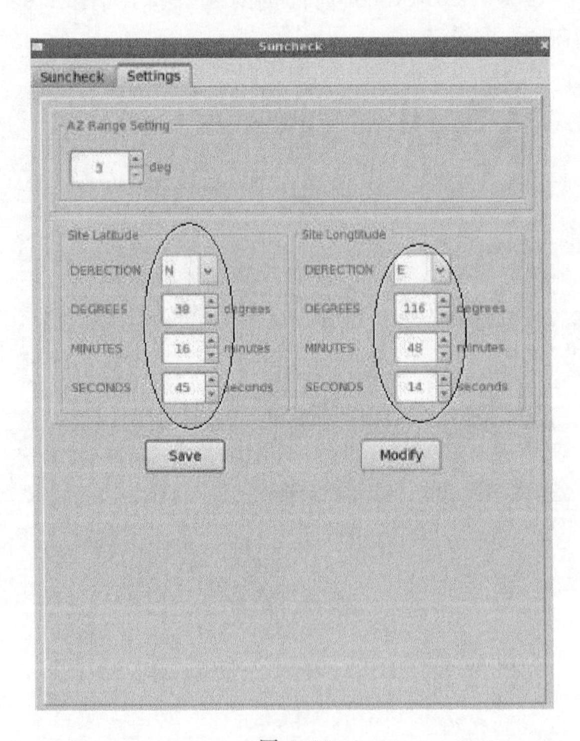

图 5.96

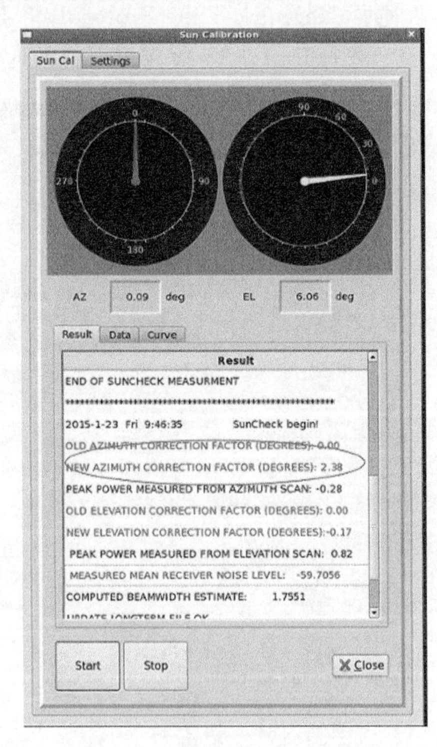

图 5.97

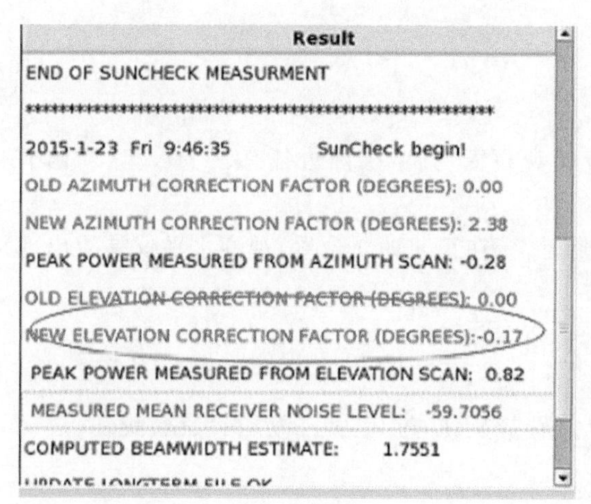

图 5.98

图 5.99

5.2.3.2　控制精度

1. 测试方法

运行 RDASOT 中的 Antenna Control，给定方位或俯仰一个角度，看天线实际到达的角度（在 DCU 状态显示板上查看）与指定角度的差值。若误差过大，则须通过调节伺服放大器中增益电位器以确保系统控制精度，如果伺服系统不能精确到位，则须进行调整，具体调整方法为：方位控制精度误差调整 DCU 模拟板 RP3 电位器，俯仰调整 RP11 电位器。

2. 参数记录

表 5.2　天线控制精度参数记录

方位			仰角		
设置值(°)	指示值(°)	差值(°)	设置值(°)	指示值(°)	差值(°)
0	359.98	−0.02	0	0.01	0.01
30	30.04	0.04	5	5.07	0.07
60	60.01	0.01	10	10.08	0.08
90	90.03	0.03	15	15.09	0.09
120	120.04	0.04	20	20.10	0.10
150	150.01	0.01	25	25.10	0.10
180	180.03	0.03	30	30.03	0.03
210	210.04	0.04	35	35.09	0.09
240	240.01	0.01	40	40.05	0.05
270	270.03	0.03	45	45.06	0.06
300	300.04	0.04	50	50.07	0.07
330	330.01	0.01	55	55.10	0.10

方位角均方根误差：0.029°

仰角均方根误差：0.076°

5.2.3.3　天线水平度检查

1. 合像水平仪检查水平度方法

(1)调节水平仪：调节螺旋钮，俯视水平仪玻璃观察窗，其中线两边各有一个水泡，当调节时，两边水泡半圆周正好拼成一个完整的圆周；

(2)将水平仪放置俯仰仓，一般放置于门口附近，先在正北即0°位置，观察水平仪是否出现圆周，若无须需调节旋钮，至圆周出现时读数；

(3)顺时针推动天线到45°，调节水平仪，读数，重复推45°～360°；

(4)逆时针推动天线到45°，重复读数；

注：水平仪读数方法：以0为分界点，顺时针旋转螺旋钮，过0°为正；逆时针旋转旋钮，过0°为负或＋100°。

指标：合像水平仪测得天线8个方向对角差值不超过50″。

如果超出指标，则必须把天线座调水平。调整方法：松开天线座12个固定螺栓，根据方位的误差计算值适当的增加或减少垫片。

2. 天线水平度参数记录

使用仪器：合成影像水准仪，测试人员：________

测试时间：________

表 5.3　天线水平度参数测量记录

方位(°)	45	90	135	180	225	270	315	360
第一次读数	7	−10	−21	−23	−10	5	15	16
第二次读数	4	−11	−16	−22	−11	4	18	15

第一次读数最大差值为：39″；

第二次读数最大差值为：37″。

图5.100为某次天线座方位轴铅垂度测量的数据方位图，圆圈内的数据为第一次测量值，读数均为格值。

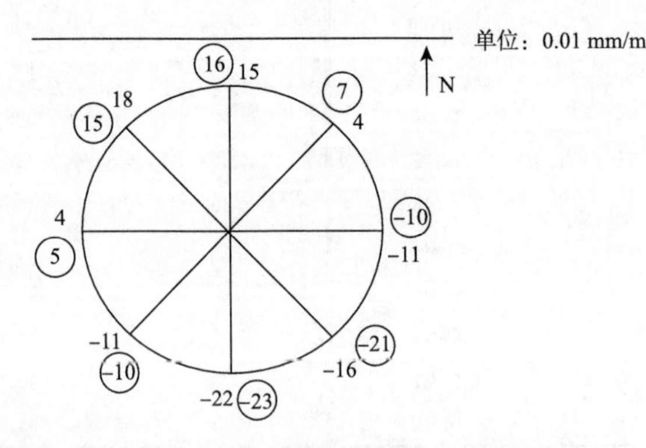

图 5.100

在360°范围内间隔45°均匀测出8个点，取其在180°方向上两测点差值最大者，然后将差值除以2，即为方位轴铅垂度误差：

$$f = 1/2(M1 - M2)$$

其中，$M1$、$M2$ 分别是 180°方向上两次读数的平均数。

从图 5.100 的检测结果可计算出方位轴铅垂度误差为：

$$f = 1/2\{(16+15)/2 - [(-23)+(-22)]/2\} \times 2'' = 38''$$

计算结果的正负只表示方位轴的倾斜方向，负号表示方位轴向 S 方向倾斜。

3. 天线座的调平

当天线座方位轴铅垂度误差＞60″，应对天线座进行调水平工作，方法如下。

(1)找到安装在天线座的底部的三支调平螺栓，旋紧调整螺钉直到顶部接触到塔的安装面，旋松天线座底部安装固定螺栓。

(2)初步根据方位数据图的读数，判断天线座的不水平方向。

(3)旋紧调平螺钉，进行调平，观察天线座体的水平仪，使得每个水泡在 20′范围内。

(4)测量天线座安装法兰 12 个固定螺钉处法兰下沿与安装平面之间的间隙，做好记录，在固定螺钉处适当放置垫片，旋紧固定螺钉。

(5)重新测量方位轴铅垂度，若方位轴铅垂度误差＞60″时，则重复以上调平步骤。

第6章 天气雷达产品及监控

本章主要阐述新一代天气雷达生成的各种产品及综合气象观测系统运行监控平台(ASOM)的有关内容,同时还介绍了ASOM信息填报注意事项。

6.1 雷达产品

表6.1 雷达产品名、产品号中英文对照表

产品名		产品名缩写	产品号范围
Reflectivity	基本反射率	R	16～21
Velocity	基本速度	V	22～27
Spectrum Width	基本谱宽	SW	28～30
Composite Reflectivity	组合反射率	CR	35～38
Composite Refl. Contour	组合反射率等值线	CRC	39～40
Echo Tops	回波顶	ET	41
Echo Tops Contour	回波顶等值线	ETC	42
Severe Weather Analysis	强天气分析	SWA	
SWA Reflectivity	强天气分析(反射率)	SWR	43
SWA Velocity	强天气分析(速度)	SWV	44
SWA Spectrum Width	强天气分析(谱宽)	SWW	45
SWA Radial Shear	强天气分析(切变)	SWS	46
Severe Weather Probability	强天气概率	SWP	47
VAD Wind Profile	风廓线	VWP	48
Combined Moment	综合谱距	CM	49
Reflectivity Cross Section	剖面(反射率)	RCS	50,85
Velocity Cross Section	剖面(速度)	VCS	51,86
Spectrum Width Cross Section	剖面(谱宽)	SCS	52
Weak Echo Region	弱回波区	WER	53
Storm Rel. Velocity Region	风暴相对径向速度局部	SRR	55
Storm Rel. Velocity Map	风暴相对径向速度	SRM	56
Vertically Integrated Liquid	垂直积分液态含水量	VIL	57
Storm Track Information	风暴追踪信息	STI	58
Hail Index	冰雹指数	HI	59
Mesocyclone	中尺度气旋	M	60

续表

产品名		产品名缩写	产品号范围
Tornadic Vortex Signature	龙卷涡旋特征	TVS	61
Storm Structure	风暴结构分析	SS	62
Layer Composite Refl. Avg.	分层组合反射率平均值	LRA	63,64
Layer Composite Refl. Max.	分层组合反射率最大值	LRM	65,66
Layer Composite Turb. Avg.	分层组合湍流平均值	LTA	67～69
Layer Composite Turb. Max.	分层组合湍流最大值	LTM	70～72
User Alert Message	用户警报信息	UAM	73
Free Text Message	自由文本信息	FTM	75
One Hour Precipitation	1 h 累积降水	OHP	78
Three Hour Precipitation	3 h 累积降水	THP	79
Storm Total Precipitation	风暴总累积降水	STP	80
Velocity Azimuth Display	速度方位显示	VAD	84
Combined Sheer	综合切变	CS	87
Combined Sheer Contour	综合切变等值线	CSC	88

表 6.2　CINRAD/SA 雷达系统产品汇总表

产品序号	产品代码	分辨率	产品名称	生成情况	表现合理性	备注
1	16	1°×1 km	反射率(R)			
2	17	1°×2 km	反射率(R)			
3	18	1°×4 km	反射率(R)			
4	19	1°×1 km	反射率(R)			
5	20	1°×2 km	反射率(R)			
6	21	1°×4 km	反射率(R)			
7	22	1°×0.25 km	基本速度(V)			
8	23	1°×0.5 km	基本速度(V)			
9	24	1°×1 km	基本速度(V)			
10	25	1°×0.25 km	基本速度(V)			
11	26	1°×0.5 km	基本速度(V)			
12	27	1°×1 km	基本速度(V)			
13	28	1°×0.25 km	基本谱宽(W)			
14	29	1°×0.5 km	基本谱宽(W)			
15	30	1°×1 km	基本谱宽(W)			
16	31	1°×1 km	用户可选降水			
17	33	1°×1 km	混合扫描发射率			
18	35	1 km×1 km	组合反射率(CR)			
19	36	4 km×4 km	组合反射率(CR)			
20	37	1 km×1 km	组合反射率(CR)			
21	38	4 km×4 km	组合反射率(CR)			
22	39	1 km×1 km	组合反射率等值线(CRC)			
23	40	4 km×4 km	组合反射率等值线(CRC)			

续表

产品序号	产品代码	分辨率	产品名称	生成情况	表现合理性	备注
24	41	4 km×4 km	回波顶高(ET)			
25	42	4 km×4 km	回波顶等值线(ETC)			
26	43	1°×1 km	强天气分析反射率(SWR)			
27	44	1°×0.25 km	强天气分析速度(SWR)			
28	45	1°×0.25 km	强天气分析谱宽(SWW)			
29	46	0.5 km×1 km	强天气切变(SWS)			
30	47	4 km×4 km	强天气概率(SWP)			
31	48		风廓线(VWP)			
32	49	0.25 km×0.25 km	综合谱距(CM)			
33	50	1 km×0.5 km	反射率剖面(RCS)			
34	51	1 km×0.5 km	速度剖面(VCS)			
35	52	1 km×0.5 km	谱宽剖面(SCS)			
36	53	1 km×1 km	弱回波区(WER)			
37	55	0.5 km×0.5 km	风暴相对径向速度(SRR)			
38	56	0.5 km×0.5 km	风暴相对平均径向速度 SRM			
39	57	4 km×4 km	垂直积分液态含水量(VIL)			
40	58	N/A	风暴追踪信息(STI)			
41	59	N/A	冰雹指数(HI)			
42	60	N/A	中尺度气旋(M)			
43	61	N/A	龙卷涡旋特征(TVS)			
44	62	N/A	风暴结构分析(SS)			
45	63	4×4L	分层组合反射率平均值(LRA)			
46	64	4×4M	分层组合反射率平均值(LRA)			
47	65	4×4L	分层组合反射率最大值(LRM)			
48	66	4×4M	分层组合反射率最大值(LRM)			
49	67	4×4L	分层组合湍流平均值(LTA)			
50	68	4×4M	分层组合湍流平均值(LTA)			
51	69	4×4H	分层组合湍流平均值(LTA)			
52	70	4×4L	分层组合湍流(LTM)			
53	71	4×4M	分层组合湍流(LTM)			
54	72	4×4H	分层组合湍流(LTM)			
55	73	N/A	用户警报信息(UAM)			
56	75	N/A	自由文本信息(FTM)			
57	78	2 km×2 km	1 h 累积降水(OHP)			
58	79	2 km×2 km	3 h 累积降水(THP)			
59	80	2 km×2 km	风暴总累积降水量(STP)			
60	81	4 km×4 km	1 h 数字降水阵列(DPA)			
61	82	40 km×40 km	1 h 数字降水补充信息(SPD)			
62	84	2.5 m/s	速度方位角显示(VAD)			
63	85	1 km×0.5 km	反射率剖面(RCS)			

续表

产品序号	产品代码	分辨率	产品名称	生成情况	表现合理性	备注
64	86	1 km×0.5 km	速度场剖面(VCS)			
65	87	0.5 km×0.5 km	综合切变(CS)			
66	88		综合切变等值线(CSC)			
67	89	4×4H	分层组合反射率平均值(LRA)			
68	90	4×4H	分层组合反射率最大值(LRM)			
69	100		VAD风廓线字母数值列表			
70	101		风暴轨迹字母数值列表			
71	102		冰雹指数字母数值列表			
72	103		中气旋字母数值列表			
73	104		龙卷涡旋字母数值列表			
74	105		综合切变字母数值列表			
75	106		综合切变等值线字母数值列表			
76	107		1 h累积降水字母数值列表			
77	108		3 h累积降水字母数值列表			
78	109		风暴总累积降水字母数值列表			
79	110	1°×1 km	CAPPI反射率			
80	112	1°×1 km	CAPPI速度			

6.2　雷达站上传及考核的产品

广东省雷达站目前需要上传及考核的产品有21个，如表6.3所示。

表6.3　雷达站考核产品

产品名称	分辨率(km)	覆盖范围(km)	仰角(°)	文件名
基本反射率	1.0	230	0.5	Z_RADR_I_IIiii_yyyyMMddhhmmss_P_DOR_雷达型号_R_10_230_5. ID. bin
			1.5	Z_RADR_I_IIiii_yyyyMMddhhmmss_P_DOR_雷达型号_R_10_230_15. ID. bin
			2.4	Z_RADR_I_IIiii_yyyyMMddhhmmss_P_DOR_雷达型号_R_10_230_24. ID. bin
	2.0	460	0.5	Z_RADR_I_IIiii_yyyyMMddhhmmss_P_DOR_雷达型号_R_20_460_5. ID. bin
			1.5	Z_RADR_I_IIiii_yyyyMMddhhmmss_P_DOR_雷达型号_R_20_460_15. ID. bin
			2.4	Z_RADR_I_IIiii_yyyyMMddhhmmss_P_DOR_雷达型号_R_20_460_24. ID. bin
基本速度	0.5	115	0.5	Z_RADR_I_IIiii_yyyyMMddhhmmss_P_DOR_雷达型号_V_5_115_5. ID. bin
			1.5	Z_RADR_I_IIiii_yyyyMMddhhmmss_P_DOR_雷达型号_V_5_115_15. ID. bin
			2.4	Z_RADR_I_IIiii_yyyyMMddhhmmss_P_DOR_雷达型号_V_5_115_24. ID. bin
	1.0	230	0.5	Z_RADR_I_IIiii_yyyyMMddhhmmss_P_DOR_雷达型号_V_10_230_5. ID. bin
			1.5	Z_RADR_I_IIiii_yyyyMMddhhmmss_P_DOR_雷达型号_V_10_230_15. ID. bin
			2.4	Z_RADR_I_IIiii_yyyyMMddhhmmss_P_DOR_雷达型号_V_10_230_24. ID. bin

续表

产品名称	分辨率(km)	覆盖范围(km)	仰角(°)	文件名
组合反射率	1.0×1.0	230		Z_RADR_I_IIiii_yyyyMMddhhmmss_P_DOR_雷达型号_CR_10X10_230_NUL. ID. bin
	4.0×4.0	460		Z_RADR_I_IIiii_yyyyMMddhhmmss_P_DOR_雷达型号_CR_40X40_460_NUL. ID. bin
回波顶	4.0×4.0	230		Z_RADR_I_IIiii_yyyyMMddhhmmss_P_DOR_雷达型号_ET_40X40_230_NUL. ID. bin
VAD风廓线	2.0 m/s	N/A		Z_RADR_I_IIiii_yyyyMMddhhmmss_P_DOR_雷达型号_VWP_20_NUL_NUL. ID. bin
垂直累积液态水含量	4.0×4.0	230		Z_RADR_I_IIiii_yyyyMMddhhmmss_P_DOR_雷达型号_VIL_40x40_230_NUL. ID. bin
1 h降水	2.0	230		Z_RADR_I_IIiii_yyyyMMddhhmmss_P_DOR_雷达型号_OHP_20_230_NUL. ID. bin
3 h降水	2.0	230		Z_RADR_I_IIiii_yyyyMMddhhmmss_P_DOR_雷达型号_THP_20_230_NUL. ID. bin
风暴总降水	2.0	230		Z_RADR_I_IIiii_yyyyMMddhhmmss_P_DOR_雷达型号_STP_20_230_NUL. ID. bin
反射率等高面位置显示(CAPPI)	1.0	230		Z_RADR_I_IIiii_yyyyMMddhhmmss_P_DOR_雷达型号_CAR_10_230_NUL. ID. bin

注：1. Z表示国内交换文件，RADR表示雷达资料，I表示后面IIiii为雷达站的区站号，yyyyMMddhhmmss为观测时间（年、月、日、时、分、秒，用世界时），雷达型号为SA。

2. 加上必须上传的基数据文件，总共须上传22个文件。

6.3 雷达状态数据

雷达资料自动传送软件（台站端）可以监控rad日志文件、Calibration日志文件、Operation日志文件、Status日志文件以及Alarm日志文件。

通信参数设置如下：省局通信IP地址：10.148.126.162；本台站编号：Z9662；数据路径：Y:\（Y为rdasc计算机的log目录在本地的映射盘）；LocalIP：3011；RemoteIP：4011。

6.4 中国气象局综合气象观测系统运行监控平台(ASOM)

综合气象观测系统运行监控平台（ASOM）是保障各种气象观测设备正常运行、气象观测业务有序开展的业务应用系统。它主要包括：设备运行监控子系统、维护维修信息管理子系统、装备供应保障业务信息管理子系统、站网信息管理子系统及信息发布、综合评估、系统管理等功能。目前监控的设备主要包括：新一代天气雷达、探空系统、国家级自动气象站（国家基准气候站、国家基本气象站、国家一般气象站）。

ASOM 系统是中国气象局发布天气雷达运行状态评估的主要数据来源，如天气雷达设备故障次数、雷达可用性、雷达平均无故障运行时间（MTBF）等统计数据。ASOM 系统中信息填报的正确与否直接影响到每年的雷达可用性数据。

综合气象观测系统运行监控平台（ASOM）是气象技术装备保障的业务应用系统，采用国家级部署、三级应用的策略，为雷达站级（含地市级，以下统称雷达站级）、省级、国家级三级业务及管理人员提供统一的工作平台。

ASOM 系统主要实现气象探测设备的运行状态监控、探测数据质量监控、维护维修信息管理、装备供应保障业务信息管理、运行监控综合评估、监控信息发布和站网信息管理等功能。

ASOM 系统有系统管理人员和用户，管理人员和用户的权限、职责是不同的。管理员又分为国家级、省级、雷达站级管理员，ASOM 用户的职责是负责值班日志、维修维护、装备保障等具体事务的信息填报。

ASOM 正式地址 http://10.1.64.39:7001，用各自的用户名和密码登录。

6.4.1　系统管理功能

本模块的主要功能是给各级系统管理员不同的权限，对权限内的管理员和用户进行角色管理及维护。雷达站值班员在 ASOM 里属于用户，一般不具备管理员角色。

6.4.1.1　省级系统管理员任务

(1)创建所属省内的组织机构、用户组及用户。

(2)配置创建的组织机构、用户组及用户的功能权限。

(3)在组织机构、用户组及用户的信息、权限及角色发生变更时，省级系统管理员须及时对其进行相应的修改。

(4)保持省级用户访问国家级 ASOM 系统的网络畅通。

(5)创建省内的各种角色。

(6)为创建的各类角色赋予相应的功能及数据权限。

(7)为用户、用户组、组织机构赋予所属角色。

(8)指导省级用户修改个人密码并配置个人登录首页。

(9)培训并指导雷达站级系统管理员掌握系统管理功能模块。

6.4.1.2　雷达站及管理员任务

(1)创建所属雷达站下的组织机构、用户组及用户。

(2)配置创建的组织机构、用户组及用户的功能权限。

(3)在所属雷达站下的组织机构、用户组及用户的信息、权限及角色发生变更时，雷达站级系统管理员将对其及时进行相应的修改。

(4)保持雷达站级用户访问国家级 ASOM 系统的网络畅通。

(5)创建所属雷达站内的角色。

(6)为创建的各类角色赋予相应的功能及数据权限。

(7)为用户、用户组、组织机构赋予所属角色。

(8)指导雷达站用户修改个人密码并配置个人登录首页。

6.4.1.3 省级/雷达站级系统管理员需掌握的功能操作

(1)添加组织机构用户组。

(2)维护组织机构角色。

(3)查询组织机构下设机构。

(4)查询组织机构下所属人员信息。

(5)修改/冻结/启用/删除用户组。

(6)维护用户组角色。

(7)添加/删除/冻结/启用用户。

(8)维护用户角色。

(9)维护用户功能权限。

(10)快速查询人员信息。

(11)添加/删除/冻结/启用/修改角色组。

(12)添加/删除/冻结/启用/修改角色。

(13)配置角色功能权限。

(14)查看角色下所属人员信息。

(15)配置角色对应的组织机构/设备类型/角色组/库房/角色成员。

(16)修改个人密码。

(17)配置个人登录首页。

6.4.2 运行监控与维护维修信息的填报

ASOM 系统里的运行监控模块通过监视天气雷达上传的状态数据,了解各雷达的运行状况,并监视天气雷达上传的数据文件,确定上传的数据文件是否完整和及时,出现数据错误时,给出警告信息。维护维修模块是在出现雷达维护或故障维修时需要填报具体的信息。

省级和雷达站级的管理员及雷达站用户都应及时关心监控模块给出的报警信息,及时处理。雷达站用户要及时填报设备故障信息、停机信息和设备维护信息。

6.4.2.1 国家级用户主要任务

国家级检查全国范围内探测数据的到报情况、上传数据的质量情况;及时处理或向探测中心上报各类设备故障信息,并向省站级用户提供远程技术支持;定时发送监控短信及监控快报;定期检查维护维修知识库,确保知识库的准确性;同时利用平台对全国探测设备的保障能力及设备运行能力进行评估。

(1)利用 ASOM 平台监控数据,每天定时发送监控短信。常规情况下,发送时间汛期为 07:30 和 15:00,非汛期为 11:00;应急响应和重大活动气象服务保障期间根据情况加发监控短信。中国气象局启动Ⅰ、Ⅱ级应急响应时,发送时间为 07:30、11:00 和 18:00;启动Ⅲ、Ⅳ级应急响应时,发送时间为 07:30 和 15:00。重大活动气象服务保障期间,发送时间为 07:30 和 15:00。

(2)应急响应期间及重大活动气象服务保障期间,通过 ASOM 掌握探测设备运行情况、探测数据情况,每天通过 NOTES 定时发送监控快报。启动Ⅰ、Ⅱ级应急响应时,NOTES 发送时间为10:00、16:00及22:00;进入Ⅲ级、Ⅳ级应急响应时,NOTES发送时间为10:00、16:00。重大活动气象服务保障期间,NOTES发送时间为10:00、16:00。

(3)对省级提供技术支持,并在技术支持结束后24 h内将技术支持内容补填到ASOM系统中。

(4)每月10日前完成全国各种探测设备维护维修信息整理,添加到知识库。

(5)按月统计探测设备的运行情况,并在下月5日前发布上月设备运行状况报告。

(6)按照现有业务规定,国家级对探测设备进行年巡检,巡检结束15日内,在ASOM中填写巡检记录。

(7)每日通过ASOM系统填写并提交值班记录。

(8)每年发布运行监控年报。

6.4.2.2 省级用户主要任务

省级承担综合气象观测系统运行监控业务的部门是运行监控业务的主体,完成省级运行监控各项职责,同时督促、指导雷达站完成各项运行监控业务。

(1)负责实时监控本省范围内各类设备故障与数据异常情况,发现设备故障和数据异常时,1 h内通知雷达站上报有关信息和组织开展维修工作,并上报本省业务管理部门和有关领导。

(2)监督、检查雷达站各种探测设备故障信息、停机信息、常规维护信息填报的及时性、准确性与规范性,跟踪设备维护维修进展。

(3)对雷达站提供远程技术支持,须向国家级请求技术支持时,通过ASOM递交远程技术支持单,技术支持结束后8 h内再填报技术支持情况。

(4)按照业务规定填报对观测设备年维护、巡检等情况,工作结束15天内完成信息填报。

(5)每月10日前完成本省上月维修信息的整理,按照Asom系统要求添加到知识库,积累设备维修经验。

(6)年底前利用ASOM平台完成对本省设备的保障能力及设备运行能力的评估。

(7)每日通过ASOM系统填写并提交省级运行监控值班记录。

6.4.2.3 雷达站用户主要任务

雷达站用户负责运用ASOM系统填报设备故障信息、停机信息和设备维护信息。

1. 故障信息填报

当省级监控部门发现设备故障或数据异常后,1 h内通知雷达站,雷达站按规定填报故障单。同种设备同一次故障填写一个故障单,不同值班员根据不同故障处理情况或同一故障处理活动的不同及时更新维修信息。

(1)填写故障单

雷达系统故障:本省(区、市)气象部门启动重大气象灾害应急响应1 h内、汛期2 h内、非汛期3 h内要填写好故障单。

若因网络故障等原因无法在ASOM系统中及时填报故障时,应在上述时限内通过电话等方式向省级部门报告,并采用离线方式填报,待网络恢复后24 h内在系统中补填。

(2)更新故障单

雷达站应按要求填写故障现象,并及时更新故障处理过程。维修活动结束后填写故障现象及主要处理过程、更换备件情况、维修人员等信息;如果维修时间比较长,根据故障维修活动,在应急响应和汛期期间应每日至少两次(09:00、17:00),非汛期每日至少一次(09:00)更新故障维修信息;维修活动变更(如由故障诊断状态转为等备件或等人员状态)时应根据维修活动的变更随时更新故障维修信息。维修活动无进展可不更新。

(3)关闭故障单

故障维修结束后 2 h 内关闭故障单,即填写真实的故障维修结束时间,完成故障维修小结,如图 6.1 所示。

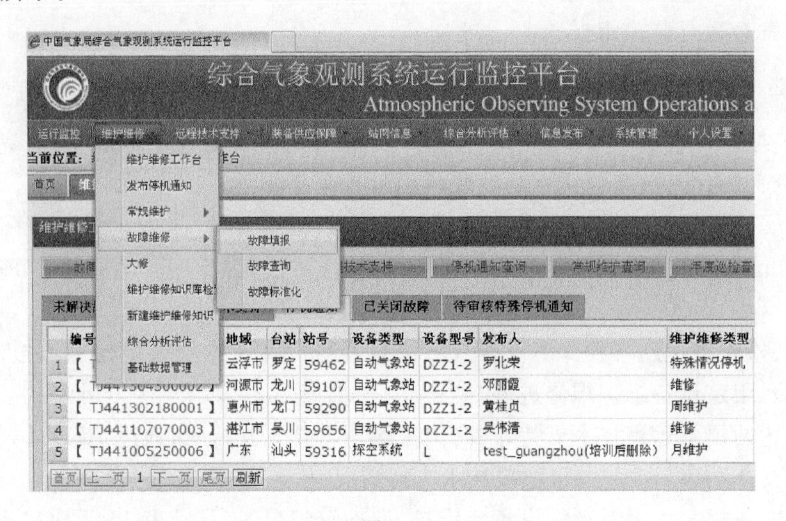

图 6.1

2. 停机信息填报

雷达站因常规维护(周维护、月维护、年维护)、故障维修等须关闭雷达设备时填写停机通知。业务规定的新一代天气雷达非观测时段关机不需要填写。

(1)发布停机通知

探测设备因维修或维护须停机时,停机后 1 h 内在 ASOM 系统中发布停机通知,如图 6.2 所示。

(2)关闭停机通知

停机结束后 1 h 内关闭停机通知,在相应的停机通知中填写停机结束时间,即可关闭停机通知。

3. 常规维护信息填报

根据目前国家业务规定进行天气雷达的常规维护,维护结束后,须在规定时限内在 ASOM 中填报维护记录,以及真实的维护结束时间,ASOM 将统计维护记录及维护时间,如图 6.3 所示。

日巡查:当日在 ASOM 中填写日巡查记录。

周维护:完成周维护后 48 h 内在 ASOM 中填写周维护记录。

月维护:完成月维护后 48 h 内在 ASOM 中填写月维护记录。

年维护:完成年维护后 72 h 内在 ASOM 中填写年维护记录。

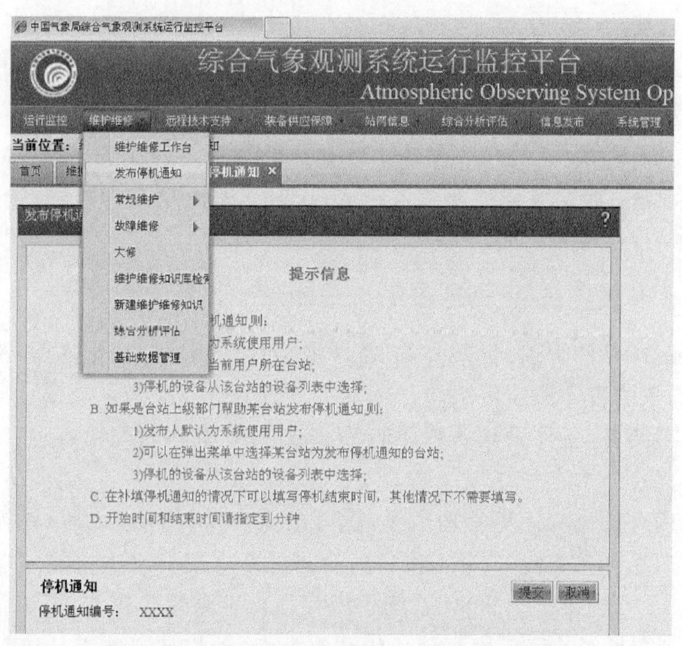

图 6.2

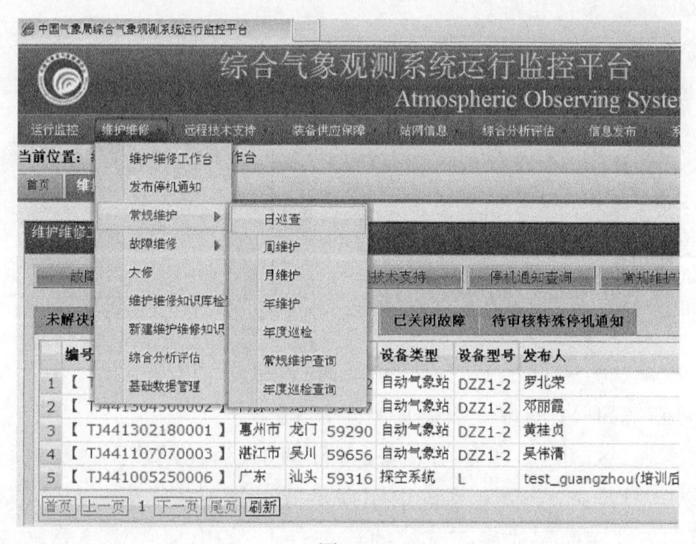

图 6.3

6.4.3　装备供应储备信息的填报

装备供应储备信息管理是根据我国现行装备供应储备管理的业务需要，建立国家级、省级、地市级和台站级装备供应储备实时管理业务。

6.4.3.1　台站级装备供应储备信息的填报

台站负责本站装备/备件管理，包括本站装备/备件采购计划、验收、登记入库、库存、出库等管理，紧急情况下的备件调拨申请等工作。

(1)制订装备/备件的采购计划，并通过 ASOM 平台上报上一级业务部门(具体时间由各省(区、市)气象局规定)。

(2)负责执行装备/备件的入库、库存、出库、送修等工作。若装备/备件状态、数量、品种等变更,7个工作日内在ASOM中完成动态更新。

(3)每季度前8日内维护ASOM系统中库存最低存量警告提醒、库房等基础信息。

(4)每年6月、12月底前完成库存装备的清查盘点,若出现账物差异,应进行库存调整,正确填写库存盘点单,保证账物相符。

6.4.3.2 地市级装备供应储备信息的填报

负责本地市装备/备件管理,包括装备/备件采购计划、验收、登记入库、库存管理、出库、领用、退货,紧急情况下的备件调拨等工作。

(1)制订本地市装备/备件采购计划并汇总上报省级(具体时间由各省(区、市)气象局自行规定)。

(2)做好本级库存的出入库等管理工作,填写出入库单、借用(归还)单等各种单据。若装备/备件状态、数量、品种等变更,7个工作日内动态更新本级ASOM平台中数据信息。

(3)每季度前10日内维护ASOM系统中库存最低存量警告提醒、库房等基础信息。

(4)每年6月、12月底前完成库存装备的清查盘点,若出现账物差异,应进行库存调整,正确填写库存盘点单,保证账物相符。

(5)每季度检查本市装备/备件储备、消耗及使用情况。

6.4.3.3 省级装备供应储备信息的填报

负责本省(区、市)装备/备件管理,包括省级装备/备件的采购计划、采购、验收测试、登记入库、库存管理、出库、领用、退货和紧急情况下的备件调拨等工作,督促地市级备件库数据信息的填报和及时更新。

(1)制订本省(区、市)装备/备件采购计划,并于每年8月底前通过ASOM平台提交给国家级保障部门(雷达备件另行通知)。

(2)填写出入库单、借用(归还)单等各种单据;若装备/备件状态、数量、品种等变更,在7个工作日内动态更新ASOM平台中数据信息。

(3)每季度对本省(区、市)气象部门装备/备件储备、消耗及使用情况进行督促检查。

(4)每季度前15日维护ASOM系统中库存最低存量警告提醒、库房等基础信息。

(5)每年6月、12月底前完成库存装备的清查盘点,若出现账物差异,应进行库存调整,正确填写库存盘点单,保证账物相符。

6.4.3.4 国家级装备供应储备信息的填报

负责国家级备件库装备备件的计划、采购、验收测试、登记入库、库存管理、出库等工作;对省级进行技术指导,督促省级备件库数据信息的填报和及时更新。

(1)每年9月30日前汇总省级常规装备备件采购计划,指导省级做好采购工作;拟订国家级常规装备/备件需求计划,并编制下一年度国家级常规装备备件采购计划。

(2)每季度对装备/备件进行巡查,全面检查国家级、省级、台站级备件库存及消耗情况。

(3)每年6月、12月底前完成库存装备备件的清查盘点,若出现账物差异,应进行库存调整,正确填写库存盘点单,保证账物相符。

(4)每季度维护 ASOM 系统中生产厂商、库存最低存量警告提醒、采购周期、库房等基础信息。

(5)做好本级库存的出入库等管理工作,准确地填写出入库单、借用(归还)单、验收单等各种单据;若装备/备件状态、数量、品种等变更,在 7 个工作日内动态更新 ASOM 平台中数据信息。

(6)根据业务需求,每季度更新 ASOM 平台中国家级装备/备件目录列表。

6.4.4　ASOM 信息填报注意事项

雷达业务是指以单部新一代天气雷达为单位开展的台站级雷达观测业务和雷达保障业务。其中,台站级雷达观测业务包括:数据采集,产品生成,数据产品传输,观测分析联防,数据产品存储、整编、归档和质量报表编制等内容;台站级雷达保障业务包括:日、周、月维护以及参与年维护、巡检工作情况,故障维修,维护维修信息在 ASOM 中的填报,防雷检查,消防检查,雷达备件、仪器、仪表保管及保养等内容。

因为 ASOM 中填报的信息直接关系到雷达站的业务质量,所以雷达站一定要重视 ASOM 的填报工作,要在规定的时限内填报,尤其是维护单和故障单,要求添加附件的一定要按要求添加。在 ASOM 填报的过程中有一些注意事项。

6.4.4.1　维护单与故障单的正确关联

业务规定雷达站因常规维护(周维护、月维护、年维护、年巡检)、故障维修等须关闭雷达设备时要填写停机通知,同时发布的停机通知单须与相应的维护单或故障单关联。使用中常常会出现停机通知单发布之后,无法与相应的维护单或故障单关联,从而导致维护单或故障单无法发布的问题。

出现上述现象的原因一般有以下两种情况。

一是发布停机通知时将停机结束时间也填了。ASOM 软件系统要求规范的填写步骤为:发布停机通知(填写停机开始时间)→填报维护单或故障单(填写维护或维修的开始时间),填报过程中与相应停机通知单关联→更新维护或维修单→关闭停机通知和维护或维修单(填写真正的停机结束时间和维护或维修的结束时间)。如果用户在发布停机通知时就将停机的结束时间也填上,则系统默认该次维护或维修活动已经结束,不允许再关联维护或维修单。二是发布停机通知时选择了错误的停机原因。发布停机通知需要选择停机的原因(或类型),是维护还是维修。因维护发布的停机通知无法与故障单关联,同样因维修发布的停机通知也无法与维护单关联。

6.4.4.2　维护单填写不当影响雷达可用性

在业务运行中,经常会出现因维护单填写不当影响雷达可用性的现象,即雷达站在进行维护工作后提交了维护单,其他时间雷达运行正常,但是维护期间雷达的可用性降低很多。

雷达业务可用性计算方法:根据气测函〔2011〕141 号文的规定,雷达可用性的定义为“通报时段内,雷达无故障工作时间与规定应工作时间的百分比”,表达式如下。

$$A_o = \frac{T_{on} + T_{pm}}{T_t} \times 100\% = \frac{T_t - T_{fd} - T_c}{T_t} \times 100\%$$

式中,A_o 表示雷达的可用性;T_t 表示《新一代天气雷达观测规定》规定的观测时段;T_{on} 表示系统正常、系统报警两种状态时间的代数和;T_{pm} 表示雷达维护时间;T_{fd} 表示故障持续时间,即从故障发生到故障排除的时间；T_c 表示传输异常时间，即无数据状态下除去维护、维修外的时间。其中维护时间和故障时间分别根据维护单和故障单的开始和结束时间统计。

为了减少因信息填报导致的雷达可用性降低问题，每个雷达值班员都应该弄清楚以下三个问题：一是雷达可用性的算法；二是雷达维护时间的计算不是依据停机的开始和结束时间统计，而是依据维护单填报的维护开始和结束时间计算；三是实际工作中可能有时会在进行大的维护时同时进行小的维护，如在进行年维护的同时做周维护，这时维护单的填报需格外小心，不可出现"先开始的维护后结束"的现象，如出现往往会导致维护时间的丢失，从而引起雷达可用性下降。

6.4.5 雷达非故障情况停机

雷达非故障停机分为：维护性停机、维修性停机、专项活动停机和特殊情况停机四类，这些情况下的停机时间不纳入考核时段。

6.4.5.1 维护性停机

雷达维护、巡检工作按照《关于印发新一代天气雷达观测和维护记录表簿的通知》（气测函〔2011〕224 号）《新一代天气雷达系统巡检规定（试行）》（气测函〔2009〕153 号）要求开展。周、月、年维护最长时间分别为 4 h、24 h、120 h，汛前、专项巡检最长时间为 72 h，超出时段按故障停机处理。专项活动开始前，省（区、市）气象局须事前向中国气象局业务管理部门申请，批复同意后方可实施，中国气象局已批复实施方案的大型专项活动，巡检工作按方案执行，无需另行报批。

系统常规升级期间停机，雷达站通过 ASOM 申请。

6.4.5.2 维修性停机

雷达大修工作依照《关于印发新一代天气雷达大修及技术升级规范的通知》（气测函〔2010〕184 号）要求开展，省（区、市）气象局应在大修工作启动前至少 10 个工作日将大修工作实施时间报中国气象局业务管理部门备案，同时抄送国家气象中心、国家气象信息中心、中国气象局气象探测中心。大修工作一般安排在非汛期实施，原则上应在 6 个月内一次性完成，超出时间段按故障停机处理。大修工作结束后，雷达系统正常试运行 3 个月，由中国气象局气象探测中心组织现场验收测试。按上述要求开展大修、试运行、现场验收测试等工作期间，雷达不参加设备运行和资料传输考核，通过现场验收测试次日起重新纳入考核。中国气象局气象探测中心要随时跟踪雷达大修和试运行情况，系统正常试运行 3 个月后及时组织现场验收测试工作。

更换速调管等国家级备件、开展日常维护巡检未涵盖部件维护工作时，雷达站事前应通过省级保障部门报中国气象局气象探测中心，获得同意后方可停机，该停机时段不纳入考核时段，中国气象局气象探测中心须做好技术指导和监督工作。

6.4.5.3 专项活动停机

专项活动停机是指因政治、军事活动及科学实验等需要，雷达塔楼维修、雷达站搬迁和电磁环境检测等工作开展期间的停机。

相关省（区、市）气象局或牵头单位须在专项活动实施前至少提前 20 个工作日将包含停机原因、时段和涉及雷达等内容的方案或雷达系统搬迁、业务联防和应急观测方案等报中国气象局业务管理部门。审批同意后方可实施，批复同意的停机时段不纳入考核时段。

开展电磁环境检测等工作需停机时，雷达站通过 ASOM 申请。

6.4.5.4 特殊情况停机

由于特殊的、外部不可抗的因素导致雷达不得不停机时，充分利用“雷达特殊情况停机”的填写，可以剔除雷达故障时间，提高雷达可用性。

一些可以填写“特殊情况停机”的情况如下。

(1)突发自然灾害导致雷达系统及附属设备故障的停机，如雷击、台风、暴雨、地震等因素导致通信线路、供电受损，需要电信、电力部门维修。

(2)强雷暴过境：指从雷达图上观测到强烈的雷暴信号正向雷达站方向移动，强度很强，可能使雷达或附属设备受损。这时为了保护雷达不被雷击损坏，可以人为地将雷达关停，待雷暴消除后再行开机。

(3)空调设备维修：安装于楼顶天线罩旁的空调室外机损坏，为了维修空调不得不关闭雷达。

(4)电磁环境检测或防雷设施整改等工作开展期间的停机：如因为大风等因素将避雷针吹倒或吹弯，导致雷达运行存在安全隐患，不得不停机维修。

(5)强风导致值班室或机房窗户受损，室内环境已经不能保证雷达正常运行，为了保护设备不得不停机进行维修。

出现特殊情况需停机时，台站在 ASOM 填报停机通知，并告知省级保障部门；省级保障部门 24 h 内对停机通知进行审核。同时必须固定有效的证据，如雷暴过境时的雷达图、维修照片、维修单据等，为了证明照片的拍摄日期，在拍摄时可以将当天的报纸一并拍摄。

6.5 雷达资料监控系统

雷达状态数据和产品数据的监控和传输是通过 RPG 软件实现的。

新一代通信系统接收服务器的 IP 地址为 10.148.72.30。

各传输软件均采用 ftp 传输，端口均默认为 21。

各台站用户名与密码(略)如下表所示。

表 6.4 台站数据上传用户名

站名	广州	阳江	韶关	梅州	汕头	深圳	湛江	河源	汕尾	肇庆
用户名	gmcrgz	gmcryj	gmcrsg	gmcrmz	gmcrst	gmcrsz	gmcrzj	gmcrhy	gmcrsw	gmcrzq

6.5.1 基数据上传程序(RPGCD)

1. 主服务器参数设置

服务器地址：10.148.72.30，端口 21。

2. 路径设置

源路径为 D:\Archive2，是 UCP 生成原始基数据的目录。

主服务器路径\radr，间隔时间一般设为 2 min。

6.5.2　状态文件上传程序(RSCTS)

服务器:10.148.72.30,端口 21,间隔时间一般设为 7 min。

信息文件包括:雷达站号:Z9×××;雷达识别码:Z9×××;位置:台站名。

雷达经度/雷达纬度:注意这里的雷达经纬度不是 PUP 产品上的经纬度格式,如 PUP 产品的经纬度设置为经度 111.979,纬度 21.845,海拔 102.72,而这里 RSCTS 应设置为度分秒的格式:如经度 111.979 对应 111°58′44″,在 RSCTS 中填 E111 度 58 分 44 秒;纬度 21.845 对应 21°50′42″,在 RSCTS 中填 N21 度 50 分 42 秒。

雷达类型:SA。

注:信息文件配置完毕后,若是第一次运行,须点击“生成信息文件”,否则 RSCTS 无法传输状态文件。

6.5.3　天气雷达资料传输监控网页

信息中心监控天气雷达资料传输网页地址:

http://172.22.1.69:8080/gdzljk/GDZLJK_Mon_Welcome.jsp

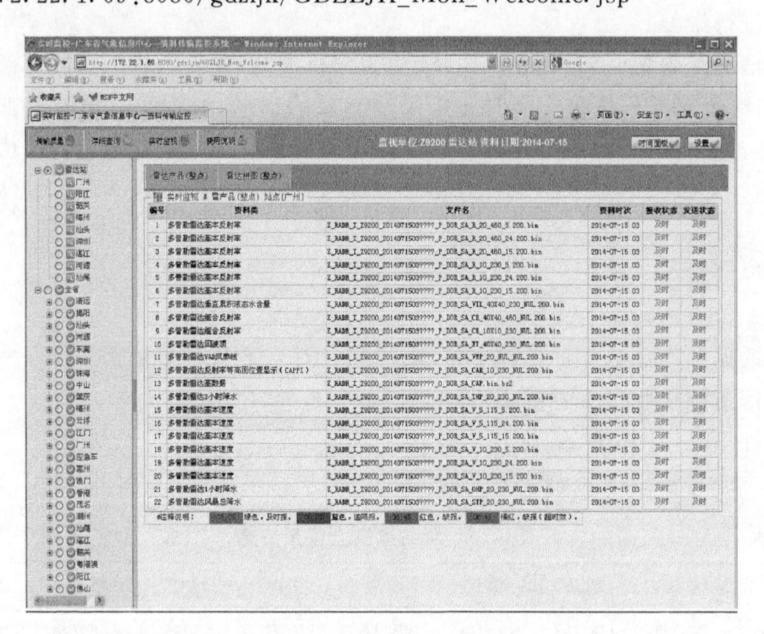

图 6.4

从网上可以监控基数据文件加上 21 个雷达产品文件共 22 个文件上传是否及时。

第 7 章　天气雷达软件系统

7.1　RDA 系统

7.1.1　Linux 操作系统

与 Windows 相比，Linux 在系统稳定性、安全性、病毒防护能力、应用软件开放性及扩展性、网络功能以及异步/同步多任务体制功能等方面有较大优势。随着世界各国对天气雷达稳定性的要求越来越高，国际上业务天气雷达均要求使用 Linux 的操作系统。根据 CMA 气象探测中心负责组织实施的 ROSE（Radar Operational Software Engineering，新一代天气雷达建设业务软件系统开发项目）系统改造计划，下一阶段推广应用 Linux 平台下研发的 PUP 程序（Primary User Processor）和 RPG 程序（Radar Product Generator）势在必行，所以对于 CINRAD/SA 雷达业务人员而言，熟悉和掌握好 Linux 系统的操作和维护是非常有必要的。下面从命令行角度出发，对 Linux 系统环境下 RDA 计算机的常见操作和 Linux 高频命令的应用做相应的介绍，以针对性地提高雷达技术保障人员对 RDA 计算机的操作能力。

7.1.1.1　操作系统安装及配置

1. 安装前准备

工作站：运行 RDASC 的工作站由敏视达公司提供，其主板上有 3 个 PCI 插槽，其中 2 个插槽用来插 2 块 HSP 板，1 个插槽用来插 1 块 DCB 板。

注意：即使主板上未安装 HSP 和 DCB 板，RHEL 操作系统和 RDASC 程序依然可以完成安装。

提示：当安装 RHEL 操作系统时，工作站上的所有软件和数据将被覆盖，所以安装前必须备份所有有用数据。

RHEL5 快速启动 DVD：快速启动盘由敏视达公司提供，其中定义了所有用户所需的配置和选项，用户安装时，只需按照安装步骤进行选择和确认。

RHEL5 安装 DVD：RHEL5 安装盘由敏视达公司提供，RHEL5 操作系统是标准的 RHEL Client Desktop 5.6。

2. 安装步骤

(1)安装 RHEL5 操作系统需要从光驱启动，所以安装前需要确认计算机设置为从光驱启动，必要时在 BIOS 中修改系统启动顺序。

(2)如果系统双核,可以在 BIOS 中将双核开放。

(3)打开计算机电源,在 DVD 光驱中插入 RHEL5 快速启动盘,当显示 Linux 启动屏幕时,按回车键继续,待所有系统安装配置选项读入系统后,启动盘自动弹出。

(4)从光驱中取出快速启动盘,放入 RHEL5 安装盘,按回车键继续安装 RHEL5 操作系统。

(5)安装完成后,点击 Reboot 按钮重启系统并取出安装光盘。

(6)整个安装过程大约持续 20 min,安装过程自动进行。

(7)操作系统安装完毕后,超级用户名"root"已建立,默认登录密码为"radar"。同时另一个一般用户名"rda"也已建立,其登录密码为"rda",该用户用来进行日常操作。

3. 驱动程序安装

系统安装完成后,如果显示器分辨率只有 800×600 或以下,可以选择安装显卡驱动程序,DELL 3400/380/390 均使用 Nvidia 显卡,可以用统一的显卡驱动程序。驱动程序必须在文本模式下,用 root 安装,方法如下。

(1)首先进入文本模式#init 3。

(2)关闭 vncserver#service vncserver stop。

(3)安装驱动程序#./Nvidia-Linux-x86-290.10.run,安装过程中选择新生成 xorg.conf 文件。

(4)安装完成后可以在终端键入 Nvidia-setting 命令对显卡进行配置,如图 7.1 所示。

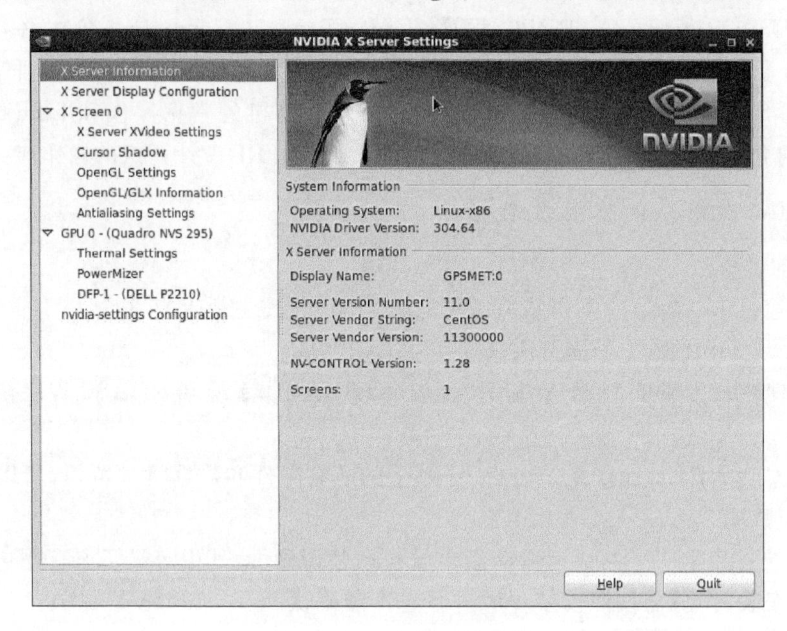

图 7.1　Linux 显卡配置

7.1.1.2　Linux 基本配置

1. 网络配置

启动网络配置程序,打开一个 terminal 输入命令 neat,选择指定网卡,双击后编辑网络地址、掩码等参数;或者使用图形界面进行配置,如图 7.2,7.3 所示。

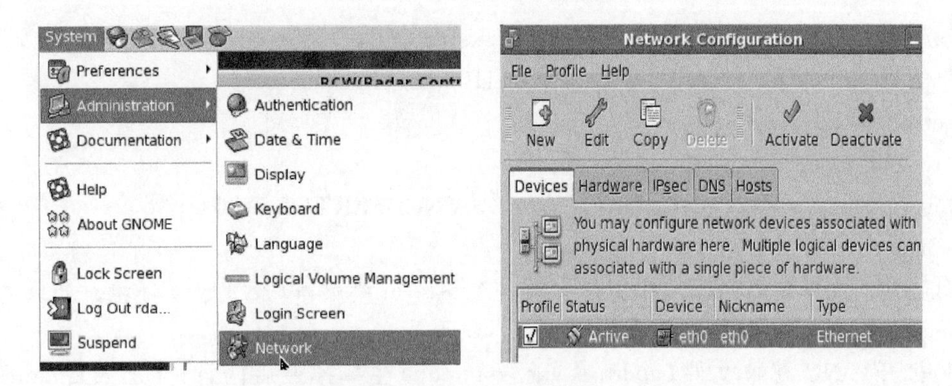

图 7.2　Linux 网络配置 1

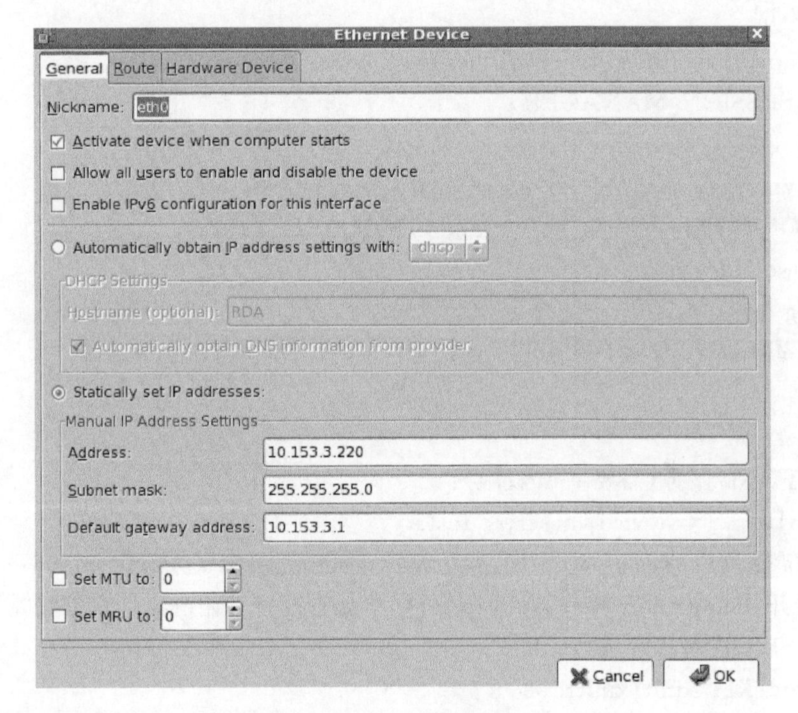

图 7.3　Linux 网络配置 2

2. VNC 服务配置

重新安装 Linux 系统后使用 VNCVIEWER 远程登录 RDA 发现桌面环境为 TWM(Tab-Window Manager,标签窗口管理器),该桌面环境较为简单且占用系统资源较少,但对于 Linux 命令不熟的雷达维护人员而言则极不方便。Red Hat 支持两种图形模式:KDE 模式或 gnome 模式(会占用更多系统资源和网络连接带宽),默认情况下 Red Hat 将 gnome 作为桌面。如果希望使用 gnome 桌面,则需要修改用户的 VNC 启动配置文件(./.vnc/xstartup)。重新安装 Linux 系统后该文件的默认内容如下:

```
#!/bin/sh
#Uncomment the following two lines for normal desktop:
#unset SESSION_MANAGER
#exec/etc/X11/xinit/xinitrc
```

```
[-x/etc/vnc/xstartup]&& exec/etc/vnc/xstartup
[-r $HOME/. Xresources]&& xrdb $HOME/. Xresources
xsetroot-solid grey
vncconfig-iconic &
xterm-geometry 80x24+10+10-ls-title "$VNCDESKTOP Desktop"&
twm &
```

可以看出,文件最后两行的作用是启动一个 Xterm 终端,以及 TWM 环境。如果需要使用 gnome 环境,有以下两种方法。

(1)打开 VNC 配置文件(gedit. /. vnc/xstartup)注释掉最后两行,并加入 gnome 启动程序:

```
#!/bin/sh
#Uncomment the following two lines for normal desktop:
#unset SESSION_MANAGER
#exec/etc/X11/xinit/xinitrc
[-x/etc/vnc/xstartup]&& exec/etc/vnc/xstartup
[-r $HOME/. Xresources]&& xrdb $HOME/. Xresources
xsetroot-solid grey
vncconfig-iconic &
#xterm-geometry 80x24+10+10-ls-title "$VNCDESKTOP Desktop"&
#twm &
gnome-session &
```

接着重启 VNC 服务(需要 root 权限):

```
[root@RDA~]#service vncserver restart
```

(2)以 rda 登录后,打开一个终端,运行 $ vncserver 命令,初始化 vncserver,输入密码“rdarda”。打开/home/rda/. vnc/xstartup 文件,将如下两行开始的#注释符删除。

```
#unset SESSION_MANAGER
#exec/etc/X11/xinit/xinitrc
```

按照上述两种方法之一修改 VNC 配置文件后,使用 VNCVIEWER 远程登录 RDA 可见 gnome 环境。

图 7.4 VNC 登录桌面(a)TWM 窗口(b)gnome 桌面

3. 手动挂载光驱或映像

Linux 系统一般可以自动挂载 U 盘和光驱,挂载目录在/media 下。如果系统不能自动挂载,则需要手工操作。光驱设备一般为/dev/cdrom 或者/dev/dvd,U 盘的设备为动态分配,可以使用 fdisk-l 命令查看(需要管理员 root 权限)。关于 mount 和 fdisk 命令及 Linux 文件系统的知识及其他常用命令请参考相关书籍。

Linux 下手动挂载文件系统一般放在/mnt 目录下,光驱和 ISO 映像一般在/mnt/cdrom,U 盘一般在/mnt/usb。如果/mnt/usb 目录不存在,可用命令 mkdir-p/mnt/cdrom 建立目录。挂载文件系统必须是管理员 root 用户。

挂载光驱:＃mount/dev/dvd/mnt/cdrom

挂载映像:＃ mount/home/rda/rdasc. iso-o loop/mnt/cdrom;假设映像文件为/home/rda/rdasc. iso。

4. 时间同步

在雷达运行中,特别是组网的雷达运行中,时间同步是非常重要的。高精度时间同步一般通过外接 GPS 完成,基于互联网的 NTP(网络世界协议)可以提供 1～50 ms 内误差的时间同步,对于雷达运行已经足够了。

Linux 提供了时间同步服务,配置好的 Linux 工作站既可以作为客户端和时间服务器同步,又同时可以作为服务器为局域网内的工作站提供时间同步服务。

(1)通过 System→Administration←Date&Time 菜单,或者在 System Tray 部分选择时间,弹出右键菜单,选择修改日期和时间都可以修改时间。如图 7.5 所示。

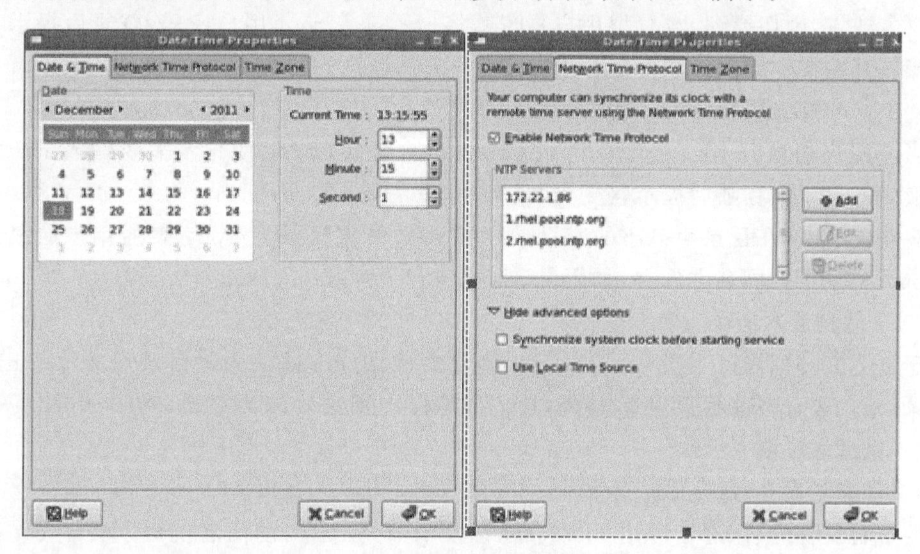

图 7.5　设置时间同步

(2)手动配置,内容如下。

①修改配置文件:如果工作站可以连接互联网,默认的配置文件就可以工作。如果有内部的时间服务器或者 GPS 则需要修改/etc/ntp. conf 将服务器地址写到 Server 对应的区域。

②启动 NTP 服务:＃service ntpd start。

③将 NTP 服务配置为启动运行:＃chkconfig ntpd on。

④查看服务运行状态:服务启动后可以使用 ntpstat 和 ntpq-q 命令查看服务运行状态。

以上操作需要 root 权限。

7.1.1.3 Linux 基本命令

关于 Linux 的学习方法有两种：一种是从图形界面入手；另一种是从 Linux 命令行入手。相比较而言，命令行要比图形界面高效很多。Linux 命令是 Linux 的精髓所在，通过对命令的组合，可以高效地完成日常的维护和管理工作。在使用命令进行 RDA 计算机的日常维护和管理之前，首先要十分清楚 RDA 计算机的系统目录：

/opt/rda/系统主目录

/opt/rda/bin 执行程序目录

/opt/rda/config 配置文件目录

/opt/rda/log 系统日志目录

/opt/rda/iq IQ 数据存档目录

/opt/rda/archive2 基数据存档目录

1. 账户切换命令(su)

Linux 有严格的权限管理，RDA 中，一般的雷达维护都在 rda 用户下可以完成，但是有时涉及系统的维护就要切换到 root 用户。

su 在不退出登录的情况下，切换到另外一个用户身份，使用语法为：su-l 用户名。用法举例：

(1)[rda@RDA~]$ su-l

用户名缺省，则切换到 root(根用户)状态，将提示输入 root 用户密码，登录后提示符变为“#”。操作某些文件或软件需要 root 权限，必须进行账户的切换。

(2)[root@RDA~]# su-l rda

从当前用户切换到 rda 这个用户。从 root 用户切换到 rda 用户不需要输入 rda 用户密码。切换为普通用户登陆后提示符变为“$”。

用户登录后，所在目录为自己的家目录。如 root 的家目录为/root，普通用户的家目录一般为/home 目录下的同名文件夹，如用户 rda 的家目录为/home/rda。

2. 与文件相关的命令

关于显示文件列表(ls)、拷贝文件(cp)、创建文件夹(mkdir)、删除目录及文件(rm)、改变工作目录(cd)、查看当前目录完整路径(PWD)等命令用法均较为简单，与 DOS 相关命令类似，这里不做过多说明。

(1)文件显示命令(more、cat、less)

想要查看文件内容，通常可用 more、cat 以及 less 等命令，前两者的区别在于 cat 把文件内容一直打印出来，而 more 则分屏显示，按 q 键则停止显示，但缺点是无法向前翻页，且功能较为单一，二者用法都较为简单，不做过多介绍。这里介绍 less 命令用法，它的功能更为强大和全面。基本用法为：

less 文件名

在使用 less 命令查看文件时，按上/下键可以向上/下翻一行；按“PgUp”“PgDn”键可分别向上和向下翻页浏览；按正斜杠(“/”)键可以搜索关键字；按下“V”键可以进入编辑模式(使用 vi 编辑器)；按“Q”键则退出。

(2)文件编辑(gedit)

RDA计算机日常维护中常常需要查看系统日志,修改配置文件等,但是Linux系统中最著名的两个文本编辑器VI和EMACS都是为程序员而设计,对雷达维护人员而言难学易忘,并不适用,而gedit作为系统自带的编辑器简单易用,而且查找替换等功能比较完善,是非常好的文本编辑器,使用方法是:

gedit 文件名(全路径)

(3)文件归档命令(tar)

tar命令用来归档并压缩文件。Linux下的tar工具是GNU版本,这个版本与传统版本的tar有一定的区别,如支持长格式参数等。tar的语法为:

tar〈操作〉[参数]

操作与参数种类较多,这里举例说明归档与解压两种常用操作。

①[rda@RDA~]$ tar-cvzf config. tgz config

对雷达配置文件config进行归档,归档文件名为config. tgz(参数c表示创建一个新归档)。当对雷达rdasc程序升级时需要先将原配置文件归档保存,可用此命令。

②[rda@RDA~]$ tar-xzvf config. tgz

解压归档文件config. tgz,解压文件名为config(参数x表示解压缩归档文件)。可用于雷达rdasc程序升级完毕后恢复配置文件。

(4)文件查找命令(find)

find常用方法为:

find 目录-name“”

引号内为文件名,引号可用可不用。RDA的日常维护中常常需要查看报警文件、动态范围测试结果等,如果不知道报警文件、动态测试结果等文件的路径,可通过find命令全盘查找。如:

[root@RDA~]#find/-iname " * dyntest * "

/home/rda/Desktop/config//DynTest_13-09-07. txt

全盘搜索雷达动态范围测试结果(全盘搜索需要root权限)。如把“/”换成指定目录还可以对指定目录进行搜索(无需root权限)。需要注意的是:

①当记不住搜索的文件全名时必须用正则表达式匹配。

②由于Linux系统下严格区分大小写,所以如果不确定搜索的字符串是大写还是小写,需要加上“-i”参数表示忽略大小写,否则就会查询不到结果。

(5)命令/文件名补全(Tab)

在Linux下,按“Tab”键可以实现补全功能,可以将命令和文件名自动补全。举例来说,如果想使用history命令,不必每次都输入这个命令的完整7个字母:输入“his”,然后按“Tab”键,命令会自动补齐。如果输入某个命令或文件名前几个字母后按下“Tab”键发现命令没有自动补齐,说明以这几个字母开头的命令或文件不止一个。这时再次按下“Tab”键,则会显示所有以这几个字母开头的命令或文件列表。

使用“Tab”键补全功能可以缩短输入命令或文件名的时间,也可以减少输错的概率,所以建议多合理使用补全功能。

3. 关于 grep 命令

grep 是一个很常见的指令，最重要的功能就是进行字符串数据的对比（比如显示含有特殊字段的行）。在 Linux 的命令行里如何快速检索出所需数据，这对用户来说是非常重要的。用 ls 命令在管道基础上用 grep 过滤，功能非常强大。与 find 相比，无需记住搜索的字符串全名，可以使用模糊搜索，不使用正则表达式匹配字符串，其使用基本语法为：

grep[参数]字符串[文件名]

常用参数如表 7.1 所示。

表 7.1　grep 命令的参数说明

参数	参数说明
-a	将 binary 文件以 text 文件的方式搜寻数据
-c	计算找到“搜寻字符串”的次数
-i	忽略大小写的不同，所以大小写视为相同
-n	输出行号
-v	方向选择，亦即显示出没有“搜寻字符串”内容的哪一行

用法举例：

(1)[root@RDA～]＃ls/opt/rda/log|grep "IQ62"

20130531_IQ62. log

20130610_IQ62. log

20130611_IQ62. log

20131027_IQ62. log

搜索 RDA 计算机/opt/rda/log/目录下的相位噪声标定结果文件（雷达相位噪声测试结果包含在 IQ62 文件中）。

(2)[rda@RDA～]$ grep'square root'-i/opt/rda/log/20131027_IQ62. log

2013-10-27 12:10:17:364 SQUARE ROOT＝0. 1747908

显示/opt/rda/log/20131027_IQ62. log 文件中包含 SQUARE ROOT 的行，即相位噪声标定结果。

(3)[root@RDA log]＃less 2013110212_Rad. log|grep-i'el＝01. 4'|less

在 Rad. log 日志里面找到仰角为 1. 41°的 PPI 数据并分页显示。

当雷达日志文件包含内容较多时，尤其是像雷达角码文件 Debug_RAD. log 和 RAD. log 等动辄上千行数据，仅靠肉眼筛选信息非常困难，但是利用管道和 grep 过滤掉无用的信息，效率提高数十倍有余。需要说明的是，grep 在一个文件中查寻一个字符串时，他是以“整行”为单位来撷取数据。将 grep 命令和正则表达式结合应用，可最大限度地发挥出 grep 命令的作用。

4. 软件的安装与卸载

RPM 是 Red Hat Package Manager 的缩写，即 RedHat 软件包管理器。雷达 RDA 计算机进行 rdasc 程序升级时需用到此命令，RDA 计算机上所有用户都可以使用 RPM 命令进行查询软件包相关信息，但进行安装、升级、卸载等操作时则需要 root 权限。用法举例如下。

(1)[rda@RDA～]$ rpm-qa|grep rdasc rdasc-11.4.8-2

查询RDA计算机中是否已安装rdasc软件包。

(2)[root@RDA～]#rpm-ivh rdasc-11.3.6-1.i386.rpm

安装rdasc软件,其中参数i表示安装;v是一个全局参数,表示详细输出模式;h是用#号表示安装进度。

(3)[root@RDA～]#rpm-e rdasc

卸载rdasc软件,参数e表示卸载。

7.1.2　RDA监控程序

7.1.2.1　RDASC安装

1. 自动安装

(1)用“root”用户登录RDASC工作站。

(2)插入RDASC安装光盘后,光盘会自动挂载到系统目录/media/RDASC。

(3)打开一个gnome终端窗口,输入命令“cd/media/RDASC”。

(4)输入命令“./install”进行安装。

(5)安装过程完成后,重启计算机,以用户名“rda”登录到Linux操作系统,桌面上会有RDA控制台(Radar Control Console)快捷启动图标,双击该图标来启动RDA控制台,开始操作雷达。

2. 手动安装

(1)Linux系统一般可以自动挂载U盘和光驱,挂载目录在/media下。如果系统不能自动挂载,则需要手工操作。

(2)光驱设备一般为/dev/cdrom或者/dev/dvd,U盘的设备为动态分配,可以使用fdisk-l命令查看(需要管理员root权限)。关于mount和fdisk命令及Linux文件系统的知识及其他常用命令请参考相关书籍。

(3)Linux下手动挂载文件系统一般放在/mnt目录下,光驱和ISO映像一般在/mnt/cdrom,U盘一般在/mnt/usb。如果/mnt/usb目录不存在,可用命令mkdir-p/mnt/cdrom建立目录。挂载文件系统必须是管理员root用户。

(4)挂载光驱:#mount/dev/dvd/mnt/cdrom。

(5)挂载映像:#mount/home/rda/rdasc.iso-o loop/mnt/cdrom;假设映像文件为/home/rda/rdasc.iso。

3. RDASC程序升级

(1)从图形界面安装

首先备份系统适配数据。使用菜单操作,在文件浏览器中选中/opt/rda/config目录后,在右键菜单中选中“Create Archive”,然后选中压缩方式和压缩文件名。

打开包管理器。Application->Add/Remove Software。如图7.6所示。

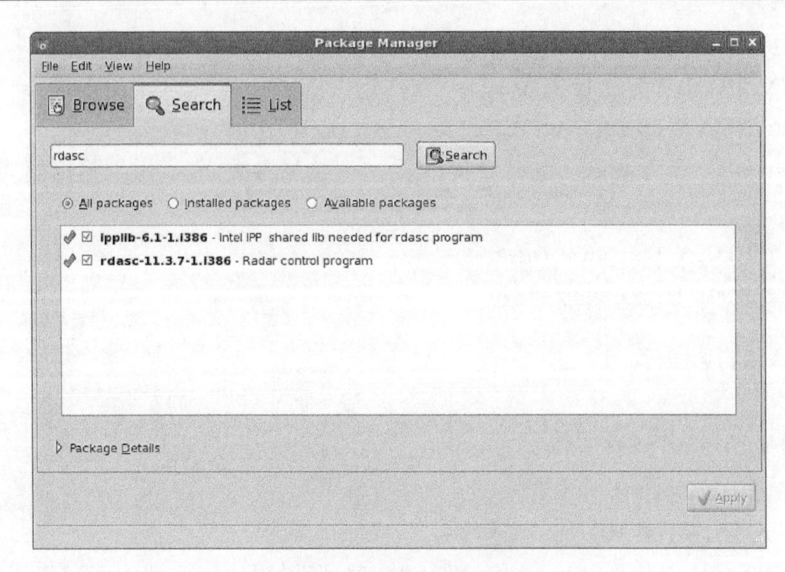

图 7.6　备份适配数据

然后升级 RDASC 程序，找到 RDASC 并删除，双击 RDASC 升级的 RPM 包，安装。最后恢复适配数据，选择备份适配数据右键菜单解压。重启系统。

(2)用命令行安装

备份系统适配数据，即备份/opt/rda/config 目录下所有文件。在/opt/rda/目录下输入命令“tar-cvzf config. tgz config”。

然后打开一个终端，切换到 root 用户，软件卸载。在终端中输入命令“rpm-e rdasc”。

获取升级的 rdasc rpm 包，或者挂载安装光盘，挂载方法参考文档。

安装升级软件。假设 rpm 包文件为 rdasc-11. 3. 6-1. i386. rpm，在终端输入命令如下：

“rpm-ivh rdasc-11. 3. 6-1. i386. rpm”

最后恢复系统适配数据。在/opt/rda/目录下。首先清除默认安装适配数据”rm-fr config”。恢复适配数据”tar-xzvf config. tgz”。重启系统。

7.1.2.2　RDASC 的应用

1. RDASC 文件

RDASC 程序默认安装目录为/opt/rda，安装目录下的文件内容如表 7.2 所示。

表 7.2　RDASC 程序默认安装目录下的文件

序号	路径名	说明
1	/opt/rda/bin	可执行程序
2	/opt/rda/iq	I/Q 存档数据文件
3	/opt/rda/config	配置文件
4	/opt/rda/bin/archive2	Ⅱ级基数据文件
5	/opt/rda/log	日志文件

RDASC 所需文件详细内容如表 7.3 所示，这些文件都是 RDASC 正确操作所需，如果任何文件缺失，都需要从安装盘重新下载。

表 7.3　可执行文件以及配置文件清单

序号	路径	说明
1	bin/rcc	雷达控制台程序
2	bin/maina	雷达信号控制台程序 A
3	bin/mainb	雷达信号控制台程序 B
4	bin/ped	天线控制程序
5	bin/rcw	雷达控制窗口程序
6	bin/rdasot	RDASOT 程序
7	bin/tsdump	以文本方式显示 IQ 存档文件程序
8	bin/dau	DAU 模拟器
9	bin/rdad	RDASC 主程序
10	bin/rtw	天气实时显示程序
11	config/ADAPTCUR. DAT	当前版本适配数据文件
12	config/ADAPT. DAT	基础版本适配数据文件
13	config/rdad. conf	雷达配置文件
14	config/rtr. sub. conf	网络服务配置文件
15	config/rtr. service. conf	网络服务配置文件
16	config/rtr. icebox. conf	网络服务配置文件
17	config/rtr. pub. conf	网络服务配置文件
18	config/rcw. conf	雷达控制窗口配置文件

2. RDASC 日志文件

RDASC 运行过程中会产生很多种日志文件，这些文件能给用户反映雷达运行的状态。当雷达出现故障时，用户可以通过日志文件大致判断故障原因。RDASC 日志文件存放在 /opt/rda/log 中。这些日志文件包括 Alarm. log，Calibration. log，Operation. log，Status. log，PL. log，FC. log、Rad. log。这些文件当中除了 FC. log 和 Rad. log 是每小时生成一个外，其他的都是一天生成一个。因此尽管他们的名字都是以时间开头，但格式上又有点差别，例如 FC. log 和 Rad. log 的名字格式是年月日时_文件名 . log，而其他文件名字格式为年月日_文件名 . log。

3. RDASC 功能码

表 7.4　RDASC 功能码说明

功能码	功能描述
01	天线自检 1
03	PARK 天线
05	体扫处理，读取径向数据
08	噪声采样
0A	速调管输出信号检查和杂波抑制检查
0B	脉宽设置
0F	END AROUND 测试
20	天线座俯仰抬升命令

续表

功能码	功能描述
21	天线座比特位错误
22	天线座命令错误
24	停止天线座控制
25	启动信号处理器
52	信号处理器停止命令
53	采集 IQ 数据

4. 启动 RDASC

点击桌面 Radar Control Console，在“rda”用户终端中键入 rcc，如图 7.7 所示。

图 7.7 启动界面

5. RDASC 控制窗口（RCW）

RCW 运行监控界面如图 7.8 所示。

6. 实时显示（RTW）

实时显示窗口用来实时显示雷达的天气数据，可以分别显示反射率、速度和谱宽数据。每个显示图都分为两个显示区域：一个显示数据图，另一个显示与图相关的信息数据和色标。RTW 窗口如图 7.9 所示。

7. 适配参数调整

倘若雷达标定结束发现部分指标误差偏大，则须分别调整适配参数对应项。

(1)CW 或反射率强度标定误差过大，调整接收机 R234 项。

(2)RFD(速调管输入前端的标定)，调整接收机 R46 项。

(3)KD(发射机经延迟后的输出(速调管后端))，调整接收机 R47 项。

(4)噪声温度：调整接收机 R35 项，小于 400 正常，噪声系数也要求小于 4 dB(二者之间通过公式换算)。

(5)机内功率偏小的调整：机内功率即显示功率，首先查看功率零点有无漂移(图 7.10)，若有漂移先调整功率零点；调整完毕后再调整功率系数。天线功率头零点和发射机功率头零点值正常都在 10～14 范围内，若偏小会导致对应功率也会偏小。如果功率头零点漂移偏大或发射机或者天线功率探头损坏，会导致检测功率输出不稳定甚至下降为零。

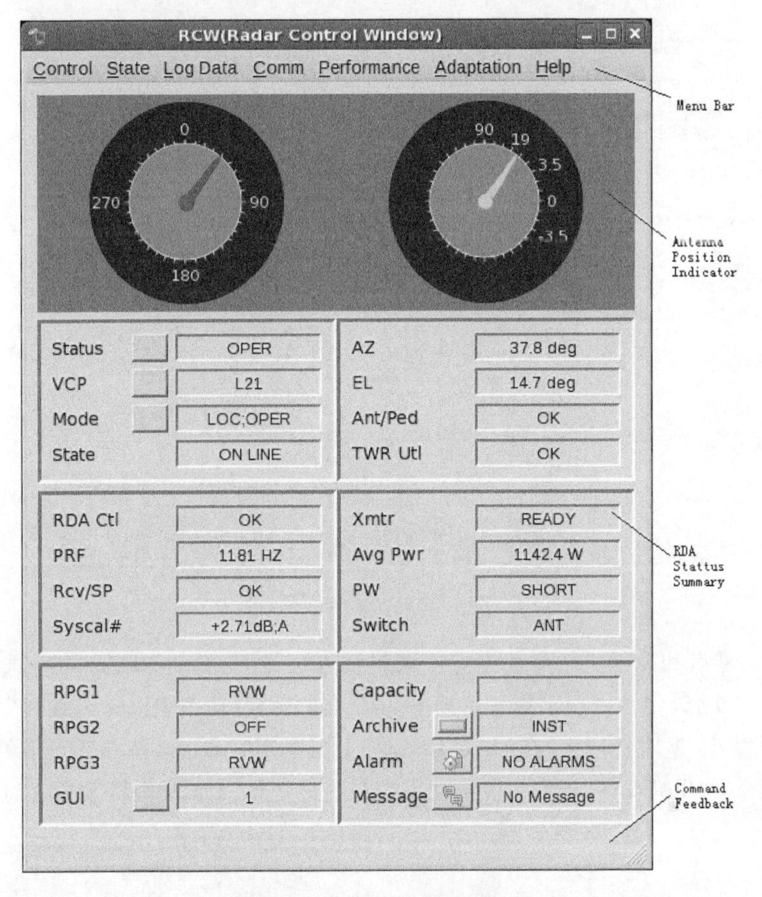

图 7.8　雷达运行监控界面

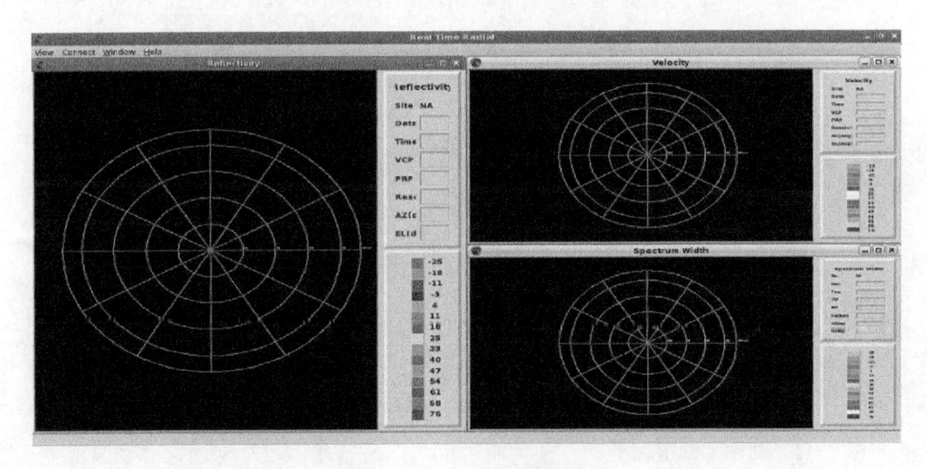

图 7.9　实时显示界面

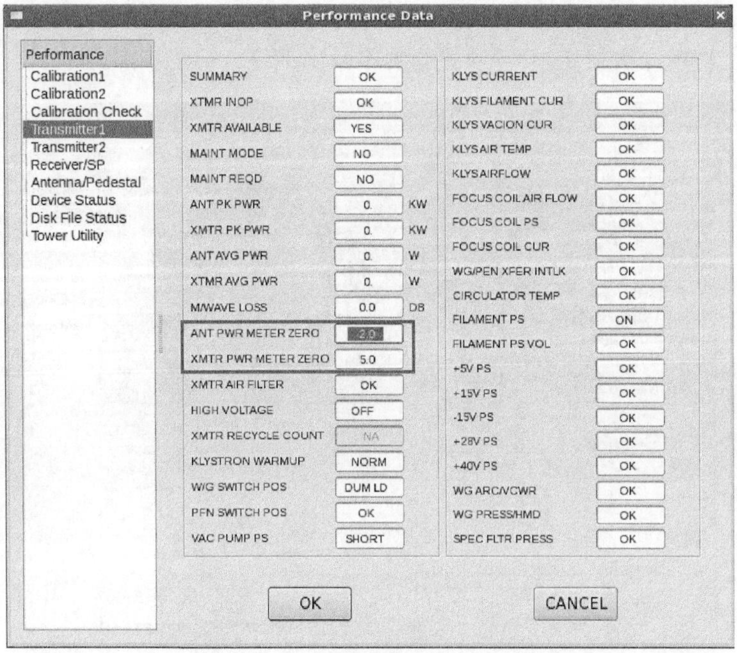

图 7.10　功率零漂值

天线功率头零点和发射机功率头零点值的调整方法如下：启动 RDASOT—选择 DAU Control—选择 Bytes30-45，用钟表一字螺丝刀插进 5A2 维护面板“功率表”—“天线端”和“发射机端”中调节，顺时针减小，逆时针增大，在 DAU Control 上就会实时显示功率头零点值的变化，分别调到 11 左右即可。再开机观察，正常情况下功率应有明显变化。如图 7.11 和 7.12 所示。

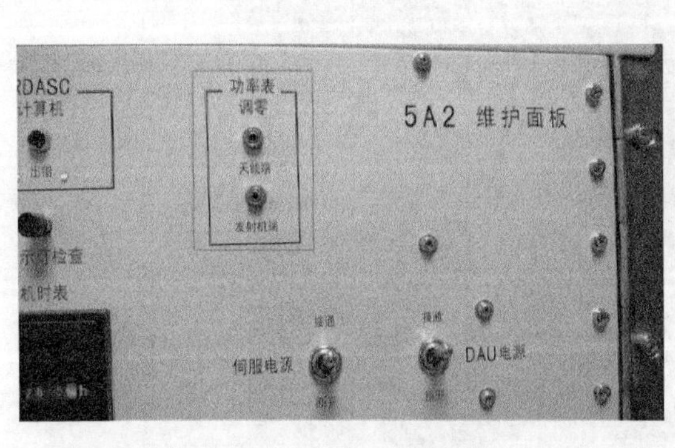

图 7.11　功率零漂值调整

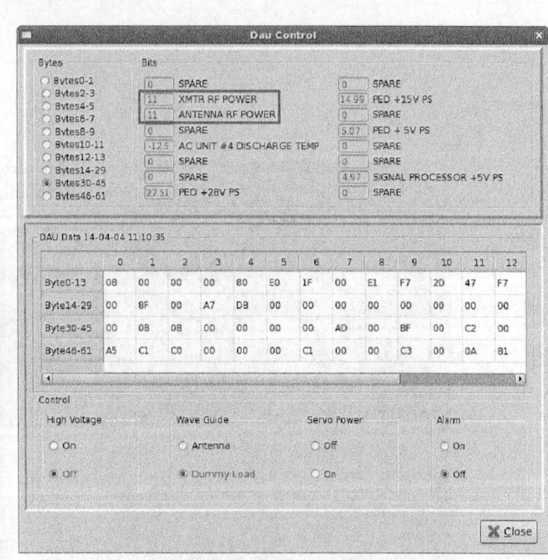

	0	1	2	3	4	5	6	7	8	9	10	11	12
Byte0-13	08	00	00	00	80	E0	1F	00	E1	F7	2D	47	F7
Byte14-29	00	8F	00	A7	D8	00	00	00	00	00	00	00	00
Byte30-45	00	0B	0B	00	00	00	00	AD	00	BF	00	C2	00
Byte46-61	A5	C1	C0	00	00	00	C1	00	00	C3	00	0A	81

图 7.12　功率零漂值显示

如果做完上述动作，若机内功率值还无明显提升，则有可能是功率探头损坏的原因引起的，先检查发射机和天线的两个探头接口有无松动，排除接触方面的原因后，更换探头，再做进一步观察。此时可调整功率系数（发射机 TR9、TR10 项），发射机机内功率调整系数对应 TR9

(SCALE FACTOR TO CONVERT XMTR POWER SHORT),天线机内功率调整系数对应 TR10(SCALE FACTOR TO CONVERT ANT POWER SHORT),计算公式如下。

调整系数=需要调到的值/现在显示的值 * 现在的调整系数

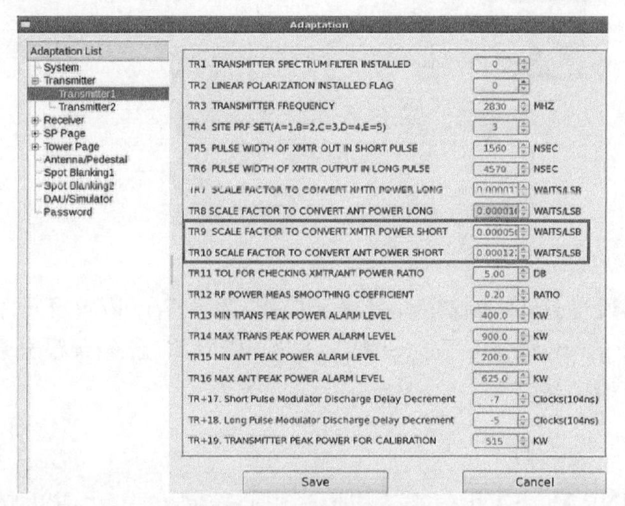

图 7.13　功率调整系数

7.1.2.3　文件共享

RHEL5.6 系统已经预设了/opt/rda 目录和 home 目录共享,用户可以在 Windows 上打开 rdasc 的文件共享。打开文件浏览器,在地址栏输入\rdasc_ip;在 Linux 上使用 SMB 打开 Windows 共享,在地址栏输入 smb://Win Ip。

7.1.2.4　存档 IQ 数据与 DBT 数据

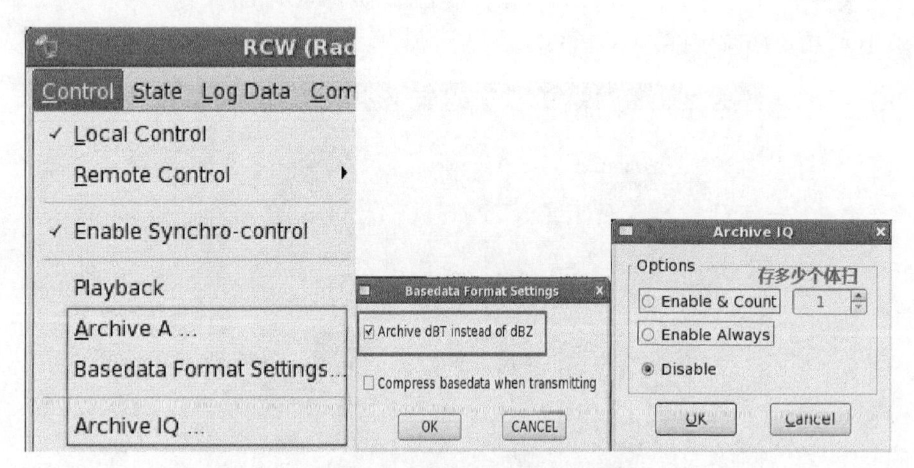

图 7.14　存档 IQ 与 DBT 数据

7.1.2.5　远程控制 Linux 工作站

1. VNC 软件

VNC Viewer 是一款跨平台远程控制工具软件客户端。在 RDA 计算机开启 VNC 服务的前提下,在 Windows 端启动 VNC Viewer 后可以在 Server 中输入 RDA_IP:1,确认后输入密码，远程登录 RDA，默认密码为 rdarda。

图 7.15 VNC 客户端

2. SSH

Linux 系统可以通过 SSH 协议远程登录和操作，为在 Windows 下远程管理 RDASC 计算机，putty 是一个免费的 Windows 下的 SSH 客户端，RDASC 已经预设开启了 SSH 服务，所以可以使用 putty 客户端登录。

7.1.2.6 关于时间同步

广东省 11 部 CINRAD/SA 天气雷达均通过中心控制方法，由雷达服务器确定单部雷达的时间周期并发布同步指令，控制区域内所有天气雷达协调运行、同步观测。广东省所有雷达站的时间同步和扫描同步控制是分开控制的，172.22.1.86 作为 GPS 校时服务器，172.22.1.176 作为 RDASC 扫描同步控制服务器，均放在省局信息中心。

7.1.3 RDASOT 的使用

1. 启动 RDASOT

(1)点击桌面 Radar Control Console，在控制台中选择 RDASOT。

(2)在“rda”用户终端中键入 rdasot。

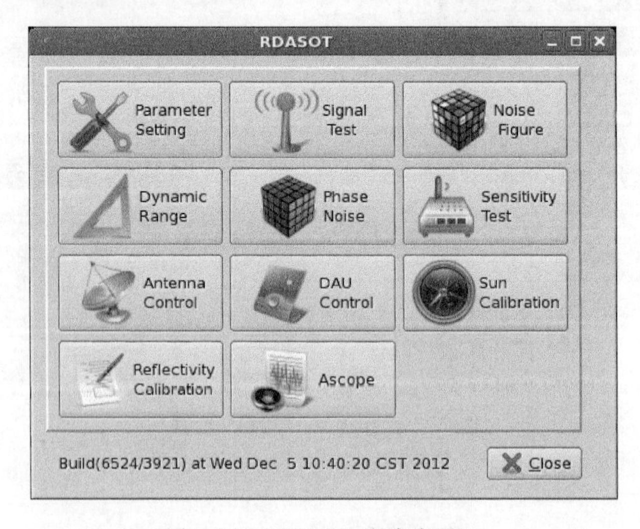

图 7.16 RDASOT 程序主界面

2. 参数设置

如图7.17所示，参数设置子程序允许用户设置和修改与RDASOT相关的参数，其内容将保存在/opt/rda/config目录下的配置文件rdasot.ini中。

图7.17　参数设置

3. 信号测试

信号测试是控制雷达的控制工具。如图7.18所示，操作员可以选择各种参数来控制信号处理器、发射机和接收机。

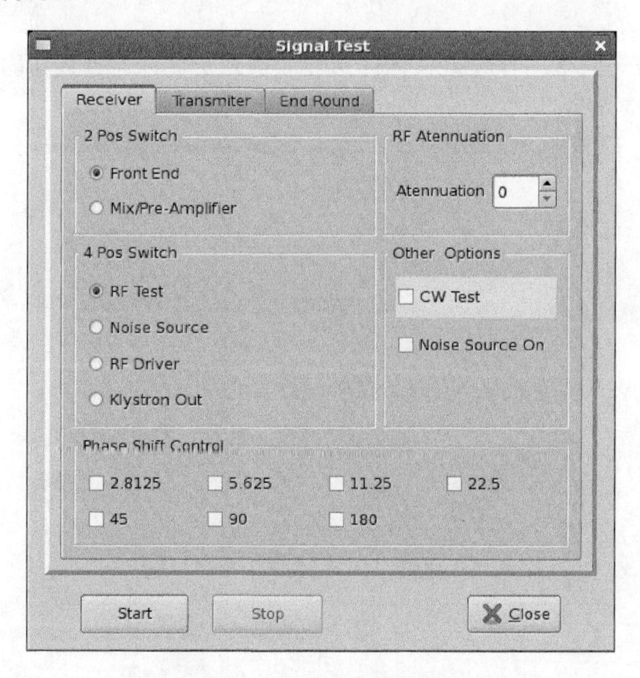

图7.18　信号测试界面

4. 噪声系数测试

噪声系数子程序用于测量雷达接收系统的噪声系数。噪声系数是天气雷达系统的重要指标之一，它的好坏直接影响到雷达观测数据的质量，因此进行噪声系数测试是很有必要的(图 7.19)。

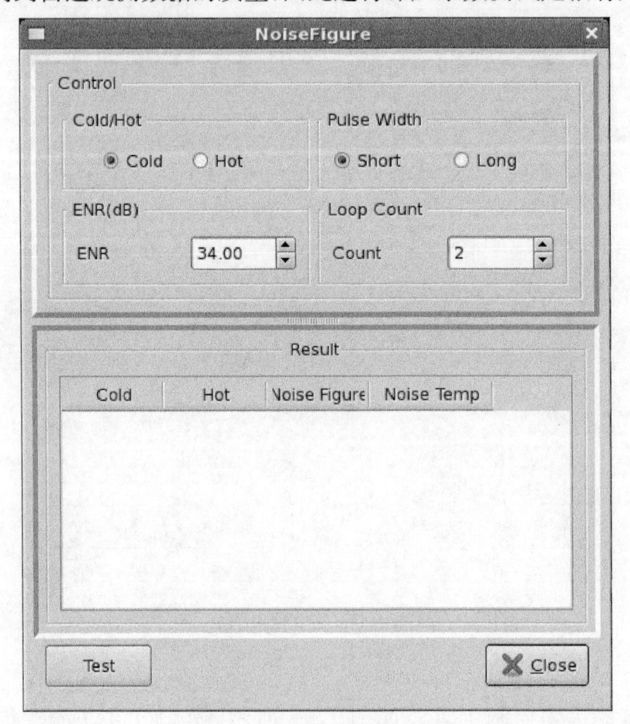

图 7.19　噪声系数测试界面

5. 动态范围测试

动态范围测试子程序是一个交互式的图形界面。用户可以通过该功能测试雷达接收系统的动态范围，如图 7.20 所示。

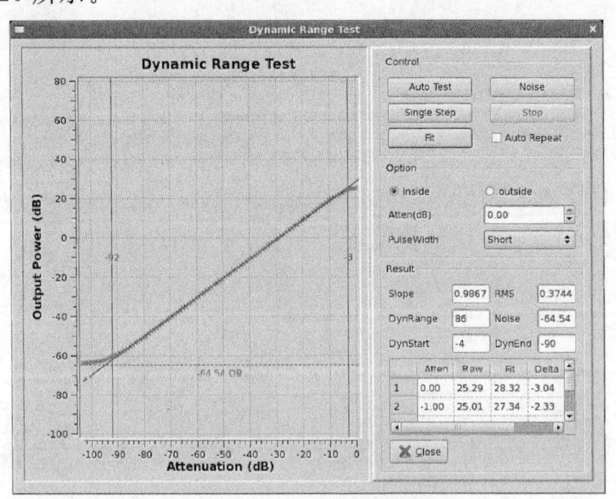

图 7.20　动态范围测试界面

6. 相位噪声测试

相位噪声子程序用于测试雷达相干性。相位噪声测试利用速调管输出信号作为测试信号，经过微波延迟线延迟后注入接收机。信号处理器采集该信号的 IQ 数据，并计算出这些 IQ 数据相位的均方根误差。雷达系统的相位噪声用 IQ 数据的相位均方根误差来表征。相位噪声子程序如图 7.21 所示。

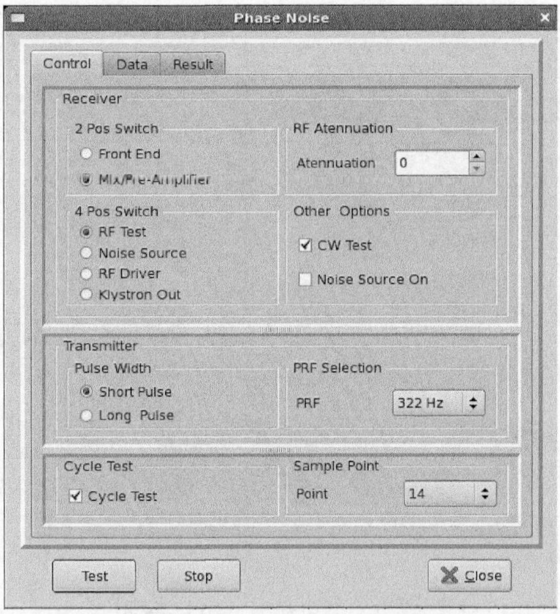

图 7.21　相位噪声测试界面

7. 灵敏度测试

灵敏度测试子程序用于测试接收机的灵敏度。接收机灵敏度反映了接收机接收微弱信号的能力，通常用最小可检测信号来表示。在进行灵敏度测试时，首先测量接收机的噪声电平，然后控制信号源向接收机接收通道注入信号，并逐渐增大注入信号功率，当接收机输出的信号功率大于噪声功率 3 dB 时，则认为此时注入信号的功率为接收机的最小可检测信号功率（图 7.22）。

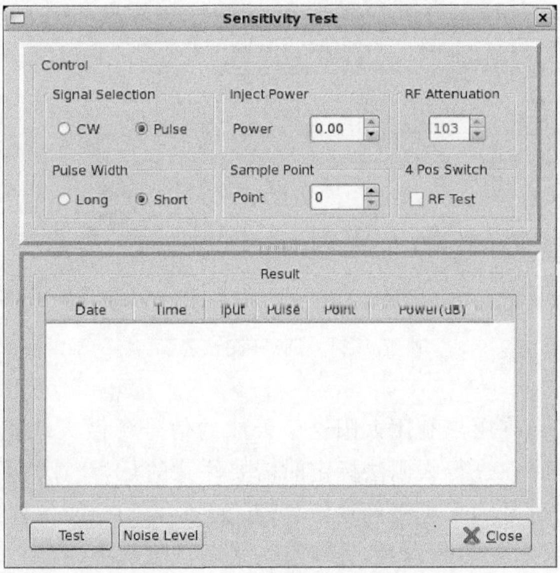

图 7.22　灵敏度测试界面

8. 天线控制

天线控制子程序允许用户控制天线的泊位和移动,同时显示天线当前角度和速度信息以及天线的状态信息(图 7.23)。

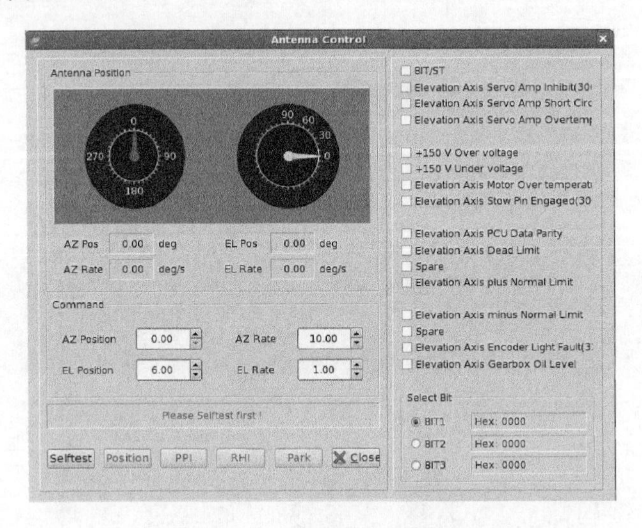

图 7.23　天线控制程序

9. DAU 控制

DAU 控制子程序允许用户控制 DAU 和显示 DAU 数据。如图 7.24 所示,DAU 命令包括发射机高压开关的控制、波导开关控制、伺服电源控制和 DAU 声音报警。用户通过这些命令能实现相关的控制。DAU 数据包括了各个分系统的状态数据,以位的形式显示。

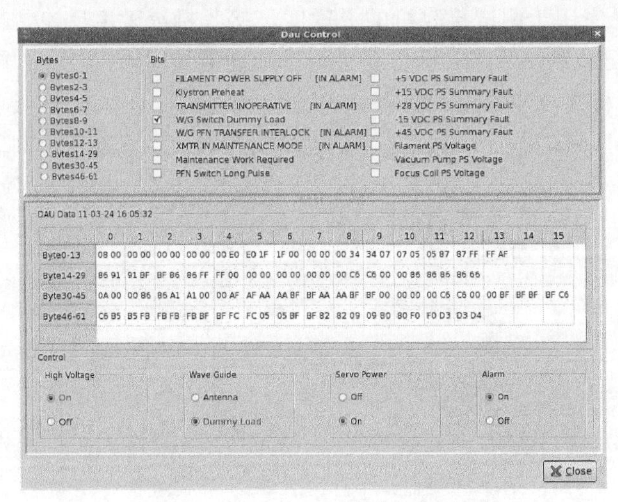

图 7.24　DAU 测试界面

10. 太阳法标定

太阳法标定子程序允许用户利用太阳这个天然的信号源做天线正北标校功能、太阳等待功能或者太阳追踪功能。在进行太阳法标定时需要注意的是,计算机系统时间必须很精确,最好精确到 1 s,这样的目的是为了更精确地计算理论上的太阳中心位置。如图 7.25 所示,太阳法标定有两页,一页是太阳法参数设置,另一页是太阳法测试控制。

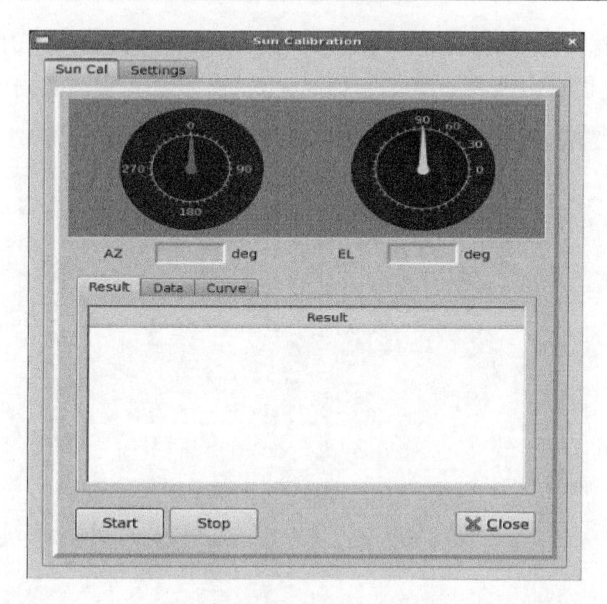

图 7.25　太阳法标定界面

11. 反射率标定

反射率标定子程序允许用户进行反射率标定的测试。利用机内或机外信号源向接收机通道注入连续波信号，在不同的距离范围内检验接收机接收回波的强度（图 7.26）。

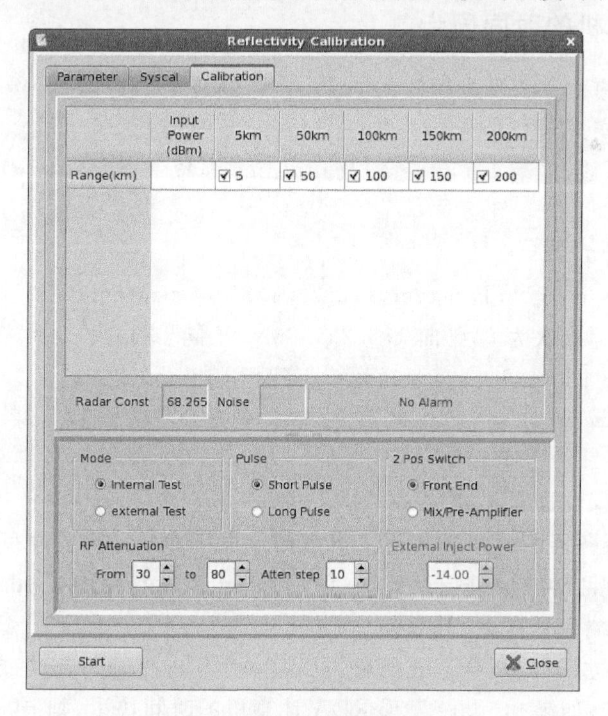

图 7.26　反射率标定界面

12. ASCOPE

ASCOPE 子程序是用来测试和诊断雷达软硬件的程序，它提供了独立的控制和显示功能，并且像示波器一样以图形方式显示信号处理器输出的各类数据。如图 7.27 所示，它分为设置和显示两部分，点击 Start 按钮后才会弹出 ASCOPE 显示窗口并实时显示用户所选定的数据。ASCOPE 设置窗口中所有设置都是即时生效的，不需要重复点击 Start。

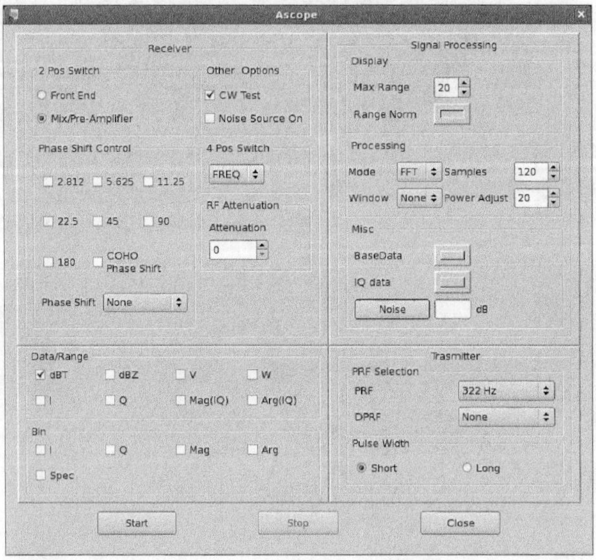

图 7.27　ASCOPE 测试界面

7.1.4　RDA 计算机的时间同步

RDA 计算机有两种方法来进行时间同步，一种是使用 ntpdate＋crontab 的组合，另一种是通过开启 NTP 服务来进行的。

雷达业务人员可通过 ntpq-p，ntpstat 及 ntptrace 等命令查看台站 RDA 计算机的 NTP 服务状态信息，比如：

[root@RDA～]＃ntpstat

返回：synchronised to NTP Server(172.22.1.86)at stratum 8

＃本 NTP 服务器层次为 8，已向 172.2.1.86NTP 同步过；

time correct to within 86 ms　＃时间校正到相差 86 ms 之内；

polling server every 1024 s　＃每 1024 秒会向上级 NTP(172.22.1.86)轮询更新一次时间。

按照 NTP 协议保证误差不超过 1 s，实际误差一般在 100 ms 以内，其值越小说明 RDA 计算机和上一级同步服务器的时间越接近。若发现台站 RDA 计算机时间校正误差过大，雷达维护人员一般可通过两种办法进行调整，一种是 NTP 客户端使用 ntpdate＋crontab 的组合，另一种是 NTP 客户端也开启 NTP 服务。

由于 ntpdate 是立即同步，会造成时钟的跃变，而不是使时间变快或变慢，导致依赖时序的程序会出错。例如，如果 ntpdate 发现 RDA 计算机的时间快了，则 rdasc 程序可能会经历两个相同的时刻，会造成重复的 PPI 扫描，雷达产品可能比正常扫描时多出一部分；如果 ntpdate 发现 RDA 计算机的时间慢了，则 rdasc 程序可能会无法完成一个完整的体扫，造成某些高仰角的 PPI 数据丢失，雷达产品可能比正常扫描时少一部分。由此可见，使用 ntpdate 同步可能会对 CINRAD/SA 雷达 rdasc 程序的同步扫描造成严重后果。而 ntpd 作为 NTP 的守护进程，不仅仅可作为时间同步服务器，还可以作为客户端与标准时间服务器进行同步时间，而且是平滑同步，并非 ntpdate 立即同步。所以通常情况下，台站 RDA 计算机都采用第二种办法与上一级 NTP 同步。如果假设上一级 NTP 服务器 IP 为 172.22.1.86(图 7.28)，那么 RDA 计算机合理的同步方法如下。

(1)首先查看 NTP 服务的守护进程 ntpd 是否启动(service ntpd status)。如果 ntpd 未启动，则在雷达 rdasc 程序不运行情况下先用 ntpdate 手动同步(ntpdate 172.22.1.86)；如果 ntpd 已启动，此时用 ntpdate 手工同步会提示"The Ntp Socket is in use"，说明端口被占用，需要先关闭 ntpd 服务(service ntpd stop)再用 ntpdate 手动同步(ntpdate time_server ip)，因为 ntpdate 与 ntpd 不能同时使用 123 端口。

(2)手动同步时间成功后，打开 NTP 配置文件(gedit/etc/ntp.conf)，加入上一级 NTP 服务器 IP 地址(把 server 127.0.0.1 local clock 这一行改为 server 172.22.1.86)，保存退出；或者在图形界面配置 NTP 服务器 IP 地址亦可(System→Administration→Date& Time)。

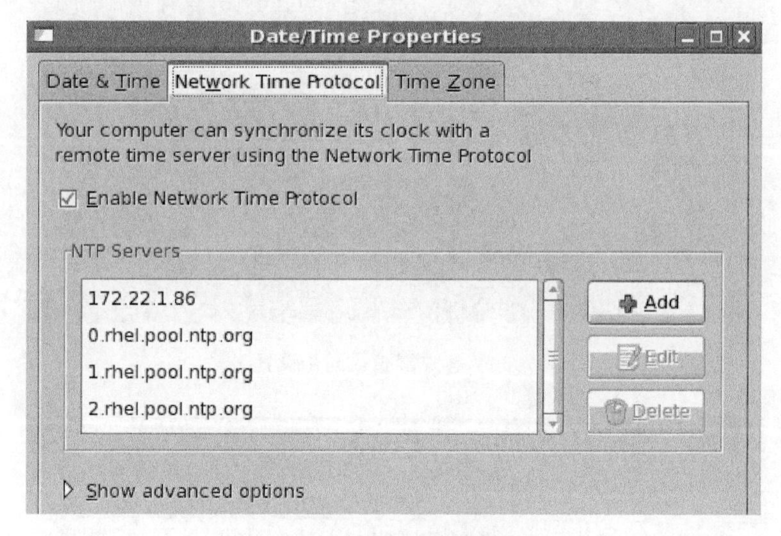

图 7.28　NTP 服务器设置

(3)启动 NTP 客户端服务守护进程 ntpd(service ntpd start)，待连接时间服务器后，RDA 计算机就会根据配置文件中 Server 字段后的服务器地址按一定时间间隔自动向上级服务器轮询更新时间。

需要说明的是，ntpd 启动的时候通常需要一段时间进行时间同步，所以在 ntpd 刚启动时还不能正常提供始时钟服务，最长大概有 5 min。

7.1.5　关于 RDASC 扫描同步

1. 扫描同步设置

在同步服务器(172.22.1.176)上运行同步控制 RSCS 软件，将体扫的周期和开始时间发送给各雷达的 RDASC 软件(图 7.29)。同步模式下，各雷达的启动、停止、维护等仍由各站自主控制。

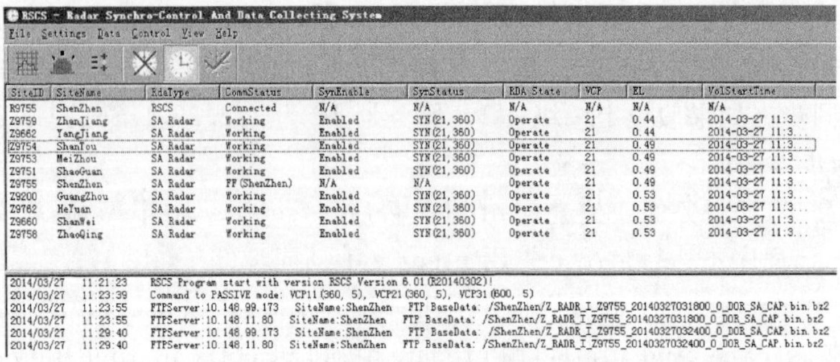

RSCS - Radar Synchro-Control And Data Collecting System

File Settings Data Control View Help

SiteID	SiteName	RdaType	CommStatus	SynEnable	SynStatus	RDA State	VCP	EL	VolStartTime
R9755	ShenZhen	RSCS	Connected	N/A	N/A	N/A	N/A	N/A	N/A
Z9759	ZhanJiang	SA Radar	Working	Enabled	SYN(21,360)	Operate	21	0.44	2014-03-27 11:3...
Z9662	YangJiang	SA Radar	Working	Enabled	SYN(21,360)	Operate	21	0.44	2014-03-27 11:3...
Z9754	ShanTou	SA Radar	Working	Enabled	SYN(21,360)	Operate	21	0.49	2014-03-27 11:3...
Z9753	MeiZhou	SA Radar	Working	Enabled	SYN(21,360)	Operate	21	0.49	2014-03-27 11:3...
Z9751	ShaoGuan	SA Radar	Working	Enabled	SYN(21,360)	Operate	21	0.49	2014-03-27 11:3...
Z9755	ShenZhen	SA Radar	FF(ShenZhen)	N/A	N/A	Operate	21	0.49	2014-03-27 11:3...
Z9200	GuangZhou	SA Radar	Working	Enabled	SYN(21,360)	Operate	21	0.53	2014-03-27 11:3...
Z9762	HeYuan	SA Radar	Working	Enabled	SYN(21,360)	Operate	21	0.53	2014-03-27 11:3...
Z9660	ShanWei	SA Radar	Working	Enabled	SYN(21,360)	Operate	21	0.53	2014-03-27 11:3...
Z9758	ZhaoQing	SA Radar	Working	Enabled	SYN(21,360)	Operate	21	0.53	2014-03-27 11:3...

2014/03/27 11:21:23 RSCS Program start with version RSCS Version 6.01(R20140302)!
2014/03/27 11:23:39 Command to PASSIVE mode: VCP11(360, 5), VCP21(360, 5), VCP31(600, 5)
2014/03/27 11:23:55 FTPServer:10.148.99.173 SiteName:ShenZhen FTP BaseData: /ShenZhen/Z_RADR_I_Z9755_20140327031800_0_DOR_SA_CAP.bin.bz2
2014/03/27 11:23:55 FTPServer:10.148.11.80 SiteName:ShenZhen FTP BaseData: /ShenZhen/Z_RADR_I_Z9755_20140327031800_0_DOR_SA_CAP.bin.bz2
2014/03/27 11:29:40 FTPServer:10.148.99.173 SiteName:ShenZhen FTP BaseData: /ShenZhen/Z_RADR_I_Z9755_20140327032400_0_DOR_SA_CAP.bin.bz2
2014/03/27 11:29:40 FTPServer:10.148.11.80 SiteName:ShenZhen FTP BaseData: /ShenZhen/Z_RADR_I_Z9755_20140327032400_0_DOR_SA_CAP.bin.bz2

图 7.29 服务器端扫描同步设置

如图 7.30,7.31 所示,省内各雷达站 RDASC 计算机上也要设置扫描同步服务器的 IP(172.22.1.176),用来接收同步控制的命令和周期。

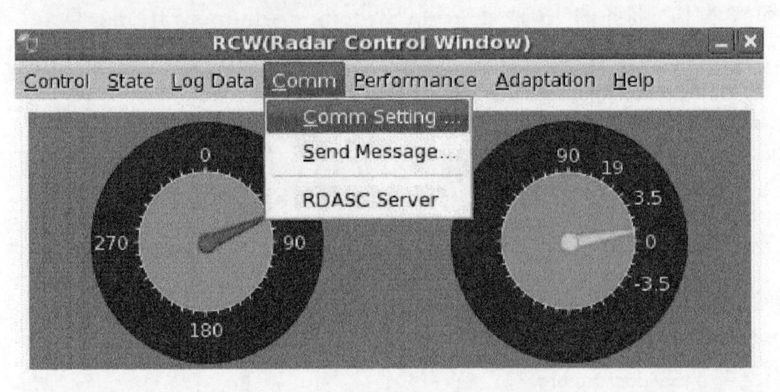

图 7.30 客户端扫描同步设置 1

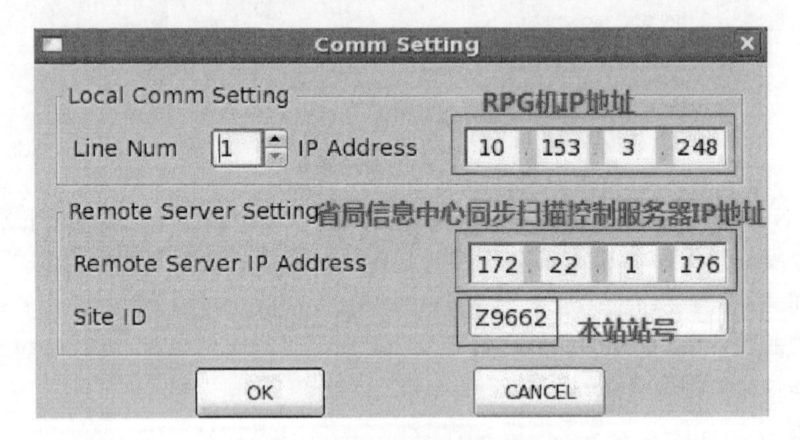

图 7.31 客户端扫描同步设置 2

2. 扫描同步控制策略

多普勒天气雷达有 4 种体扫模式(VCP),目前 SA 雷达使用的是 VCP21 降水模式,也就是 6 min 左右完成 9 个仰角(层)的体扫方式。确定同步时段的周期,实现雷达 6 min 一次体扫观测,这也是根据中国气象局规定采用 6 min 9 个仰角体扫模式而制定的。既然同步时间是 6 min 的倍数,10 次正好 1 h,所以将体扫时间固定在每个小时的 0、6、12、18、24、30、36、42、48、54 分开始。在广东省气象局信息中心服务器上安装雷达同步控制软件 RSCS.exe,同时各部雷达的RDASC软件也要选中接收同步控制的选项，同步控制软件RSCS将同步控制的命令和周期发送给各雷达的RDASC软件，各雷达按同步策略开始体扫，在6 min的周期策略下，严格按00:00→00:06→00:12→00:18→00:24→00:30→00:36→00:42→00:48→00:54的时间点开始体扫。

每部雷达的体扫周期长短不一，VCP21周期一般在6 min左右，有的少于6 min，有的大于6 min，尤其在体扫周期大于6 min的时候，如不加以控制，则无法同步到下一体扫的开始时间，只能等到第三个体扫才能同步扫描，无形中会漏测不少的体扫。为使各雷达实现6 min同步，保证各雷达能够在少于6 min的时间内完成体扫，必须现场分析每部雷达的体扫周期，并调整雷达的体扫适配参数，以达到同步的要求，譬如提高VCP21扫描在高仰角的天线转速。高仰角天线转速调整后，高仰角的脉冲采样数会减少，数据的平均度理论上有所降低，但比VCP11的仍然高得多。并且，根据同步项目实现以来预报员反馈的意见来看，基本看不出数据质量的区别或对预报业务造成多大的不利影响。各雷达台站体扫周期改动前后对比如表7.5所示。

表7.5　广东雷达台站体扫周期改动前后对比

站点 \ 修改	体扫时间(修改前)	体扫时间(同步之后)	修改仰角层数
广州	359～361 s	360 s	1
深圳	357～365 s	360 s	2
梅州	363～365 s	360 s	2
韶关	356～357 s	360 s	1
汕头	356～359 s	360 s	1
阳江	358～360 s	360 s	1
湛江	360～365 s	360 s	2

7.2　RPG系统

RPG组件接收来自于RDA的基数据，并用已存储的算法将其进行处理，以形成一组派生的气象产品。这组产品包含基本产品在内，通过窄带通信线路被分配给CINRAD系统中的主用户处理终端(PUP)，同时也被分配给主用户外部系统(PUES)和其他用户系统。RPG功能组件包括所有产品实时产生、存储以及分配操作中所用到的硬件和软件。它还包括在系统遥控、状态监测、错误检测、产品存档和水文气象数据处理等过程中所需的硬件和软件。通过单元控制台(UCP)，操作者和维护人员可进行数据输入和过程控制。UCP终端还可用来做系统测试、故障搜索以及控制局部产品的选择、产生和分配。UCP有两种配置方式：远程控制和本地控制。

RPG主要设备包括：计算机(UD21A1)，UPS电源(UD21A2)，窄带通信卡(UD21A3)，宽带通信卡(UD21A4)，存档(UD21A5)。RPG业务软件包括：操作系统软件(Windows NT 4.0)，RPG软件程序(CPCI 03)。

RPG程序可完成以下5种功能：

(1)获取雷达数据；

(2)获取雨量计数据；

(3)生成产品；

(4)分配产品；

(5)控制系统。

7.2.1 UCP 介绍

如图 7.32 所示，UCP 是 RPG 的人机交互界面，RPG 系统完成的功能和步骤，都通过单元控制台(UCP)进行。在 UCP 终端执行的功能包括：控制操作、状态检查、维护任务和适配数据的更新。

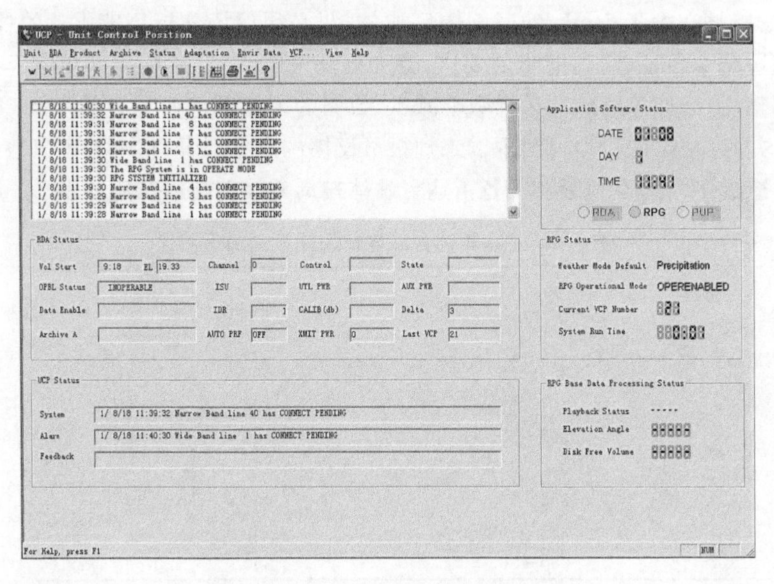

图 7.32 UCP 程序主界面

在 UCP 终端上，维护人员可以使用相应的菜单命令去履行以下主要功能：

(1)监视系统状态；

(2)检查和/或改变适配数据；

(3)通信；

(4)输入和检查维护记录数据；

(5)控制操作；

(6)RDA 控制；

(7)单元控制；

(8)状态菜单；

(9)产品生成和分配控制；

(10)存档。

7.2.2 RPG 对数据的处理

RPG 处理器从 RDA 处接收以下数据：

(1)RDA 状态数据；

(2)数字雷达基本数据；

(3)RDA 性能/维修数据；

(4)控制台信息；

(5)循环反向测试；

(6)杂波滤波器旁路图。

在数据未被访问和转存之前，处理器一直保存着。处理设备将数据从共享存储器中转移出来，对基本数据及雨量器数据进行处理，然后再将这些数据转化为气象产品及衍生产品。这些产品再被送回到共享存储器，通过这里再被访问及分发到海量存储器。被选定的产品子集将做例行归档。对来自相关PUP、不相关PUP、PUES及其他用户的请求及状态信息，处理器也将做出相应的响应。另外，RPG处理器还将以下数据发送给RDA：

(1)RDA控制命令；

(2)体覆盖图；

(3)数据请求；

(4)杂波检查带；

(5)循环反向测试；

(6)已编辑的杂波滤波旁路图；

(7)控制台信息。

7.2.3 UCP基本操作

UCP的主要作用是根据气象雷达算法生成雷达产品，以及分发产品到各路的PUP上；接收RDASC的部分信息从而监视和控制雷达运行；同时可以在本机磁盘存放基数据，存放路径可通过适配文件addedcfg.txt查阅、修改。如广州雷达站addedcfg.txt就要求将基数据保存在e:/Archive2文件夹下。

7.2.3.1 UCP的安装

(1)从名为“RDASC 10.8.1.S.C”的备份光盘上打开RPG文件夹，双击安装程序“RPG(SA)Setup.exe”开始安装，一直点击“next”，直到选择安装路径时，其默认的安装路径是D:\RPG，可以通过“Browse”命令按钮打开对话框修改。如图7.33所示。

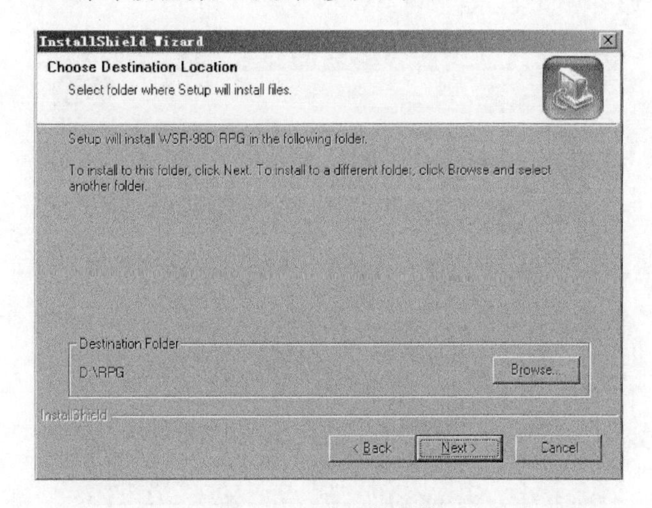

图7.33　UCP的安装

(2)输入 RDASC 计算机的网络名，默认是 RDA，以广州站为例，广州雷达站 RDASC 计算机的网络名正好就是 RDA，故不必更改，直接点击“next”。如图 7.34 所示。

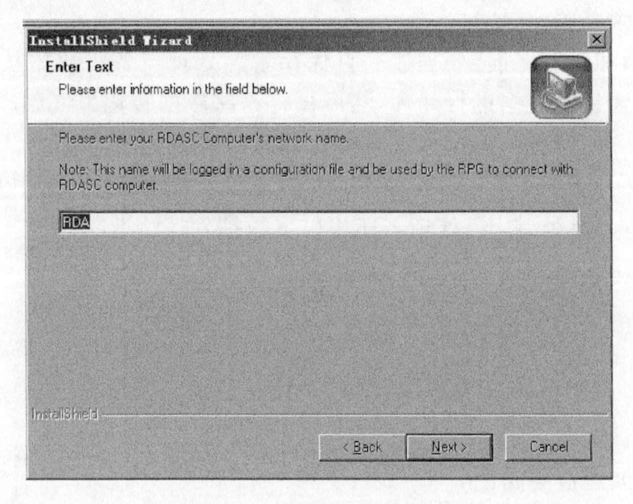

图 7.34　设置 RDA 网络名

注意：必须设置正确的 RDASC 计算机的网络标示，否则 UCP 将无法与 RDASC 正常链接。安装结束后亦可以通过 UCP 所在的安装路径 D:\RPG 10.8.1.S.C\下的网络配置文件 lan.cfg 中修改，内容如图 7.35 所示。

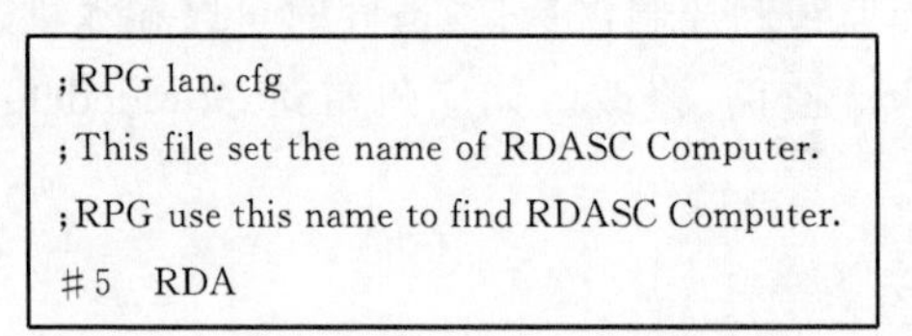
;RPG lan. cfg
;This file set the name of RDASC Computer.
;RPG use this name to find RDASC Computer.
#5　RDA

图 7.35

(3)输入保存雷达状态信息和基数据的位置，默认保存在 D 盘，广州站 RPG 也是放在 D 盘的，故不用更改。如图 7.36 所示。

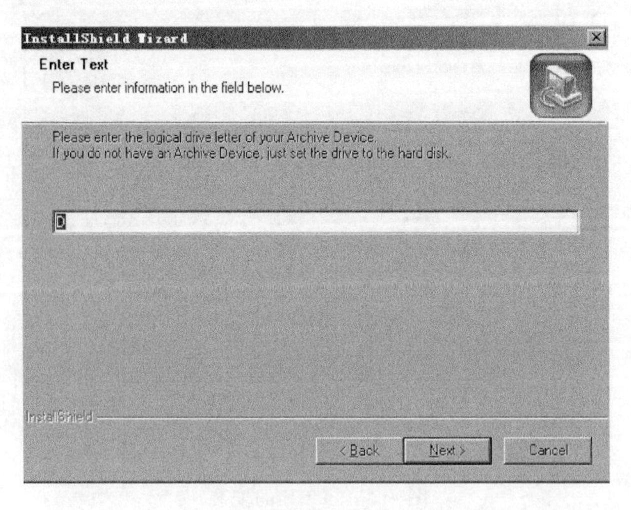

图 7.36　默认保存在 D 盘

资料保存路径等设置亦可在安装结束后通过UCP所在的安装路径D:\RPG 10.8.1.S.C\下的参数配置文件addedcfg.txt中修改，其内容如图7.37所示。

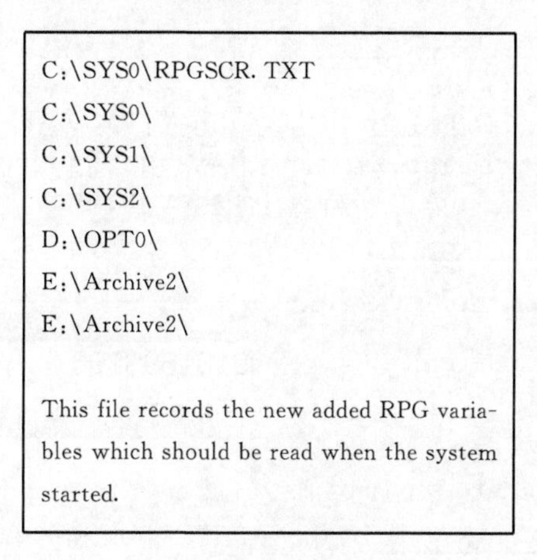

C:\SYS0\RPGSCR.TXT
C:\SYS0\
C:\SYS1\
C:\SYS2\
D:\OPT0\
E:\Archive2\
E:\Archive2\

This file records the new added RPG variables which should be read when the system started.

图7.37

点击“next”，选择典型安装(Typical)。如图7.38所示。再一直点击“next”即可完成安装。

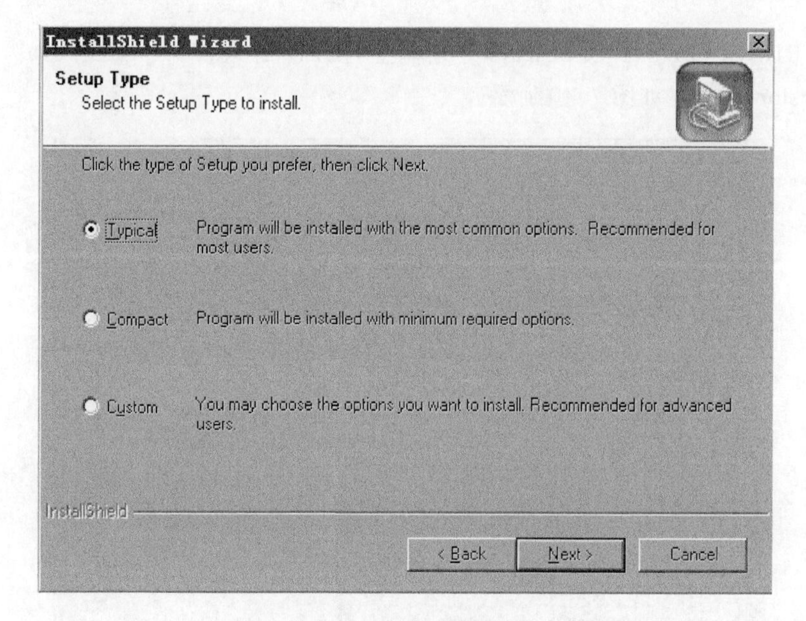

图7.38　选择典型安装

(4)软件注册。启动UCP软件，第一次启动时，会弹出一个“RPG Program Register”的注册框。如图7.39所示。

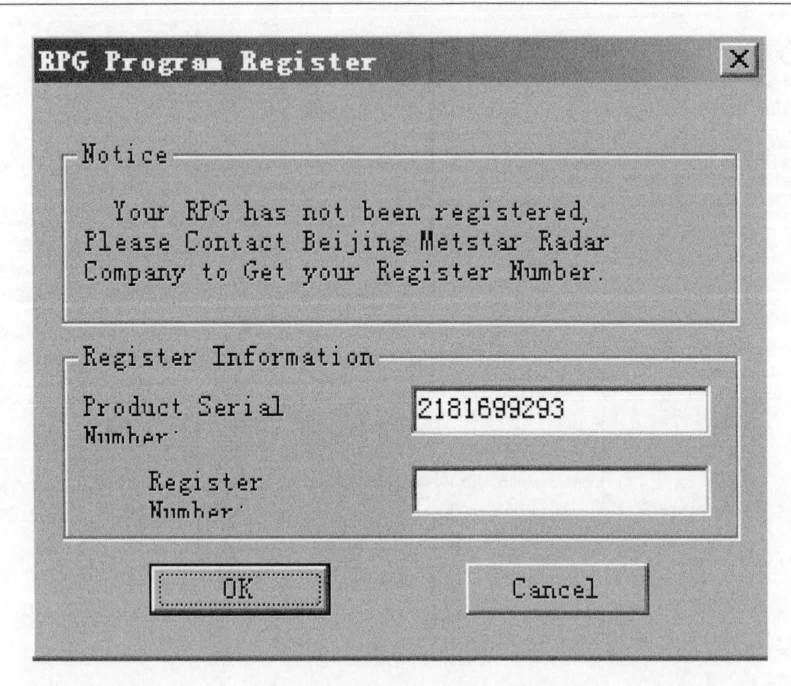

图 7.39　注册 UCP 软件 1

从名为“RDASC 10.8.1.S.C”的备份光盘上打开注册软件“RpgReg.exe”，出现“RPG Register(Version 10)”。如图 7.40 所示。

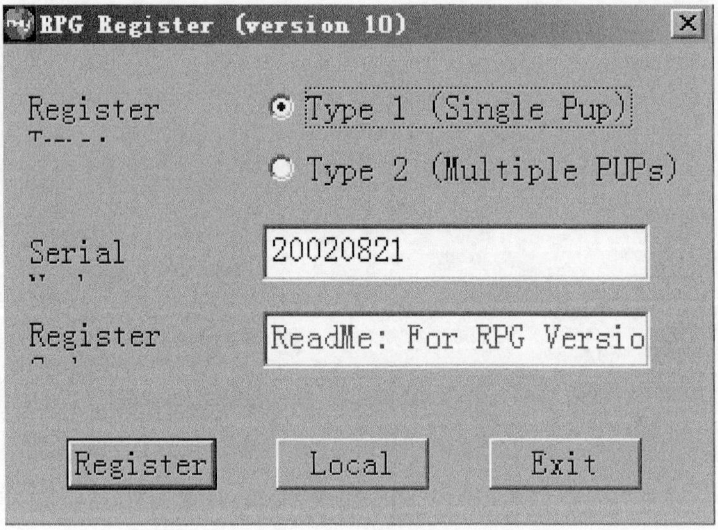

图 7.40　注册 UCP 软件 2

把“RPG Program Register”上面的“Product Serial Number”复制并粘贴到“RPG Register(Version 10)”的“Serial Num”栏。如图 7.41 和图 7.42 所示。

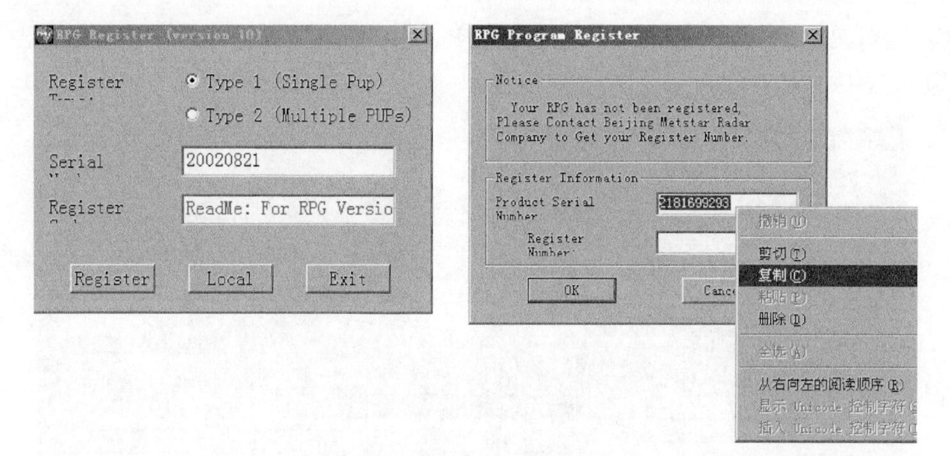

图 7.41　注册 UCP 软件 3

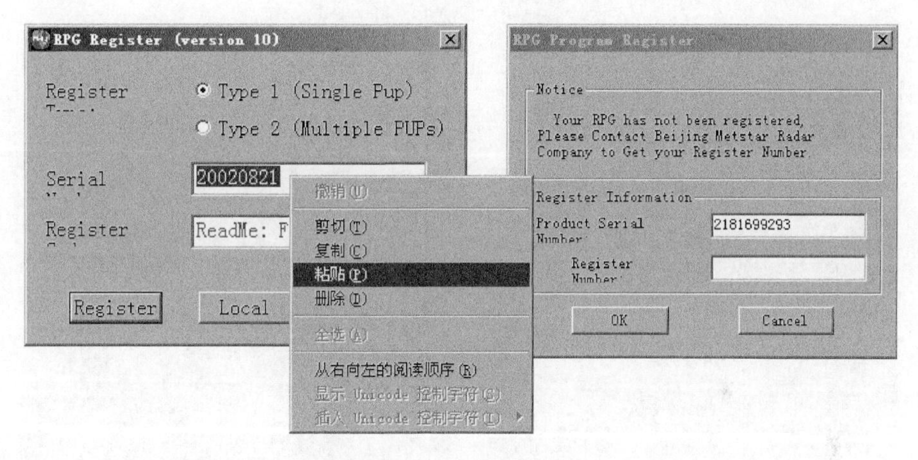

图 7.42　注册 UCP 软件 4

点击“Register”，生成注册码。如图 7.43 所示。

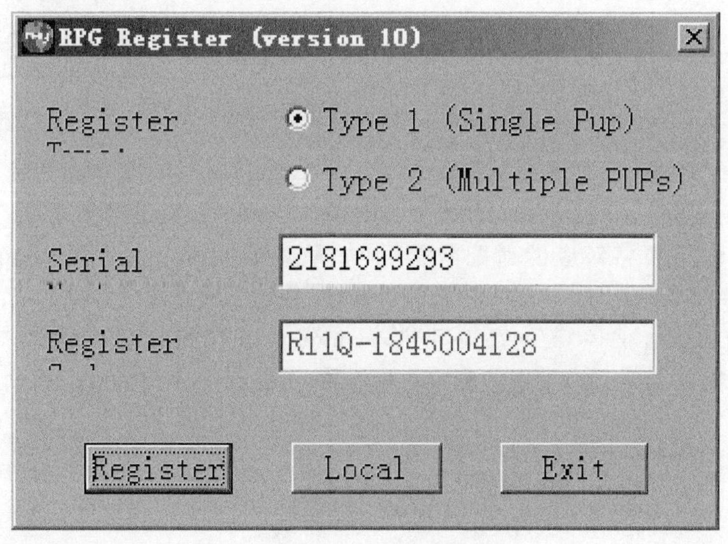

图 7.43　生成注册码

再把注册码复制并粘贴到“RPG Program Register”上，点击“OK”即可完成安装。如图7.44，图7.45所示。

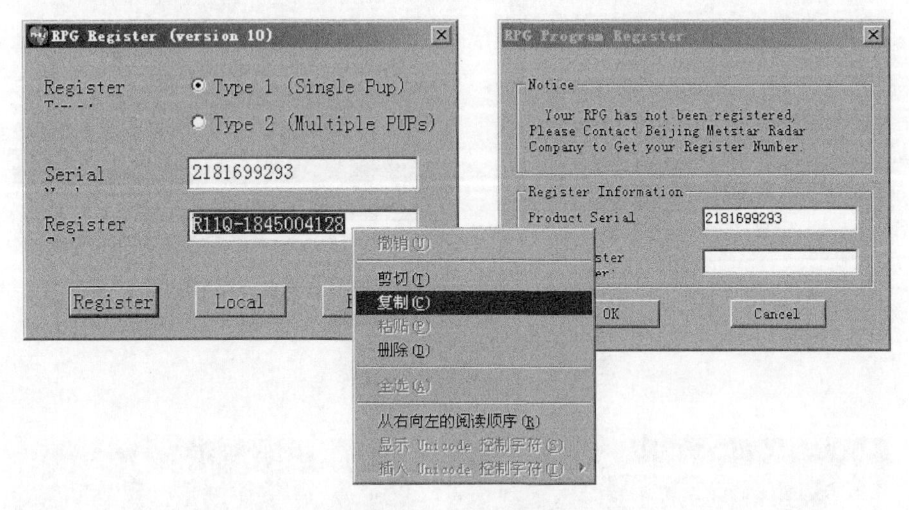

图 7.44　完成安装 1

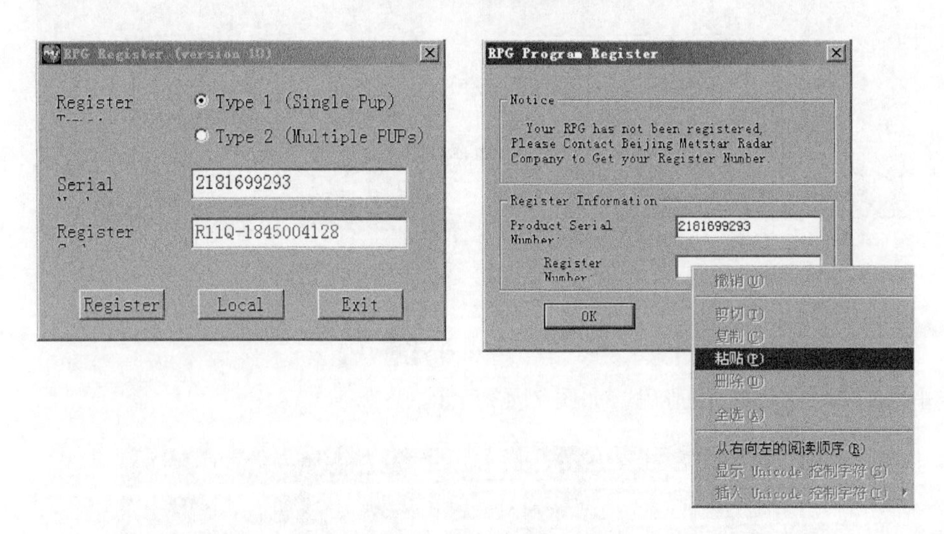

图 7.45　完成安装 2

(5)安装适配数据 C:\SYS0\Adapt.dat 和 backgrnd.dat。每部雷达对应一个适配数据，上述安装步骤完成后，会依据参数配置文件 addedcfg.txt 在 C 盘下自动生成 Sys0，Sys1，Sys2 三个文件夹，此时需要将对应的适配数据，其中最重要的两个文件是 Adapt.dat 和 backgrnd.dat，拷贝到 Sys0 文件夹中，UCP 软件运行后，其余配置文件会即时生成。

(6)设置通信配置文件 C:\WINNT\Nbcomm.ini。UCP 生成的雷达产品如何发送到 PUP 产品显示终端，是通过窄带通信配置文件 Nbcomm.ini 来控制，以广州站为例，其内容如图 7.46 所示。

```
[USERTABLE]
;LINE1=172.22.11.116;广州 VPN
LINE1=172.22.54.17;广州广电光纤
LINE2=172.22.42.166;中山
LINE3=172.22.25.131;番禺
LINE4=10.149.192.132;惠州
;LINE4=172.22.54.13;七楼
LINE5=10.150.0.20;肇庆
LINE6=10.151.224.5;深圳
LINE7=172.22.34.249;东莞
LINE8=10.151.64.41;佛山
```

图 7.46　Nbcomm.ini 配置文件

备注:最好的办法,就是将原RPG所有有用的程序、配置文件拷贝一份,在UCP程序安装完成后,将上述文件复制过来即可使用。

7.2.3.2　UCP主要配置文件的说明

1. Lan.cfg

RPG配置文件,指定与RPG相连的RDA机器的主机名,如图7.47所示。只有该文件配置正确以后,UCP才能与RDASC链接成功,此时UCP程序界面中的系统状态显示区的RDA状态指示灯成为红色或绿色(灰色表示RDA没有连接成功,红色表示RDA处于非OPERATE状态,绿色表示RDA处于OPERATE状态),如图7.48所示。

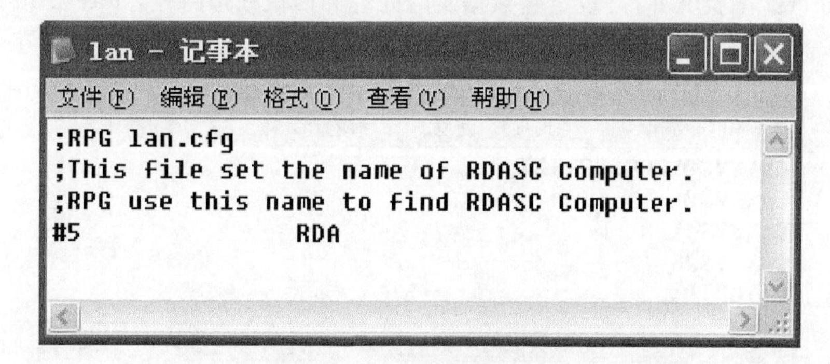

图 7.47　Lan.cfg 配置文件

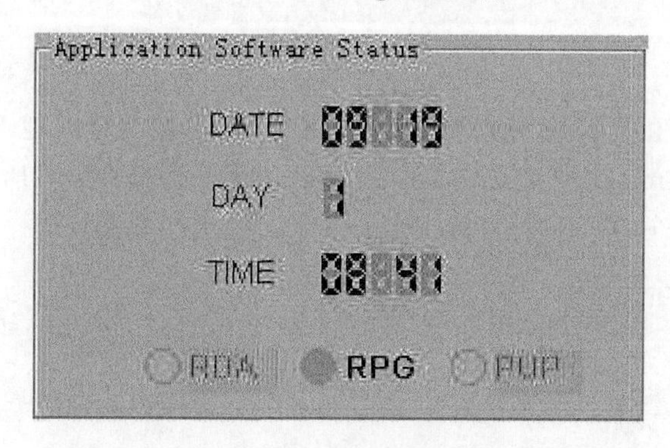

图 7.48　系统状态显示区

当 RDA 机器与 RPG 机器不在同一网段时，须设置文件 system32\drivers\etc\hosts，加入 RDA 机器的 IP 和机器名，如图 7.49 所示。

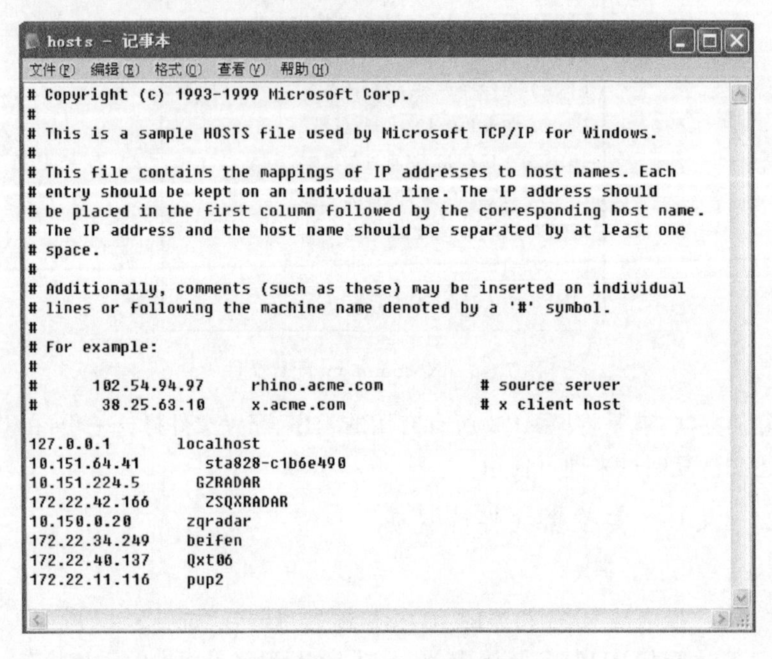

```
# Copyright (c) 1993-1999 Microsoft Corp.
#
# This is a sample HOSTS file used by Microsoft TCP/IP for Windows.
#
# This file contains the mappings of IP addresses to host names. Each
# entry should be kept on an individual line. The IP address should
# be placed in the first column followed by the corresponding host name.
# The IP address and the host name should be separated by at least one
# space.
#
# Additionally, comments (such as these) may be inserted on individual
# lines or following the machine name denoted by a '#' symbol.
#
# For example:
#
#      102.54.94.97     rhino.acme.com          # source server
#       38.25.63.10     x.acme.com              # x client host

127.0.0.1       localhost
10.151.64.41       sta828-c1b6e490
10.151.224.5       GZRADAR
172.22.42.166      ZSQXRADAR
10.150.0.20       zqradar
172.22.34.249     beifen
172.22.40.137     Qxt06
172.22.11.116     pup2
```

图 7.49　hosts 配置文件

2. Addedcfg. txt

Addedcfg. txt 配置文件，可设定基数据实时处理和回放处理路径，如图 7.50 所示。

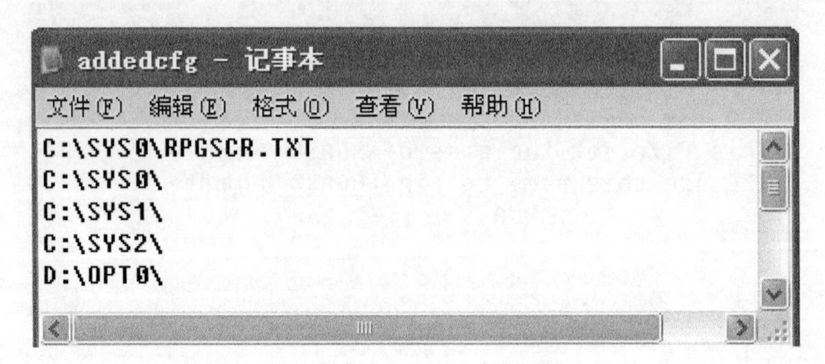

```
C:\SYS0\RPGSCR.TXT
C:\SYS0\
C:\SYS1\
C:\SYS2\
D:\OPT0\
```

图 7.50　Addedcfg. txt 配置文件

3. Nbcomm. ini

RPG 与 PUP 计算机通信配置文件，通过该文件，可以控制与本地 RPG 相链接的用户，相应地 PUP 也有 Nbcomm. ini 配置文件，如图 7.51 所示。若想把 UCP 和 PUP 程序装在同一台电脑上，则需要将 RPG 和 PUP 的 Nbcomm. ini 配置文件设置为同一个。

4. C:\sys0\Adapt. dat

适配数据默认密码：WXMAN1_。若密码被修改或遗忘，可通过如下步骤重新访问适配数据。

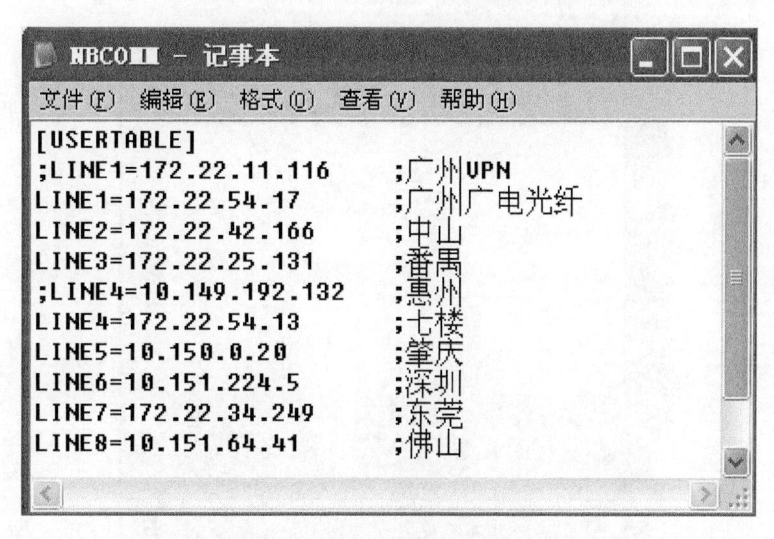

图 7.51　Nbcomm. ini 配置文件

(1)删除 C:\sys0\Adapt. dat(ADAPTONE. DAT,ADAPTTWO. DAT),只保留 Backgrnd. dat,其他文件可删除。

(2)运行 UCP,选择 Adaptation\Set Site Information,输入默认密码,编辑站点信息。

(3)确定退出编辑,重新启动 UCP。

此时的适配数据除站点信息外全部是默认设置。

5. C:\sys0\Backgrnd. dat

默认的背景地图文件。

6. C:\sys1\RPGLOG. DAT

RPG 近期的日志文件,固定信息长度(约 8999 条)。访问方式:UCP 界面\View 菜单,或者直接用 Word 方式打开 RPGLOG. dat。日志内容:通信链路状态信息、系统运行状态信息、故障、报警信息等。

7. Yyyymmdd. log/yyyymmdd_aaa. log

RPG 运行当天的日志文件。

7.2.3.3　UCP 的使用操作说明

1. 如何向 RDA 或 PUP 发送消息

选择消息发送菜单项,进入如图 7.52 所示的窗口中。消息发送窗口是用来向 RDA,PUP 等目的地发送 RPG 的消息。

可供选择的发送目的地如图 7.52 所示,为 All,RDA,User Site,PUP,Other User 或是某一条单一连接线。在窗口中上面的消息编辑框中可以输入需要发送的消息内容,在 Send To 框中选择消息发送的目的地,按 OK 按钮就可以完成消息发送的操作。

2. 远程多终端或远程遥控时连接参数的配置

选择连接参数菜单进入图 7.53 窗口中。

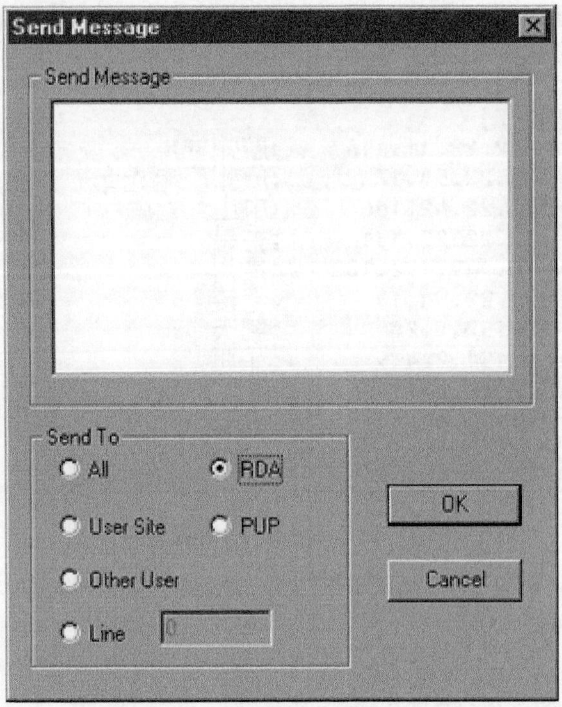

图 7.52　UCP 发送消息

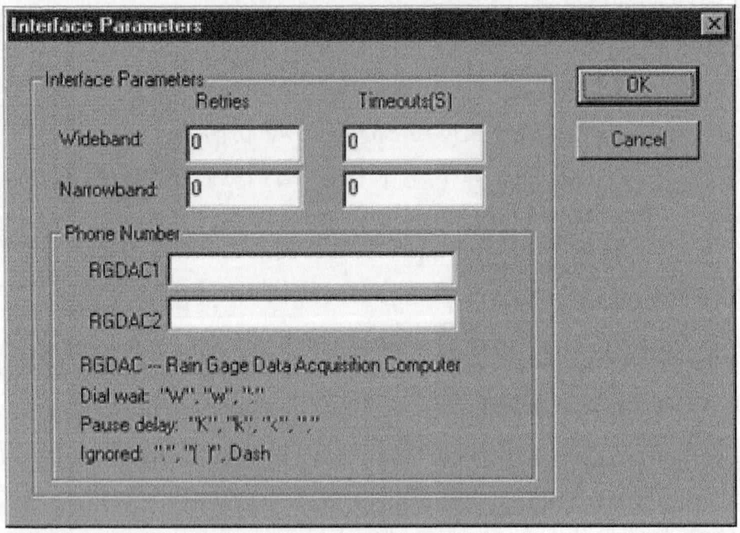

图 7.53　远程连接参数配置

在这个窗口中,可以对宽带和窄带的连接重试次数(Retries)和连接超时时间(Timeouts)进行修改。电话号码是用于自动雨量站校正时输入雨量计数据采集计算机的电话号码。

对于连接重试次数(Retries),可以选择 2～3 次的重试次数。对超时时间(Timeouts),选择范围是 2～10 s。

当完成对以上参数的修改后,按 OK 键就可以完成操作。

3. 遥控监测的频率设置

这项功能用来设置以下三种参数：环路测试频率（Looptest Frequency）、性能监视频率（Monitor Performance Frequency）和状态更新频率（Periodic Status Frequency）。

在菜单上选择 Frequency 项，就可以进入图 7.54 所示窗口中。

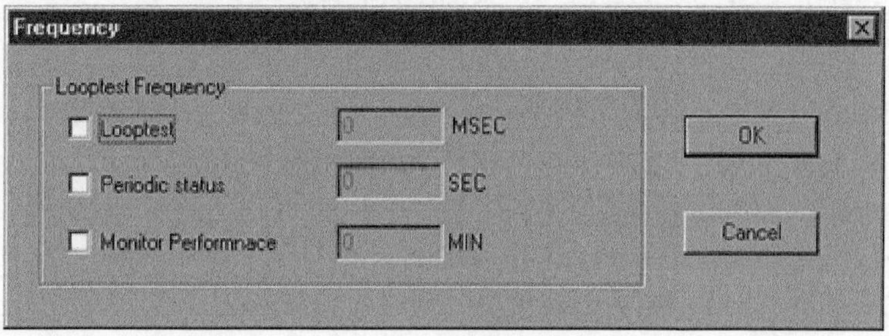

图 7.54　监测频率设置

环路测试频率用来设定环路测试的执行周期，它测试连接到 RDA 或用户处（指当前连接的）宽带的可靠性。出错信息通过 UCP 的警报消息和状态记录进行报告。

环路测试由 RPG 初始化，RPG 发出一个包括一连串的测试位的环路消息给 RDA 或用户。然后 RDA 或用户发出一个除标题头以外不变的环路消息给 RPG。如果 RPG 接收的数据和 RPG 发出的数据相匹配，则环路测试成功。否则，在宽带连接上就有一个错误，“WIDEBAND LOOPBACK TEST ERROR：LINE＝NN”的消息将在 UCP 的状态记录上显示，宽带连接会暂时断开。

对于 RPG 的宽带连接，环路测试自动启动。在环路消息数据成功返回后，环路测试根据所选定的环路测试频率继续执行。如果环路消息在规定时间内不能返回到 RPG，则“WIDEBAND LOOPBACK TEST TIMEOUT”的消息将在 UCP 的状态记录上显示。

性能监视频率用来指定性能监视数据采集的频率。数值设为零时表示不执行此项功能。在启动前，此功能不执行。

性能监视收集的信息如下。

（1）CPU 的使用情况。

（2）磁盘的可用空间情况。

（3）I/O 通道的使用情况。

（4）通信线路的使用情况。

（5）内存的使用情况。

状态更新频率是指刷新屏幕上状态显示的周期（s）。数值为 0 不执行此功能。相关的内容如下。

（1）RDA Control：RDA 控制。

（2）Communications Status：通讯状态。

（3）Load Shedding Categories：负载种类。

（4）Equipment Status：设备状态。

（5）Narrowband Utilization：窄带使用。

（6）RPG Alarm：RPG 警报。

自动刷新的信息包括：RPG 警报信息，文本信息说明，RPG 天气模式，RPG 运行状态，VCP 模式。系统启动后的刷新周期是由 RPG 适配数据的状态刷新频率决定。

以上信息的相关菜单如下。

(1)RDA Control：RDA 控制。

(2)Current RDA Status Information：当前 RDA 状态信息。

(3)Current VCP time and elevation：当前 VCP 时间和仰角。

(4)Communication Status：通信状态。

(5)Current Communication Line State：当前通信线路状态。

(6)Equipment Status：设备状态。

(7)Current Equipment Status：当前设备状态。

(8)Load Shedding Categories：负载种类。

(9)Current Load Shedding Levels：当前负载水平。

(10)Narrowband utilization：窄带使用。

(11)Current narrowband utilization and/or narrowband line status：当前窄带使用情况和(或)窄带连接状态。

(12)RPG Alarm：RPG 警报。

(13)Current RPG alarms：当前 RPG 的警报。

7.2.3.4　远程控制 RDA

在 RPG 上对 RDA 进行控制，可以使用如图 7.55 所示的菜单项进行操作。

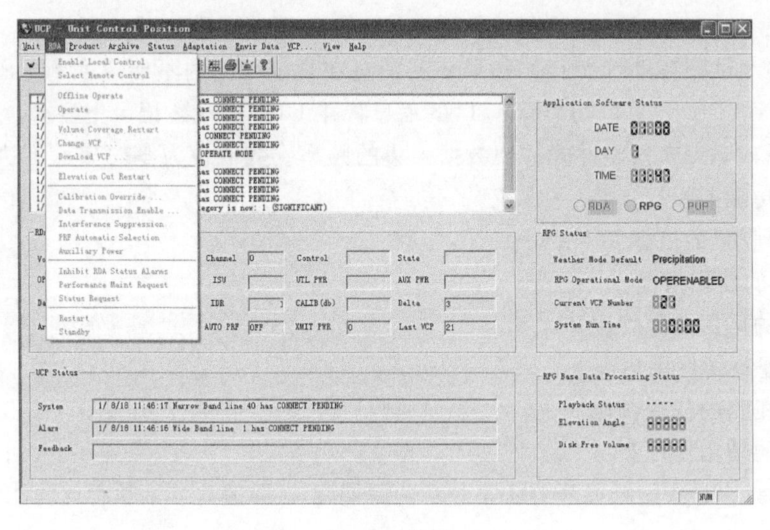

图 7.55　远程控制 RDA

1. Enable Local Control(允许本控)

此命令用来激活 RDA 本控。当 RDA 处于远程控制(Remote Control)时，使用此命令，将 RDA 控制权给 RDA。然后 RDA 可以选择激活 Local Control 取得控制权。

2. Select Remote Control(选择远程控制)

此命令用来激活 RDA 远程控制(Remote Control)。当 RDA 处于本控时，RDA 发送 Remote Control 命令，此时在 UCP 中使用此项命令，则 RPG 取得对 RDA 的控制权。

3. Operate(操作运行)

此命令使 RDA 开始运行操作。RDA 此时采用下载的 VCP 或改变的 VCP 表运行。

4. Volume Coverage Restart(重启 VCP)

此命令用来使 RDA 重新启动 VCP 表进行运行。当用户修改了 VCP 表或下载了一个新的 VCP 表后，可以使用此命令让 RDA 马上启用新的 VCP 表运行。

5. Change VCP(修改 VCP)

进入选择菜单项 Change VCP 后，看到如图 7.56 所示对话框。

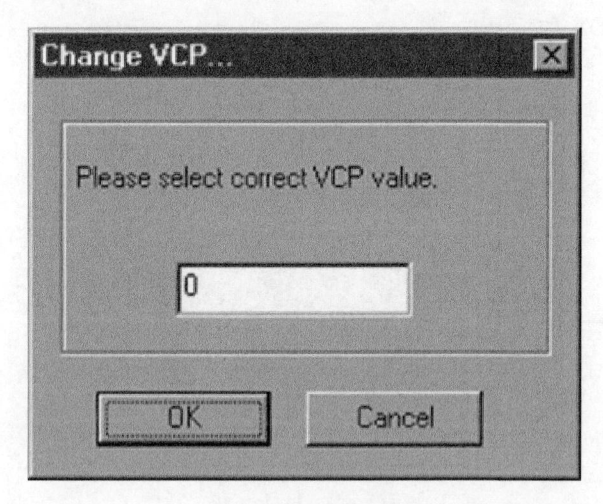

图 7.56　修改体扫模式

进入窗口，在编辑框中输入用户想要的 VCP 表号，然后按 OK 按钮返回，即可改变当前 RDA 的 VCP 运行表号。新的 VCP 表会在 RDA 的下一个体扫开始时启用，或者执行 Volume Coverage Restart 命令来立即启用。

6. Download VCP(下载 VCP)

选择了 Download VCP 命令后，进入图 7.57 所示窗口。

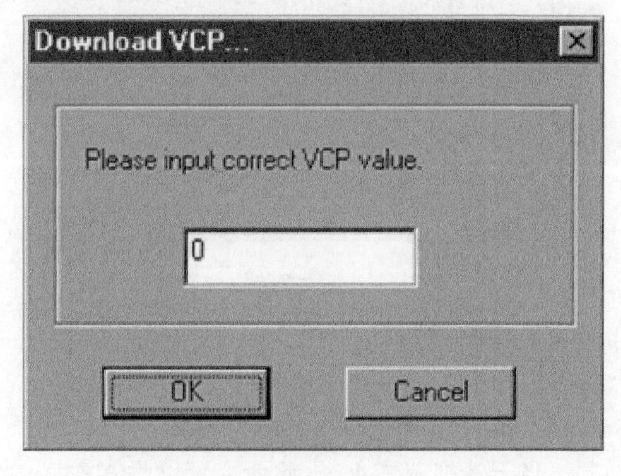

图 7.57　载入体扫命令

在编辑框中输入想要下载的 VCP 表号，然后按 OK 按钮返回即可完成下载过程。RDA 会在下一次体扫开始时采用下载的 VCP 表运行，或者可以执行 Volume Coverage Restart(重启 VCP)命令，直接运行新下载的 VCP 表。当选择的表号为 0 时，表示下载当前的 VCP 表。

7. Elevation Cut Restart(仰角重启)

此命令使 RDA 重新开始当前的仰角扫描。

8. Calibration Override(标定常数)

此命令用来选取 RDA 标定常数。合法的数值是 −10.0～10.0 dB，增幅为 0.25 dB。如果选择了自动模式(见图 7.58 中的 Auto Select 框)，RDA 会进入自动标定模式，并且在下一次体扫开始时影响 RDA 的运行。

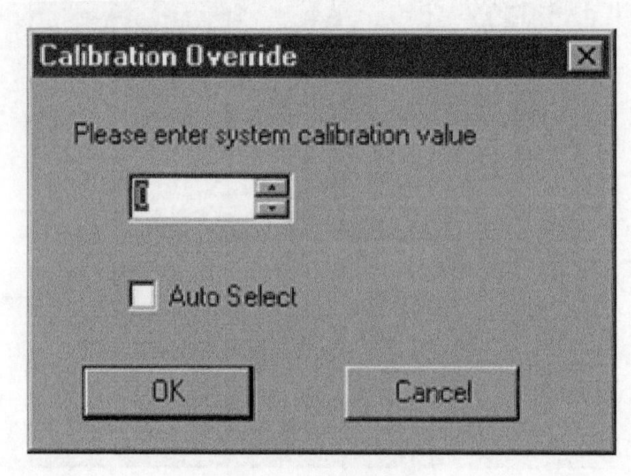

图 7.58　标定常数

9. Data Transmission Enable(允许数据传输)

选择菜单项 Data Transmission Enable，可以见到图 7.59 所示的窗口。

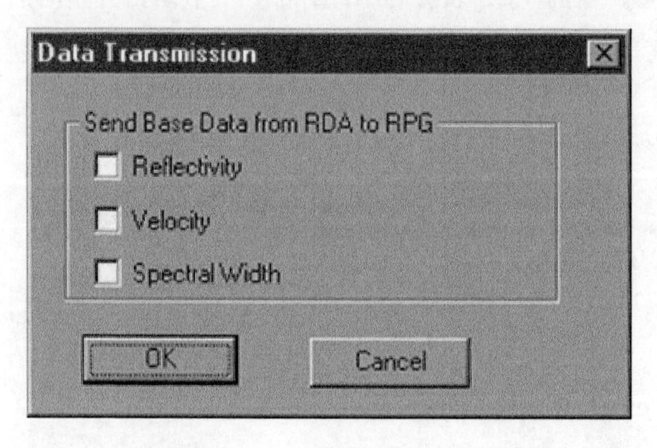

图 7.59　基数据传输允许

用户可以在窗口中选择 Reflectivity(反射率)、Velocity(速度)和 Spectral Width(谱宽)来设定允许或禁止这些基数据的传输。

10. Interference Suppression(干涉抑制)

此命令设定干涉抑制。当干涉抑制禁止时，此命令可以将其激活；当干涉抑制激活时，此命令禁止。可以看到，当选择干涉抑制后，在此菜单项上出现选中标志“√”，表示激活干涉抑制。当再次选择此项时,"√"标志消失,表示干涉抑制禁止。

11. PRF Automatic Selection(PRF 自动选择)

此命令允许或者禁止脉冲重复频率(*PRF*)自动选择。选择此项菜单时,将激活自动选择脉冲重复频率,菜单中出现"√"标志;当再次选择此菜单时,"√"标志消失,脉冲重复频率自动选择禁止。

12. Inhibit RDA Status Alarms(RDA 状态报警抑制)

此项菜单用来抑制 RDA 状态消息和报警信息的显示。当选择抑制时,菜单中出现"√"标志,表示抑制 RDA 状态信息和报警信息显示在 UCP 信息显示框中;当禁止抑制,再次选择菜单项时,则允许 RDA 状态和报警信息显示在 UCP 信息显示框中,菜单项的"√"标志消失。

13. Performance Maintenance Request(性能维护数据请求)

此项菜单命令用来请求 RDA 发送最新的性能维护数据(RDA Performance and Maintenance Data)到 RPG。RDA 在运行中不断更新这些数据,但只有当 RPG 请求时,RDA 才发送最新的数据到 RPG。选择菜单 Status/RDA Performance and Maintenance Data 可以看到这些数据。当数据到达 RPG 后,在主窗口信息显示框中可以看到如下消息:"RDA PERFORMANCE/MAINTENANCE DATA IS AVAILABLE"(RDA 性能维护数据到达)。

14. Status Request(状态请求)

此项命令用来请求 RDA 发送一个新的 RDA 状态信息到 RPG。系统的运行过程中,下面的任一种情况发生时,RDA 都会发送状态信息到 RPG。

(1)RPG 请求时;

(2)RDA 状态发生变化时;

(3)每一个体扫结束时。

15. Restart(RDA 重启)

此项命令用来执行对 RDA 的重新初始化即重新启动。此命令在当前执行的 VCP 表接收到后,再执行。

16. Standby(RDA 待机)

此命令用来设置 RDA 为待机(standby)状态。RPG 在此状态下可以执行 Offline Operator 或 Operator 命令,RDA 返回为远程控制。如果 RDA 获得本控,那么 UCP 界面上 RDA 基本状态信息显示区 Control 栏的内容为 STANDBY。

17. RDA Performance and Maintenance Data(RDA 性能和维护数据)

此命令显示的是各类的 RDA 的性能和维护数据,当对话框出现时,系统自动向 RDA 发出请求更新这些数据。

选择这项菜单后,出现的数据窗口如图 7.60 所示,其中包含的属性页如下:

(1)Antenna/Pedestal　　(在本系统的其他地方均简写为 PED)

(2)Calibration 1　　(在本系统的其他地方均简写为 CAL)

(3)Calibration 2　　(在本系统的其他地方均简写为 CAL)

(4)Check Calibration　　(在本系统的其他地方均简写为 8HR CHK)

(5)Device Status　　(在本系统的其他地方均简写为 DVC)

(6)Disk File Status　　(在本系统的其他地方均简写为 DFS)

(7)Receiver/Signal Processor　　(在本系统的其他地方均简写为 REC)

(8)Tower Utilities　　(在本系统的其他地方均简写为 TOW)

(9)Transmitter 1　　(在本系统的其他地方均简写为 XMT)

(10)Transmitter 2　　(在本系统的其他地方均简写为 XMT)

(11)Wideband Communications　　(在本系统的其他地方均简写为 WID)

对这些参数及作用的详细叙述,见 RDASC 的用户手册的相应部分。

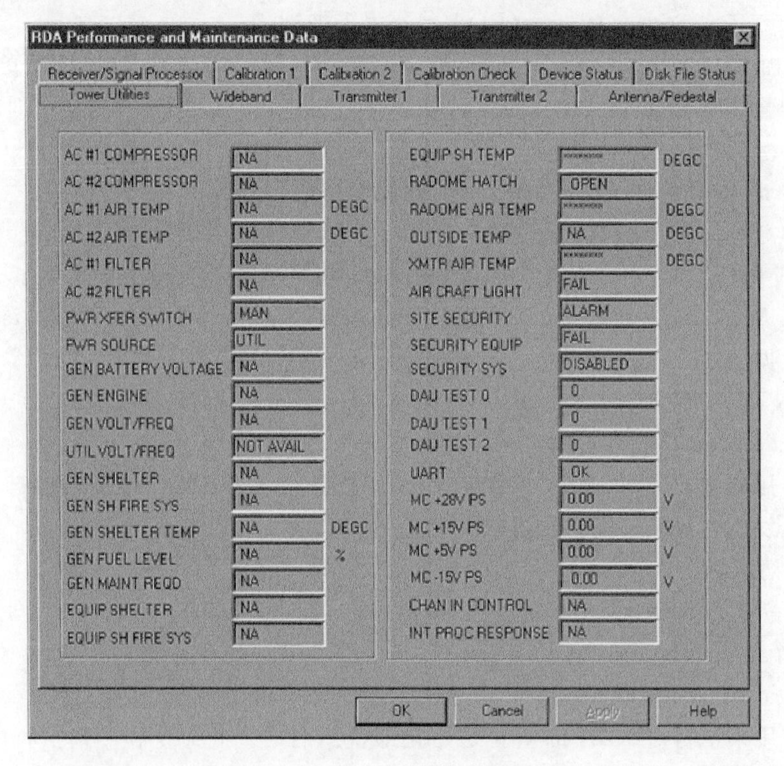

图 7.60　RDA 性能维护界面

7.2.3.5　警报门限设置

如图 7.61 所示,窗口说明了有三个警报组 Grid Group(栅格组),Volume Group(体扫组),Forecast Group(警报组),包括特定的气象现象或参数,当达到或超出它们预设的警报门限时将发出报警。在 RPG 中,这些警报门限有六个确定的值。UCP 的用户可以改变任何警报值,但不能改变警报种类和数量。警报门限的值只可以由 UCP 改变,可以显示在 PUP 上。输入二级或一级口令均可进入适配数据窗口。操作如下。

(1)输入一级或二级口令,进入 Adaptation 窗口。

(2)在 GROUP 栏中选择一个组名(如 GRID)。

(3)在 Name 栏中选择名称(如 Velocity)。

(4)此时可以看到在 UNITS 和下面的 T1～T6 几个框内分别显示出了单位和数值。

(5)在 T1～T6 编辑框内修改数据。

(6)按窗口下面的 OK 按钮,保存数据的修改并返回 UCP 主窗口。

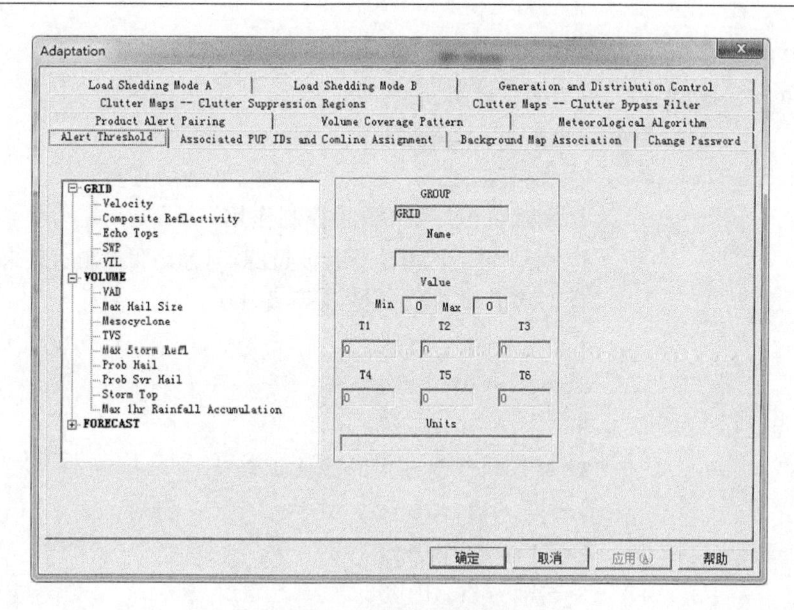

图 7.61　报警门限设置

7.2.3.6　地物杂波抑制图

图 7.62 所示参数用来定义地物杂波抑制图。地物杂波抑制图不针对任何一个 VCP 表。用户总计有 15 个抑制区可以复位义。在图中用户可以看到列表框中总计有 9 个参数项。用户可以修改的参数如下。

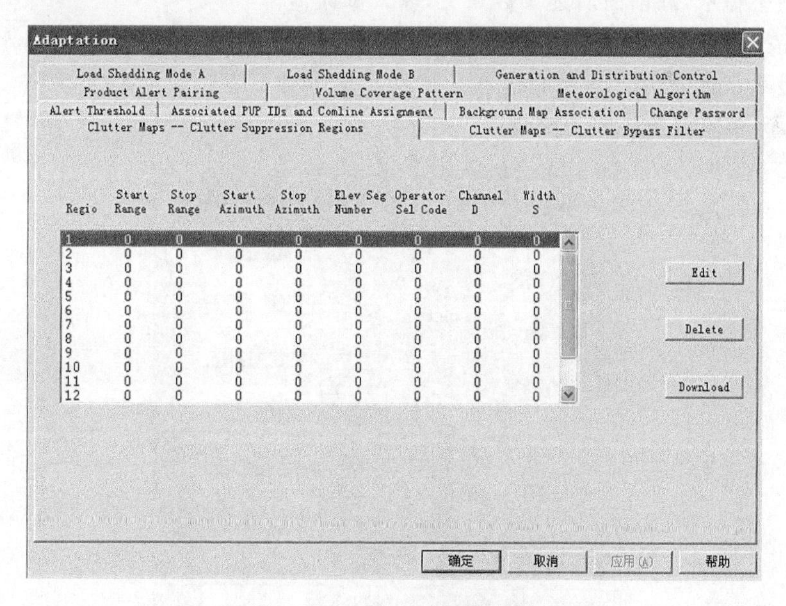

图 7.62　地物杂波抑制参数

Region	区域代号
Start Azimuth	起始方位角(0～360°)
Stop Range	结束范围(2～510 km)
Stop Azimuth	结束方位角(0～360°)

Start Range	开始范围(2～510 km)
Elevation Seg Number	1＝小于或等于 1.5°
	2＝大于 1.5°
Operator Sel Code	0＝没有滤波
	1＝(默认值)旁路图起控制作用
	2＝定义过的区域执行杂波过滤，但旁路图控制所有未定义的地方
Channel D	针对多普勒方式的滤波等级(D)
	1＝低，～20，dB 级
	2＝中，～30，dB 级
	3＝高，～50，dB 级
Width S	针对非多普勒方式的滤波等级(S)
	1＝低，～20，dB 级
	2＝中，～30，dB 级
	3＝高，～50，dB 级

(1)如果想编辑某一个抑制区，操作如下。

①输入一级或二级口令，进入适配数据页。

②翻页进入 Clutter Maps→Clutter Suppression Region 页面。

③用鼠标选中待编辑的抑制区。

④按 Edit 按钮，进入地物杂波抑制图编辑框(图 7.63)。

⑤按照图中提示，和前面所述参数意义，输入修改值。

⑥按 OK 按钮返回。

⑦此时显示在页面中的是新的地物杂波抑制图参数。在适配数据页面按 OK 按钮返回 UCP 主窗口，保存地物杂波抑制图数据。

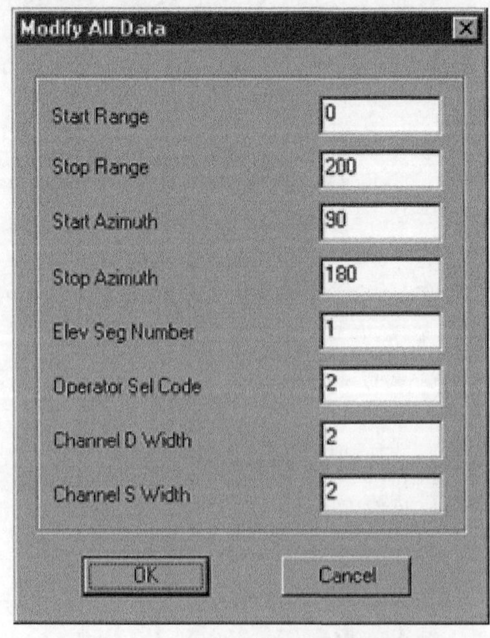

图 7.63 地物杂波抑制参数修改

(2)想要删除当前输入内容,可执行以下操作。

①以鼠标选择一行数据。

②按 Delete 按钮。

③此时此行数据全部变为零。

④按 OK 按钮返回 UCP 主窗口,保存数据。

(3)下载地物杂波图到 RDA。

此项命令是将用户修改的地物杂波图通过宽带送到 RDA。没有修改的部分则不会影响 RDA 对应的地图部分。当前休扫结束后,RDA 会采用新的地物杂波图进行运转,而此图会运行到下一个地物杂波图下载为止。虽然地物杂波图由 VCP 指定,但一旦地物杂波图发送到 RDA,RDA 会自动开始运行新的地物杂波抑制图,而不管 VCP 的指定。

用户对数据修改完毕后,按 Download 按钮,即可将新的地物杂波图发送到 RDA。

7.3　PUP 系统

PUP 接收 RPG 处理生成的雷达观测产品数据和雷达系统状态信息。并以图形和文字的形式提供给操作员用于天气分析和预报。PUP 主要提供以下功能:产品请求、产品数据存储和管理、产品显示、产品编辑注释及状态监视等。

7.3.1　PUP 软件的主要作用

PUP 主要作用是从 RPG 获取、保存雷达产品和 gif 图,并实现多个功能供观测员对雷达产品进行操作,业务中通过三个辅助软件,将产品、gif 图上传至国家气象信息中心,并在省气象业务网上显示。

7.3.2　PUP 软件的安装方法

(1)运行 PUP 文件夹下的 WSR-98D PUP(SA). exe 安装 PUP 终端软件,安装默认目录为 D:\WSR-98D PUP。

(2)将适配数据文件 AdapPUP 复制到 D:\WSR-98D PUP 目录下。

(3)将地图文件 map200. map(广州站地图)或 map751. map(韶关站地图)、map753. map(梅州站地图)、map662. map(阳江站地图)、map754. map(汕头站地图)复制到 D:\WSR-98D PUP\Maps 目录下。

(4)将通讯配置文件 Nbcomm 复制到 C:\WINNT 目录下(Windows2000 操作系统),对于其他如 NT 或 XP 操作系统,该文件复制到相应的 Windows 目录下。

(5)将通讯配置文件 Hosts 复制到 C:\WINNT\system32\drivers\etc 目录下(Windows2000 操作系统)。

(6)安装完成后运行桌面上的 CINRAD PUP,如图 7.64 所示。

图 7.64　运行 PUP

再运行 PupReg10. exe 软件,如图 7.65 所示。

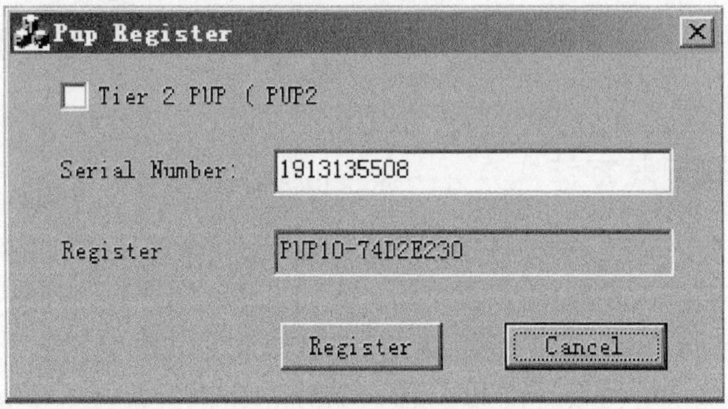

Pup Register
Tier 2 PUP (PUP2
Serial Number: 1913135508
Register PUP10-74D2E230
Register　Cancel

图 7.65　注册 PUP

将 CINRAD PUP 运行后界面上序列号中"一"以后的数字复制到 PupReg10. exe 运行界面中的 Serial Number 后面的文本框中,然后选中 Tier 2 PUP 复选框,再取消选中的复选框,后将 Register 中得到的值复制到 CINRAD PUP 运行界面的"请键入注册号"下面的文本框中,最后点击"确定"按钮后即可运行 PUP 终端显示软件。

(7)成功运行 PUP 后,点击菜单条中的“设置”→“适配数据”,如图 7.66 所示。

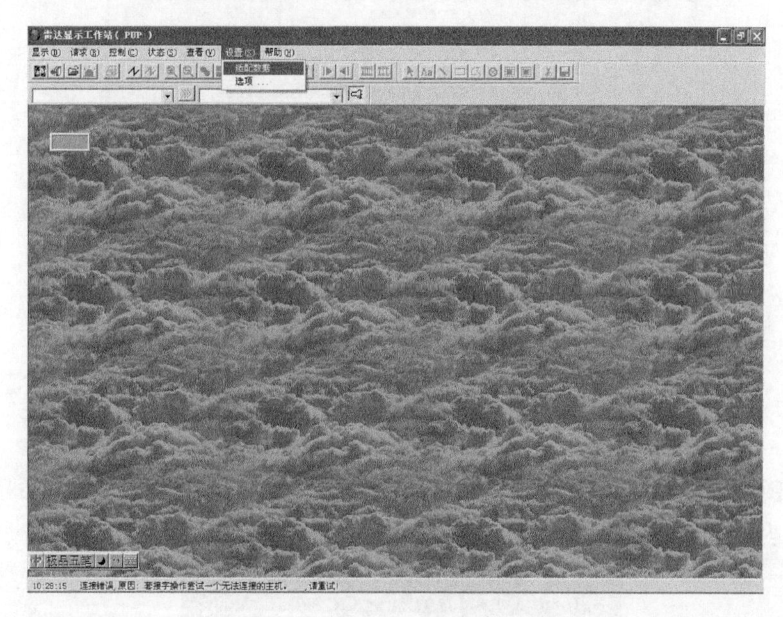

图 7.66　选择修改适配参数

点击后出现“适配数据口令”窗口,不用输入口令,直接点“确定”后出现下面窗口,如图 7.67 所示。

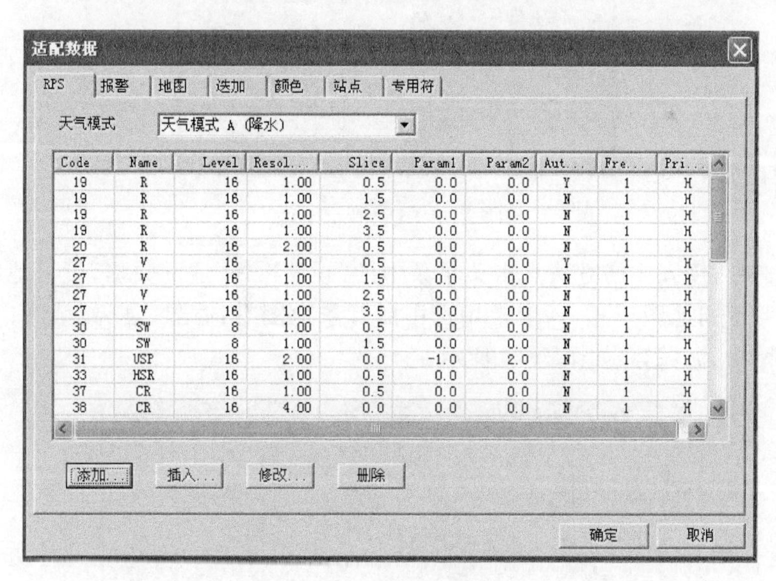

图 7.67　适配参数窗口

点击“适配数据”窗口中的“站点”后出现下面窗口,修改站点信息,如图 7.68 所示。

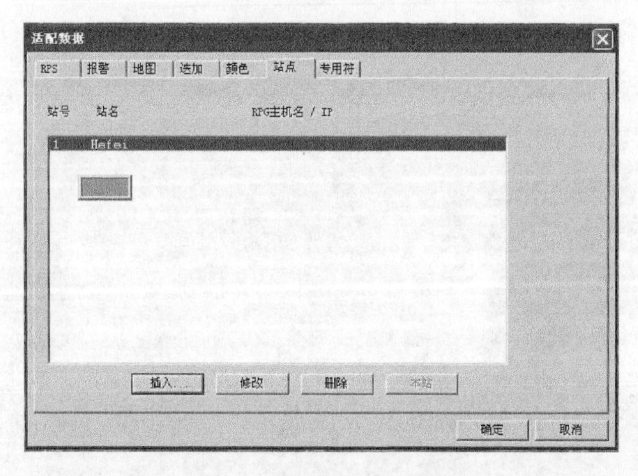

图 7.68　修改站点信息

选中如上图中的站点"1 Hefei"后，点击"修改"出现"RPG 参数"窗口，修改"站号"和"站名"。若使用广州雷达站共享资料，将"站号"设 200，"站名"设成"Guangzhou"，如图 7.69 所示。

图 7.69　PUP 数据来源

根据用户需要，用同样的方法点击菜单条中的"设置" →"适配数据"设置地图信息，不同产品可设置加载不同地图信息，一般常用选中的背景地图有：省界、县界、城市、雷达中心、范围、河流、极射网格、流域等，如图 7.70 所示。

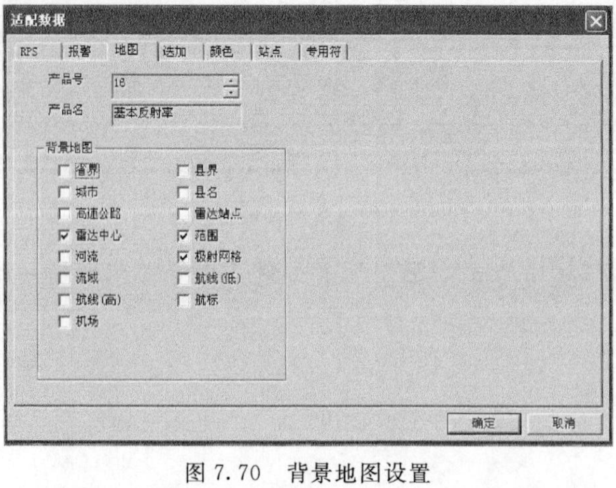

图 7.70　背景地图设置

接下来设置产品信息，同样选择“设置”→“选项”如图7.71所示。

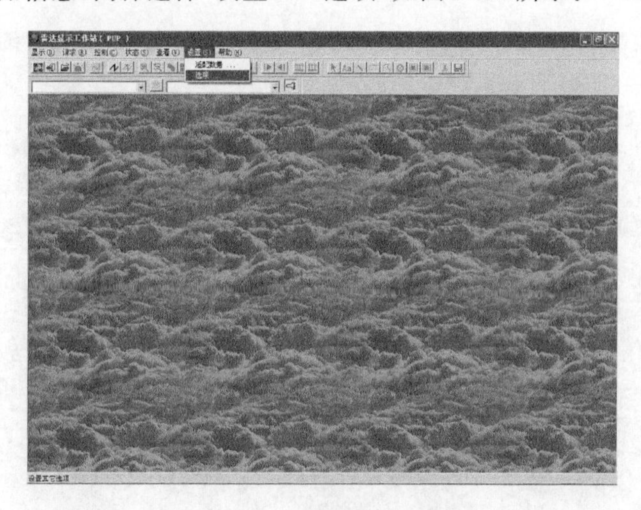

图7.71　选择设置产品信息

点击“选项”后出现如图7.72的选项窗口，将产品路径设置成所映射成本地磁盘下的Products目录下(X:\ Products)，保留产品天数可设置范围是“1～5”天，通常设成“5”天，如果要对产品在本地保存，选中存档栏中的“产品存档”复选框，将存档路径设置成本地磁盘一个产品目录。

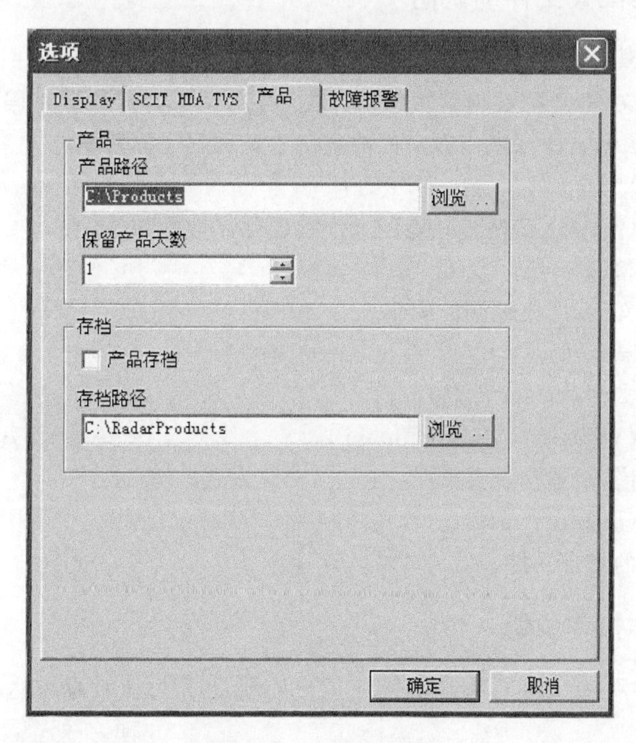

图7.72　产品信息设置

(8)按上述步骤即可完成整个安装过程。

(9)在PUP软件主界面上，选择“显示”→“产品检索”或点击快捷菜单条上“”图标，即可显示雷达最近生成的各种产品。如图 7.73 所示。

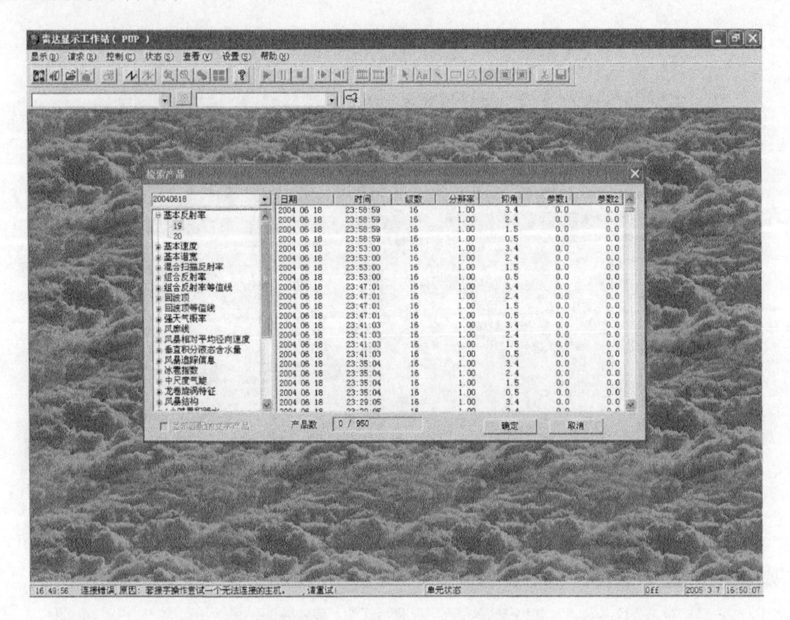

图 7.73 最近产品的显示

7.3.3 PUP 主要配置文件的说明

1. AdapPUP. dat

PUP 适配参数文件，适配数据默认密码：空。若设置了适配数据密码，又不小心遗忘，只能通过用备份适配数据文件替换当前文件的方法重新访问适配数据。

2. \Maps\MapX. map

PUP 地图文件(X：雷达站站号)，地图文件的汉化。

3. \Maps\UserMap. map

PUP 用户地图文件，用户地图的编辑。

4. \OtherUser\aaa. usr

PUP 产品用户文件(aaa：文件名)。

5. C：\WINNT(Windows)\Nbcomm. ini

PUP 与 RPG 计算机通信配置文件。

6. \Status\yyyymmdd_tt. log

PUP 运行当天的日志文件。

7.3.4 PUP 基本操作说明

PUP(Principal User Processor)—— 主用户处理器，实际上就是雷达产品显示工作站。

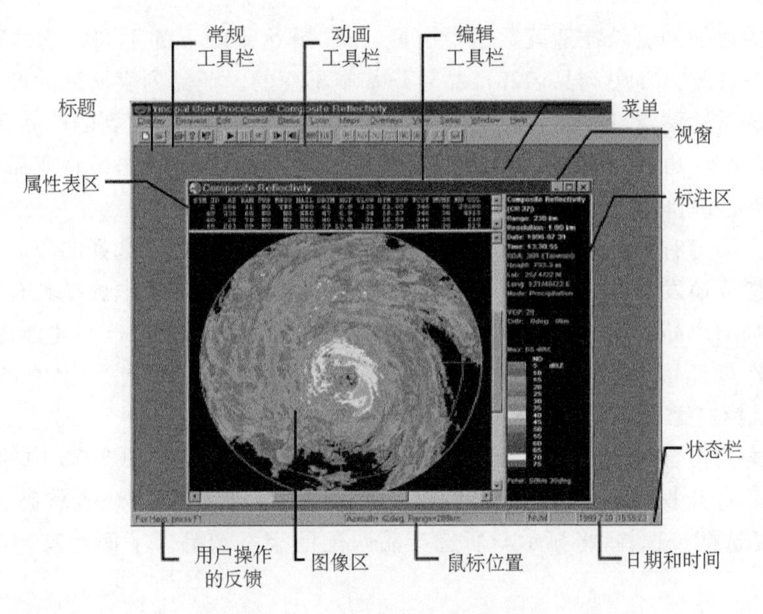

图 7.74　PUP 的操作主界面

1. 产品的检索

天气产品是以文件形式存在于本地磁盘目录下的，产品文件名是产品的生成日期和时间，它们按照各自的雷达站点、产品名、产品号分别存放在不同的子目录。系统会自动用新接收的产品代替过期产品。产品的检索实际上就是从本地磁盘的产品库中选择满足用户需求的产品。

通过菜单操作：选择“Display”的菜单项“Retrieve Product”。

通过工具栏操作：选择“Retrieve”按钮 。

以上两种操作均可弹出图 7.75 所示的产品检索对话框。

可选参数：雷达站点、产品名、产品号、体扫开始的日期(Date)和时间(Time)、数据级数(Level)、分辨率(Resolution)、仰角(Slice)、参数 1(Param1)、参数 2(Param2)、匹配字符、产品的显示(Paired text display)。

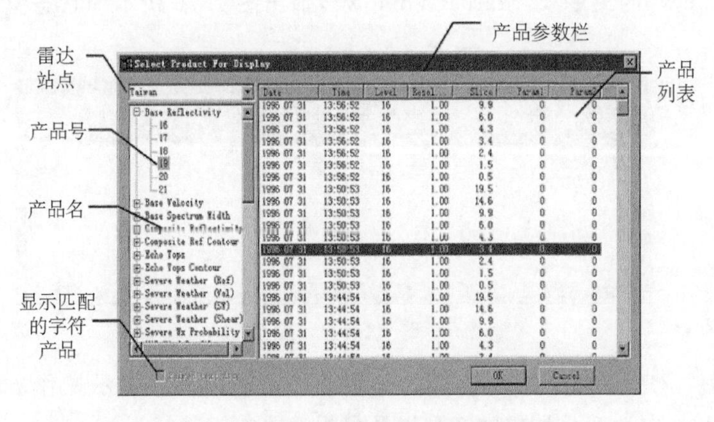

图 7.75　设置显示的产品

雷达站点的添加和删除在适配数据中设置，相同雷达系统下的不同雷达站点产生的产品类型是相同的，故图 7.75 中产品名和产品号是基本不变的。产品列表所列的产品是本地产品库中操作员所选雷达站点、产品名、产品号子目录下最新从 RPG 接收到的产品；该产品的部分参数（如数据级数等）也同时被列出，单击产品参数栏中的某参数按钮，可将产品列表中的产品按指定参数的升序或降序排列。

选择单个产品，在播放动画时 PUP 将自动搜索该时次之前的与选择的产品具有相同仰角的 100 个产品形成播发动画的产品队列。操作员也可以在产品列表中选择具有相同仰角的多个产品形成动画的产品队列，但是必须选择两个以上具有相同仰角的产品才能播放动画，否则系统将提示操作员产品多选无效。同时选择多个产品的方法有两种：Shift＋鼠标左键（连续选择），Ctrl＋鼠标左键（非连续选择）。

用户在检索到符合参数要求的产品后，双击选择的产品或单击图 7.75 中的“OK”按钮可退出该对话框并打开视窗显示产品，放大功能和产品中心都是处于缺省状态。如果“Paired text Display”复选框被选择，将显示与所选产品匹配的字符产品。下面是有匹配字符产品的产品名。

VAD Wind Profile(VWP)	（速度方位显示的风廓线）
Storm Tracking Information(STI)	（风暴追踪信息）
Hail Index(HI)	（冰雹指数）
Mesocyclone(M)	（中尺度气旋）
Tornado Vortex Signature(TVS)	（龙卷涡旋特征）
Combined Shear(CS)	（综合切变）
Combined Shear Contour(CSC)	（综合切变等高线）
Storm Total Precipitation(STP)	（风暴总累积降水）
One Hour Precipitation(OHP)	（1 h 降水）
Three Hour Precipitation(THP)	（3 h 降水）

当用户没有检索到符合参数要求的产品时，可以向 RPG 请求符合要求产品。

2. 产品接收状态显示

操作：选择“View”的菜单项“Status Window”，弹出图 7.76 所示的状态窗口。

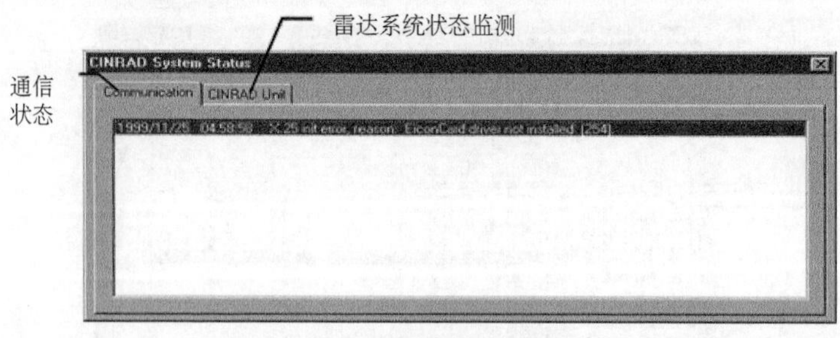

图 7.76　状态显示窗口

PUP 接收到从 RPG 发来的产品都会在通信状态监测窗口中提示操作员，这些产品包括日常产品集请求和一次性产品请求的产品以及警报产品。

3. 最新接收到的产品队列

操作:选择“Display“的菜单项“Queued Product”弹出图 7.77 所示的对话框。

由于显示产品的空间有限,而且不一定所有接收到的产品都需立即显示,该队列就是用来暂存接收到而未显示的产品。产品请求时产品处理参数中没有被设置为自动显示的,最新收到的 15 个产品将被放入该队列中。用户可以选择一个产品进行显示或从产品队列中删除,被选择显示的产品也将从该队列中自动删除。该队列保存产品的原则是“先入先出”,即队列满以后再收到新产品时,系统会用新产品代替被保存时间最久的产品。

当操作员发出一次性产品请求后收到该请求产品时,如果主操作界面上没有一个显示产品的视窗,该产品将自动显示而不会进入最新接收到的产品队列,无论是否设置自动显示参数。

当从该队列中选择产品时,可选择的参数有三种:体扫开始时间(Scan Start Time)、产品号(Product Code)、产品名(Product Name),确定产品后,如图 7.77 所示,单击“OK”按钮即可显示该产品,如果操作员单击“Delete”按钮则将该产品从队列中删除。单击“Cancel”按钮则表示撤消对队列中产品的删除操作并退出该对话框。

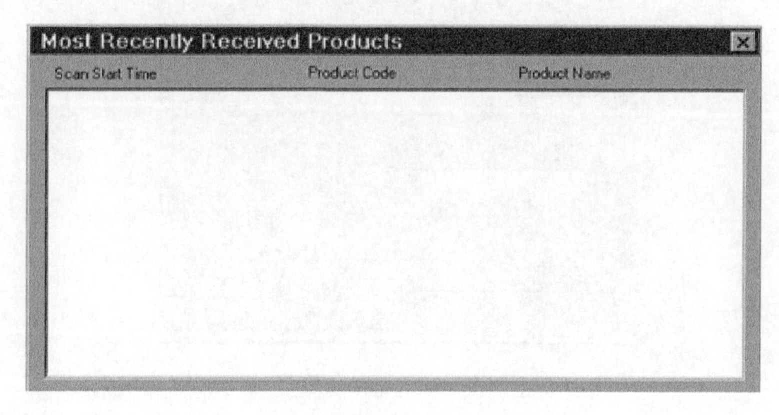

图 7.77　最新产品队列

4. 显示最近显示过的产品

操作:选择“Display”菜单中 1～8 产品文件名中任意一个,如图 7.78 所示。

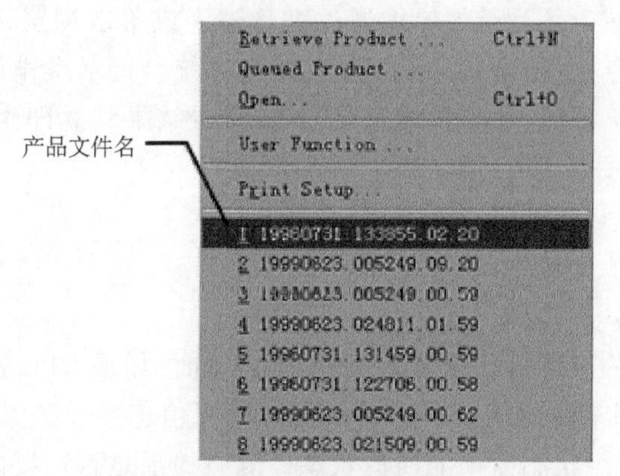

图 7.78　最近显示的产品

最近显示过的 8 个产品文件名被放在“Display”菜单中(动画显示的产品除外),对于动画产品而言只记录动画开始前的产品名。无论上次显示结束时处于的什么状态,该产品重新显示时，将处于缺省状态。恢复产品的显示可进一步分析数据并与新接收的产品作比较。

5. 关闭所有产品显示窗口

操作：选择“View”的菜单项“Product Off”。

该菜单项的功能是将当前产品显示的开关状态取反。产品显示由“开状态”变到“关状态”时，视窗中的产品颜色块变为透明的，产品似乎消失，被遮挡的地图重现。而叠加显示的产品并不受该功能的控制。当产品显示处于“关状态”时不能进行动画，在动画的过程中该对功能的操作也无效。

6. 产品的保存

操作：选择 Setup 菜单的 Options 选项，然后选择 Product 属性页弹出如图 7.79 所示的对话框。

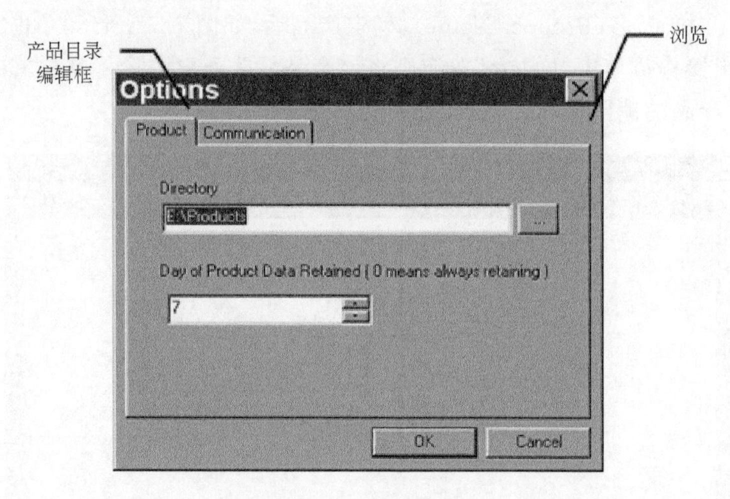

图 7.79 保存产品

在该属性页中可以设置产品被保存的目录和产品被保存的期限。第一次安装 PUP 系统时缺省状态下产品的目录是在 C:\ Products，其他时候产品目录编辑框显示的是当前检索产品的目录；产品被保存的期限的最大值是 7 天。

更改产品目录可以在产品目录编辑框通过键盘输入或单击浏览按钮选择已有的目录，但如果是输入的目录并不存在，在进行产品检索的时候系统会提示操作员无效的产品目录。

设置完成后单击 OK 按钮，保存设置结果退出，设置结果将立即生效；单击 Cancel 按钮取消设置结果退出。

7. PUP 的控制

操作：选择“Control” 菜单中的菜单选项。

(1)Connect to RPG(连接到 RPG)

建立 PUP 和 RPG 的窄带通信连接。当 PUP 启动时，如果 RPG 已经运行，并且窄带通信线路正常，PUP 将自动试着建立 PUP 和 RPG 的窄带通信连接。在 RPG 和 PUP 断开连接的状态下，该命令才可执行。状态窗中的通信状态监测将提示是否连接成功。

(2)Disconnect from RPG(与 RPG 断开连接)

在 PUP 与 RPG 建立连接以后，可以手控随时断开连接，如果通信线路发生故障，系统将自动断开连接并在通信状态监测窗口给予提示。

(3)Restart(重新启动 PUP)

当 PUP 出现故障,不能正常运行时,可能需要重新启动机器,重新启动功能可以将 PUP 工作站系统从关闭状态返回运行状态。与关闭功能联合使用,可为用户提供使系统重新进入初始化状态的能力,包括了所有与操作参数有关的重新初始化。例如,用适配数据中 RPS 表将日常产品请求列表复位、警报区及警报类型重初始化等。

(4)Shutdown(关机)

这将关闭所有 PUP 工作站上的应用程序并结束从 RPG 接收产品。

8. PUP 的状态监视

操作:选择“Status”菜单中的菜单选项。

(1)Performance(性能监测)

利用操作系统提供的性能监测程序监测系统性能。

(2)RPG Products Available(RPG 中可用产品表)

显示 RPG 中当前可用产品表的条件是之前至少有一次请求 RPG 中可用产品表是成功的,即存在这样一个列表,列表中包含产品号和一些产品相关的参数。这对于操作员非常有用,可以事先知道请求哪些产品是有效的。

7.4　业务传输软件

7.4.1　RPG 机子上的传输软件

RPG 机子上一共有 4 个传输软件,分别是雷达基数据传输软件 radori6timer(该软件为广东省气象台开发,用于基数据的传输,有些站可能没有该软件)、雷达资料自动传送软件(广东省气象探测数据中心开发)、RSCTS 软件、RPGCD 软件,主要是用来传输雷达基数据和状态信息的。下面就各个软件的作用以及安装方法做一详细介绍。

7.4.1.1　雷达基数据传输软件(radori6timer)

1. 雷达基数据传输软件的作用

该软件的主要作用是将 UCP 保存的基数据传到 172.22.11.52 的主机上,以及对基数据进行备份,存放在另一文件夹 Achive2Bak 下。

2. 雷达基数据传输软件的安装

雷达基数据传输软件是绿色软件,无须安装,只要把 radoriprog 文件夹拷贝到 D 盘即可运行(注意:必须是拷贝在 D 盘)。此目录包括 5 个文件:radori6timer. exe,radori6. exe,radori6. txt,FTPTEST. DAT,readme. txt。

radori6timer. exe 和 radori6. exe 是执行程序,radori6. txt 为它们的配置文件,FTPTEST. DAT 为网络测试用。

3. 适配文件 radori6. txt 格式说明

该软件的设置都在适配文件 radori6. txt 上,关于适配文件 radori6. txt 的说明如下。

(1)第一行:雷达本机存放基数据目录。

(2)第二行:远程主机 IP 地址。

(3)第三行:远程主机用户名。

(4)第四行:远程主机密码。

(5)第五行:远程主机存放基数据目录。

(6)第六行:雷达本机基数据备份目录。

(7)第七行:雷达本机基数据备份目录是否删除(yes 或 no)。

(8)第八行:当第七行为 yes 时,表示删除后保留基数据的天数(建议最少保留 2 天)

以广州站为例,其配置如图 7.80 所示。

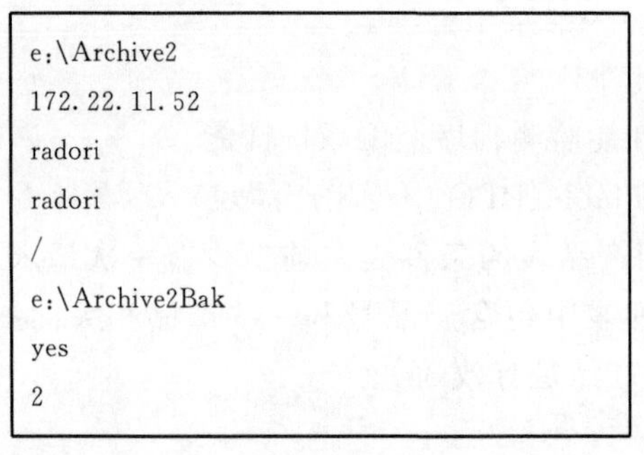

```
e:\Archive2
172.22.11.52
radori
radori
/
e:\Archive2Bak
yes
2
```

图 7.80

注:1. 第一行设置的是基数据传送的目标路径。无论是存放在本机还是在映射机子上,目标路径都必须设置无误(包括盘符),否则基数据将无法正常传输。

2. 第六行设置的是备份基数据的路径。备份目录须事先手工建立,例如第七行是 d:\Archive2Bak,则必须在 D 盘新建一个 Archive2Bak 的文件夹,以装载备份数据,该软件没有自动生成此文件夹的功能。

4. 操作说明

该软件的作用是将基数据传输到远程主机上,同时将基数据保留在本机备份目录中。正常运行后,运行窗口如图 7.81。正常状态下,本机目录只有 1～2 个基数据文件,备份目录下的基数据数量由 radori6. txt 的设置所决定。radori6. txt 第七行标志是否删除,如果为 yes,则保留最新 n 天的基数据。

图 7.81　基数据传输运行窗口

当网络较长时间中断时,请关闭 radori6timer. exe,当网络连通时,雷达本机基数据目录积压太多文件(约超 20 个文件),先用 radori6. exe 一次完成传输,完成批量传输后将自动运行 radori6timer. exe,注意在运行 radori6. exe 时保证网络是连通的。

7.4.1.2　雷达资料自动传送软件

1. 雷达资料自动传送软件的作用

该软件的作用是将雷达的状态信息文档传给气象探测数据中心的服务器:10.14.126.162(该 IP 为"参数设置"中"省局通信 IP 地址"项的 IP 地址)。雷达的状态信息文档存放在 RDA 机子 D 盘的 RDASC 10.8.1.S.C 文件夹的 LOG FILE 文件夹下。

2. 参数设置

如图 7.82 所示，以广州站为例，具体参数如下。

"省局通信 IP 地址"：10.148.126.162。

"雷达站编号"：为 Z9200。

"数据路径"：为 H:\RDASC 10.8.1.S.C\LOG FILE\。

"Local IP"：为 3011。

"Remote IP"：为 4011。

备注：因为要传送的文档路径在 RDA 机子上，所以必须映像 RDA 机子。

3. 检测文件

"检测文件"按钮程序会按照设置路径检测 rad，Calibration，Operation，Status 共 4 个日志，当设置正确时会提示检测到文件，如果未检测就需要重新检查文件的设置路径。如图 7.83 所示。

4. 停机报送

这是为台站预留的短信发送接口，验证码为 dtzx，当台站需要维护或维修停机时，可在文本框处填写内容，系统会通过气象探测数据中心短信接口发送出去。如图 7.84 所示。

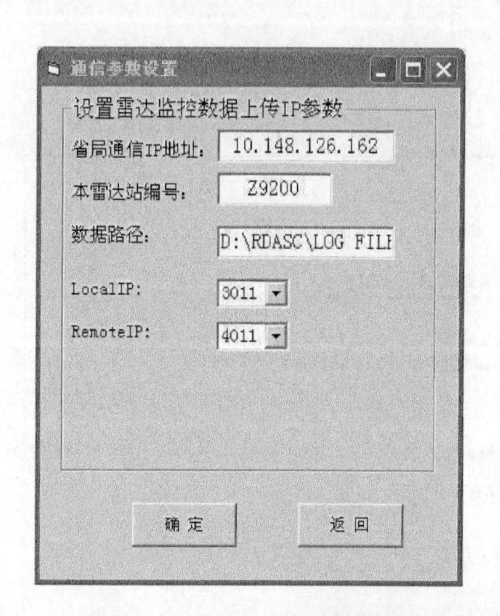

图 7.82　雷达监控参数设置

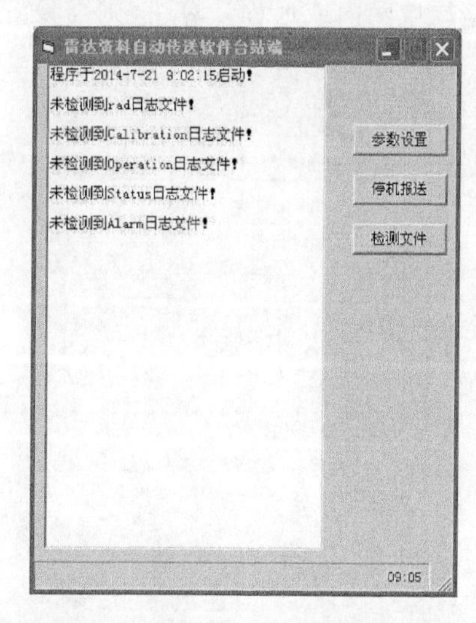

图 7.83　文件检测

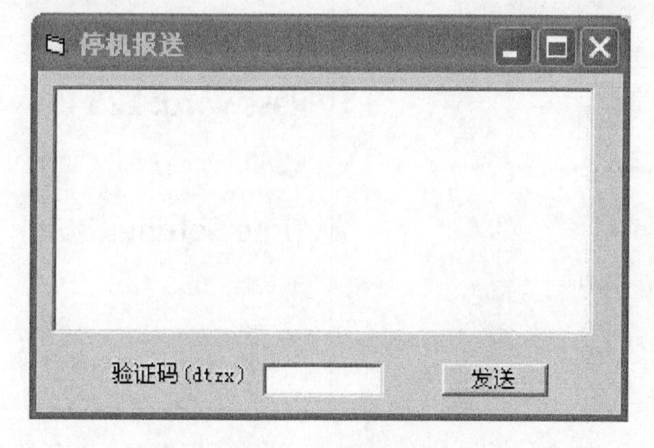

图 7.84　停机报送接口

7.4.1.3　RSCTS 软件

该软件的作用是将雷达的状态信息文档通过信息中心的 9210 节点机:172.22.1.17(该 IP 为 Parameter Setting 中的 Server 的 IP),转发给国家气象信息中心。

跟雷达资料自动传送软件一样,该软件也是从 RDA 机子 D 盘的 RDASC 10.8.1.S.C 文件夹的 LOG FILE 文件夹下获取雷达的状态信息文档的。

RSCTS 需要注意的问题:必须映射 RDA 机子,Parameter Setting 中服务器 172.22.1.17 的用户名是 zxt,密码是 123456。

1. RSCTS 软件的安装

这是一款绿色软件,无须安装,可以从备份盘上将整个"有皮肤－英文版本"文件夹拷贝过来就可直接使用。当发现运行出错,可能是缺其中某些动态库,具体的软件安装过程为:双击桌面的雷达图标(安装时,把执行文件发送到桌面),启动软件,并出现菜单,按提示完成安装。

2. RSCTS 软件的设置

如果第一次启动,首先进入"参数设置(Parameter Setting)",设置各项参数。雷达站站号按照监测司下发的文件设置。以广州为例,参数设置如图 7.85、图 7.86 所示,如果目标计算机是局域网内或远程计算机,则需设置"远程连接设置"。

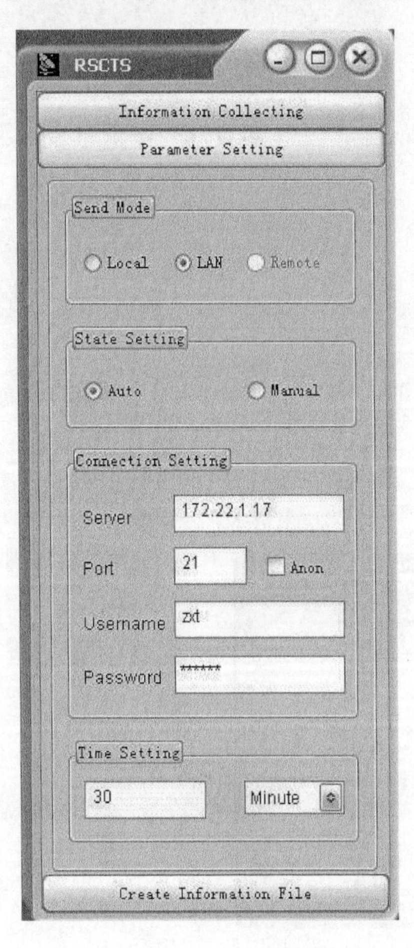

图 7.85　RSCTS 设置

Send Mode: LAN

State Setting Auto: Auto

Connecting Setting

Sever: 172.22.1.17

Port: 21

Username: ZXT

Password: 123456

Time Setting: 30m

图 7.86　RSCTS 设置文件

3. RSCTS软件的使用

参数设置完后进入信息收集设置目录，首先点击“Conn(连接)”，连通后设置源路径和目标路径。以广州站为例，其源路径为F:\RDASC 10.9.1.S.C\RADAR MONITOR，如图7.87、图7.88所示。其中“F:”为RPG映射到RDA的盘符；其目标路径为/begz/rcv/radjc，该服务器是电信台9210节点机172.22.1.17。

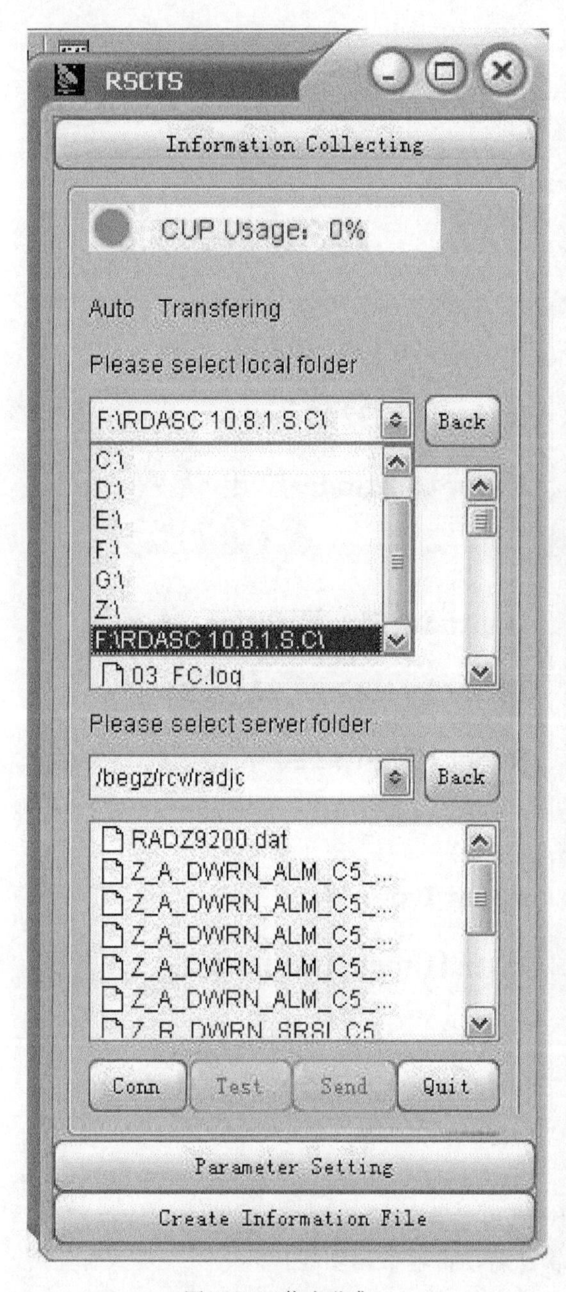

图7.87　信息收集1

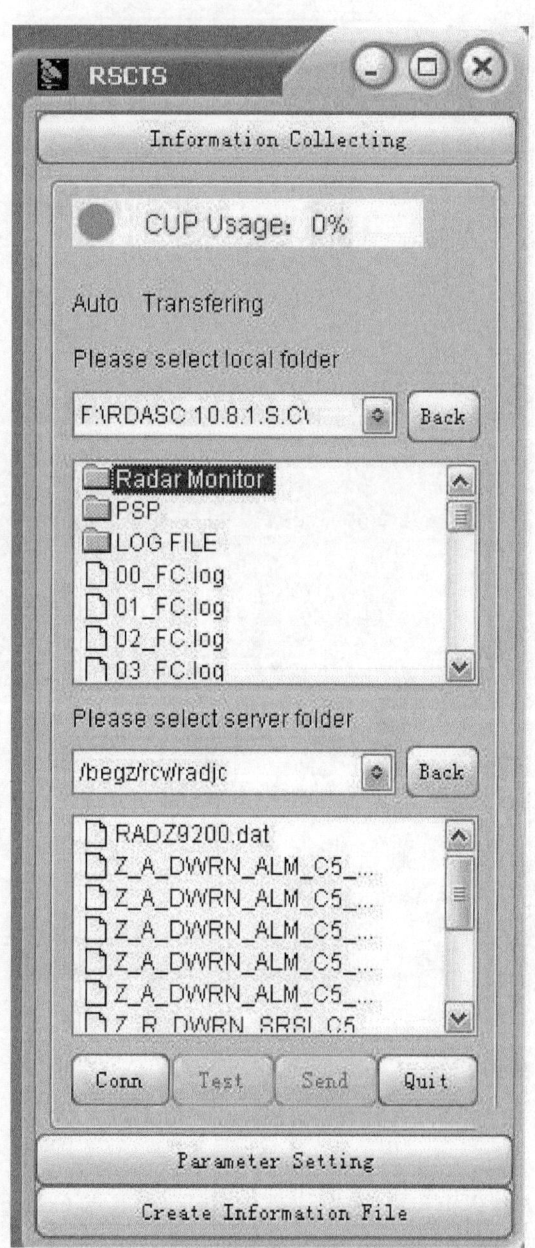

图7.88　信息收集2

最后，进入“信息文件(Create Information File)”菜单，输入雷达信息。输入完成后，点击“生成信息文件”，系统自动把设置参数和信息文件存盘。以广州为例，参数设置如图7.89、图

7.90 所示。第一次使用此软件时须进行参数设置，每次退出时会自动保存参数设置，以后再进入时会自动调用上次的参数。

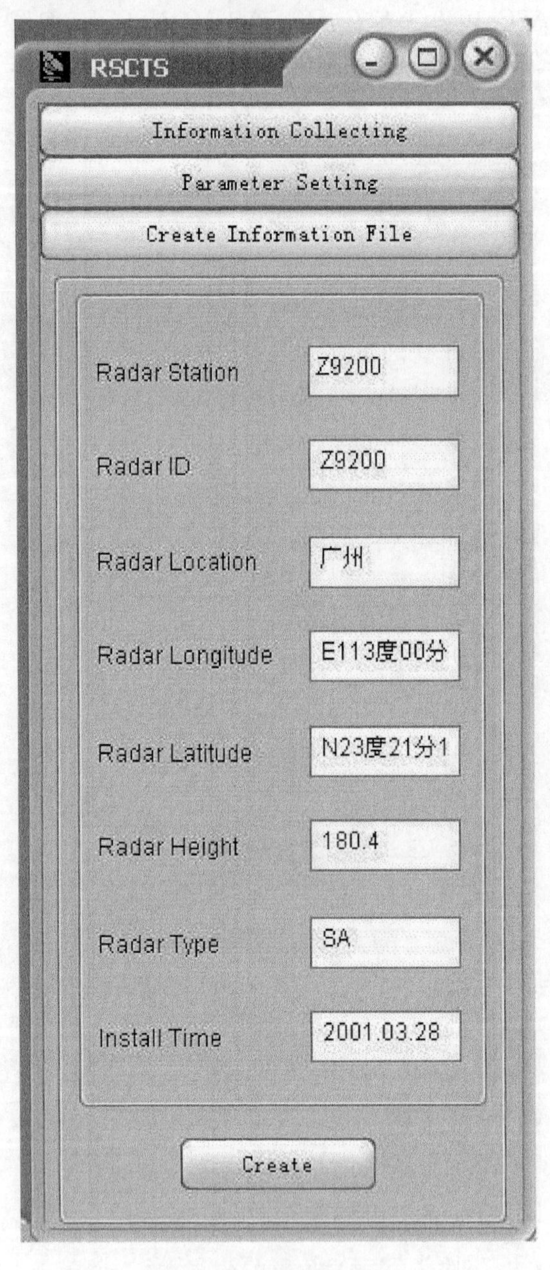

图 7.89 牛成信息文件 1

Radar Station: Z9200

Radar ID: Z9200

Radar Location: 广州

Logitude: E11 度 00 分 14 秒

Latitude: N23 度 21 分 18 秒

Radar Height: 180.4

Radar Type: SA

Install time: 2001.03.28

图 7.90 生成信息文件 2

以上步骤完成后，回到“Information Collection(信息收集)”菜单，点击“Conn(连接)”，然后点击“Test(测试)”，最后点击“Send(传输)”，软件启动传输数据功能。以上三个步骤有先后顺序，每完成一步，后面的命令按钮才成为可点击指令，如图 7.91、图 7.92 所示。

以后每天传输数据，只需启动软件，进入“信息收集”，点击“Conn(连接)”“Test(测试)”“Send(传输)”即可。

注意：当网络连接中断后，由于 FTP 协议规定，请于 10 s 后再连接。也即两次连接间隔至少需 10 s。

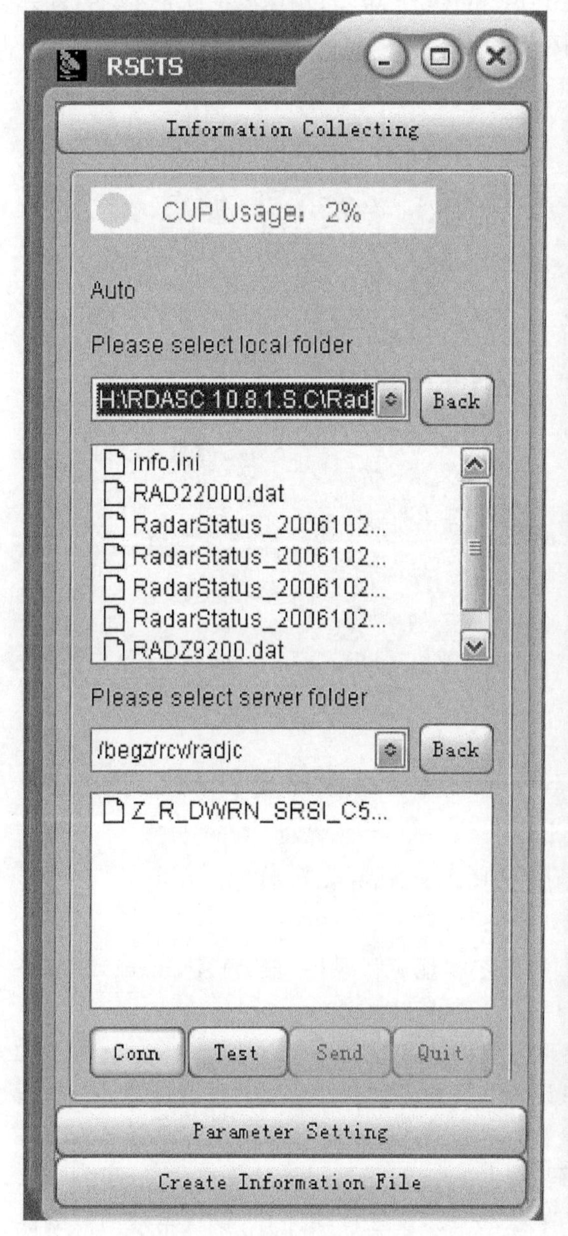

图 7.91　点击连接

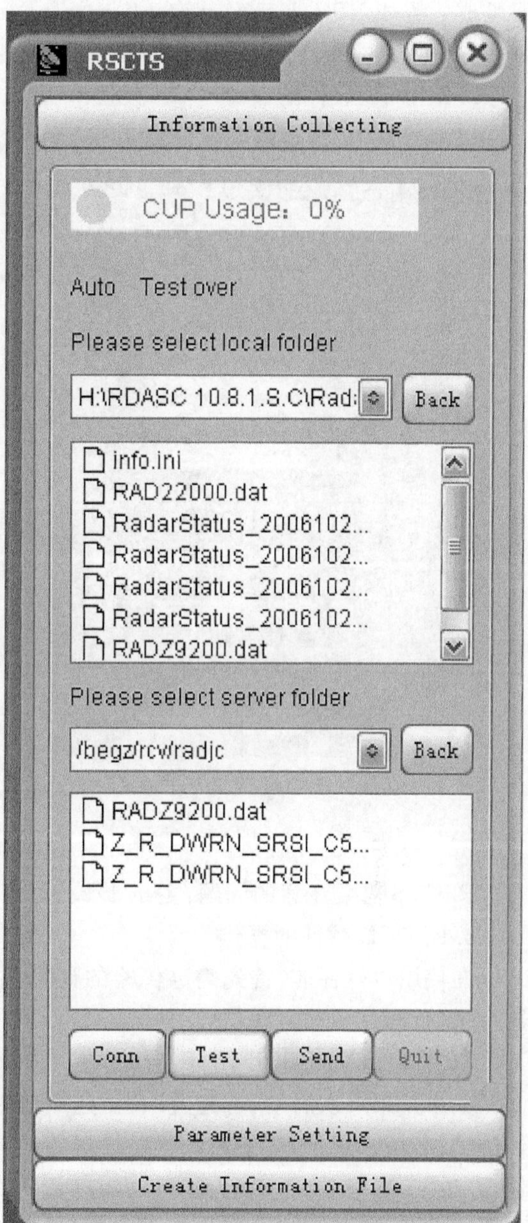

图 7.92　点击测试

7.4.1.4　RPGCD 软件

该软件的作用是将基数据（备份的基数据也可以）传给设在信息中心的服务器 172.22.1.173，再由该服务器将基数据转发给国家气象信息中心。以广州站为例，广州雷达传送的是备份的基数据，源路径是“雷达基数据传输软件”存放备份基数据的文件夹。

1. RPGCD 软件的安装

双击 RPGCD 目录下的 setup. exe，启动安装程序，按提示步骤进行安装，安装完成后在桌面生成。假如 RPG 上已经装有 Microsoft. NET Framework 版本，则 RPGCD. exe 会自动跳过 Microsoft. NET Framework 版本的安装直接安装。

2. RPGCD 软件的设置

以广州站为例，具体设置如图 7. 93、图 7. 94 所示。

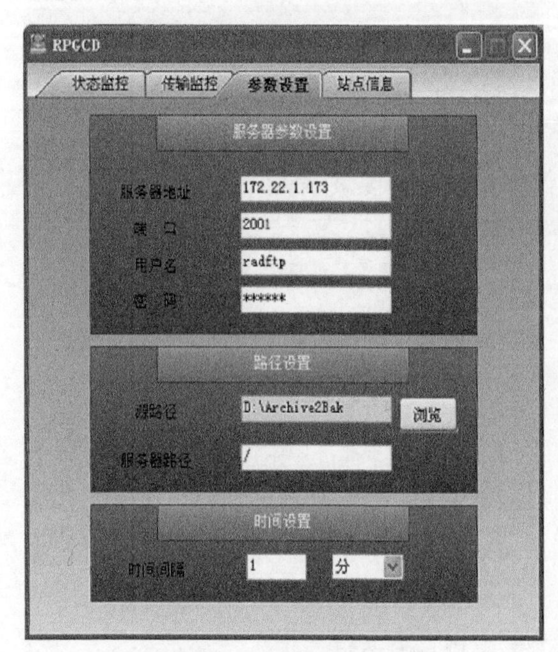

图 7. 93　RPGCD 参数设置

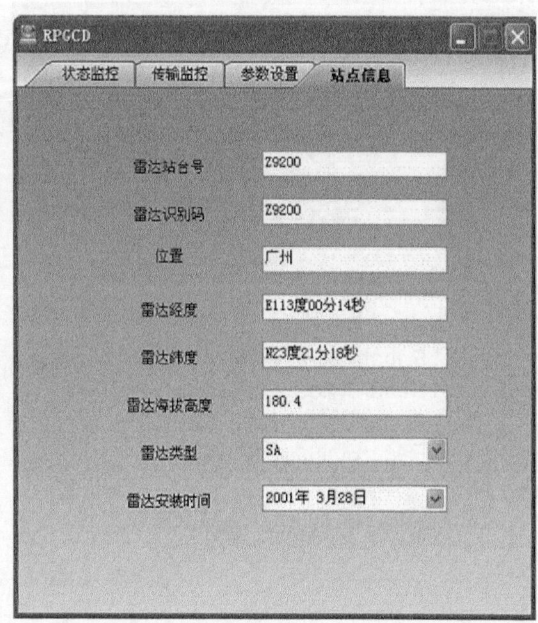

图 7. 94　RPGCD 站点信息

RSCTS 需要注意的问题：主机 172. 22. 1. 173 的用户名：radftp，密码：rdaftp。

3. RPGCD 软件的操作

在使用本软件前，首先确定传输的计算机，并确定本地源目录（一般为\Archive2）和服务器目录（目标目录）。

双击桌面的 RPGCD 图标，启动软件，并出现菜单。

如果是第一次启动，首先进入“雷达站信息设置”，设置各种台站信息，“雷达台站号”和“雷达类型”必填。后进入“参数设置”，设置各项参数。先设置“服务器参数设置”：设置目标服务器 IP 地址、端口（FTP 缺省是 21）、用户名、密码。用户名、密码是目标计算机的登录用户名、密码。尤其要注意的是，实际应用中端口号要改为 2001。设置传输路径：设置本地的数据路径（源路径）和目标路径（服务器路径），最后设置传输时间间隔。

以上步骤完成后，点击“运行状态监控”，点击“自动传输文件”，启动自动传输文件，同时在窗口显示传输状态信息。点击“文件传输监控”，可以监视文件传输情况。

注意：每次开机时，只需启动程序，点击“自动传输文件”即可。第一次启动需要设置“雷达站信息设置”和“参数设置”。使用过程中需要修改参数只能在停止传输文件后才可。

4. RPGCD 软件的升级操作

首先退出 RPGCD 程序的运行，把盘上的 RPGCD. EXE 复制到 C:\PROGRAM FILES\RPGCD 目录下，替换掉旧的执行文件即可。然后启动 RPGCD 程序，点击“自动传输文件”即可。

7.4.2 PUP 机子上的传输软件

PUP 机子上有 4 个主要使用的业务软件，一主三辅。主要的软件是 PUP，三个辅助的分别是 TRad 雷达图自动上传软件、radarpup2 软件(广东省气象台开发)和 PUPC 软件。PUP 已经在前面的章节介绍，下面介绍其他三个辅助软件的使用。

7.4.2.1 TRad 软件

TRad 软件的主要作用是将 PUP 接收到的产品通过 9210 节点机“172.22.1.17”转发，上传至中国气象局(一个钟头传一次，传整点的产品)，作全国拼图用。TRad 有两个启动软件，一个是 ectmer. exe，另一个是 Trad. exe。前者起一个时钟的作用，正常情况下开启 ectmer. exe 即可。后者是在故障情况下作特殊上传处理或者缺漏资料时作补传资料用。

1. TRad 软件的设置

该软件的“资料路径”和“上传目标路径”的设置都在 Trad. exe 的工具栏“设置”中。

“资料路径”由 PUP 决定，在 PUP 工具栏设置/选项/产品中设置，如图 7.95。当“产品路径”是 E:\Products，则 Trad. exe 软件设置中对应的“资料路径”应为 Products 文件夹下的 guangzhou 文件夹，即是 E:\Products\guangzhou\。如图 7.96 椭圆标注部分。

业务要求中，上传全国拼图的产品有 5 种：基本反射率 R，VIL，组合反射率 CR，一小时累计降水 OHP，多普勒速度 V。在 TRad 上的设置如图 7.96 方框标注部分。

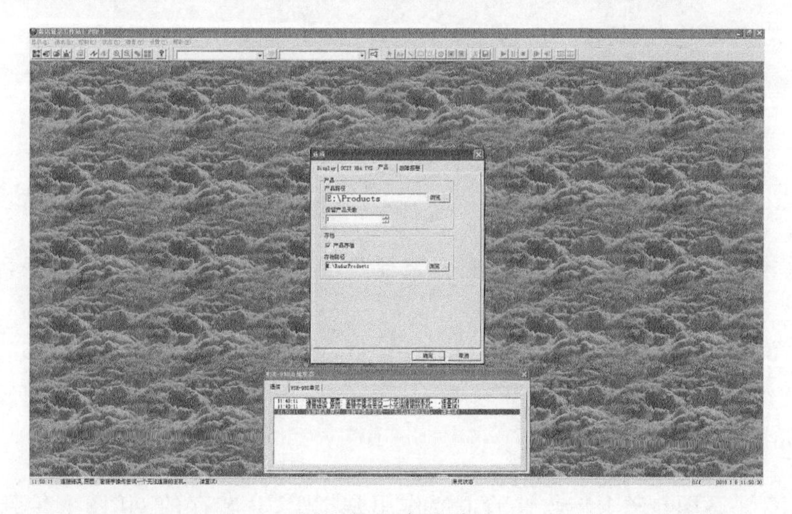

图 7.95　产品设置

2. 检验 TRad 软件的上传情况

全国拼图网络版面如图 7.97 所示。

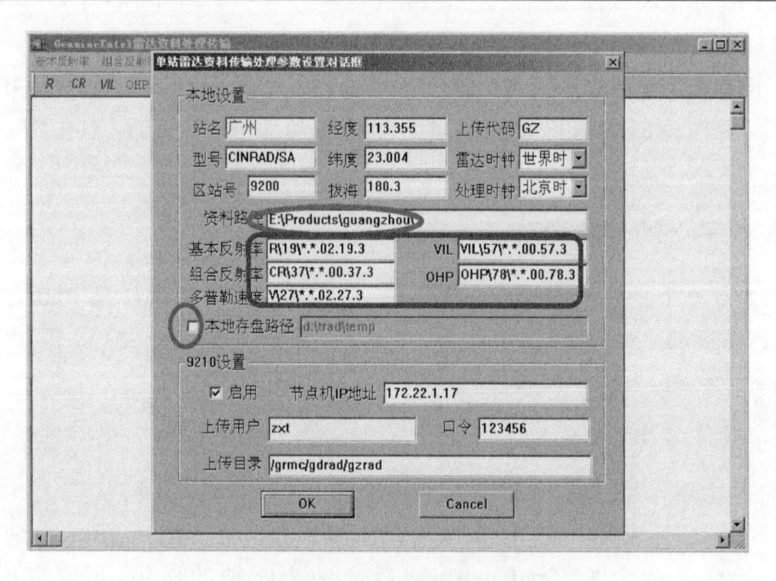

图 7.96　资料传输处理参数设置

图 7.97　全国拼图网络版面

如果要在本地存盘的话，要把“本地存盘路径”一项选中，并设置存盘的路径，如图 7.96 圆圈标注部分。

“上传路径”的设置，节点 IP 地址：172.22.1.17，上传用户：zxt，口令：123456，上传目录：/grmc/gdrad/gzrad。

7.4.2.2　Radarpup2 软件

Radarpup2 雷达图自动上传软件的主要作用是把 PUP 转存的 gif 图上传到台里的内网上。值得注意的是，上传到内网的 gif 图跟上传到全国拼图的原理不一样。直接给内网上传的是 gif 图，而给国家气象信息中心上传的是产品，产品上传到国家气象信息中心后不必转化成 gif 格式。

1. Radarpup2 软件的配置文件

Radarpup2 的配置文件是 control. txt，一共有 7 行，每行的意义分别是：上传的源路径，目标计算机的 IP,目标计算机的用户名,目标计算机的密码,备份 gif 图的路径,是否备份,备份的天数。

“上传的源路径”由 PUP 决定,在 PUP 控制/产品用户中设置,如图 7.98 所示。点击“属性”,输入用户名、口令和目录。“用户名”可以随便取,“口令”不必设置,“目录”是指 PUP 存放 gif 图的路径,设置为 D:\gzradargif。“发送类型”选中图像(GIF)。“产品列表及其最大仰角号”选中“全部产品”,如图 7.99 所示,设置将全部产品都保存在 D 盘 gzradargif 文件夹下。radarpup2 软件就是将此文件夹下的 gif 产品上传到省气象业务网上,故 control. txt 文档第一行的“源路径”对应就是 d:\gzradargif。

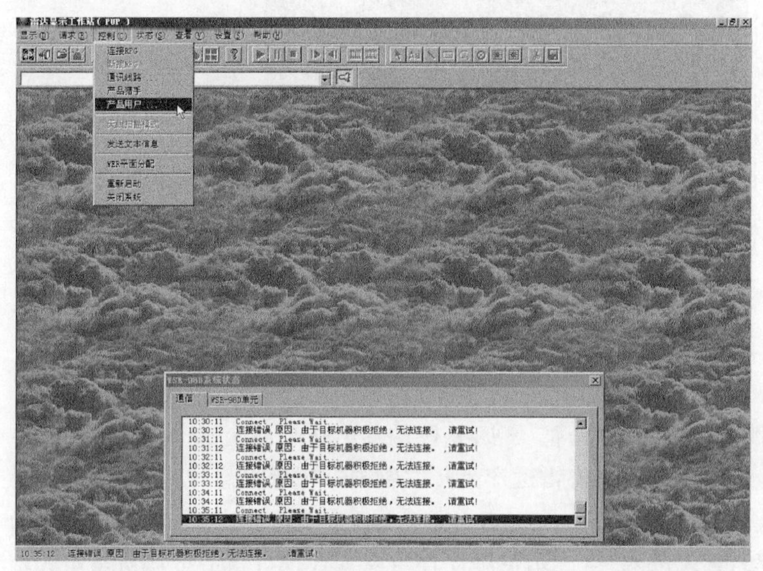

图 7.98　源路径在 PUP 中的位置

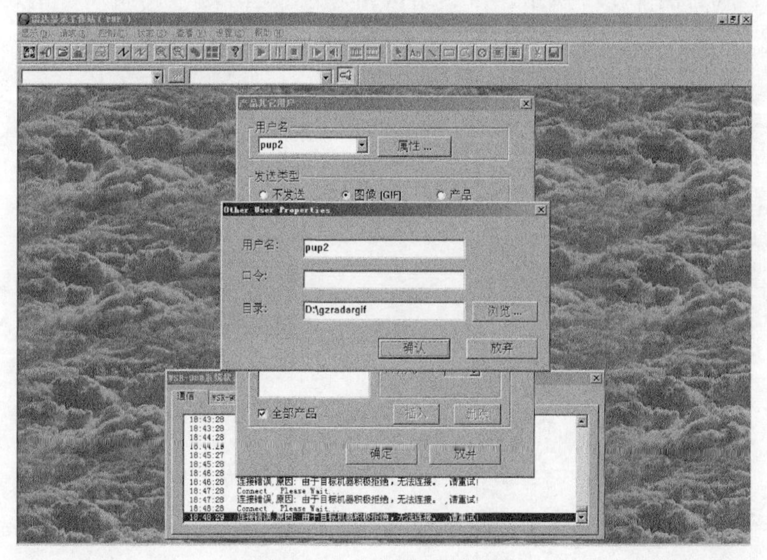

图 7.99　发送类型等设置

2. 检验 radarpup2 软件的上传情况

检验 gif 图是否上传成功,可通过访问中心台网页中的雷达图部分进行查看。如图 7.100 所示。

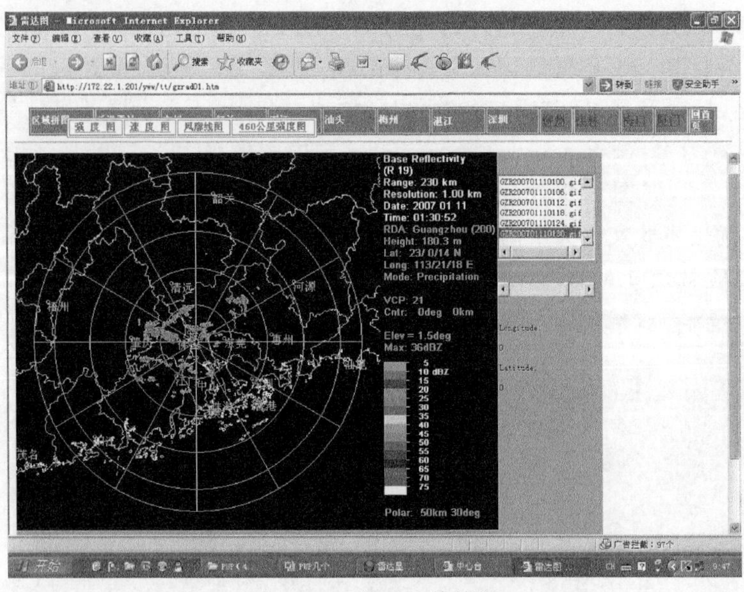

图 7.100　检验上传情况

7.4.2.3　PUPC 软件

PUPC 软件的主要作用是把需要考核的 21 种产品上传给设在信息中心的服务器：172.22.1.173，再由该服务器将雷达产品转发给国家气象信息中心。

1. PUPC 软件的设置

第一次启动，首先进入“雷达站信息设置”，设置各种台站信息，“雷达站区站号”和“雷达类型”必填，如图 7.101、图 7.102 所示。雷达站区站号按“全国新一代天气雷达观测站区站号”规定执行。

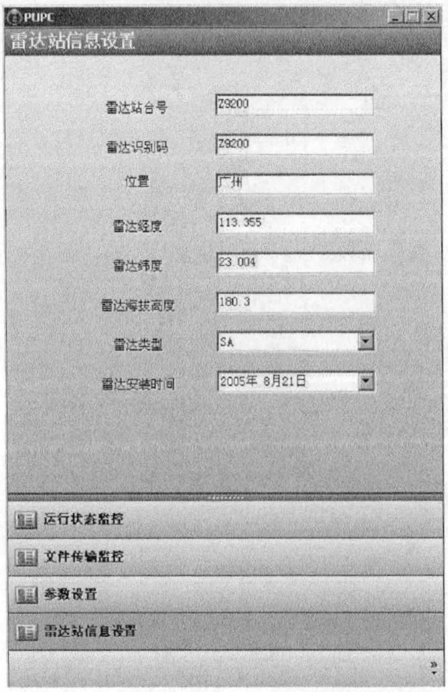

图 7.101　PUPC 雷达站点信息设置

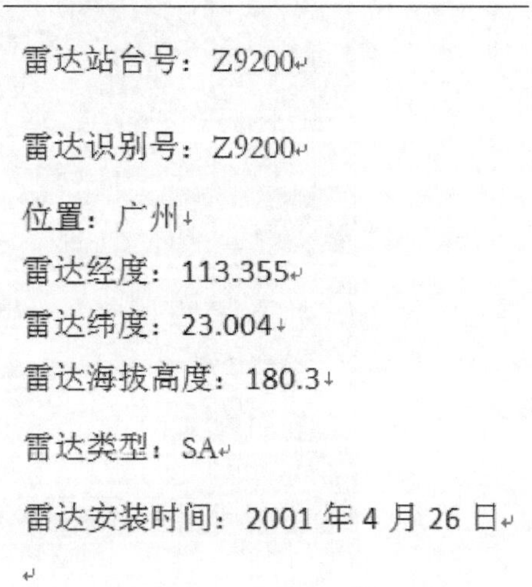

雷达站台号：Z9200
雷达识别号：Z9200
位置：广州
雷达经度：113.355
雷达纬度：23.004
雷达海拔高度：180.3
雷达类型：SA
雷达安装时间：2001 年 4 月 26 日

图 7.102　站点信息文件

然后进入“参数设置”，设置各项参数，如图 7.103、图 7.104 所示。

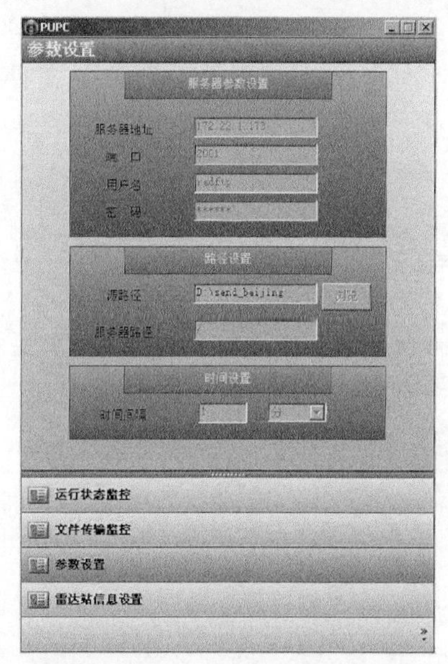

图 7.103　PUPC 传输参数设置

服务器地址：172.22.1.173

端口：2001

用户名：radftp

密码：radftp

源路径：D:\send_beijing

传输时间间隔通常设为 1 分钟

图 7.104　传输参数文件

先设置“服务器参数设置”，包括目标服务器 IP 地址、端口号、用户名、密码，其中用户名、密码是目标计算机的登录用户名、密码；然后设置传输路径，包括本地的数据路径(源路径)和目标路径(服务器路径)；最后设置传输时间间隔。

产品的“源路径”由 PUP 决定，在 PUP 控制/产品用户中，点击“属性”，输入用户名、口令和目录。“用户名”可以随便取，“口令”不必设置，“目录”是指 PUP 存放产品的路径，设置为 D:\send_beijing。“发送类型”选中“产品”。“产品列表及其最大仰角号”插入 21 种中国气象局要求考核的产品号，如图 7.105 所示，表示将 21 种要求考核的产品保存在 D 盘 send_beijing 文件夹下。PUPC 是将这 21 种中国气象局要求考核的产品上传给电信台，所以，其“参数设置”中“源路径”应该是：D:\send_beijing，如图 7.106 所示。

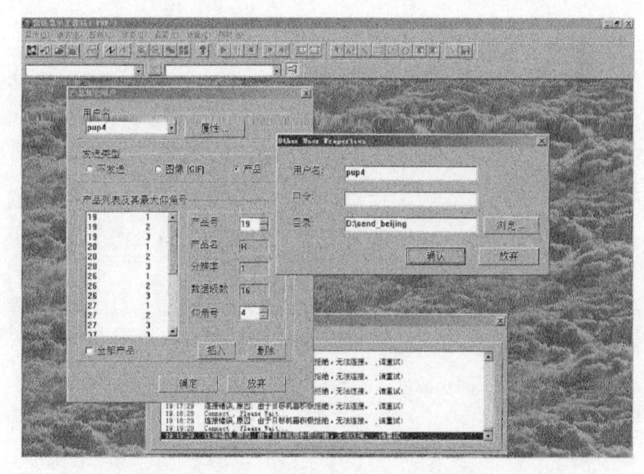

图 7.105　PUP 中产品保存路径

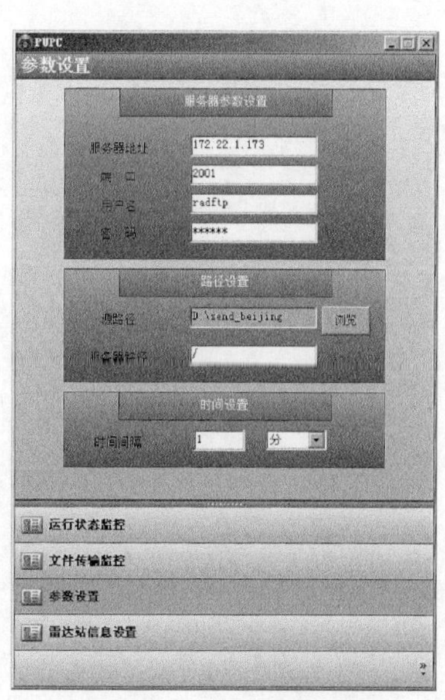

图 7.106　PUPC 源路径设置

2. 检验 PUPC 软件的上传情况

检验产品是否已经上传,可通过访问 ASOM 系统"综合气象观测系统运行监控平台"进行查看,如图 7.107 所示。通过值班助手可以查看每个时次产品数据文件以及状态文件的上传情况。

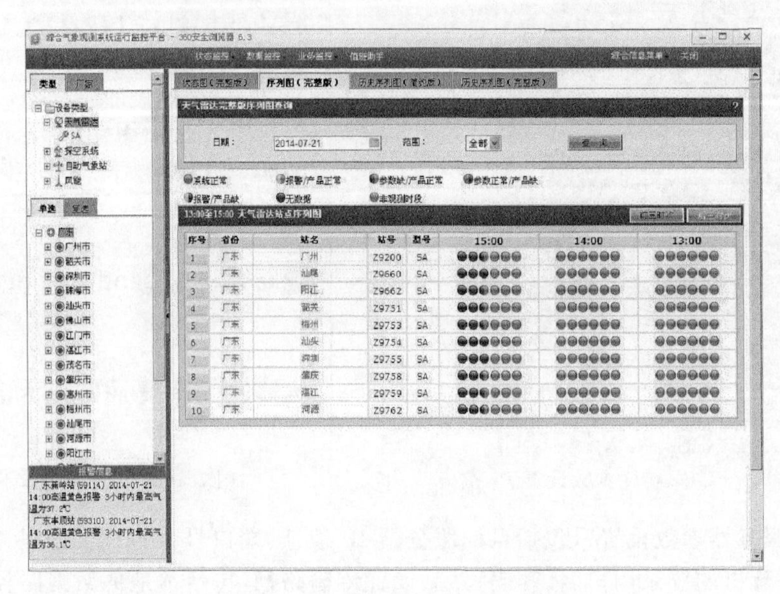

图 7.107　检验 PUPC 产品上传

第 8 章　天气雷达系统的维护

本章主要介绍天气雷达日维护、周维护、月维护、年维护的相关内容。

8.1　雷达的日维护

雷达的日维护主要做些检查方面的工作，其检查项目如表 8.1 所示。

表 8.1　新一代天气雷达日维护记录表

站名		站号		雷达型号	
日期		值班员(接班员)		交班员	

交接班记录：

<table>
<tr><th>序号</th><th colspan="2">检查维护内容</th><th>检查维护结果</th><th>填写说明</th><th>备注</th></tr>
<tr><td>1</td><td colspan="2">各分机之间的通信链路情况</td><td></td><td>(正常√ 不正常×)</td><td></td></tr>
<tr><td>2</td><td colspan="2">查看工作日志，查看雷达性能</td><td></td><td>(正常√ 不正常×)</td><td></td></tr>
<tr><td>3</td><td colspan="2">发射机峰值功率</td><td></td><td>(填数值)</td><td></td></tr>
<tr><td rowspan="2">4</td><td rowspan="2">检查机房空调及除湿系统*</td><td>温度</td><td></td><td>(填数值)
无人值守站，检查日填写</td><td></td></tr>
<tr><td>湿度</td><td></td><td>(填数值)
无人值守站，检查日填写</td><td></td></tr>
<tr><td>5</td><td colspan="2">终端计算机运行情况</td><td></td><td>(正常√ 不正常×)</td><td></td></tr>
<tr><td>6</td><td colspan="2">雷达系统软件运行情况</td><td></td><td>(正常√ 不正常×)</td><td></td></tr>
<tr><td>7</td><td colspan="2">雷达数据采集、产品及状态信息的生成和传输软件运行情况</td><td></td><td>(正常√ 不正常×)</td><td></td></tr>
<tr><td>8</td><td colspan="2">操作系统及杀毒软件运行情况</td><td></td><td>(正常√ 不正常×)</td><td></td></tr>
<tr><td>9</td><td colspan="2">雷达数据存储及计算机磁盘空间满足存储要求情况</td><td></td><td>(正常√ 不正常×)</td><td></td></tr>
<tr><td>10</td><td colspan="2">数据产品传输网络及通信情况</td><td></td><td>(正常√ 不正常×)</td><td></td></tr>
<tr><td>11</td><td colspan="2">计算机系统时间检查</td><td></td><td>(正常√ 不正常×)</td><td></td></tr>
<tr><td rowspan="5">12</td><td rowspan="5">通过 UPS 控制面板查看*</td><td>输入电压</td><td></td><td>无人值守站，检查日填写</td><td></td></tr>
<tr><td>输出电压</td><td></td><td>无人值守站，检查日填写</td><td></td></tr>
<tr><td>输入电流</td><td></td><td>无人值守站，检查日填写</td><td></td></tr>
<tr><td>输出电流</td><td></td><td>无人值守站，检查日填写</td><td></td></tr>
<tr><td>输出频率</td><td></td><td>无人值守站，检查日填写</td><td></td></tr>
</table>

检查中发现的问题及处理情况：

维护人员签名：＿＿＿＿＿＿＿＿

注：表中标有“*”的维护项，无人值守站不具备每日检查条件的站不统一要求每日填写，可根据本站具体情况在检查日填写该项。

8.2 雷达的周维护

周维护主要完成雷达性能参数的检查、环境的清洁以及强度速度的自标校工作，如表 8.2 所示。

表 8.2 新一代天气雷达周维护记录表

<table>
<tr><th>序号</th><th colspan="2">检查维护内容</th><th>检查维护结果</th><th>填写说明</th><th>备注</th></tr>
<tr><td>1</td><td colspan="2">噪声系数(dB)</td><td></td><td>(填数值)</td><td></td></tr>
<tr><td>2</td><td colspan="2">相位噪声(度)</td><td></td><td>(填数值)</td><td></td></tr>
<tr><td>3</td><td colspan="2">滤波前/后功率</td><td></td><td>(填数值)/(填数值)</td><td></td></tr>
<tr><td>4</td><td colspan="2">雷达强度/速度自动标校检查</td><td></td><td>(填数值)/(填数值)</td><td></td></tr>
<tr><td rowspan="4">5</td><td rowspan="4">查看各分机面板的工作状态、故障指示，及时处理发现的问题</td><td>电压</td><td></td><td>分机面板电压值较多时，无法填写具体数值，应填写正常、不正常</td><td></td></tr>
<tr><td>电流</td><td></td><td>分机面板电流值较多时，无法填写具体数值，应填写正常、不正常</td><td></td></tr>
<tr><td>钛泵电源</td><td></td><td>(填数值)
电压/电流</td><td></td></tr>
<tr><td>灯丝电源</td><td></td><td>(填数值)
电压/电流</td><td></td></tr>
<tr><td>6</td><td colspan="2">检查天线在体扫、俯仰工作时有无异常响声，若有应立即停机处理</td><td></td><td>(完成√ 未完成×)</td><td></td></tr>
<tr><td>7</td><td colspan="2">检查维护各分机电源</td><td></td><td>(完成√ 未完成×)</td><td></td></tr>
<tr><td>8</td><td colspan="2">清洁发射、接收、监控机柜</td><td></td><td>(完成√ 未完成×)</td><td></td></tr>
<tr><td>9</td><td colspan="2">雷达机房工作环境是否清洁、干燥</td><td></td><td>(完成√ 未完成×)</td><td></td></tr>
<tr><td>10</td><td colspan="2">检查蓄电池电压，若不足要查明原因及时进行充电</td><td></td><td>(完成√ 未完成×)</td><td></td></tr>
<tr><td>11</td><td colspan="2">备份状态信息</td><td></td><td>(完成√ 未完成×)</td><td></td></tr>
<tr><td>12</td><td colspan="2">检查台站备份通信系统是否正常</td><td></td><td>(完成√ 未完成×)</td><td></td></tr>
<tr><td colspan="6">检查中发现的问题及处理情况：

维护人员签名：__________</td></tr>
</table>

8.2.1 噪声系数读取

指标要求：噪声系数≤4.0 dB，接收机噪声系数用外接噪声源和机内噪声源测量。外接噪声源和机内噪声源测量的差值应≤0.2 dB。

机内测试方法：噪声温度(TN)可在 Performance 中查找。然后利用噪声系数与噪声温度的换算公式为：$NF=10\ \lg[TN/290+1]$来计算噪声系数，可利用计算器计算，也可利用工具 prjMain.exe(输入噪声温度即可)来计算。

8.2.2　相位噪声及滤波前后功率读取

发射机预热完毕后打到遥控、自动的位置。

方法一：RDASC 自行标定或离线标定

启动 RDASC，标定结束自动产生 IQ62 文件，在 computer/filesystem/opt/rda/log/date-IQ62.log 中记录结果。

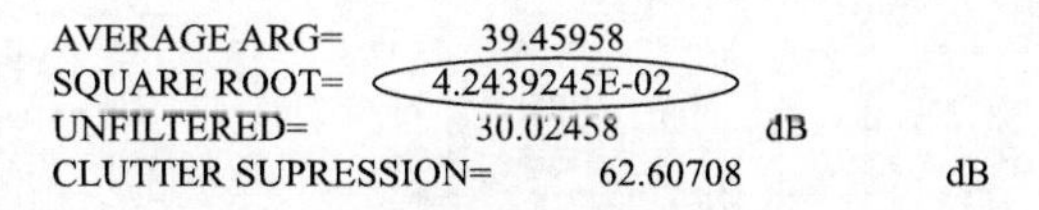

AVERAGE ARG=　39.45958
SQUARE ROOT=　4.2439245E-02
UNFILTERED=　30.02458　dB
CLUTTER SUPRESSION=　62.60708　dB

图 8.1　相位噪声结果(方法一)

如图 8.2 所示，相位噪声即为 0.042°。

Phase Noise

Control　Data　Result

	Date	Time	PhNoise	Unfiltered	ClutterSupression	Filtered
1	2014-04-04	09:57:00	0.1811	30.19	50.00	-19.82
2	2014-04-04	09:56:58	0.2113	30.19	48.67	-18.48
3	2014-04-04	09:56:56	0.1686	30.19	50.62	-20.43
4	2014-04-04	09:56:54	0.2077	30.19	48.82	-18.63
5	2014-04-04	09:56:53	0.2131	30.19	48.59	-18.40
6	2014-04-04	09:56:49	0.1923	30.18	49.48	-19.30
7	2014-04-04	09:56:47	0.1845	30.18	49.84	-19.66
8	2014-04-04	09:56:46	0.1742	30.18	50.34	-20.16
9	2014-04-04	09:56:45	0.1610	30.18	51.03	-20.84
10	2014-04-04	09:56:43	0.1898	30.18	49.60	-19.42
11	2014-04-04	09:56:42	0.1778	30.18	50.16	-19.99

Test　Stop　Close

图 8.2　相位噪声及滤波前后功率测试结果(方法二)

方法二：测试平台手动测试

在测试平台点击 phase noise→Result→Test，点击一次手工测量一次，可以得到相位噪声、滤波前后地物抑制等数据。

8.2.3　雷达强度/速度自动标校检查

1. 反射率强度定标方法

运行 RDASOT 中的 Reflectivity Calibration，依次选择 Calibration→internal test，点击 start 按钮，则电脑自动运行标定程序，找出实测值与期望值的差值的最大值即可。

如图 8.3 所示，最大差值(dBZ)为−0.59。

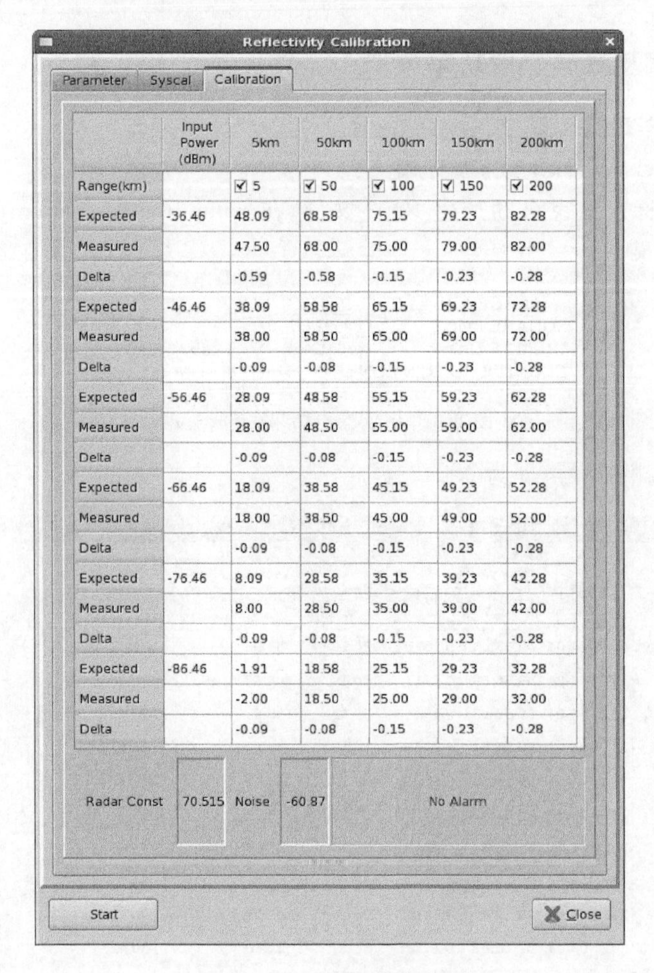

Reflectivity Calibration

Parameter | Syscal | Calibration

	Input Power (dBm)	5km	50km	100km	150km	200km
Range(km)		☑ 5	☑ 50	☑ 100	☑ 150	☑ 200
Expected	-36.46	48.09	68.58	75.15	79.23	82.28
Measured		47.50	68.00	75.00	79.00	82.00
Delta		-0.59	-0.58	-0.15	-0.23	-0.28
Expected	-46.46	38.09	58.58	65.15	69.23	72.28
Measured		38.00	58.50	65.00	69.00	72.00
Delta		-0.09	-0.08	-0.15	-0.23	-0.28
Expected	-56.46	28.09	48.58	55.15	59.23	62.28
Measured		28.00	48.50	55.00	59.00	62.00
Delta		-0.09	-0.08	-0.15	-0.23	-0.28
Expected	-66.46	18.09	38.58	45.15	49.23	52.28
Measured		18.00	38.50	45.00	49.00	52.00
Delta		-0.09	-0.08	-0.15	-0.23	-0.28
Expected	-76.46	8.09	28.58	35.15	39.23	42.28
Measured		8.00	28.50	35.00	39.00	42.00
Delta		-0.09	-0.08	-0.15	-0.23	-0.28
Expected	-86.46	-1.91	18.58	25.15	29.23	32.28
Measured		-2.00	18.50	25.00	29.00	32.00
Delta		-0.09	-0.08	-0.15	-0.23	-0.28

Radar Const 70.515　Noise -60.87　No Alarm

Start　Close

图 8.3　反射率强度标定

2. 径向速度定标检验

采用机内测试信号经移相器后注入接收机，变化每次发射脉冲时的注入信号初相位对雷达测速定标进行检验。

如图 8.4 所示，径向速度定标检验结果填最大值为 0.0 m/s。

RDA Performance and Maintenance Data

Tower Utilities | Transmitter 1 | Transmitter 2 | Antenna/Pedestal | Receiver/Signal Proc
Calibration 1 | Calibration 2 | Calibration Check | Device Status | Disk File St

xxx LIN TGT xxx AMP			PHASE xxx xxx VEL		
CW EXPECTED	47.1	DBZ	RAM1 EXPECTED	0.0	M/S
CW MEASURED	47.5	DBZ	RAM1 MEASURED	0.0	M/S
RFD1 EXPECTED	17.6	DBZ	RAM2 EXPECTED	-7.0	M/S
RFD1 MEASURED	18.0	DBZ	RAM2 MEASURED	-7.0	M/S
RFD2 EXPECTED	29.6	DBZ	RAM3 EXPECTED	10.5	M/S
RFD2 MEASURED	29.5	DBZ	RAM3 MEASURED	10.5	M/S
RFD3 EXPECTED	57.6	DBZ	RAM4 EXPECTED	-17.5	M/S
RFD3 MEASURED	57.5	DBZ	RAM4 MEASURED	-17.5	M/S

图 8.4　径向速度定标检验

3. 速度谱宽检验

应用机内测试信号相位的变化对速度谱宽进行检验。

如图 8.5 所示，速度谱宽检验填写最大差值为 0.5 m/s。

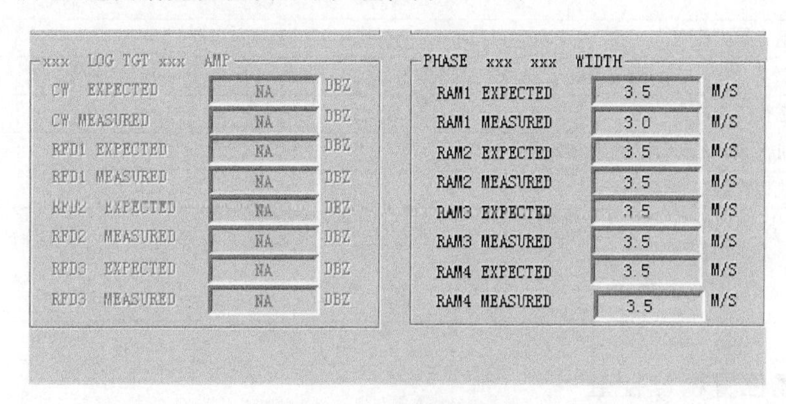

图 8.5　速度谱宽检验

8.3　雷达的月维护

雷达的月维护需要机务人员不仅对雷达的性能指标进行检查调整，还需要对天伺系统的机械部件进行检查清理。具体操作项目如表 8.3 所示。

表 8.3　新一代天气雷达月维护记录表

<table>
<tr><th>序号</th><th colspan="2">检查维护内容</th><th>检查维护结果(或数据)
(完成√　未完成×)</th><th>备注</th></tr>
<tr><td>1</td><td colspan="2">雷达天线空间位置精度和控制精度误差检查</td><td>(填数值)</td><td></td></tr>
<tr><td>2</td><td colspan="2">系统相干性检查</td><td>(填数值)</td><td></td></tr>
<tr><td>3</td><td colspan="2">机外仪表发射机功率和脉宽检查</td><td>(填数值)</td><td></td></tr>
<tr><td>4</td><td colspan="2">检查发射机高压部件有无异常</td><td></td><td></td></tr>
<tr><td>5</td><td colspan="2">检查并清洁俯仰箱、汇流环受潮积水、碳屑等</td><td></td><td></td></tr>
<tr><td>6</td><td colspan="2">调整汇流环接触压力，检查并更换磨损碳刷</td><td></td><td></td></tr>
<tr><td>7</td><td colspan="2">检查并清洁方位、俯仰电机碳刷，更换磨损碳刷</td><td></td><td></td></tr>
<tr><td>8</td><td colspan="2">做好各机柜内的清洁工作</td><td></td><td></td></tr>
<tr><td>9</td><td colspan="2">清除风扇、排气扇的灰尘，拆洗空调滤尘网</td><td></td><td></td></tr>
<tr><td>10</td><td colspan="2">清除各机柜进出风口、聚焦线圈进风口滤尘网上尘埃</td><td></td><td></td></tr>
<tr><td>11</td><td colspan="2">各种测试仪表通电检查是否正常</td><td></td><td></td></tr>
<tr><td rowspan="3">12</td><td rowspan="3">自备发电机设备检查</td><td>冷却水</td><td></td><td></td></tr>
<tr><td>燃油</td><td></td><td></td></tr>
<tr><td>机油</td><td></td><td></td></tr>
</table>

续表

序号	检查维护内容	检查维护结果（或数据） （完成√ 未完成×）	备注
13	自备发电机运行检查		
14	UPS 充放电维护（三个月做一次）		
15	避雷器工作情况检查		
16	对计算机内冗余的垃圾文件进行处理		
17	对计算机硬盘进行碎片整理		

问题处理情况：

维护人员签名：________________

8.3.1 天线位置精度检查

利用太阳的回波强度判定天线方位和俯仰角度的经纬度偏差，以保证在回波图上能正确显示回波的位置。

指标要求：方位和俯仰角度偏差小于 0.3°。

1. 测试方法

(1)首先确定天线能正常运行，RDA 计算机时间要保持与北京时间一致，必要时可拨打电话区号＋12117 与北京时间对时并调整 RDA 时间，由于太阳法受太阳角度影响，一般在太阳角度为 20°～50°之间做太阳法。

(2)运行 RDASOT 中的 Sun Calibration，选择 Setting 将雷达站点的经纬度设置正确（经纬度格式为度、分、秒的格式，与 PUP 产品上显示的一致）。

(3)测试平台参数设置：用真实天线来做，所以必须取消 DAU、DCU 及 PSP 等模拟器（图 8.6）。

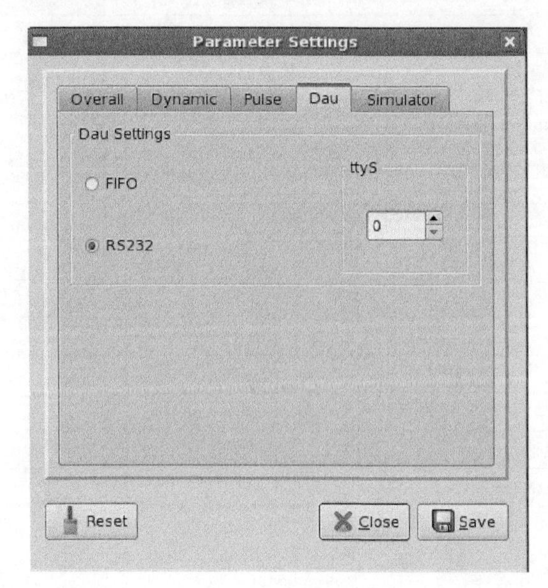

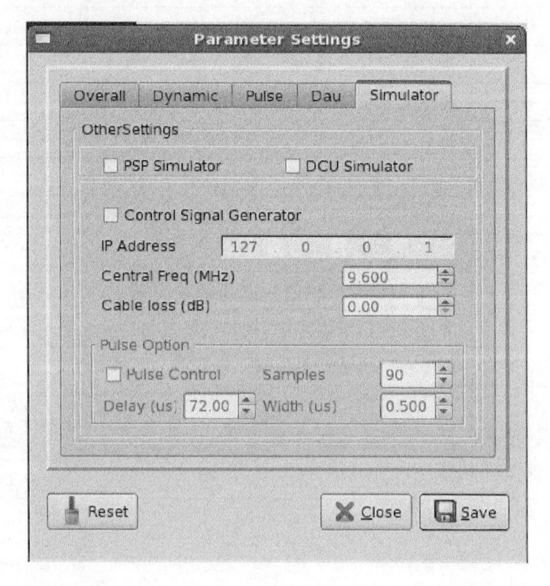

图 8.6 测试平台参数设置

如果选择FIFO，则是表示使用模拟DAU，做太阳法应用真实天线，所以这里选择RS232，另外需取消DCU和PSP的模拟，即不勾选PSP Simulator和DCU Simulator。控制信号源是表示是否用外接信号源来做动态，一般不用此方法，所以也不勾选。如果不按照上述选择，则无法完成太阳法。

(4)回到Suncheck界面，点击开始，则系统自动进行计算，红色字体(方位角度，俯仰角度)为计算结果，另外还可以得到波束宽度的计算结果。如果以上参数都设置正确了依旧无法完成太阳法，那有可能是方位或俯仰的误差过大以至于找不到太阳，比如如果在Sun Settings—AZ Scan Range(方位扫描范围)一开始设置4°或6°，而假设真实方位误差超过7°，那么太阳法就无法完成，此时应该将适当增大方位扫描范围，比如设置为9°，如果真实误差在9°以内就能够完成太阳法。

2. 调整步骤

倘若误差大于0.3，应通过对DCU单元数字板方位拨码开关的调整(若方位存在误差，则调整DCU数字板(AP2)的SA1、SA2方位拨码开关；若俯仰存在误差，则调整AP2俯仰拨码开关SA3、SA4)来修正该误差。对误差的调整，当误差为正数时，则在原误差的基础上加数值，否则减去。太阳法完成后，天线会回到正北位置，如果太阳法结果如图8.7所示，则调整方法为：调整SA1、SA2使此时拨码正确显示为0.04＋7.16＝7.2左右再做太阳法即可保证方位定位误差在上限阈值(0.3°)以内。调整完毕后，重新进行天线波束指向定标检查，如此反复，直到定位误差满足技术指标要求。

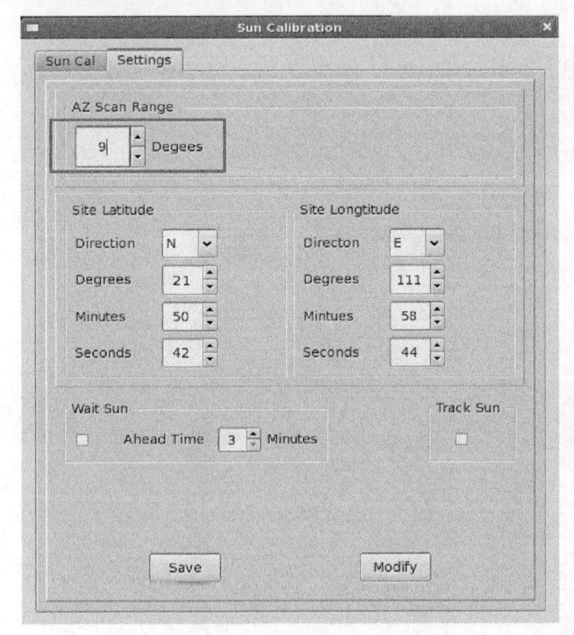

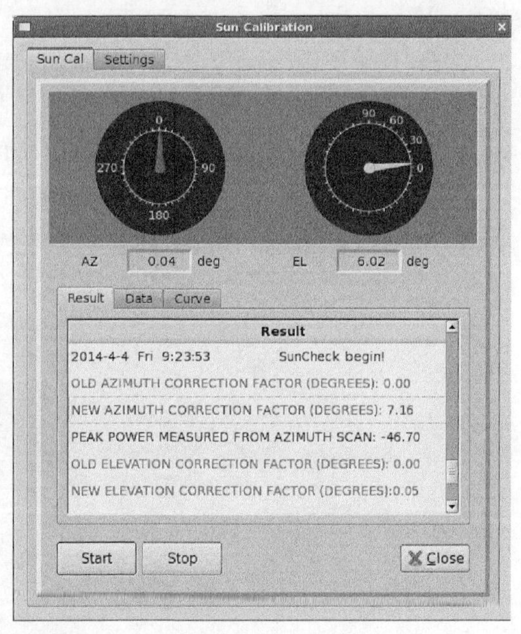

图8.7　太阳法示意

8.3.2 天线控制精度检查

运行RDASOT中的Antenna Control，给定方位或俯仰一个角度，看天线实际到达的角度(在DCU状态显示板上查看)与指定角度的差值。若误差过大，则须通过调节伺服放大器中增益电位器以确保系统控制精度，如果伺服系统不能精确到位，则须进行调整，具体调整方法为:方位控制精度误差调整 DCU 模拟板 RP3 电位器,俯仰调整 RP11 电位器。

8.3.3 系统相干性检查

系统相干性采用 I、Q 相角法,将雷达发射射频信号经衰减延迟后注入接收机前端,对该信号放大、相位检波后的 I、Q 值进行多次采样,由每次采样的 I、Q 值计算出信号的相位,求出相位的均方根误差 σ_ϕ 来表征信号的相位噪声。在验收测试时,取其 10 次相位噪声 σ_ϕ 的平均值来表征系统相干性。

指标要求:S 波段雷达相位噪声≤0.15°。

系统相干性的测试方法与测量结果同相位噪声完全一样。

8.3.4 机外仪表发射机功率和脉宽检查

参考第 4 章 4.1 节。

8.3.5 动态范围测试

1. 测试方法

(1)使用模拟天线:首先关高压和伺服强电,在 RDASOT 的 Parameter Settings 中选中 DCU simulator 模拟器,在 RDASOT 中选择 Dynamic Range。注意必须把 Parameter Setting 中的控制信号源的对钩去掉(那个是用外接信号源来做动态才会用到的),然后选 dBZ,inside,然后点击 Auto Test。

(2)用真实天线:不能关闭高压和伺服强电,必须关闭 DCU 模拟器。

2. 数据读取

(1)文本数据保存在 computer/filesystem/opt/rda/log/Dyntest_date.txt。

(2)动态特性曲线,如图 8.8 所示。

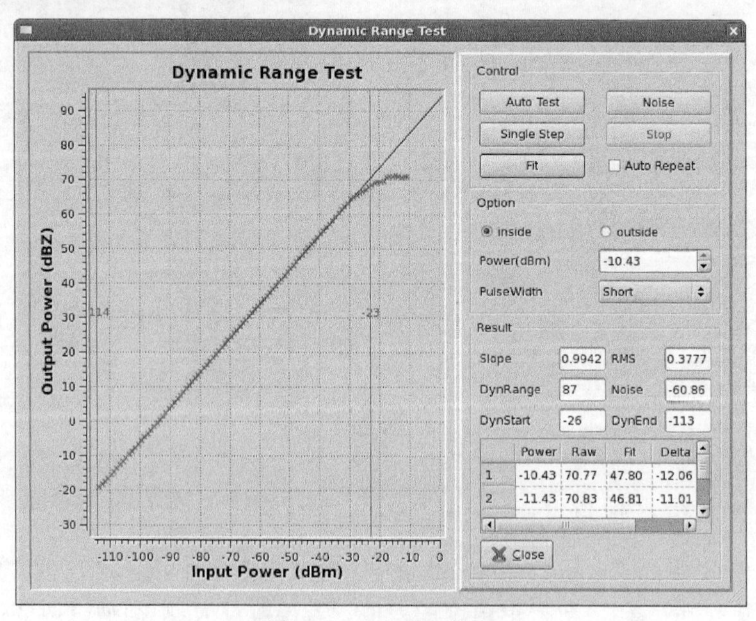

图 8.8 动态特性曲线

8.4　雷达的年维护

雷达的年维护主要对雷达性能参数及机械部分做全面的检修(表8.4),包括机械部分的换油。年维护中需换油的部分一共有3处,分别是大油池(包括小油池)、方位减速箱、俯仰减速箱,前两者都在汇流环所在的腔体内,后者在俯仰箱里。

表8.4　新一代天气雷达年维护记录表

序号	检查维护内容	检查维护情况 (完成√　未完成×)	备注
1	周、月维护内容		
2	检查天线座和天线罩单元,并对天线座内进行清洁维护		
3	检查维护天线及伺服各机械部件		
4	天线方位/俯仰齿轮箱换油维护		
5	检查天线连接紧固件是否有松动		
6	天线方位/俯仰轴承齿轮润滑维护		
7	天线座水平标校,天线方位/俯仰角标定		
8	检查波导旋转关节处的磨损状况,是否松动		
9	速调管油位检查		
10	检查绝缘子、接线板、空气开关、交流接触器上接线松紧,同时清除上面的灰尘		
11	检查所有插件状态		
12	检查运动部件处的电缆是否有磨损		
13	清洁机电组件,祛除表面的灰尘,锈蚀或其他杂物		
14	检查各类变压器外观是否受潮、过热、机震、变形		
15	全机开关、按钮、表头、保险丝、指示灯、数码管、继电器、接触器可靠性检查、维护、更换。重点更换已有过打火痕迹的器件		
16	测量/记录各分机主要测试点的波形/参数并记录备案,以作故障检修时比对		
17	检查调整各分机电压、电流、波形		
18	全机功能检查、参数测试标定		
19	拆洗、维护机房空调机、除湿机、鼓风机		
20	向管理部门提交年维护工作报告		

问题处理情况:

维护人员签名:________________

8.4.1 放油

放油前需要将雷达转 0.5～1 h 让内部沉淀物浮于油中，如果雷达在连续正常工作时，可以省去此步骤。放油一般使用油管（放大油池的油时记得打开大油池上方的盖板，保持空气流通，才能更快地将油放出），若嫌速度慢也可以采用油泵加速放油。

1. 方位大油池的放油

方位大油池没有溢油阀，取而代之的是位于方位大油池外侧的油位刻度线，在方位油池壳体下方，有两个放油阀，主放油阀在减速箱和同步箱之间，残油阀在方位减速箱安装法兰盘上，油嘴垂直向下。

方位大油池油质检查：打开残油阀，用容器接 100 mL 左右的润滑油，仔细查看放下的润滑油里面有没有细的铁屑，油里面污染物多不多，有无积水，油是否发黑，放油是否通畅等；如发现油内有铁屑，应立刻拆下减速箱，查看铁屑产生原因；如油里面有污染物和积水、油很黑等，应及时进行清洗，更换新的润滑油。

放油前，用控制平台或 RDASC 工作程序让天线连续运转 0.5～1 h，让内部沉淀物悬浮于油中；如果雷达在连续正常工作停机维护，可以省去此步骤。

放油时，油管的一端接大油池的放油阀，如图 8.9 所示，另一端接油泵的进水口，利用油泵将油池里面的油抽出来。同时，打开大油池上方的盖板，如图 8.10 所示，以便空气流通，更快地将油抽出。

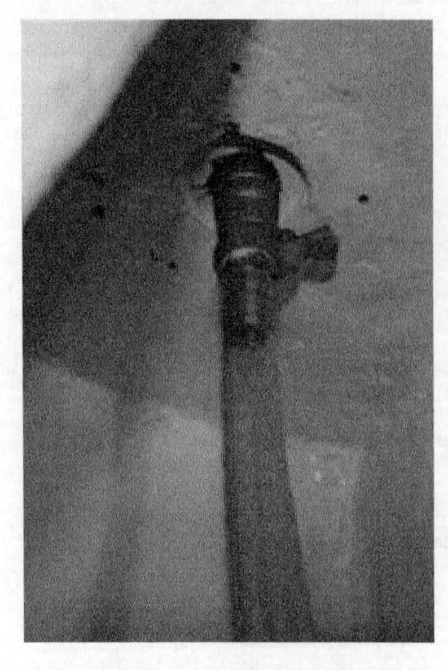

图 8.9 大油池放油阀

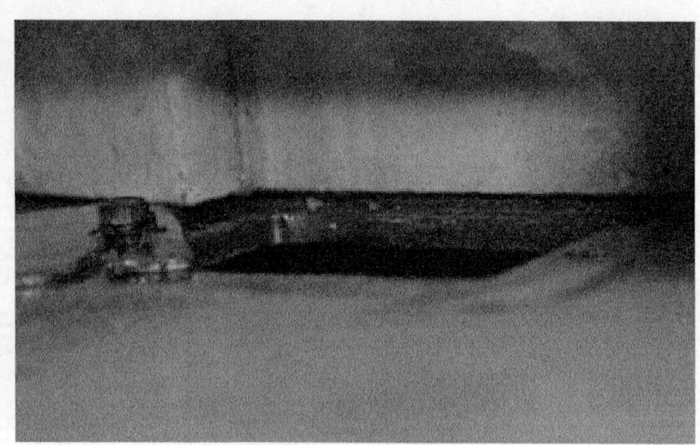

图 8.10 大油池盖板

2. 小油池的放油

用一细管接小油池的放油阀，如图 8.11 所示。因为小油池的油量较少，故不需要用油泵去抽。

图 8.11　小油池放油阀

3. 方位减速箱的放油

用细管接减速箱的放油阀即可,方位减速箱的油阀位置如图 8.12 所示。

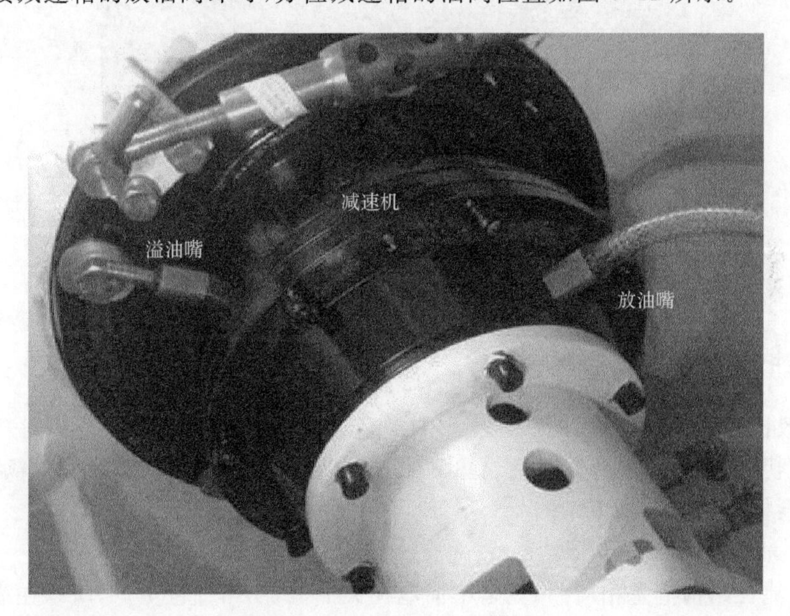

图 8.12　方位减速箱油阀位置

4. 俯仰减速箱的放油

直接拧开放油阀,下方用一塑料盘装废油即可,如图 8.13、图 8.14 所示。

图 8.13　俯仰减速箱油阀位置

图 8.14　俯仰减速箱放油

8.4.2　灌油

灌油一般都用油泵，以加快灌油速度。油泵有进油口（油泵下方，水平朝向）和出油口（油泵上方，垂直朝向）。使用前要确保油泵里灌满油，如果油泵里的风叶箱没有灌满油，那么油泵是无法将油泵抽上去或者抽下来的。

1. 大、小油池的灌油

大、小油池在结构上是相通的，只是小油池在大油池下方，油位更低，所以在灌油的时候只需将大油池灌满就可以。大油池的容积是 40～50 L，将大油池灌满约需要 2.5 桶油（一般提供的油桶是 20 L 的），如图 8.15 所示。润滑油有 100 号、150 号、220 号等多种型号，型号越大表示油性越稠。雷达站一般建议采用 150 号油。

灌油时，将大油池上方的挡板打开，直接从上方将油灌进去，并不时要观察油位。油位大概加到平均线与上限线的中间位置为准，如图 8.16 所示。

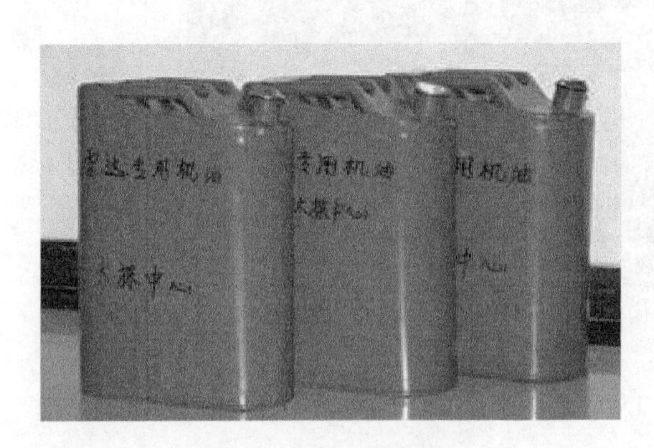

图 8.15　雷达专用机油

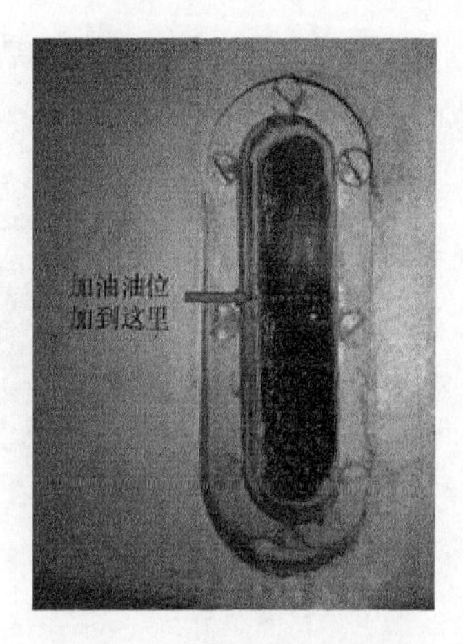

图 8.16　大油池油位指示

2. 俯仰减速箱的灌油

减速箱油量较少，泵油时要密切注意溢油阀的状态。因为减速箱容量较小，用油泵泵油时很快就能灌满。溢油阀一旦有油流出，则说明减速箱的油已满。

俯仰减速箱灌油一般不用油泵，先打开俯仰减速箱上的方块螺丝，这就是俯仰减速箱的加油口，如图 8.17 所示。再把溢油阀打开，用一装满油的小矿泉水瓶缓慢地向加油口里灌油，直至溢油阀有油漏出，则说明俯仰减速箱油已加满。

图 8.17　俯仰减速箱加油口

俯仰电机上有一个甩油阀，常年处于开通状态。它的作用是当俯仰减速箱的油太满时，多余的油会从该阀门甩出，如图 8.18 所示。

3. 方位减速箱的灌油

方位减速箱灌油须使用油泵进行，与俯仰减速箱灌油一样，方位减速箱油量较少，泵油时要密切注意溢油阀的状态。因为减速箱容量较小，用油泵泵油时很快就能灌满。溢油阀一旦有油流出，则说明减速箱的油已满。

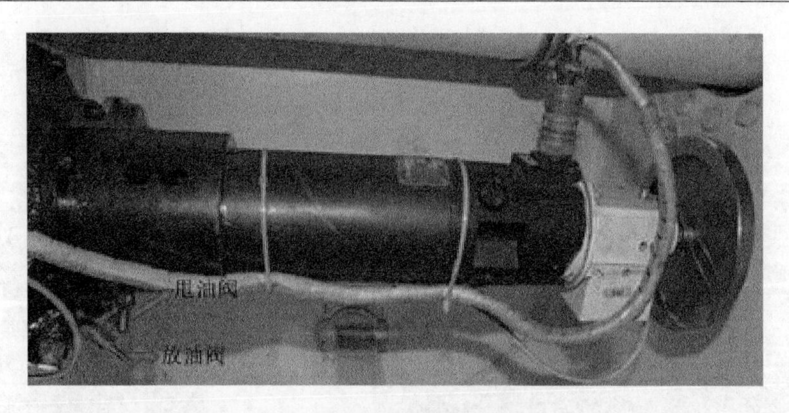

图 8.18　俯仰减速箱甩油阀

8.4.3　天线座的润滑

打开俯仰箱门，找到在俯仰箱内上部的注润滑脂的油杯组合装置，一排 8 个油嘴，连接俯仰两侧大轴承，如图 8.19 所示。

图 8.19　大齿轮油嘴组合

将高压油脂枪加满润滑脂，把油枪头部的放气阀打开，把油枪内空气排尽，就可打出润滑脂来。分别在俯仰角 0°、30°、60°、90°四个位置进行手动注油。

关上俯仰出入门，打开左侧俯仰轴承检查盖板，在减速箱输出齿轮支架上，有两个黄色的小注油装置。手动注油。转动俯仰电机手柄，再次将天线转到 0°左右，把俯仰锁定装置锁定。将润滑脂注到暴露的俯仰大齿轮上，分别在 0°、23°、90°三个位置进行注油。打开两个俯仰锁紧装置，转动俯仰电机手柄，将天线转到下个位置，把俯仰锁定装置锁定。再次将润滑脂注到转过来的大齿轮上；直至将所能转到的部位涂上润滑脂。因俯仰是可以在 0°～90°方向运转，所以在这些角度的齿轮都要涂上润滑脂。

8.4.4　天线座水平度检查

参考第 5 章 5.2.3.3 节。

第 9 章　天气雷达的故障判断及维修

9.1　天气雷达的维修原则

新一代多普勒天气雷达由天线罩、天线系统、馈线系统、发射系统、接收系统、伺服系统、监控系统、信号处理与终端显示系统等部分组成。雷达的各个子系统含有多个模拟电路和数字电路。看起来非常复杂，故障判断及维修时不知道该从何入手，其实不然。新一代多普勒天气雷达有着完善的监控系统，它能够自动检测、搜集雷达各个分系统的故障信息和状态信息，并通过总线送往终端显示分系统，这样用户就能够实时监视雷达的工作状态以及报警信息。通过公司提供的雷达测试软件(RDASOT)以及对报警信息的分析，有一定电子基础的机务人员即可根据提示的故障信息，查找出故障源。对台站机务人员来说只要找到故障源，台站有备件就可通过更换备件的方法先解决故障，没有备件可与省气象探测数据中心或厂家联系寄送备件，这也是国家局和省局对台站人员的基本要求。当然维修人员还需要熟练掌握雷达各子系统的工作原理、功能、组成结构等，这样更有助于准确快速地对故障进行判断和定位。

维修人员进行维修时必须遵守所有安全条例。当高压电源接通时，不要在设备内部更换组件或做调试。由于电容储存的电荷，即使电源控制处于关的位置，也会有危险的电势，为了避免事故发生，任何时候在接触设备之前，都必须断开电源，把电路接地并让它放电。设备维修人员任何时候都不要戴手表、戒指、项链、手镯或其他饰物，金属物体接近电势时会产生电弧，饰物可能会被缠住，影响人活动，从而引起严重的人员伤害。开机时不要在速调管附近使用含铁工具，这类工具会被从技术人员手中吸走从而破坏管子。注意机柜内的初级电源电压和高压，防止意外触电。

9.2　发射机系统的维修

9.2.1　发射机组件及信号流程

发射机出现故障的概率比较高，本节主要从发射机的信号流程和时序入手，分别介绍发射机放大链、高低压电源及组件的工作流程、发射机的故障诊断分析方法，并给出了重要测试点的参考波形和参数，最后介绍了一些典型的故障案例分析及解决过程。

发射机主要功能是为雷达提供一个载波受到调制的大功率射频信号，经馈线由天线辐射出去。发射机可分为高频放大链、高低压电源以及控制和保护几部分。发射机主要以高频放大链为核心，通过控制保护部分控制各时序信号及高低压电源协同工作，完成射频信号的放大并发送出去。首先介绍下发射机的时序，在控制信号作用下发射机各组件工作的顺序规则，图9.1是定时信号及发射机波形间时间关系的示意图。

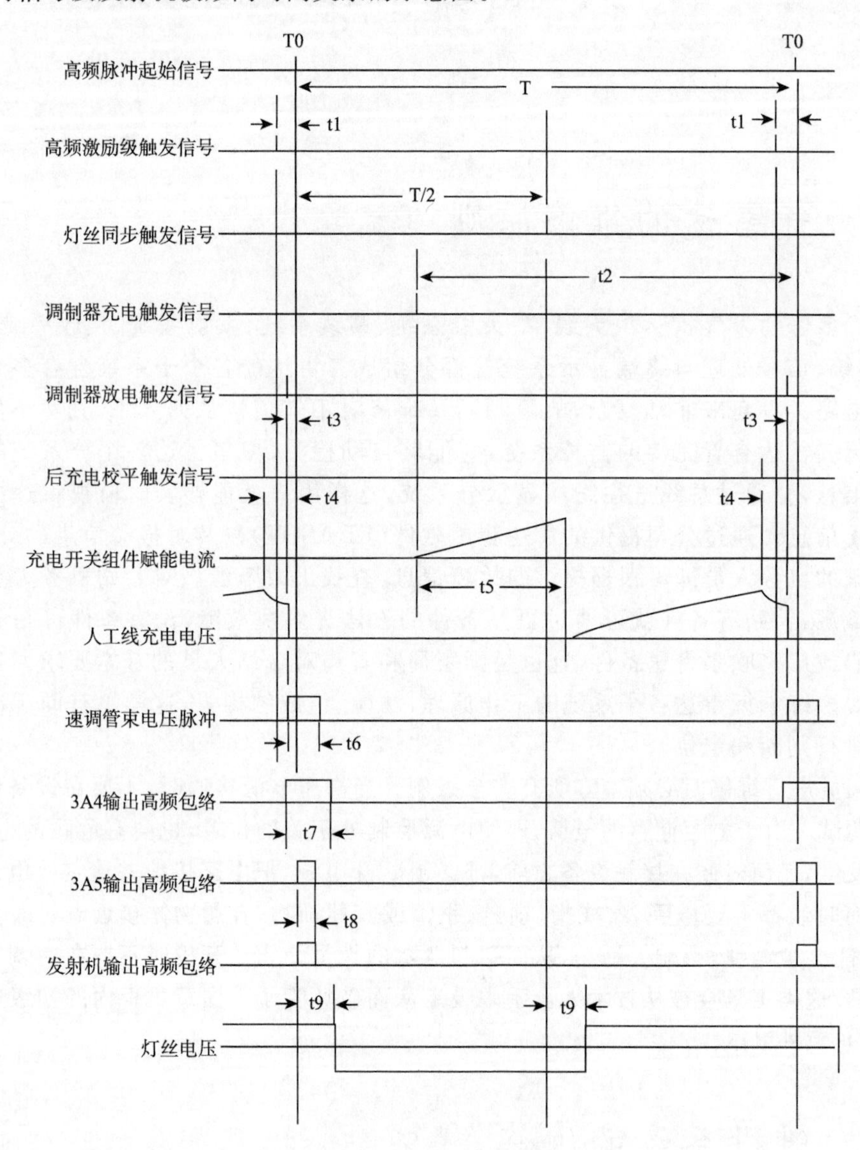

图 9.1　发射机信号时序

图中 T0 是发射机的时间基准，在 T0 时刻，发射机接收到“高频起始脉冲”，T0 相当于输出高频脉冲的前沿时刻。此时发射机向外发射高频脉冲信号，应保证发射时的脉冲包络嵌套在速调管的束脉冲电压中。当收到调制器充电信号时开关组件开始充电，直至达到设定的门限，开始为人工线提供充电电压，直至收到后校平信号，对人工线电压进行稳定。当收到调制器放电触发信号，人工线放电为速调管提供相应高压产生束脉冲。然后回到 T0 时刻，发射高频脉冲。在调试或检修发射机时，应先检查发射机的控制信号如充电触发信号、放电触发信号等，确保正常的充放电，避免烧毁组件。发射机要正常工作首先要满足以下几个条件：射频输入信号源、放大链，各种低压高压电源支持以及良好的制冷系统。发射机故障时应在这几方面进行检查。

9.2.1.1　发射机高频放大链

如图9.2所示，来自接收机频综(4A1-J1)的RF射频信号，通过射频导线接入3A4的XS2(脉宽10 μs，峰值功率约10 dBm)，经放大由3A4的XS4输出(峰值输出功率大于46.8 dBm)，用于驱动高频脉冲形成器3A5。为了保持与系统的同步，3A4的工作受来自信号处理器的“高频激励触发信号”控制，需提供40 V电源供电。3A4-XS4输出信号经3A5-XS2(10 μs，46.8 dBm)进入脉冲形成器进行调制、整形，通过3A5-XS4输出(41.8 dBm)，再经可变衰减器3AT1，得到匹配的输出功率(约2 W)，输入速调管放大器。速调管放大器是发射机高频放大链的末级放大器，增益50 dB，速调管的功率输出可在十字定向耦合器1DC1上测量(峰值功率650～700 kW，88.1～88.5 dBm)。电弧/反射保护组件主要为了保护速调管，当速调管输出窗附近出现高频电弧时，本组件接收高频电弧信号，并向发射机控制保护系统报警，停止发射机工作。

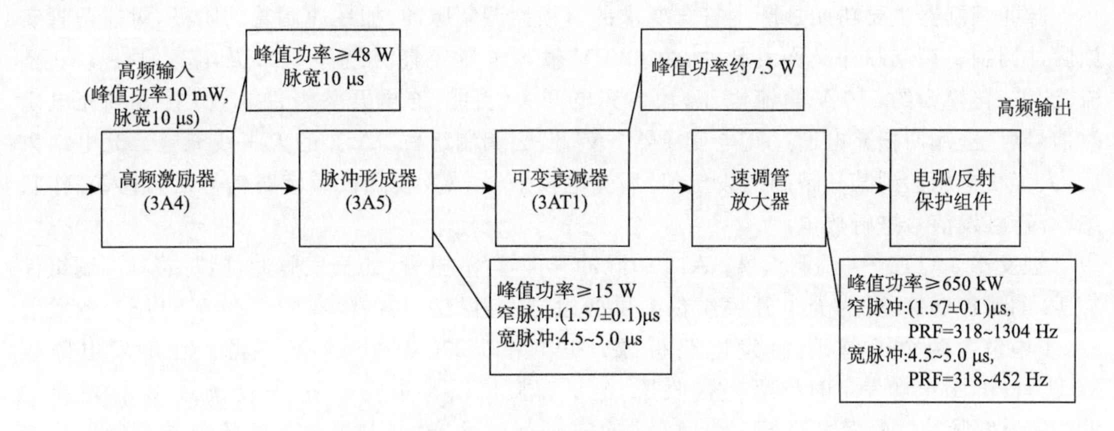

图9.2　发射机高频放大链

9.2.1.2　发射机低压电源

来自配电机柜的三相交流电从发射机柜顶XP(J)4输入，到达发射机柜顶接线排XT1，接线排XT1输出有两路给其他设备供电。一路输入风机接线排XT2，给聚焦线圈风机和速调管风机供电，另一路经过电磁干扰滤波器滤波后输入机柜后面板接线排，提供其他几路供电。发射机柜鼓风机提供三相交流电分别给3PS3(＋28 V)\3PS4(＋15 V)\3PS5(－15 V)\3PS6(＋5 V)\3PS7(＋40 V)输入220 V交流电，给钛泵电源3PS8及其负载电路供电；给灯丝电源3PS1及其负载电路供电；给磁场电源3PS2及其负载电路供电；给高压电源电路3A7、3A8、3A9、3A10及其负载电路供电。发射机供电框图如图9.3所示。

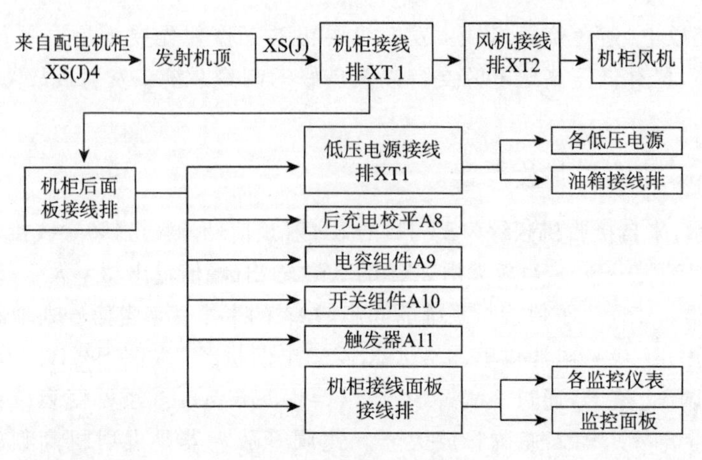

图 9.3　发射机供电框图

9.2.1.3　发射机高压电源及组件

发射机高压部分包括充电调制器、触发器、开关组件、灯丝电源、磁场电源、钛泵电源等。

脉冲调制器主要功能是产生符合要求的负极性调制脉冲，加在速调管的阴极，对速调管实施脉冲调制。调制脉冲又称束脉冲，由 380 V 输入电压经整流组件 3A2 及电容组件 3A9 整流、滤波，转换为约 510 V 直流电压，输入充电开关组件。充电开关组件 3A10 接收到充电定时信号后，进入回扫充电通过充电变压器 3A7T2 为调制组件 3A12 的人工线充电。充电结束后，人工线电压达到某一精确的设定值，后充电校平器 3A8 收到校平定时信号后，进入工作状态，等待触发信号进行放电。

触发器 3A11 产生调制组件 3A12 中脉冲开关管(放电管)的触发脉冲，同时兼具调制组件 3A12 的保护功能，并为充电开关组件提供两组与发射机公共端隔离的＋20 V 电压。触发器 3A11 中包含两个子单元：触发电路板 3A11A1 和＋200 V/＋20 V 电源。在触发电路板 3A1lA1 中，放电触发定时信号经接收器、电平转换器以及集成电路、驱动场效应管，输出约 200 V 触发脉冲。触发电路板 3A1lA1 具有三项保护功能：调制器放电过流保护调制器反峰过流保护及＋200 V 电源故障监测。出现故障时向发射机监控系统报警，同时停止输出触发信号，直至收到故障复位指令。电原理图中，电位器 RPl 调节放电过流故障门限电平，电位器 RP2 调节反峰过流故障门限电平。＋200 V/＋20 V 电源包含三种直流电源：＋200 V 电源、＋20 V 电源及另一个＋20 V 电源，都是常规串联稳压电路。＋200 V 电压供触发电路板 3A1lA1 使用，两组＋20 V 电压供充电开关组件 3A10 使用。

来自触发器 A11 的触发脉冲，经 SCR 触发板 A12A13 分成 10 路，分别触发 scR 开关组件 3A12A1 上的十个串联的脉冲开关管。双脉冲形成网络 A12A6 中的储能，通过已被触发导通的脉冲开关管，输入油箱 3A7 中的脉冲变压器 3A7T1，在脉冲变压器 3A7T1 初级产生 2400～2750 V 的脉冲高压。SCR 均压板 3A12A8 使十个串联的脉冲开关管均匀分担人工线上的充电电压，并有吸收网络和用于检测每一个开关管好坏的取样电阻。取样电压输入监测电路板 3A12A9，若有 1～2 个脉冲开关管损坏，发射机仍能正常工作，但向监控系统发出开关管维修请求信号，若有 3 个或 3 个以上脉冲开关管损坏，则调制器停止工作，并向监控系统发出开关管故障信号。放电二极管 A12A2 用以保护脉冲开关管，使其免受反向电压。双脉冲形成网络 3A12A6 中含有两个不同脉宽的人工线，分别用以产生宽脉冲及窄脉冲。人工线选择开关

3A12A10,按照来自雷达系统的脉宽选择指令,接通两个人工线中的一个,同时发出相应的回报信号,供监控系统验证。

灯丝电源3PS1是一个交变稳流电源,通过灯丝中间变压器和位于油箱中的脉冲变压器及灯丝变压器,为速调管灯丝供电。其核心是斩波器和振荡器,斩波器用来实现稳流,振荡器受输入同步信号同步,使输出电压/电流方波与发射脉冲的重复频率同步。收到监控系统发出的使能信号后,继电器吸合,三相380 V电压通过它加到整流滤波电路;同时,使能信号允许斩波器的脉宽调制电路及振荡器控制电路工作;斩波器经其滤波电路输出稳定的直流电压,振荡器将其变换成与发射脉冲同步的交流方波电压并输出。电流取样电路将输出电流方波的幅度转换成相应的电压信号,并与参考电压相比较。比较器输出的误差信号控制斩波器的脉宽(占空比),从而实现稳流。差分接收电路接收监控系统转发的灯丝中间同步信号和高频起始同步信号,并通过延时整形电路送入振荡器控制电路,使振荡器受两种同步信号同步。

磁场电源3PS2是一个斩波稳流电源,为聚焦线圈提供稳定的直流电流。监控系统发出接通高压指令后,三相380 V交流电输入电源变压器,经电源变压器隔离、降压,输入整流滤波电路。后者将约180 V直流电压馈入斩波器。斩波器输出的脉冲电压经滤波器转换为直流输出。与此同时,监控系统发出的使能信号经控制保护电路进入脉宽调制电路,允许本电源正常工作。电流取样电路将输出电流取样信号送入比较器,与基准电压相比较。比较器输出的误差电压,通过宽调制电路,控制斩波器的输出脉冲占空比,从而实现输出稳流。电源变压器(3T1)不在本电源之中,而位于机柜中本电源的左侧。

钛泵电源3PS8为速调管钛泵提供3 kV直流电压,用以抽出速调管内的残余微量气体。它将交流输入电压经变压器升压为750 V交流电压,再经四倍压整流,输出约3 kV直流电压。

9.2.1.4 发射机的制冷

制冷系统包括一个发射机主通道风机、2个聚焦线圈风机、1个速调管风机、1个油泵和冷却油箱组成。

在发射机左机柜下部有一进风仓,装有1台总进风机M4。每小时向机柜内送2000 m^3 的风量,这些风由导风板分成两路,一路经调制组件进风管送至调制组件,另一路经风仓出风窗送至油箱热交换器。在送往调制组件的风管上装有风流量接点S7,当风机出现故障时风接点断开同时将信号传至控制保护系统、控制面板上的机柜风流量故障指示灯会亮起,并切断高压以起保护作用。在机柜出风口处还装有一只温控开关S13,当机柜温度超过额定值时温控开关动作,将信号送至控制保护系统,控制面板上的机柜风温故障指示灯将亮起,同时切断高压。

在顶柜上装有2台小型离心风机M2、M3(串联),对聚焦线圈进行抽风,同样在风管上装有风接点S8。当风机出现故障时S8动作,控制面板上聚焦线圈风流量故障指示灯亮起,同时切断高压。

在顶柜上装有1台小型离心风机M1,并在风管上装有风接点S10和温控开关S9。在风机M1出现故障时,S9、S10将动作控制面板上的速调管风流量,风温故障指示灯将亮起,同时切断高压以免烧坏管子。

油箱3A7主要为了给脉冲变压器及充电变压器降温,油泵3A7M1将油从油箱中抽出,经散热器返回油箱。散热器位于机柜左舱机柜风机3M4上方。为确保安全在油箱后部左右侧分别装有油温接点和油液面接点,当油温超过额定值,或油液面低于额定值时,接点动作,控制面板上的油温故障指示灯或油液面故障指示灯亮起，同时切断高压。

9.2.1.5 发射机的控制与保护

控制保护部分主要包括配电板 N1、保险丝组件 N3、控制面板 3A1、控制保护板 3A3A1、控制接口板 3A3A2、风量传感器、风温传感器、油面传感器、油温传感器。其中控制保护板 3A3A1 集中了各方面的信息，进行判断，做出处理，处于核心地位。

控制保护板 3A3A1 是全机的控制核心，发射机所有的定时信号、故障信号、状态信号和控制信号都要通过它来控制。7 路定时信号（触发器充电 TRIGCHRG、调制器充电 MODCHRG、调制器放电 MODISCHRG、充电校平 POSTCHGREG、灯丝同步 FILSYNCTR、高频触发 RFPLSST、高频闸门 RFDRIVER），由 EPLD 输出至发射机内部各单元。状态信号（本控/遥控信号、手动/自动信号、灯测试信号、高压通信号、高压断信号、故障复位信号和显示复位信号）、故障信号（电网超限信号、低压电源综合故障信号、灯丝电压失常信号、钛泵电压过低信号、磁场电压失常信号、磁场电流失常信号、磁场风流量故障信号、触发器综合故障信号、调制器过流信号、调制器反峰过流信号、调制器开关管故障信号、钛泵过流信号、速调管风温过高信号、速调管风流量故障信号、油温过高信号，油面过低信号、机柜风流量故障信号、机柜温度过高信号、机柜门开关故障信号、后充电校平维修请求信号、调制开关维修请求信号、重复频率过高信号、灯丝电流失常信号、束流过大信号、充电反馈过流信号、充电系统故障信号、充电过压信号和人工线过流信号）都经光耦 N1～N14 隔离后，送入 EPLD。控制信号（复位控制信号、脉宽选择控制信号、使能控制信号）由 EPLD 经光耦 N15～N18 隔离，送至各单元。其电路原理图如图 9.4 所示。控制电路采用两路供电方式，控制核与外部辅助电路分别供电。EPLD 与 PC104，由低压电源 3PS3 输出的＋28 V 电压，经 DC/DC 隔离后供电；外部辅助电路，由＋5 V 电源 3PS6 供电。

显示控制板 3A3A2 含有 4 片 8255 接口芯片。来自控制板 3A3A1 的指示灯控制信号，经这块接口板，分别送到故障指示灯板 3A1A1 及状态指示灯板 3A1A3，控制故障指示灯和状态指示灯的发光或熄灭。

控制面板 3A1 由故障显示板 3A1A1，测量接口板 3A1A2，状态显示板 3A1A3，按键 SA1，SA2，SA3，SA4，SA5，SA6，SA7，SA8，继电器 K1，电表 P1，P2，P3，P4，P5 和计时器 P6 以及波段开关 SA9，电位器 RP1，RP2，RP3 等组成。状态显示板 3A1A3 表示机器的工作状态，由 16 只发光二极管和二只电阻网络组成。分别表示本控开机、遥控开机、自动、手动、灯丝供电、灯丝预热、重复循环、天线、负载、宽脉冲、窄脉冲、高压通、高压断、机器准加、故障、备份。按键 SA1 是手动复位，SA2 是状态测试，SA3 是故障测试，SA4 是拉弧测试，SA5 是本控遥控开机，SA6 是高压断，SA7 是高压通，SA8 是自动手动（复位模式）。对继电器 K1，当控制机柜外门关着时，切断控制机柜的照明，故障显示和状态显示；当控制机柜外门开着时，则反之。电表 P1 表示灯丝电流，电表 P2 表示聚焦线圈电流，电表 P3 表示钛泵电流，电表 P4 通过波段开关 SA9 的选择表示一系列测量参数的值，这些参数共计 15 个，它们包括＋5 VDC，＋15 DC，－15 DC，＋28 VDC，＋40 VDC，510 V 取样，灯丝电源电压取样，灯丝电压，聚焦线圈电压，钛泵电压，束流取样，电子注电压，反峰电流，充电电流和校平电流。电表 P5 表示充电电压。

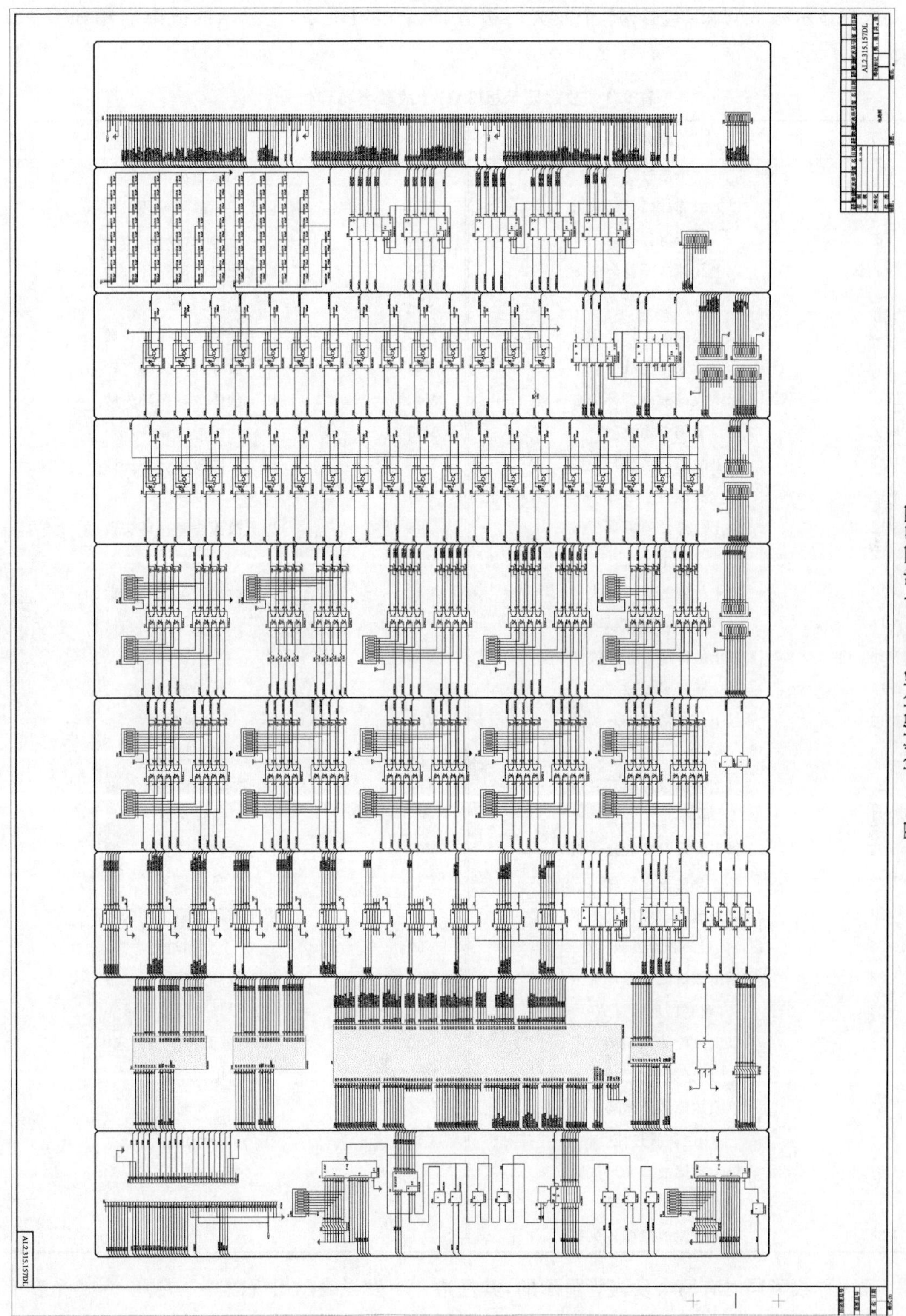

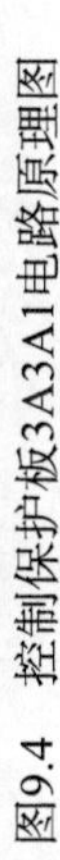

图9.4　控制保护板3A3A1电路原理图

故障显示板 3A1A1 包含 65 个发光二极管，9 个电阻网络，它显示的故障名称如表 9.1 所示。

表 9.1 故障显示板 3A1A1 故障名称和位号

位号	故障名称	位号	故障名称
V1	电源过压	V35	钛泵电流故障
V2	以上故障故障循环失败	V36	以上故障故障循环失败
V3	低压电源故障	V37	速调管风温
V4	以上故障故障循环失败	V38	以上故障故障循环失败
V5	灯丝过压欠压	V39	速调管风量
V6	以上故障故障循环失败	V40	以上故障故障循环失败
V7	钛泵电压故障	V41	波导气压故障
V8	以上故障故障循环失败	V42	以上故障故障循环失败
V9	磁场电压故障	V43	波导拉弧
V10	以上故障故障循环失败	V44	以上故障故障循环失败
V11	充电过压故障	V45	油面
V12	以上故障故障循环失败	V46	以上故障故障循环失败
V13	充电过流	V47	油温
V14	以上故障故障循环失败	V48	以上故障故障循环失败
V15	磁场过流	V49	备份
V16	以上故障故障循环失败	V50	备份
V17	磁场风量故障	V51	波导连锁
V18	以上故障故障循环失败	V52	环流器温度
V19	触发器故障	V53	机柜连锁
V20	以上故障故障循环失败	V54	以上故障故障循环失败
V21	反峰过流/欠压	V55	机柜风温
V22	以上故障故障循环失败	V56	以上故障故障循环失败
V23	充电系统故障	V57	机柜风量
V24	以上故障故障循环失败	V58	以上故障故障循环失败
V25	调制器过载	V59	工作比过限
V26	以上故障故障循环失败	V60	以上故障故障循环失败
V27	调制器反峰过流	V61	波导气压湿度请求
V28	以上故障故障循环失败	V62	调制器开关维修请求
V29	调制器开关失败	V63	充电校平请求
V30	以上故障故障循环失败	V64	备份
V31	速调管过流	V65	备份
V32	以上故障故障循环失败		
V33	灯丝电流故障		
V34	以上故障故障循环失败		

凡一种故障同时有两个发光管显示的，其左边一个发光表示出现故障，右边一个发光表示针对该故障的故障重复循环失败。故障指示有记忆功能，故障消失或故障复位后故障指示并不消失，只有按下控制面板 3A1 上的故障指示复位按钮后，方能使故障指示消失。

测量接口板 3A1A2 的主要功能是将灯丝电流、聚焦线圈电流、钛泵电流、钛泵电压、束流、电网电压,整流组件和充电校平电流的取样信号进行处理,若有异常,则输出相应的故障信号;将灯丝电压、聚焦线圈电压、钛泵电压、钛泵电流、束流、整流组件输出电压、充电电流、反峰电流以及+5 V,+15 V,15 V,+28 V,+40 V 信号经过处理后,由电表指示该电量。表 9.2 列出了由测量接口板判别的故障名称。

表 9.2　测量接口板 3A1A2 故障信号的产生

信号名称	路径	故障名称
灯丝电流	RP8,N8B,R12,N3B	灯丝欠流
	RP5,RP20,N9A,N9B,N16B,N7A,N7B,V1,V2,R7,N2A	灯丝过流
聚焦线圈电流	RP6,N9C,R76,N5B	聚焦线圈欠流
	RP7,N9D,R8,N2B	聚焦线圈过流
钛泵电流	R23,C16,N10A,N10B,RP10,N10C,R9,N2C,	钛泵过流
钛泵电压	N11A,RP14,N11B,R10,N2D	钛泵欠压
束流	R44,C18,RP12,N12,N14A,R11,N3A	束流过流
电网电压	RP9,N8C,R15,N5A	电网过压
整流组件输出电压	RP15,N11C,R14,N3D	510 V 过压
充电校平电流	N1,R3,V8,N15A,N15B,N17,N7C,R13,N3C	工作比超限

状态显示板 3A1A3 显示发射机 UD3 的当前工作状态,它包含 16 支发光二极管指示及 2 个电阻网络。

保险丝组件由保险丝 F4,F5,F6;保险丝 F7,F8,F9;保险丝 F10,F11,F12;保险丝 F13,F14,F15;交流接触器 K1 和继电器 K2,K3,K4,K5,K6,K7 组成。保险丝 F4,F5,F6 通过变压器 T1 给聚焦线圈电源供电;保险丝 F7,F8,F9 给机柜主风机供电;保险丝 F10,F11,F12 给速调管灯丝电源,钛泵电源,灯丝电源风机,调制器风机等供电;保险丝 F13,F14,F15 给油箱上的油泵以及通过 K2,K3,K4,K5,K6 的接点给交流接触器 K1 的线包供电。K7 是备份继电器。

9.2.2　发射机故障诊断及分析

9.2.2.1　本地指示诊断故障

发射机"控制面板"3A1 上的故障指标灯,显示故障的本地指示。表 9.3 可作为用本地指示诊断故障时的参考资料,该表不能包罗万象,须在实践中不断完善、丰富,在此,仅列出了最典型的情况及逻辑推理。对于任何一种故障指示,都可以怀疑"故障显示板"3A1A1 及相应的故障监测电路(BITE 或 3A3A1)工作是否正常,这种具有普遍性的可疑因素,并未　列入表中,以免烦琐。

表 9.3　依据故障指标灯的指示诊断故障表

故障指示灯指示	涉嫌故障部位	相关现象及检查
电源过压故障	电网过压	用三用表测量电网电压≥380 V+10%
	3A3A1(可能性小)	更换后恢复正常

续表

故障指示灯指示	涉嫌故障部位	相关现象及检查
低压电源综合故障	+28 V电源3PA3	用"电压/电流"表3A1M4测量各低压电源输出电压，确定故障电源 检查故障电源保险丝，观察更换故障保险丝/故障电源后是否恢复正常，若不正常，怀疑负载超载/短路
	+15 V电源3PS4	
	−15 V电源3PS5	
	+5 V电源3PS6	
	+40 V电源3PS7	
	负载超载/短路	排除后恢复正常
灯丝电压故障	灯丝电流调节失常	调节灯丝电流至速调管名牌值后恢复正常
	保险丝	检查/更换保险丝FU10，FU11，FU12
	灯丝电源3PS3	更换灯丝电源保险丝或灯丝电源后，恢复正常
	放电管	在较暗环境下，可见放电管发光
	速调管V1	"电压/电流"表3A1M4指示灯丝电压大于4.8 V或小于8.2 V，在排除其他因素后，若灯丝电压偏高而灯丝电流表3M1指示反小，或灯丝电压偏低，而灯丝电流反大，可怀疑速调管V1故障
	中间变压器3A7A1T	可能性很小，更换后正常
	灯丝变压器3A7T	可能性很小，更换后正常
	脉冲变压器3A7T	指变压器次级双绕组间击穿，可能性小，更换后正常
钛泵电压故障	保险丝	检查/更换保险丝FU10
	钛泵电源3PS8	"电压/电流"表3A1M4指示钛泵电压低于2.5 kV，但钛泵电流表3A1M3指示钛泵电流小于20 μA，钛泵电流故障指示灯不亮，可怀疑钛泵电源3PS8故障
	钛泵电压门限失常	"电压/电流"表3A1M4指示钛泵电压高于2.5 kV
	速调管	钛泵电流故障灯亮，钛泵电流表3A1M3指示钛泵电流大于20 μA，"电压/电流"表3A1M4指示钛泵电压低于2.5 kV，可怀疑速调管真空度故障
聚焦线圈电压故障	保险丝	检查/更换保险丝FU4，FU5，FU6
	聚焦电流调节失常	调节聚焦线圈电流至聚焦线圈名牌值后恢复正常
	磁场电源3PS2	若"电压/电流"表3A1M4指示聚焦线圈电压正常（＜120 V，＞70 V），则为3PS2内电压门限失常 若保险丝正常，但调节聚焦线圈调节电位器不能使聚焦电流达正常值，可怀疑3PS2故障
	聚焦线圈L1或其输入线故障	若保险丝正常，但调节聚焦线圈调节电位器不能使聚焦电流达正常值，或虽调到正常值，但"电压/电流"表3A1M4指示聚焦线圈电压明显偏离历史记录，可怀疑L1故障或其输入线故障
发射机过压（人工线充电过压）	人工线电压调节失常	调节人工线电压调节电器，使人工线电压表3A1M5指示达到正常值（约4.8 kV）
	人工线电压门限失常	若人工线电压表3A1M5指示正常，可怀疑充电开关组件3A10中人工线电压门限设置失常
	取样测量板3A12A11	若电压/电流表3M4各项指示均符合历史记录，可怀疑取样测量板3A12A11故障
	充电开关组件3A10	更换后正常

续表

故障指示灯指示	涉嫌故障部位	相关现象及检查
发射机过流（人工线充电过流）	因人工线充电电压过高而过流	发射机过压故障指示灯亮，或电压/电流表 3M4 指示人工线电压高于 5.5 kV
	SCR 开关 3A12A1	调制开关故障指示灯亮，更换 3A12A1 后，恢复正常
	人工线 3A12A6 击穿，或其他原因使其充电高压端短接到地	调制开关故障指示灯亮
	发射机过流门限失常	若电压/电流表 3M4 指示人工线充电电流符合历史记录，可怀疑发射机过流门限失常，试检查 3A12A9 的过流门限设置
聚焦线圈电流故障	保险丝	检查/更换保险丝 FU4、FU5、FU6
	聚焦电流调节失常	调节聚焦线圈电流至聚焦线圈名牌值
	聚焦电流门限失常	若聚焦线圈电流表指示等于聚焦线圈名牌值，则为聚焦电流门限失常，可分别设定 3A1A2 的聚焦电流上/下限为名牌值＋0.5 A/－0.5 A
	磁场电源 3PS2	无法调节聚焦线圈电流至聚焦线圈名牌值，更换后，恢复正常
	聚焦线圈 L1 或其输入线故障	若保险丝正常，但调节聚焦线圈调节电位器不能使聚焦电流达正常值，或虽调到正常值，但“电压/电流”表 3A1M4 指示聚焦线圈电压明显偏离历史记录，可怀疑 L1 故障或其输入线故障
	电源变压器 T1 故障	可能性极小
聚焦线圈风量故障	风道受阻	检查风道，特别是检查/清洁聚焦线圈进风滤尘网
	保险丝	检查/更换保险丝 FU1、FU2、FU3
	风机	检查风机 M1、M2 工作是否正常，转向是否正确
	风量接点	可能性较大，检查/更换风量接点
触发器故障	触发电路 3A11A1 开关管 V1	用三用表测量表明：该管已击穿，更换后恢复正常
	＋200 V 电源 3A11A2	＋200 V 电压低于下限（约 160 V），或下限失常
回授过流/整流欠压故障	交流供电欠压或失相	用三用表检查整流组件 3A2 交流输入电压：相电压不应低于 380 V－10%，不应缺相
	整流组件 3A2	“电压/电流”表 3A1A4 指示 3A2 输出电压低于下常值 10%，更换 3A2 后恢复正常
	电容组件 3A9	滤波电容器击穿
	人工线电压调节失常	发射机过压故障指示灯亮，人工线电压表指示人工线充电电压超过 5500 V，将人工线电压调至正常值（约 4.8 kV）后，恢复正常
	充电开关组件 3A10	1. 发射机过压故障指示灯亮，人工线电压表 3M5 指示人工线充电电压超过 5500 V，无法将人工线电压调至正常值，更换 3A10 后恢复正常 2. 人工线电压表 3M5 指示人工线充电电压正常，电压/电流表 3M4 指示 3A2 输出电压正常，可怀疑 3A10 中反馈过流门限失常

续表

故障指示灯指示	涉嫌故障部位	相关现象及检查
充电故障 （充电赋能过流）	人工线电压调节失常	发射机过压故障指示灯亮，人工线电压表指示人工线充电电压超过 5500 V，将人工线电压调至正常值（约 4.8 kV）后，恢复正常
	充电开关组件 3A10	更换 3A10 或 3A10A1 后恢复正常
调制器过流 （调制器放电过流）	速调管 V1	速调管 V1 打火，通常在新速调管老练过程中发生，充分老练后恢复正常
	脉冲变压器 3A7T1	3A7T1 有短路圈或打火，可能性小
	监测电路 3A12A9	若电压/电流表 3A1M4 指示速调管阴流正常、调制器反峰电流正常，可怀疑调制器过流门限设置失常
调制器反峰过流	速调管 V1	速调管 V1 打火，通常在新速调管老练过程中发生，充分老练后恢复正常
	脉冲变压器 3A7T1	3A7T1 有短路圈或打火，可能性小
	监测电路 3A12A9	若电压/电流表 3A1M4 指示反峰电流正常，可怀疑调制器反峰过流门限设置失常
调制器开关故障	SCR 开关 3A12A1	串联的 10 个 SCR 开关中有三个以上击穿，可用三用表测量 3A12A1 中各管阻抗，正常管阻抗为均压电阻阻值，击穿管阻抗远小于此值
	人工线电压调节失常	若因人工线电压调节失常，使人工线充电电压低于半压，可能指示调制器开关故障
	充电开关组件 3A10	若因充电开关组件 3A10 故障，使人工线充电电压低于半压，可能指示调制器开关故障
	反峰管 3A12A3	反峰管击穿，此时应伴有发射机过流故障
	人工线 3A12A6	人工线击穿，此时应伴有发射机过流故障
	SCR 均压板 3A12A8	检查 SCR 均压板有无短路/开路或电阻阻值变化
	监测电路 3A12A9	监测电路故障导致故障误报，更换后恢复正常
速调管过流	速调管 V1	速调管 V1 打火，通常在新速调管老练过程中发生，充分老练后恢复正常
	脉冲变压器 3A7	油箱内打火，检查油面及油介电强度，可能性小
	接口板 3A1A2	接口板束流门限失常，或束流监测电路故障
灯丝电流故障	灯丝电流调节失常	调节灯丝电流至速调管名牌值后恢复正常
	灯丝电流门限设置失当	若灯丝电流表 3A1M1 指示灯丝电流正常，可怀疑接口板 3A1A2 之灯丝电流门限设置错误，灯丝电流上/下限应约为速调管名牌值＋/－1A
	灯丝电源 3PS1	若无法调节灯丝电流至正常值，可怀疑 3PS1 故障，更换后恢复正常
	放电管击穿	在较暗的环境下可见放电管发光，更换后正常
	变压器 3A7A1T1	可能性很小，更换后恢复正常
	灯丝变压器 3A7T	可能性很小，更换后恢复正常
	脉冲变压器 3A7T	指变压器次级双绕组间击穿，可能性小，更换后正常

续表

故障指示灯指示	涉嫌故障部位	相关现象及检查
钛泵电流故障	速调管 V1	速调管 V1 真空度下降，一般经降压老练后可恢复正常，若老练后不能恢复正常，可怀疑漏气，请制管厂检漏
	钛泵输入接插件漏电	若速调管老练后不能恢复正常，可怀疑钛泵输入接插件漏电，拆开后用酒精擦洗并热风吹干
	钛泵电流门限失常	重设 3A1A2 上的钛泵电流门限，使在钛泵电流大于 20μA 时指示钛泵过流
	钛泵电源 3PS8	更换后正常
速调管风温故障	保险丝	同时指示风量故障，检查/更换保险丝 FU1，FU2，FU3
	风机	同时指示风量故障，检查风机 M1 运行情况及转向
	风流受阻	同时指示风量故障，检进风口，风道是否畅通
	风温传感器故障	此时不指示风量故障，更换后正常
速调管风流量故障	保险丝	检查/更换保险丝 FU1，FU2，FU3
	风机	检查风机 M1 运行情况及转向
	风流受阻	检进风口，风道是否畅通
	风流量传感器故障	更换后正常
波导压力故障	充气泵 UD6	检查/更换 UD6
	波导系统密封	用肥皂水检查法兰面是否漏气
波导电弧故障	速调管 V1	用绸布蘸酒精轻擦速调管输出法兰处密封瓷片，检查/清除输出法兰处任何异物，正确连接波导
	雷达波导系统	检查雷达波导系统是否正常
	电弧/反射保护组件 3A6	3A6 可能产生虚警，更换后正常
	电弧检测弯波导	正确安装电弧检测弯波导的发光管及光敏管
油液面故障	油箱 3A7	油面过低，可从 3A7 油面观察窗验证是否油面过低，用油泵加合格变压器油
		若从油面观察窗证明实际油面不低，则可怀疑 3A7 油面传感器故障，更换后恢复正常
油温故障	保险丝	检查/更换油泵保险丝
	油泵	检查油泵运行情况
	风机	检查机柜风机 M4 运行是否正常，转向是否正确
	保险丝	检查/更换保险丝 FU7、FU8、FU9
	风道	检查风道是否受阻
	油箱 3A7	用温度计实测油温低于 60℃，可疑油温传感器故障
天线波导连锁	馈线系统波导开关	波导开关处于转换暂态时禁止充电开关组件工作，令波导开关处于稳态(指向天线/干负载)，可恢复正常工作
环流器过热	环流器	当环流器温度超过门限时，禁止充电开关组件工作，可用点温度计测量环流器实际温度是否超过门限
	环流器温度传感器	若用点温度计测量环流器实际温度未超门限，可怀疑其温度传感器故障

续表

故障指示灯指示	涉嫌故障部位	相关现象及检查
机柜门连锁	油箱接口组件 3A7A1	油箱接口组件 3A7A1 未安装好,导致门开关 3A7A1S1 开路,或门开关 3A7A1S1 本身故障
	左内门/门开关 3S	左内门未关好,导致相应的门开关 3S 开路/门开关 3S 本身故障
	右内门/门开关 3S	右内门未关好,导致相应的门开关 3S 开路/门开关 3S 本身故障
	机柜后面板/门开关 3S	机柜后面板未装好,导致相应门开关 3S 开路/门开关 3S 本身故障
机柜风温故障	保险丝	检查/更换保险丝 FU7、FU8、FU9
	风道	检查机柜内部及机柜进出口风道及滤尘网,确保畅通
	风机 3M4	检查风机运行是否正常,转向是否正确
	风温传感器	检查风温传感器
机柜风流量故障	保险丝	检查/更换保险丝 FU7、FU8、FU9
	风道	检查机柜内部及机柜进出口风道及滤尘网,确保畅通
	风机 3M4	检查风机运行是否正常,转向是否正确
	风量接点	检查机柜风量接点
占空比超限故障	信号处理机 UD5	同步信号的重复频率与脉宽选择信号不匹配,脉冲重复频率过高
	控制板 3A3A1	3A3A1 误判,更换后正常
波导压力/湿维修请求	充气机 UD6	检查充气机 UD6 工作是否正常
	波导系统	用肥皂水检查波导系统是否漏气
调制开关维修请求	SCR 开关 3A12A1	串联的 10 个 SCR 开关中有一个或两个击穿,可用三用表测量 3A12A1 中各管阻抗,正常管阻抗为均压电阻阻值,击穿管阻抗远小于此值
	监测电路 3A12A9	监测电路故障导致故障误报,更换后恢复正常
	SCR 均压板 3A12A8	检查 SCR 均压板有无短路/开路或电阻阻值变化
后充电校平维修请求	后充电校平器 3A8	更换后恢复正常

9.2.2.2 典型数据诊断故障

本地指示诊断故障,有时只能将可疑故障部位缩小到一个尽可能小的范围,还须通过读取控制板 3A1 上的电表读数,或测试可更换单元测试点的波形/电压,并与典型数据或历史记录相比较,才能进一步确定故障部位。本节列出主要典型数据,供现场维修参考。在后面会列出控制板 3A1 上电表的典型读数;部分可更换单元测试点的典型波形/电压;说明各种信号/波形的正确时间关系。对于一部特定的发射机,历史记录可能是维修时更重要、更直接的参考资料。历史记录来自最初的交验测试记录,及使用过程中的定期记录和维修记录,做好上述记录十分重要。表 9.4 列出了控制板 3A1 上电表读数的典型值。

表 9.4　控制板 3A1 上电表典型读数

电表代号	指示电量名称	读数典型值	备注
3A1P1	灯丝电流	速调管铭牌值	
3A1P2	聚焦线圈电流	聚焦线圈铭牌值	
3A1P3	钛泵电流	≤1 μA 极限 20 μA	
3A1P4	+5 VDC	4.7～5.1 V	读数选择开关 3A1K1 置于位置 1
	+15 VDC	(15±0.3)V	读数选择开关 3A1K1 置于位置 2
	−15 VDC	(15±0.3)V	读数选择开关 3A1K1 置于位置 3
	+28 VDC	(28±0.5)V	读数选择开关 3A1K1 置于位置 4
	+40 VDC	(40±1.5)V	读数选择开关 3A1K1 置于位置 5
	+510 VDC	510 V±10%	读数选择开关 3A1K1 置于位置 6
	灯丝电源输出电压	(77.3±2)V	读数选择开关 3A1K1 置于位置 7
	速调管灯丝电压	速调管铭牌值±0.1 V	读数选择开关 3A1K1 置于位置 8
	聚焦线圈电压	聚焦线圈电流铭牌值×聚焦线圈电阻	读数选择开关 3A1K1 置于位置 9
	钛泵电压	(3±0.3)kV	读数选择开关 3A1K1 置于位置 10
	速调管阴极电流	(束电压)3/2×2×10^{-6}×视频工作比	读数选择开关 3A1K1 置于位置 11
	速调管束电压	60 kV±5%	读数选择开关 3A1K1 置于位置 12
	调制器反峰电流	0～30 mA	读数选择开关 3A1K1 置于位置 13
	人工线充电电流	(人工线电压×视频工作比)/(2×人工线特性阻抗)	读数选择开关 3A1K1 置于位置 14
	校平电流	人工线充电电流×5%	读数选择开关 3A1K1 置于位置 15
3A1P5	人工线电压	4.8～5.0 kV	

9.2.2.3　典型测试点数据及波形

当发射机出现故障，无法加高压时，按此前所讲的发射机工作的几个条件依次进行检查。首先检查放大信号源和放大链，主要用功率计测量。先打开测试软件 RDASOT，然后用功率计依次测量各放大链的模块，然后检测 RDA 机柜后的 5A16 测量接口板的信号，看是不是控制信号没有过来，信号测量位置和典型波形如表 9.5 所示。

表 9.5　5A16 板典型信号

	测量位置	典型波形	备注
9.6 M 时钟	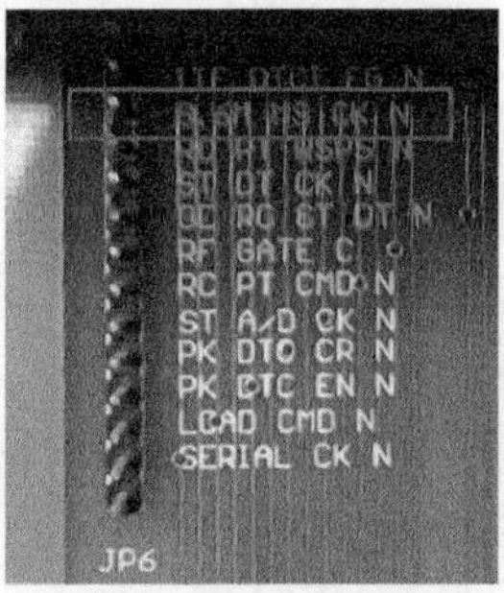	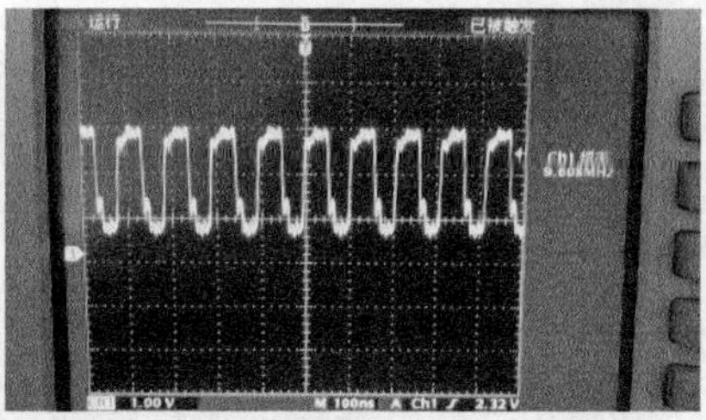	频率 9.6 M 若无检查： 频综 4A1

续表

	测量位置	典型波形	备注
充电信号		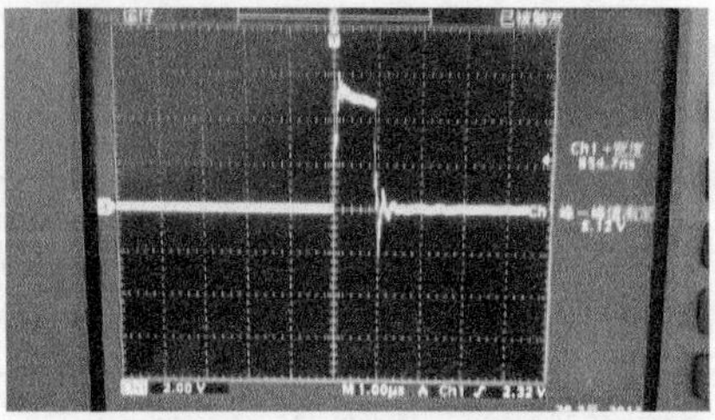	若无信号请检查： RDA 计算机的 HSP 板或连线
放电信号		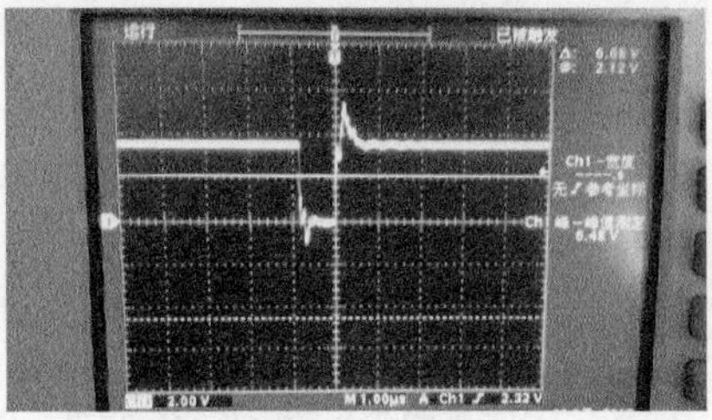	若无信号请检查： RDA 计算机的 HSP 板或连线
保护器命令	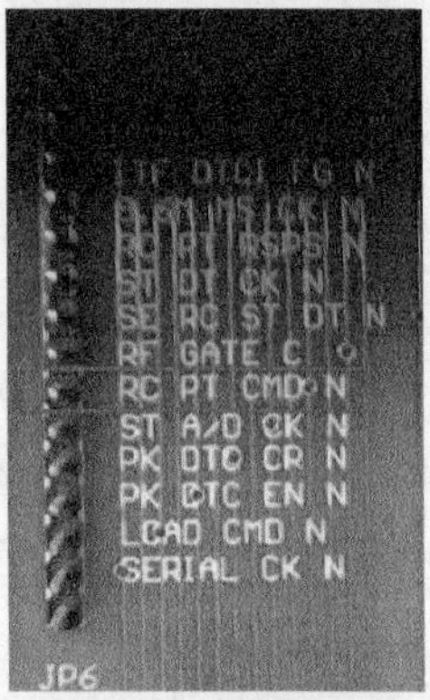	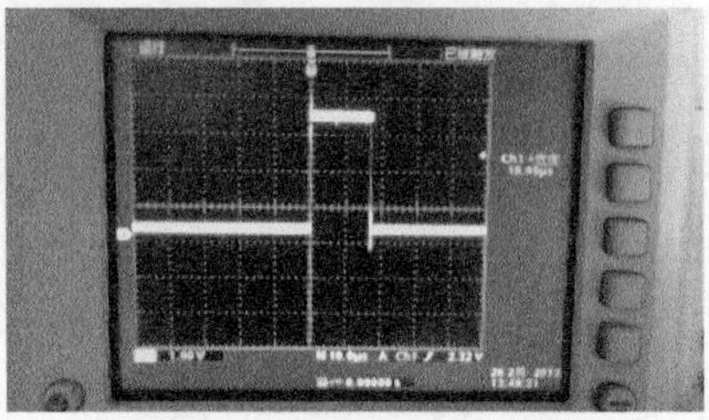	脉宽 16 μs 左右 若无信号请检查： HSP 板故障 （注：须打开测试软件）
保护器响应	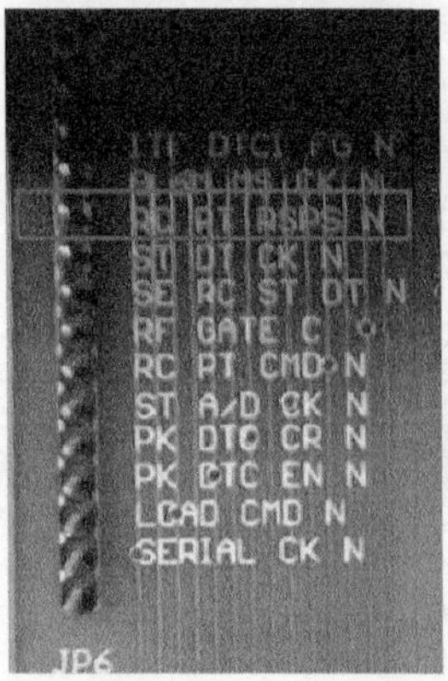	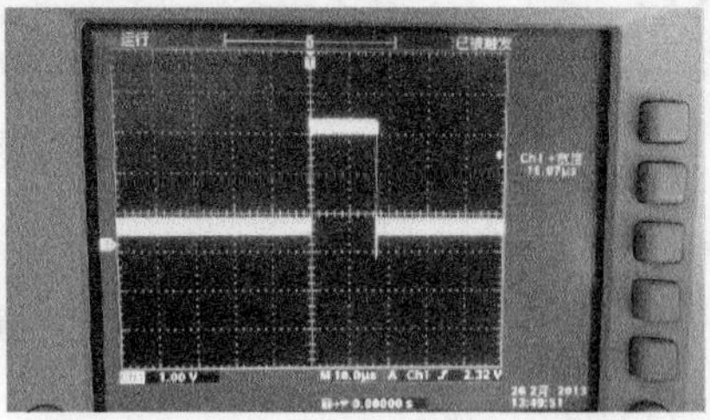	脉宽 16 μs 左右 若无信号请检查： 上光纤板 接收机接口板 （注：须打开测试软件）

续表

	测量位置	典型波形	备注
灯丝同步	FIL SY TR2..	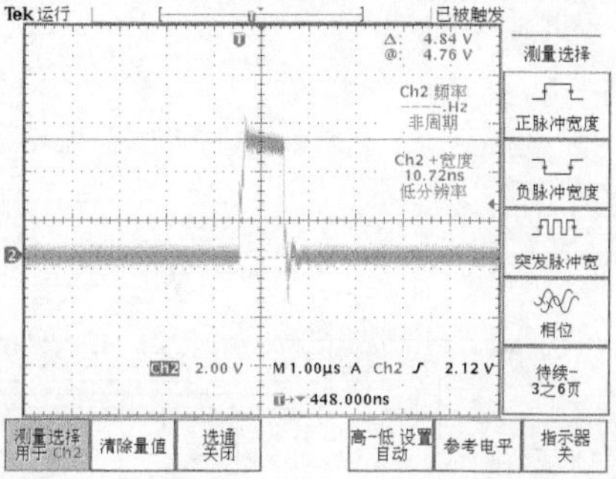	
后充电校平触发信号	POS CHE REG..	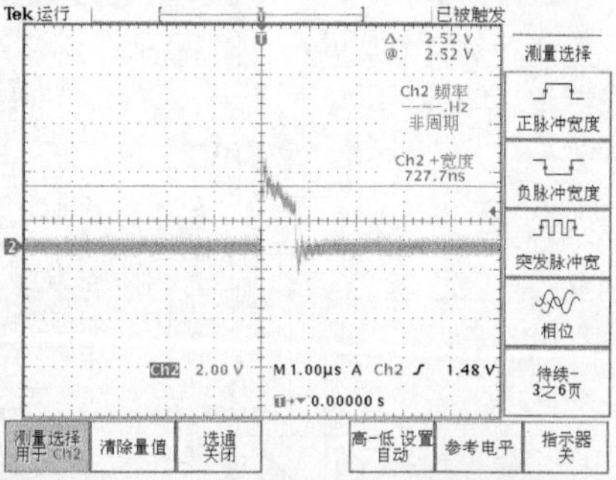	
高频激励触发信号	RF DRIVER..	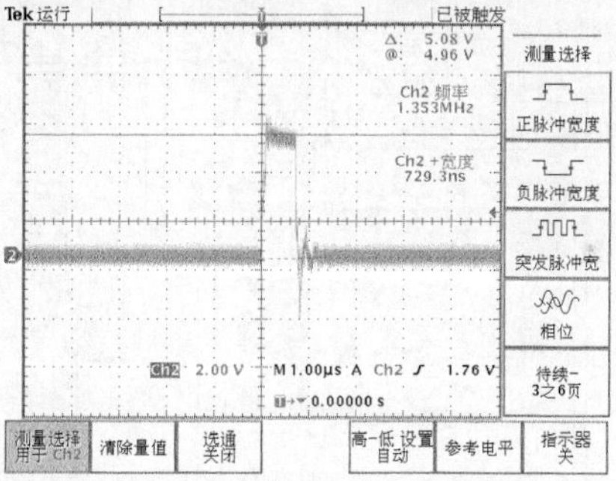	
射频脉冲起始信号	RF PLS ST..	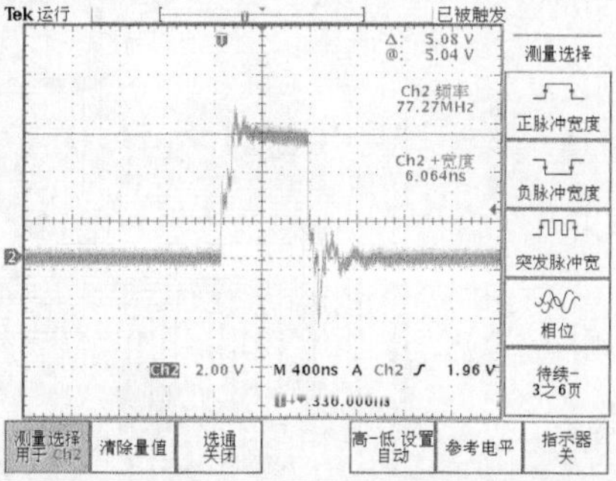	

下面介绍发射机组件、灯丝和磁场电源的测试方法和测试点的典型波形图。

1. 灯丝电源 3PS1

打开测试软件(RDASOT),发射脉冲选择 322 Hz 的 PRF,发射机控制面板选择本控/手动,无需加高压,测试平台 start 开始测量。用示波器探头表笔勾到灯丝电源各输出端口,注意接地(TP1)。灯丝电源控制板电路如图 9.5 所示。灯丝电源主要测试指标及波形如表 9.6 所示。

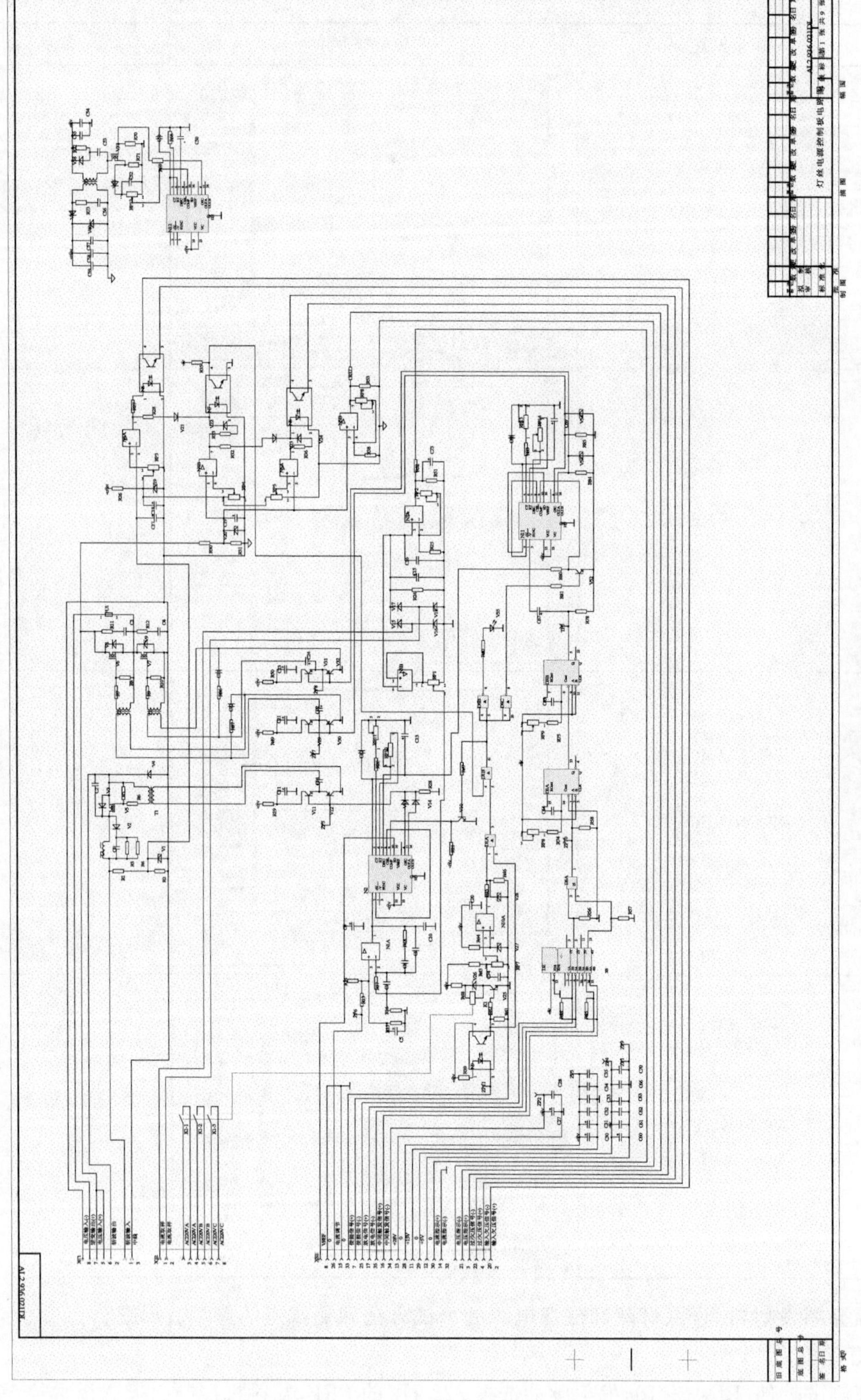

图9.5　灯丝电源控制板3PS1A1电路图

表 9.6　灯丝电源主要测试指标及波形

测试点	典型波形	备注
TP1	地	0
TP2		+5 V
TP3		+28 V
TP4		+15 V
TP5	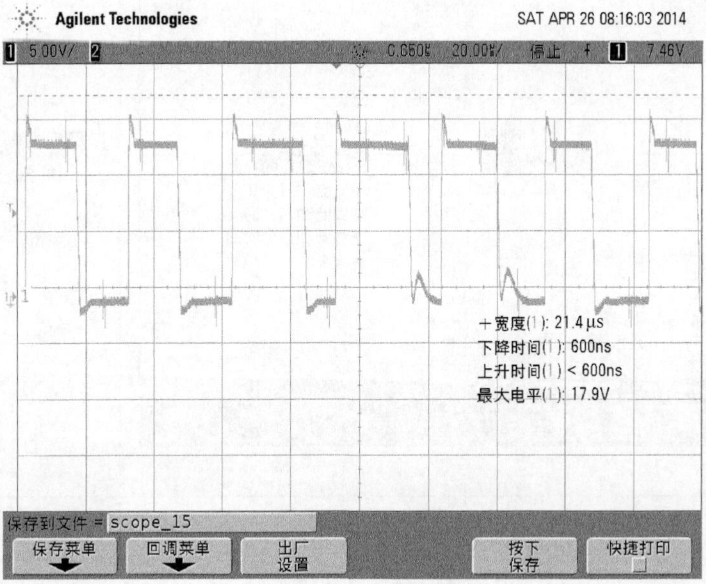 Agilent Technologies　SAT APR 26 08:16:03 2014 1 5.00V/ 2　0.650s 20.00s/ 停止 f 1 7.46V +宽度(1): 21.4μs 下降时间(1): 600ns 上升时间(1) < 600ns 最大电平(1): 17.9V 保存到文件 = scope_15 保存菜单　回调菜单　出厂设置　按下保存　快捷打印	13 V
TP6		+3.8 V
TP7	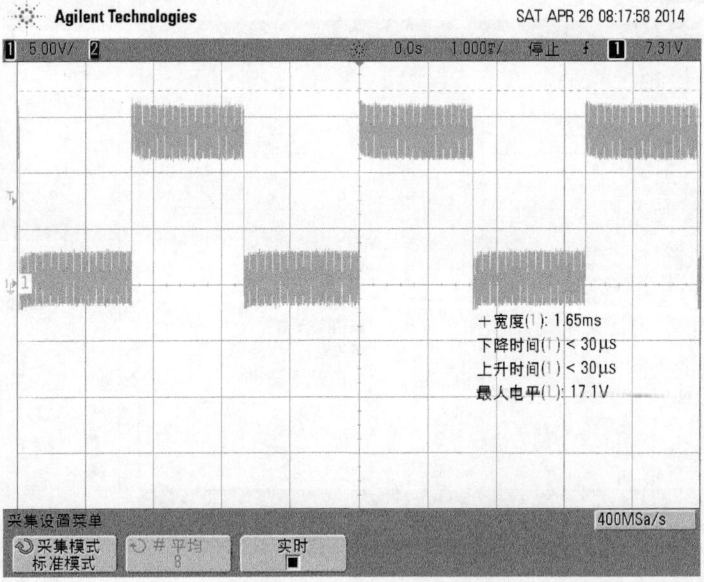 Agilent Technologies　SAT APR 26 08:17:58 2014 1 5.00V/ 2　0.0s 1.000s/ 停止 f 1 7.31V +宽度(1): 1.65ms 下降时间(1) < 30μs 上升时间(1) < 30μs 最大电平(1): 17.1V 采集设置菜单　400MSa/s 采集模式 标准模式　# 平均 8　实时	与 TP8 为一对差分信号，单相约 5.5 V

续表

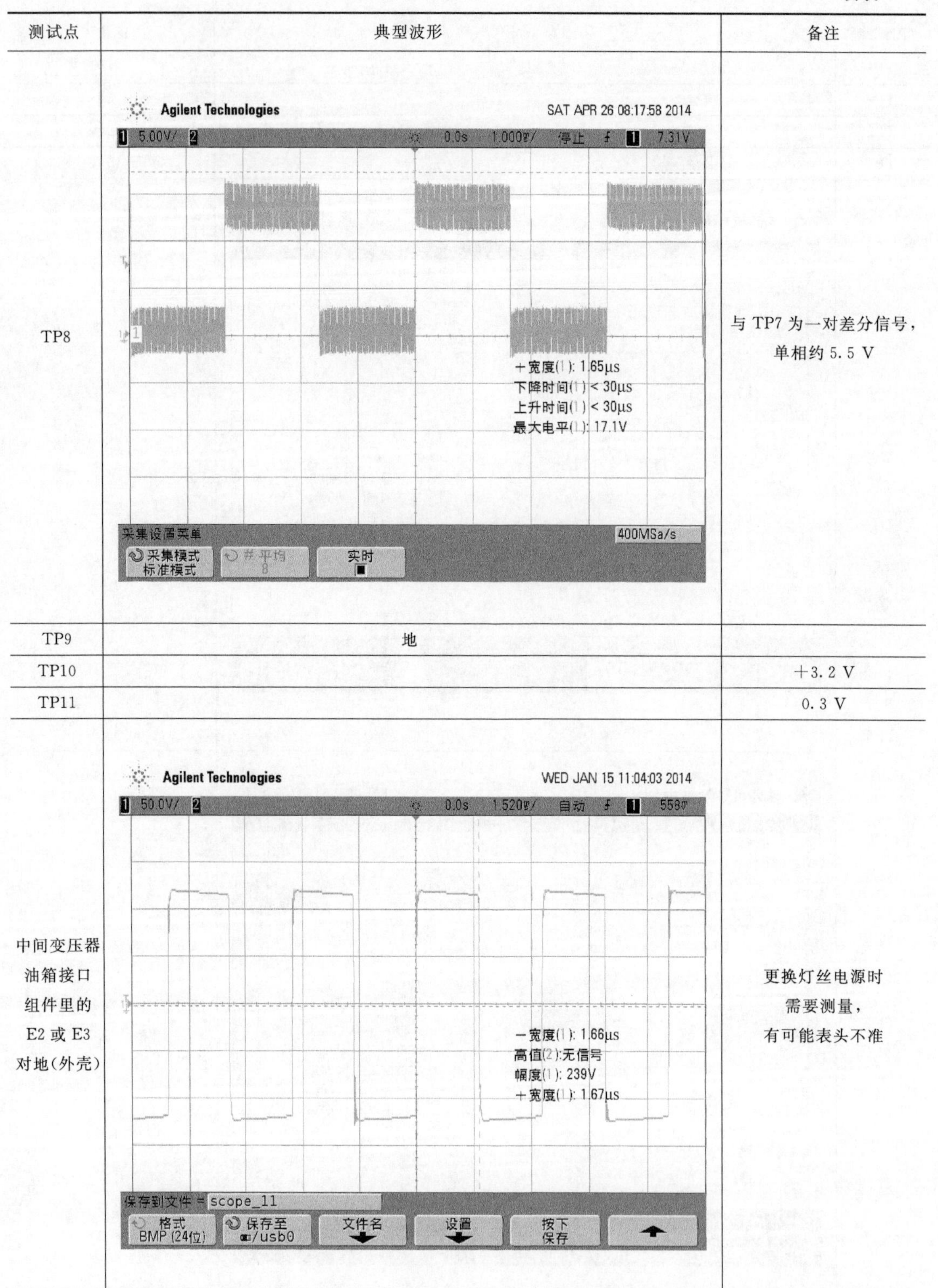

测试点	典型波形	备注
TP8		与 TP7 为一对差分信号，单相约 5.5 V
TP9	地	
TP10		+3.2 V
TP11		0.3 V
中间变压器油箱接口组件里的 E2 或 E3 对地(外壳)		更换灯丝电源时需要测量，有可能表头不准

2. 磁场电源 3PS2

打开测试软件(RDASOT),发射脉冲选择 322 Hz 的 PRF,发射机控制面板选择本控/手动,无需加高压,测试平台 start 开始测量。用示波器探头表笔勾到磁场电源各输出端口,注意接地(ZP1)。磁场电源主要测试指标如表 9.7 所示。

表 9.7　磁场电源 3PS2 典型测试点波形参数

测试点	电压	备注
ZP1	0 V	COM
ZP2	+15 V	
ZP3	+14.8 V	
ZP4	0 V	
ZP5	0 V	
ZP6	+17.8 V	
ZP7	可调	参考电平
ZP8	+3.3 V	
ZP9	+5 V	

3. 开关组件 3A10

通用打开测试平台。这里需要注意的是现在台站的开关组件有两种,一种是十四所生产的;一种是敏视达生产的。对十四所生产的 3A10,ZP1 输出充电触发,ZP10 是地;敏视达生产的 ZP1 输出充电触发,ZP6 是地;以十四所生产的 3A10 为例,除 ZP1 测量无需加高压外,其余端口测试均需加高压,如表 9.8 所示。

表 9.8　开关组件典型测试点波形参数

测试点	典型波形	备注
ZP1	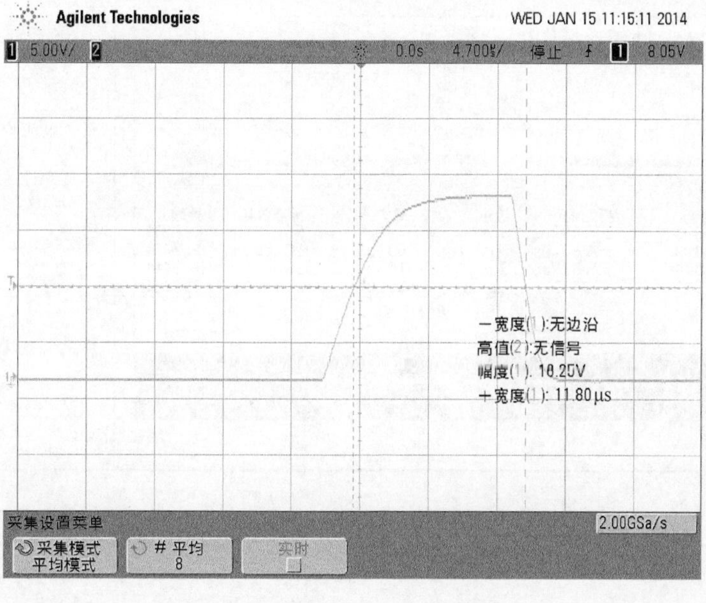 Agilent Technologies　WED JAN 15 11:15:11 2014 1 5.00V/ 2　0.0s 4.700μs/ 停止 1 8.05V 一宽度(1):无边沿 高值(2):无信号 幅度(1):16.25V +宽度(1):11.80 μs 采集设置菜单　2.00GSa/s 采集模式 平均模式　# 平均 8　实时	充电触发信号 15 V 10 μs 如无输出,则可能为: 无保护器响应; 3A10A1 芯片坏; 信号处理器未发送

续表

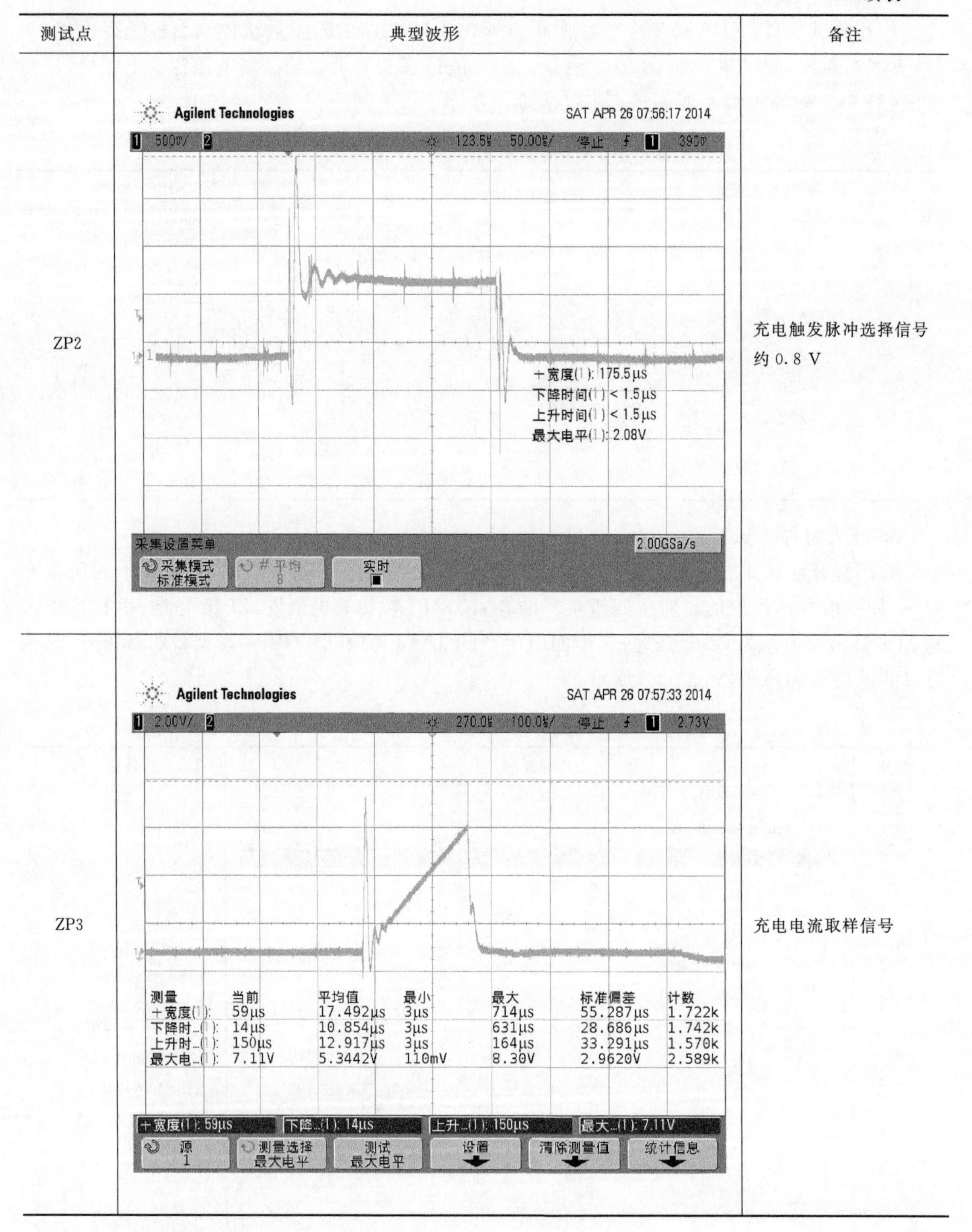

测试点	典型波形	备注
ZP2		充电触发脉冲选择信号约 0.8 V
ZP3		充电电流取样信号

续表

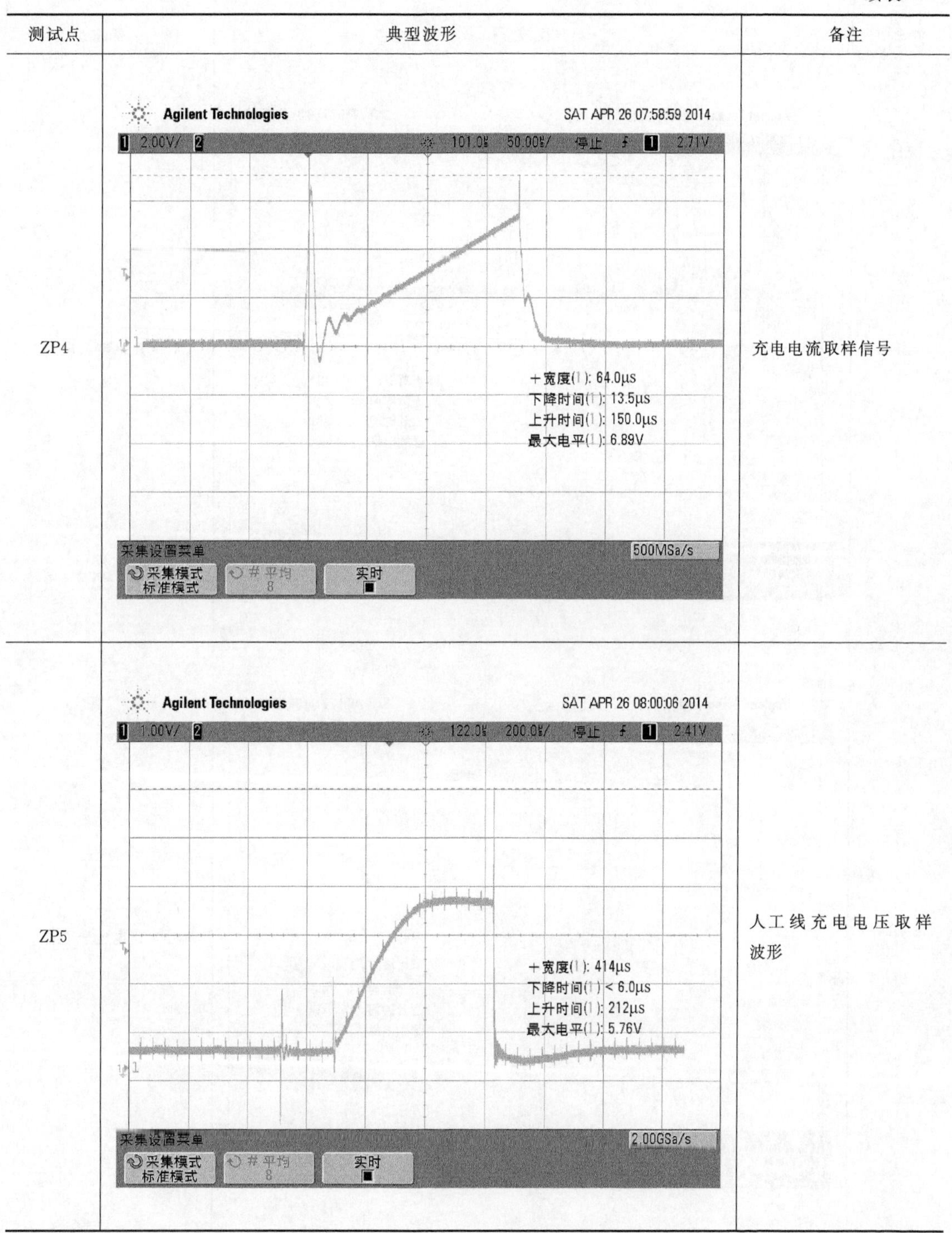

测试点	典型波形	备注
ZP4		充电电流取样信号
ZP5		人工线充电电压取样波形

续表

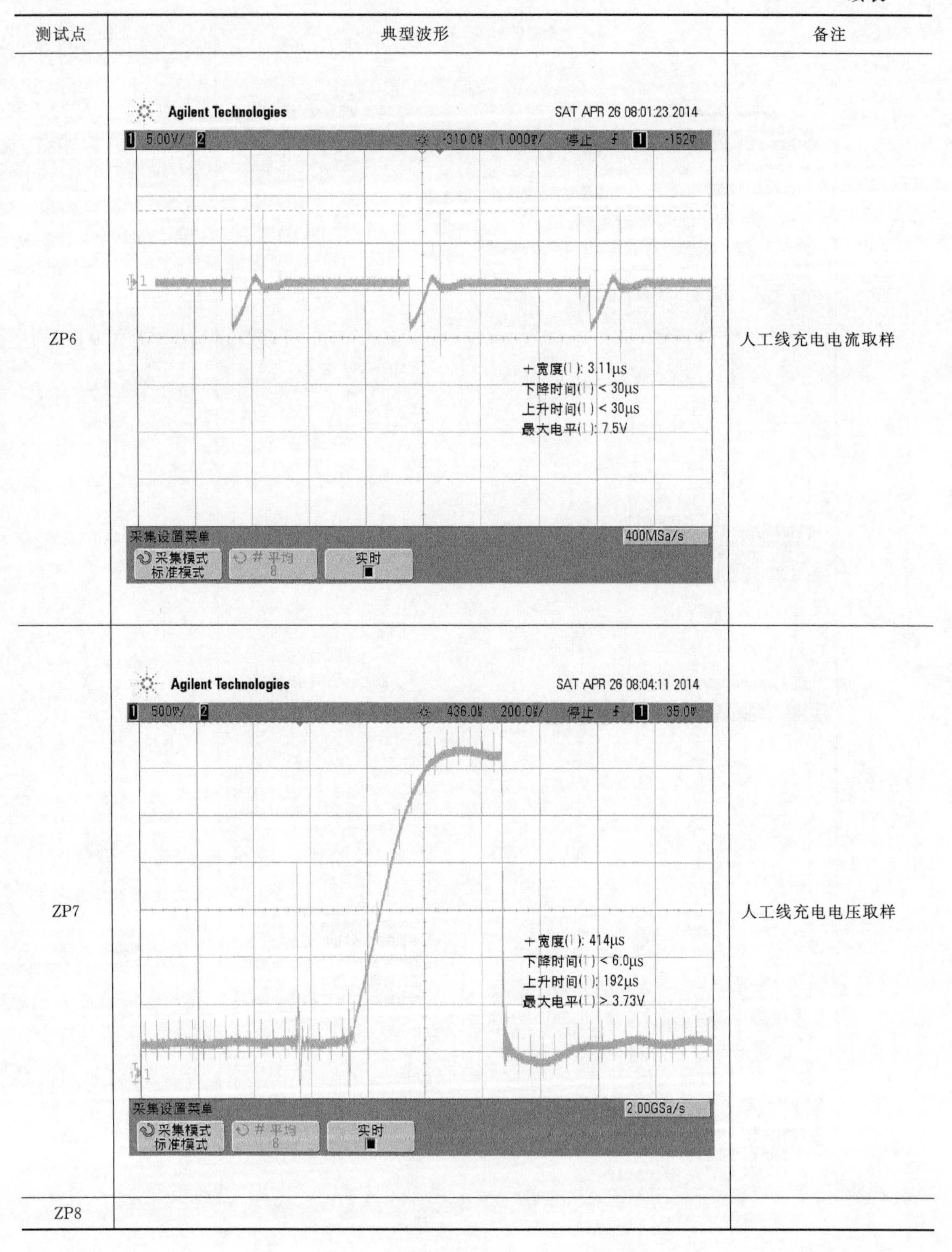

测试点	典型波形	备注
ZP6		人工线充电电流取样
ZP7		人工线充电电压取样
ZP8		

续表

测试点	典型波形	备注
ZP9	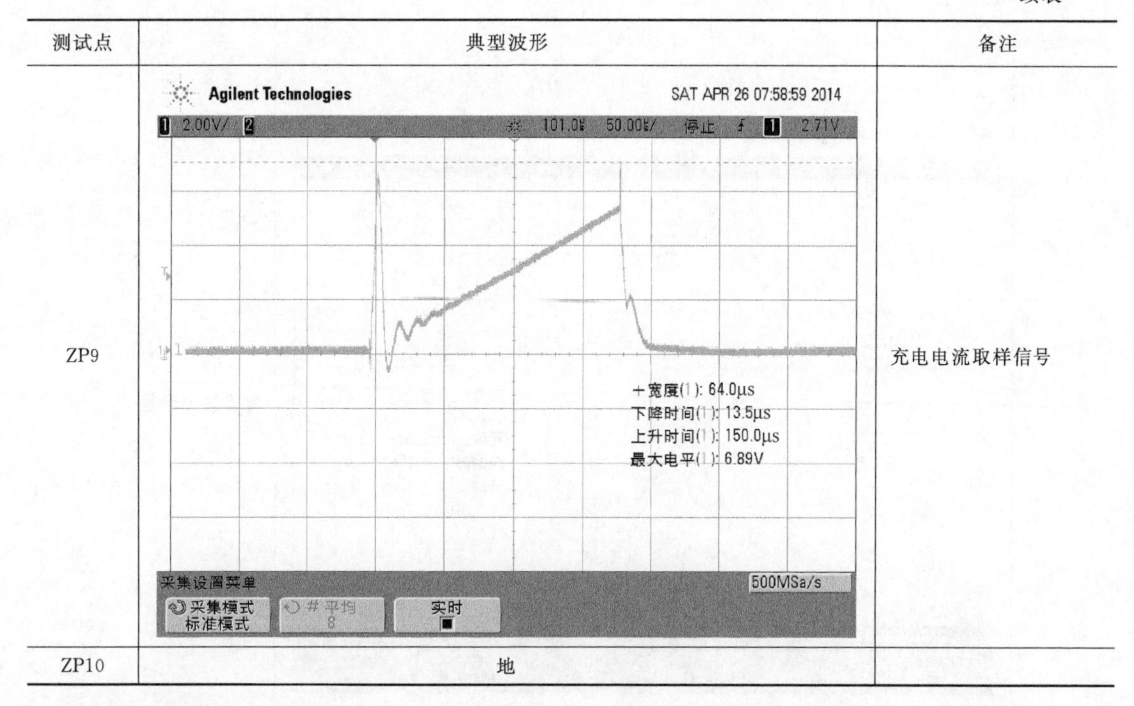	充电电流取样信号
ZP10	地	

4. 触发器 3A11

同样对十四所生产的 3A11,ZP15 输出放电触发,ZP1 是地;对敏视达生产的 3A11,ZP4 输出放电触发,ZP1 是地;以十四所生产的 3A11 为例,除 ZP2、ZP3 测量无需加高压外,其余端口测试均需加高压,如表 9.9。

表 9.9　触发器典型测试点波形参数

测试点	典型波形	备注
ZP1	地	0 V
ZP2	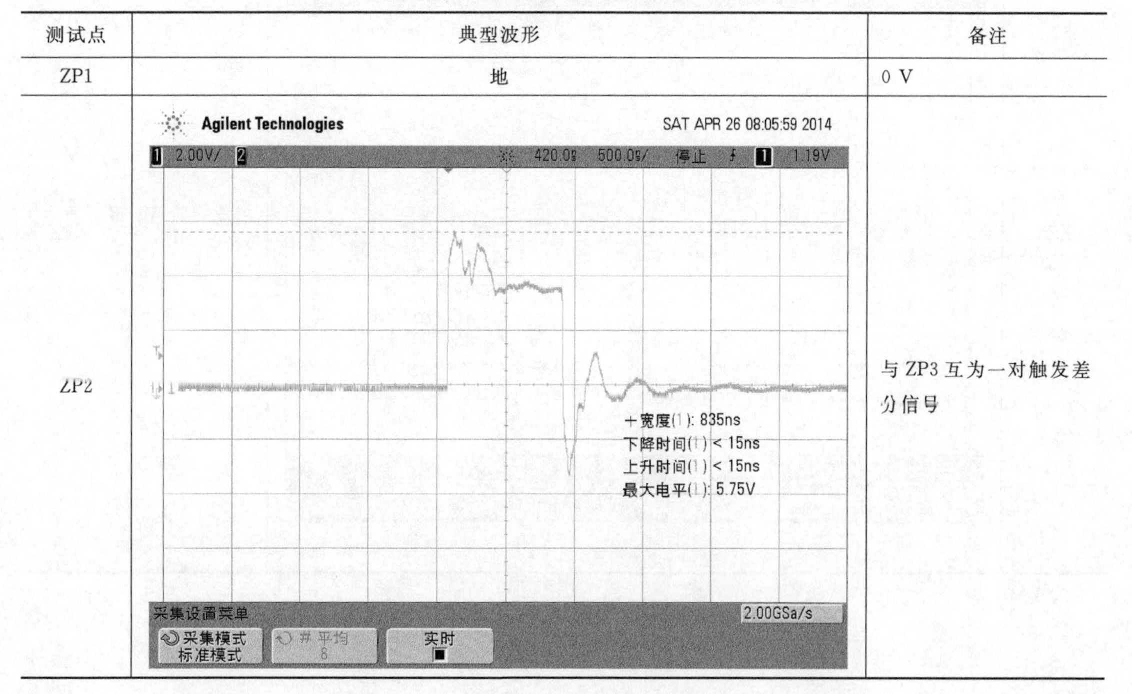	与 ZP3 互为一对触发差分信号

续表

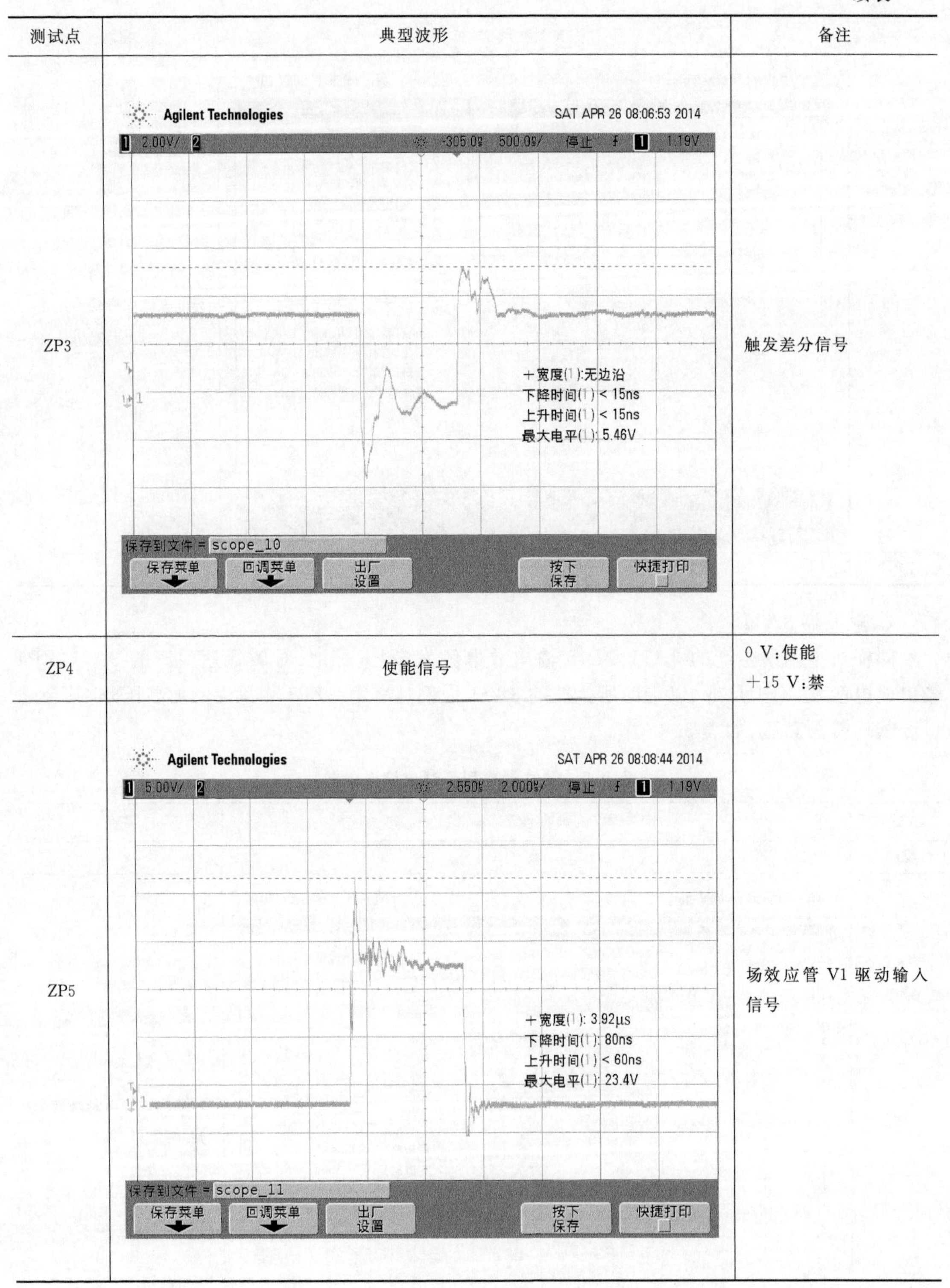

测试点	典型波形	备注
ZP3		触发差分信号
ZP4	使能信号	0 V:使能 +15 V:禁
ZP5		场效应管 V1 驱动输入信号

续表

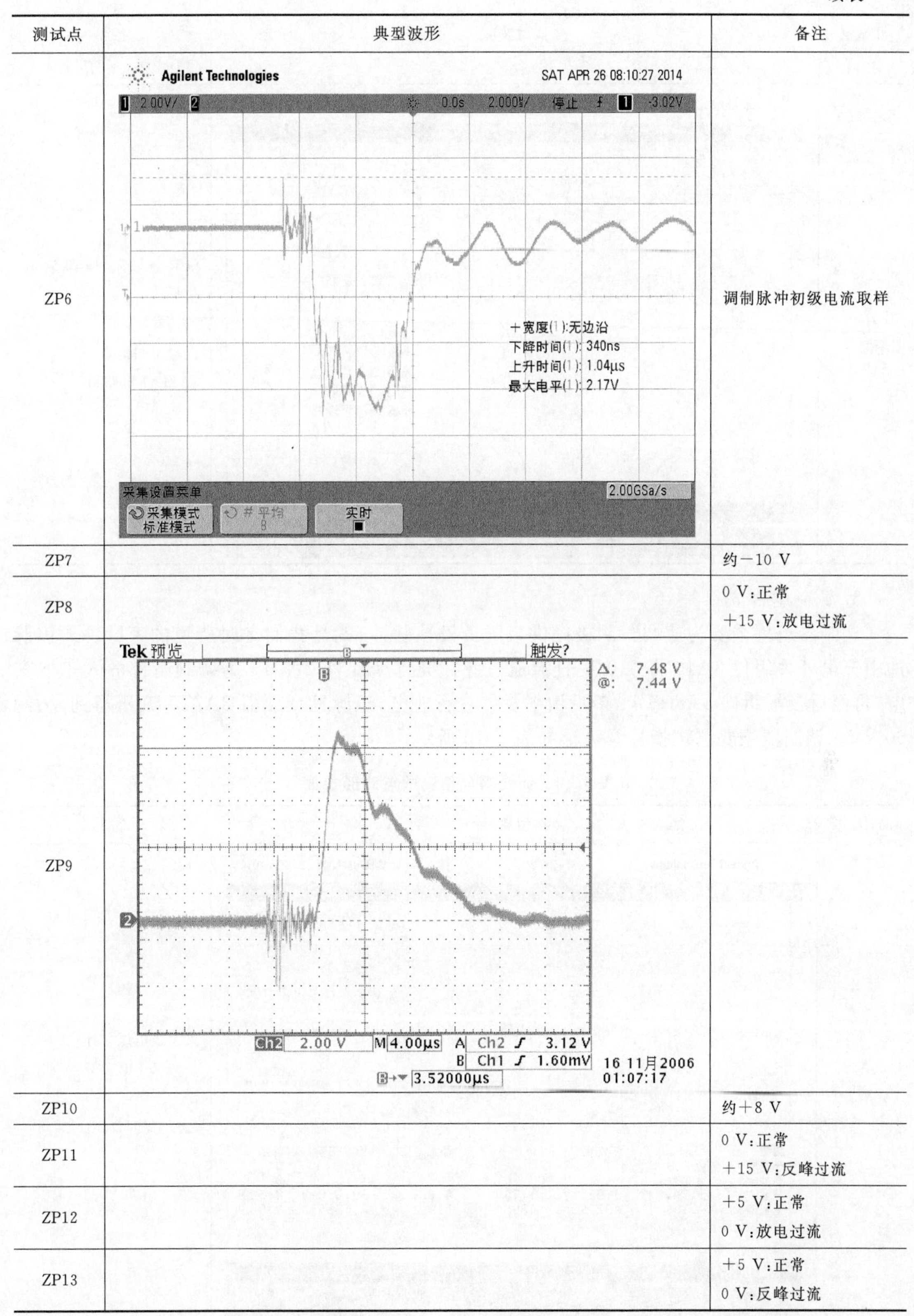

测试点	典型波形	备注
ZP6	（见上图）	调制脉冲初级电流取样
ZP7		约－10 V
ZP8		0 V:正常 ＋15 V:放电过流
ZP9	（见上图）	
ZP10		约＋8 V
ZP11		0 V:正常 ＋15 V:反峰过流
ZP12		＋5 V:正常 0 V:放电过流
ZP13		＋5 V:正常 0 V:反峰过流

续表

测试点	典型波形	备注
ZP14		+180 V～+210 V
ZP15	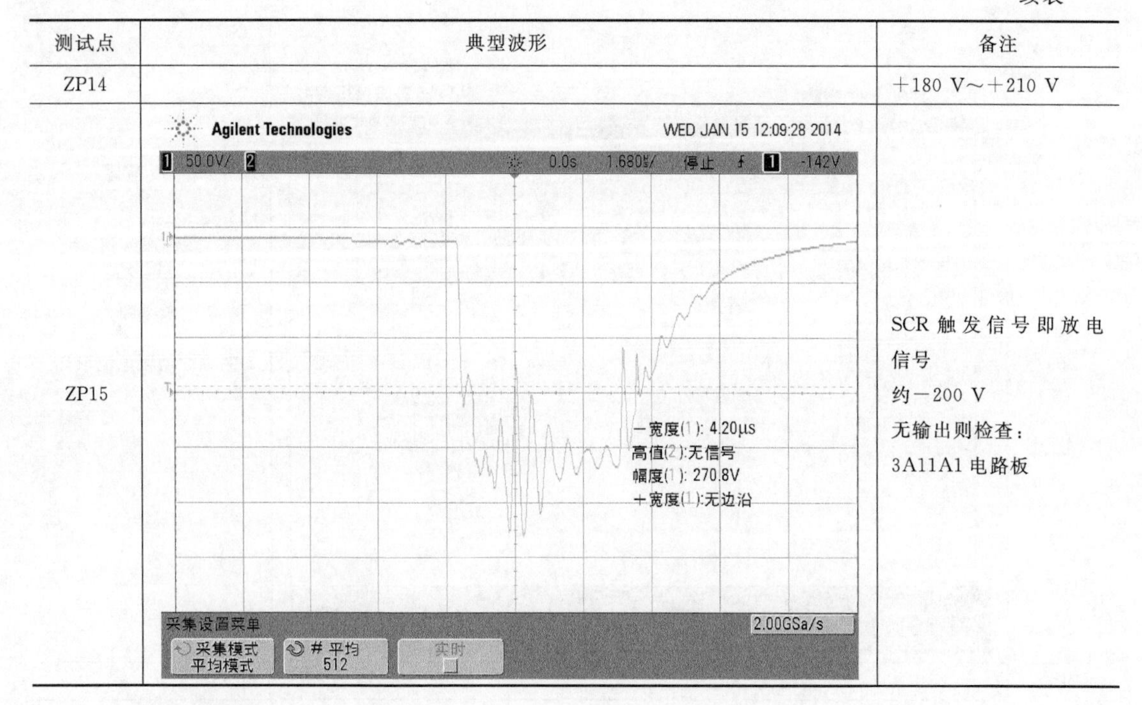	SCR 触发信号即放电信号 约－200 V 无输出则检查： 3A11A1 电路板

5. 调制组件 3A12

调制器组件主要为速调管阴极提供高压负极性脉冲，就是我们平时所说的束脉冲。该脉冲由充电开关组件 3A10 将 510 V 直流通过脉冲充电变压器 3A7T2 为调制组件的人工线充电，再经后校平组件 3A8 稳定，最后由触发器进行放电，经脉冲变压器 3A7T1 升压得到，大约 60 kV。调制器主要测试指标及波形如表 9.10 所示。

表 9.10　调制器典型测试点波形参数

测试点	典型波形	备注
3A12 XS6		人工线电压采样 4～5 V(比实际小 1000 倍) 注意：需开高压

续表

测试点	典型波形	备注
一路接 3A5-XS4 一路接油箱组件右边接口	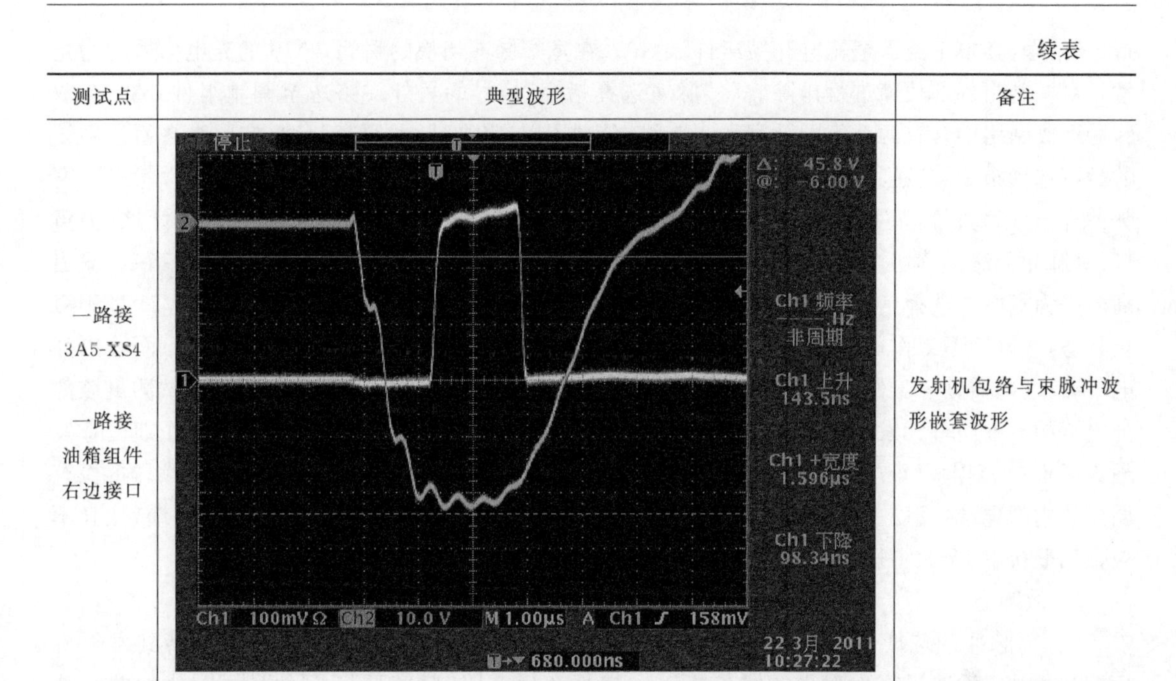	发射机包络与束脉冲波形嵌套波形

9.2.3　发射机典型故障及部分故障汇总

1. 故障现象

雷达出现多个报警后扫描程序自动退出，发射机关机再开机后无法预热，雷达无法正常运转。出现的报警包括："LIN CHAN RF DRIVE TEST SIGNAL DEGRADED(线性通道射频激励测试信号变坏)"；"TRANSMITTER INNOPERATIVE(发射机不可操作)"；"PFN/PW SWITCH FAILURE(脉冲形成网络/脉冲宽度开关故障)"。

2. 故障处理

打开发射机面板，用万用表测量发射机各低压电源工作是否正常。将雷达发射机面板开关位置打到"本控"和"手动" 按钮，使用雷达的 Testsoft 程序进行宽、窄脉冲切换测试。雷达在宽脉冲下能进行预热，宽脉冲模式可以切换到窄脉冲；窄脉冲下无法预热，且无法切换到宽脉冲。如果在更换发射机控制板和脉冲形成器模块后，故障仍未解决，测试发射机是否接受到"脉宽选择指令"。根据"脉宽选择指令"的信号流程，打开测试平台进行宽、窄脉冲信号选择的测试，用示波器在 5A16 上能测试到相应高低电平信号的变化，表明 PSP 板已发出正常的脉宽选择指令。在发射机主控板上亦能测试到相应的信号。更换发射机主控板后，故障依旧。检测发射机脉冲形成器 3A5。主控板产生 3 路"脉宽选择指令"信号，其中 1 路送至 3A5。该路信号的工作原理为：发射机接受到来自频率源的"射频激励信号"并做相应处理后，由发射机的高频激励器 3A4 对该信号进行放大，用于驱动 3A5，由 3A5 进行调制、整形后输出符合要求的高频脉冲，经可变衰减器 3AT1 得到匹配的输出功率，输入速调管放大器。发射机输出高频脉冲宽度及频谱宽度主要由 3A5 决定，具体取决于脉宽选择信号。发射机在初始状态下为宽脉冲，用示波器测量 3A5 的输出为 4.5 μs 的宽脉冲，当脉宽选择指令为窄脉冲时，切换的瞬间测量 3A5 的输出为 1.5 μs 的窄脉冲，说明 3A5 输出正常。其后依次按照主控板产生的 3 路"脉宽选择指令"信号的流程进行排查。检查充电开关组件工作情况。主控板产生 3 路"脉宽选择指令”信号，其中1路送至充电开关组件3A10。在宽窄脉冲切换的瞬间3A10的充电信号均为正常。对调制组件的故障进行排除。将“脉宽选择指令”信号的另外一路送至调制组件3A12。双脉冲形成网络中含有两个不同脉宽的人工线，分别用以产生宽脉冲及窄脉冲，按照来自雷达系统的脉宽选择指令，接通其中的一个，同时发出相应的回报信号，供监控系统验证。正常状态下宽脉冲标志灯为黄灯，窄脉冲标志灯为绿灯。用Testsoft平台切换到窄脉冲时，绿灯瞬间变为黄灯，窄脉冲无法持续切换，这意味着该部分电路并未如期切换宽、窄脉冲。“脉宽选择指令”输出高电平为宽脉冲选择信号，低电平为窄脉冲选择信号。输出低电平时，光耦N6导通，V21处于截止状态，继电器不工作，其常闭触点4/6、13/11处于闭合状态，发光二极管V14点亮。而输出高电平时，继电器处于工作状态，其常开触点4/8、13/9闭合，发光二极管V15点亮。测试测量该部分电路的电器组件无发现问题，故把故障排除放在“脉冲标志位”信号正确与否上。仔细检查发现为C30电容损坏(该电容容值为63 V/0.47 μF)。更换同类型电容后，雷达故障消除。再检查调制器内部电缆，发现一根高压线与调制器金属壁接触面上有打火的痕迹，更换此电缆，让其不与金属壁接触，至此雷达恢复正常。详细发射机故障及故障处理见表9.11所示。

3. 故障分析

宽/窄脉冲的选择。“脉宽选择指令”由RDA计算机的PSP板发出，经5A16转到发射机柜接口插座3XS1送至发射机的主控板。主控板产生3路“脉宽选择指令”信号，分别送给脉冲形成器3A5、充电开关组件3A10和调制器3A12。其“脉宽选择指令”输出高电平为宽脉冲选择信号，低电平为窄脉冲。引起故障的主要原因为高压线与调制器金属壁接触面上打火导致调制器上A10模块的C30电容损坏。因C30损坏造成了返回给雷达的“脉冲形成标志”信号与地导通，导致相应的回报信号始终为低，从而无法实现脉冲切换。因此应经常检查高压部分是否有打火的现象并及时处理。

表9.11　发射机故障汇总表

故障	故障处理
灯丝电流不起，雷达无法正常工作	更换保险丝组件，灯丝保险2个，更换灯丝电源板，更换3A4，3A5，更换回扫充电控制板
电弧报警	更换3A6电弧
发射机加不上高压	1. 检查3A10开关组件无触发信号，更换组件后，人工线电压加至2000 V时有异响，同时报充电过流；2. 检查触发器无异常，仔细检查调制器时发现E1与E2接线柱之间的绝缘板上有细微裂痕，中间有灰尘堆积，加高压时观察此处有放电打火现象；3. 将绝缘板此处缝隙打磨平，清理调制器内部灰尘，开机后运行正常
高压开不起，回波不正常	更换发射机380 V大保险丝3个
发射机功率（机外）由650 kW降至300 kW	1. 发射机控制面板调节滑阻正常；2. 速调管注入信号波形及功率正常；3. 更换3A10开关组件
雷达无回波，发射机功率没有	1. 3A10 ZPI的出发信号没有，测量发现IGBT已击穿，EX841有一片已烧糊，更换3A10组件后发射机工作正常；2. 检查配电机柜没有发现异常
发射机功率低，包络不正常，放电延时触发信号不可用，风机保险烧坏	1. 更换风机保险丝；2. 更换HSP板，放电时触发正常，速度/谱宽正常
发射机输出包络波形不好，功率偏低	检测3A4输出波形和功率，均正常，检测3A5输出波形，发现波形已经变坏，不可调整，更换3A5后，波形正常，功率达标，调整发射机输出包络和功率在要求范围之内

续表

故障	故障处理
聚焦线圈电压报警,RPG 机器存储基数据时间间隔出现 4 min,6 min,8 min 情况	1. 聚焦线圈电压可调,最高 50 V,运行 RDA 过程中不定时报警;2. 聚焦线圈风量报警,聚焦线圈温度过高;3. 更换磁场电源,聚焦线圈电压可调至 80 V;4. 更换聚焦线圈,风量接触点弹起,制冷循环正常,聚焦线圈温度正常;5. 天线砸锅一次;6. 伺服滑环清理;7. 更换 RDASC 软件,在 RDA 机器上存储基数据时间间隔正常;8. 在 RPG 机器存储基数据超过 30 h 后,基数据时间间隔不正常,出现 4 min 生成一次基数据的情况;9. 更换 RPG 计算机,存储基数据 15 h,基数据时间间隔正常;10. 因雷达站传输数据需要,整理原始 RPG 计算机由 4 月 18 日 09 时开始在原 RPG 机器上进行基数据存储,RPG 存储基数据时间间隔正常;11. RPG 计算机软件省内基数据传输软件,占用计算机内存 10 h 内增加大约 10 mb,待观察
发射机速调管过流报警,功率低	将人工线调高考机,功率恢复正常,报警清除
1. 灯丝电源加不上;2. 发射机有打火现象;3. 不定时出现占空化超限,整流组件磁场电源报警	1. 更换发射机主控板,灯丝可以预热,但几分钟会关闭,重新拔插后正常;2. 发射机加高压时出现打火,检查发射机 3A10 3A11 3A12,清理干净内部积尘,检查高压电缆;3. 运行一段时间后出现占空间超限,整流组件,磁场电源报警,更换测量接口板 N3 芯片后仍出现
发射机没有人工线,输出无功率	更换 3A10 当中 LS33 芯片
发射机温度过高达 49℃	检查机房空调制冷效果,机房温度为 18℃,检查发射机内各个进风口出风口,进行除光、清洗过滤网,检查发射机右上方出风口温度为 40℃,温度传感器有 6℃的误差,导致 RDASC 软件里显示的发射机温度为 49℃左右,真空的温度为 40℃左右,调整温度传感器位置后 RDASC 显示温度正常
+5 V 报警	更换+5 V 电源
灯丝烧坏	更换灯丝电源 3PS1
发射机功率低,空压机湿度报警	将速调管输入端的 SMA 接头重新焊接,更换湿度传感器,故障未排除,后更换空压机,报警消除,配置干燥除湿机
调制器打火	更换真空开关,检查放电管一击穿,反峰管用摇衰测量击穿,更换反峰及放电管,检查电线击穿一根,更换部分高压线及击穿线,仍无法开机,更换调制器后正常
发射机加不上高压,开关组件报警	检查发射机组件,开关组件出现故障,无法正常工作,调制器内发现 3 处电缆有打火痕迹,E2 和 E10 接线之间打火,更换打火电缆和开关组件后雷达恢复正常,考机观察,发射机报充电故障和发射机过流,检测开关组件和调制器波形,发现人工线充电波形有多脉冲的现象,测量开关组件充电指令在高压工作的时候也有多脉冲的现象,更换主控板和开关组件传输充电指令信号的芯片后,人工线充电波形正常,考机观察,发射机报充电故障和发射机过流,检查发射机高压部分,没有发现异常,再次加高压后,发射机调制器内放电二极管被击穿,更换放电二极管后,发射机加上高压,再考机观察,发射机报发射机过流,检查油箱接口处发现 E1 和 E17 电缆之间打火,更换相应的电缆和重新接线后,发射机正常工作,更换新调制器,发射机正常工作
发射机脉宽无法转接,发射机没有功率	检测接收机,频率源输出无 9.6 M 信号,换上频率源,9.6 M 信号正常,检测发射机也正常工作,考机观察。
+28 V 电源故障指示灯亮,检测其输出值只有 17.16 V,发射机面板指示灯有线圈电压电流故障等常亮	更换发射机 3PS3 发射机 28 V 低压电源
发射机聚焦线圈风流量报警,风机故障,速调管风流量报警,风机故障,3A10 风机有一个不转,另一个转动有异响,5A7 前面板风机不转,三个风机都需要更换	更换聚焦线圈风机和速调管的两个风机,更换 3A10 风机和 5A7 风机

续表

故障	故障处理
灯丝电源烧毁	更换新的灯丝电源，检查发射机的出发，调制器内二极管等均正常，后开高压，一切正常
控制面板报警灯全亮，报 28 V 故障	更换 28 V 电源后，控制面板灯依然全亮，更换 DCDC 模块，控制面板等故障排除，开启高压后，报发射机过压过流，经检查后更换 A10 内 JK 触发芯片，过压报警清除，过流报警为 A11 的 D 型头上有一根线脱落导致
发射机功率偏低	1. 发现磁场电流电压偏低，导致发射机输出波形不正常，导致发射机功率偏低；2. 更换磁场电源控制板（3PS2A1），同时重接焊接发射机面板磁场电源对应的华东变阻器接头；3. 怀疑 3PS2A1 板，时序控制电路外围电阻电容性能下降，而且滑变线缆接头老化，松动导致磁场电流变低
雷达回波异常，发射机无高压	检查接收机、RDA 计算机，对此分析雷达回波图，更换新的 HSP 板后，雷达回波正常，检查发射机高压链路，发现 3A10 开关组件 V6 报警灯关，无充电功能，所以发射机无法加高压，处理 3A10 后，工作正常，考机 30 h 正常
故障现象：聚焦线圈风机 M2 坏，通电时保险丝 FU1 FU2 FU3 同事烧断。故障原因：聚焦线圈风机 M2 轴承内固定珠子支架断裂，导致电机轴卡死，烧毁电机线圈。故障处理：更换风机 M2	更换风机，故障排除，雷达工作正常
天线俯仰定位偏差大，并频繁因为定位偏差造成雷达空转，体扫时间有时达 8 min，且发射机有时无法加载高压	1. 将该站原有的 DCU 数字板和模拟板更换为公司自制产品（自制产品均为 4 层板），使得板上 +/－15 V 电源对陈度良好且无漂移，更换后稳定在 +14.98 V和－14.97/－14.98 V，从而使得雷达俯仰定位准确稳定，空转和体扫过长问题解决。2. 并将 DCU 电源 +5 V 电源的输出从 5.0 V 提高到5.2 V，配合新的 4 层电路板，使得板上的 +5 V 供电从维修前的 +4.47 V 提高到 5.01 V，排除了因为 +5 V 供电过低而导致通信中断和 DCU 复位的隐患。3. 处理了发射机 N3 保险丝组件内的继电器接触不良问题，目前发射机可正常加载高压进行工作。4. 并处理了发射机主控板上芯片 D7（SN54LS688）的 GND 引脚翘起，接触不可靠的问题，排除了这一可能造成发射机问题的隐患。 1. 因为该站原有的 DCU 数字板和模拟板都是两层板且已老化，地电位在板上出现长周期较大幅度的漂移跑偏，+/－15 V 对陈度失衡，为 +14.67 V 和 －15.26 V，导致模拟板上本已调好的速度环零点严重偏移，俯仰定位偏差为 －0.32°～－0.26°，发生定位偏差超界会导致雷达在刚进入一个仰角时无法发射雷达波，空转超过 100°，直到系统自动再次发出 DOUBLET 操作进行调整，使得天线上冲，瞬间角度合法，虽然其后因为位置闭环天线仰角又回到了负偏角度，但之前的瞬间的合法角度已诱使系统发射雷达波，直到本仰角结束，当天线在每个仰角都空转超过 100°即 1/3 圈时，体扫就从 6 min 变为了 8 min。2. 维修期间在关闭整个雷达系统供电后，再次开机时，出现发射机报警聚焦线圈电流和电源电压故障，发射机循环，无法工作，使用 TESTSOFT 软件在本控和手动模式下测试发射机，发现无法加上高压，N3 保险丝组件内只有小继电器吸合的声音，无交流接触器吸合动作，聚焦线圈电流表指示完全没有反应，而此时 ZP2 测试点上的电平已从 3.5 V 正常下拉到 0.13 V，说明发射机主控板已正确发出了加载高压的控制信号，问题出在执行路径上。逐次排查，发现 N3 组件的左下角最靠内侧的直流小继电器引脚松动，接触不良，插牢后，问题解决。另据该站反映，该站发射机线路老化，在发射机断电后，重新加电时往往难以正常开机，因而根据该站反映的情况，建议在以后的维修中，尽可能避免关闭发射机电源。

续表

故障	故障处理
天线动态，发射机/天线功率自检失败，发射机循环	首先，通过查看报警记录及 operation. log 文件，可以得出天线动态及发射机/天线功率自检失败的报警是由 DAU 通信超时引起的结论，为了解决 DAU 超时的问题，我们先更换了 DAU 数字模拟办和 PSP 等硬件，考机观察后问题依然存在，然后从软件上考虑，重装了 RDA 计算机系统及信号处理板驱动，考机发现 DAU 不再超时，由其引发的报警也随之消除，在考机过程中意外发生发射机变压开失败导致发射机循环的报警，通过重新插拔主板及更换相应芯片解决问题
发射机加不上高压，电机过温报警，汛期前巡检	1. 测量可控硅击穿 8 个，风流量报警被短接；2. 清理主风机进风口灰尘，恢复风流量报警线路；3. 更换可控硅
发射机面板灯不亮，3A 保险丝烧断，机柜等供电开关损坏，速调管出口波导垫片有打火痕迹，聚焦线圈风道破损，发射机不能加高压	更换面板后小交流继电器，更换 30A 保险座，油泵，空开，更换波导垫片，聚焦线圈风道，交流直流继电器
发射机过压	检测可控硅全部击穿，更换可控硅，整理调制器，开机，正常
1. 灯丝电压在变压状态下经常上下抖动；2. 使用国产伺服功放出现闪吗和报警灯闪烁；3. 28 V 电源偶尔故障	1. 在灯丝电源控制板上的电源取样处电容对故障无作用，公司自制新灯丝，经测量其开关管烧坏，重新发来控制板，灯丝电压正常；2. 经排查，使用新功放出现闪吗的情况为扼流圈不匹配的原因；3. 28 V 电源输出电压略变，调节输出及过压门限后正常
1. 噪声温度不稳定，动态出现很多跳点；2. 功率不够；3. 天线转动时，滑环外壳有明显震感，俯仰角码传输不稳定；4. 方位旋转关节固定盘中心有裂圈；5. 空压机频繁加压，间隔不足 10 min	1. 更换 5A18；2. 调整包络波形；3. 经拆开滑环下端端盖，发现下部轴承支架晃动厉害，拆下滑环外壳支撑螺栓，外壳相对滑倒径向 3～4 mm 的晃动，轴向 2 mm 的窜动，轴承损坏，更换新滑环；4. 拆下旧的旋转关节，固定盘从裂痕处脱开，更换新方位旋转关节；5. 经检查，发现电弧检测处的密封垫安装偏离中心，重新安装拧紧，问题解决

9.3　接收机系统故障

9.3.1　接收机系统信号流程

接收机功能除了向发射机提供高稳定的发射信号（频综 J1）外，主要是把从天线接收到的信号经通过放大器、转换器、中频处理器，最终送到信号处理器，得到信号的相关参数。接收机通道部件基本是高频模块化部件，对台站的要求也仅限于查找判定故障部位，然后进行模块的更换即可。

接收机主信道信号流程：天线馈源接收到的信号经波导到达环流器（1 WG8），再经接收机保护器、无源限幅器、低噪声放大器（场放）、固定衰减器、定向耦合器、预选带通滤波、混频前中、匹配带通滤波，最后进入 AD 转换器再经转换盒和数字接口板（下变频）进入 RDA 计算机。

接收机测试通道由噪声源、微波延迟线、四位开关、二位开关及数控衰减器等组成。测试信道信号流程大致为：频综 J3 输出 RF 测试信号（CW）经四位开关（4A22），进入可变衰减器（4A23），进入二位开关（4A24），再到接收机保护器的测试耦合端口（J3）进入接收机主通道。接收机信号流程图如图 9.6 所示。

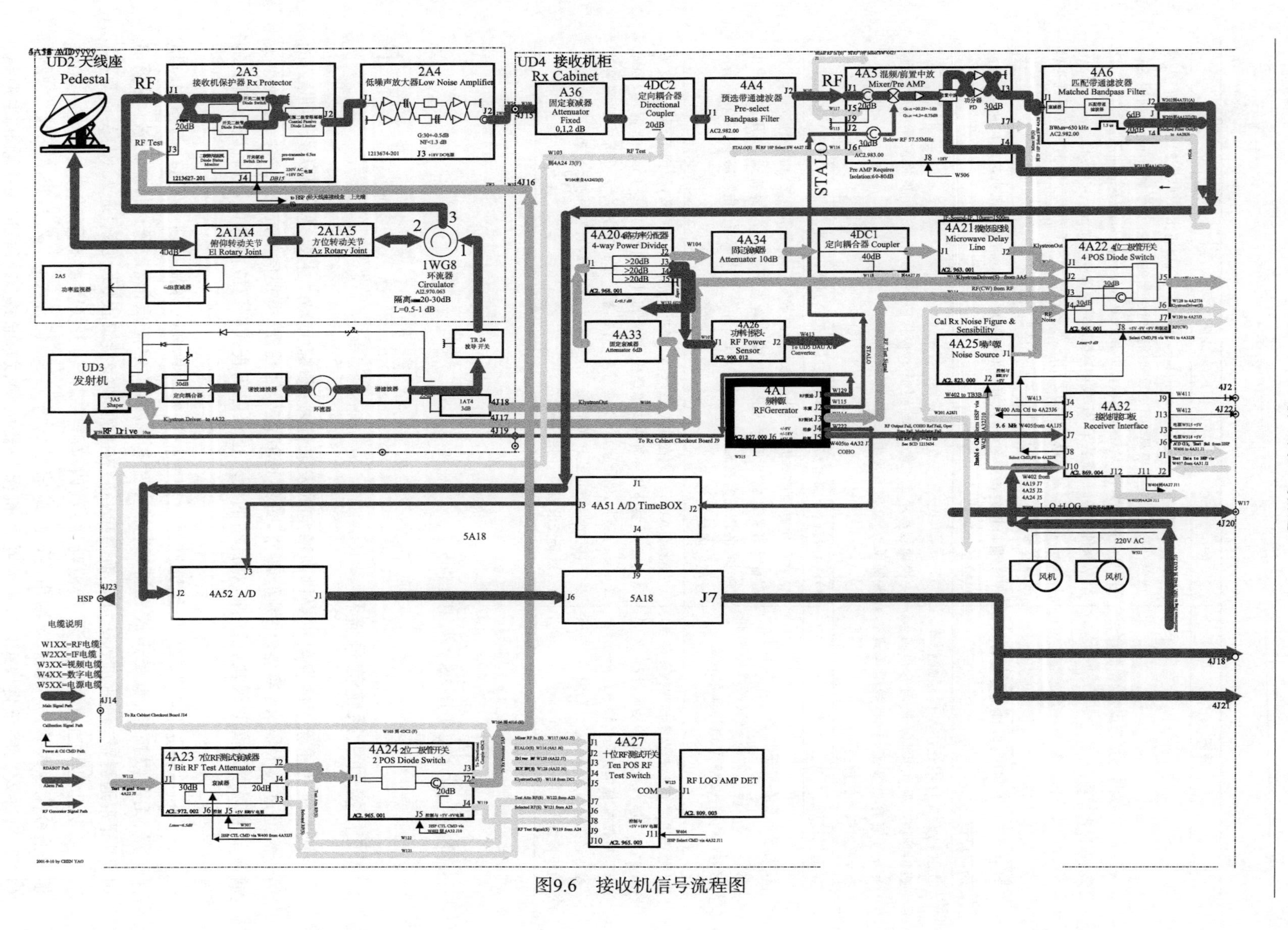

图9.6 接收机信号流程图

9.3.2　接收机故障判断及分析方法

接收机的故障相对比较简单，基本都是模块化的设备，并且接收机会定时进行通道的自标定，当有模块故障时会发出报警。接收机出现报警时首先观察显示回波的面积及强度是否异常，再根据报警、标校、参数测试等监控信息进行分析。接收机故障定位和排除主要有三个手段：利用 RDA 计算机的报警信息、显示回波情况查找故障；利用仪表进行通道测试查找故障；关键点波形测试。

9.3.2.1　利用报警信息

如果无回波，首先应判断是否发射机放大链故障，以及接收机频综输出的 9.6 M 时钟是否正常，然后再判定是否接收机主通道故障。一般接收机故障会出现测试信号变坏、定标超限、线性通道标校常数变坏、接收机噪声温度超限等一系列报警。接收机分机基本都是模块化的设备，多数模块的检测信号都通过接收机的接口电路传送到信号处理器，经软件处理后在 RDA 计算机进行报警显示。根据故障报警提示基本可以定位产生故障的模块。当多个模块同时报警时，就需要技术人员熟悉接收机信号流程，根据报警信息综合判断，找出公共器件故障。

9.3.2.2　利用仪表进行通道测试

采用通道测试法应结合 RDASC 的性能参数定标数据综合判断。注意标定前应删掉 \RDASC\rdacalib. dat 文件。如出现 LIN CHAN GAIN CAL CHECK(CONSTANT) DEGRADED 报警，同时盘有噪声温度异常，说明通道增益出现问题。如从 RDASC 的性能参数看到 CW、RFD 测量值比期望值小几十分贝，应检查主信道或测试信道相应增益的放大器模块；如 CW、RFD 标定值都异常，可能是频综、A/D 或信号处理器有故障。接收机各关键点的功率值如图 9.7 所示。

回波强度定标偏差大，除了接收机通道外，发射机 A4，A5 故障或者射频电缆有漏功率现象也是因素之一，这种情况一般会有杂波抑制比较差或同时有发射机报警(如功率低等)。另外接收机保护器是有源器件，需要驱动信号(保护器命令和保护器响应信号)才能工作，如果到天线的光纤传输通道问题使得驱动信号不正常，或保护器损坏将直接导致信号处理器不发送充电定时信号，因而发射机无法加高压。

9.3.2.3　关键点参数测量

频率源(频综)4A1 输出参考值：

J1——射频激励信号(RF DR1VE)，峰值功率为 10 dBm；

J2——本振信号(STALO)，输出功率为＋14.85～＋17 dBm；

J3——射频测试信号(RF TRST SIGNAL)，输出功率为＋21.75～＋24.25 dBm；

J4——中频相干信号(COHO)，频率为 57.55 MHz，功率为＋26～＋28 dBm。

5A16 测量接口板各点参考值在第 4 章 4.1 节已经介绍。

接收机主通道各模块的放大增益如表 9.12 所示。

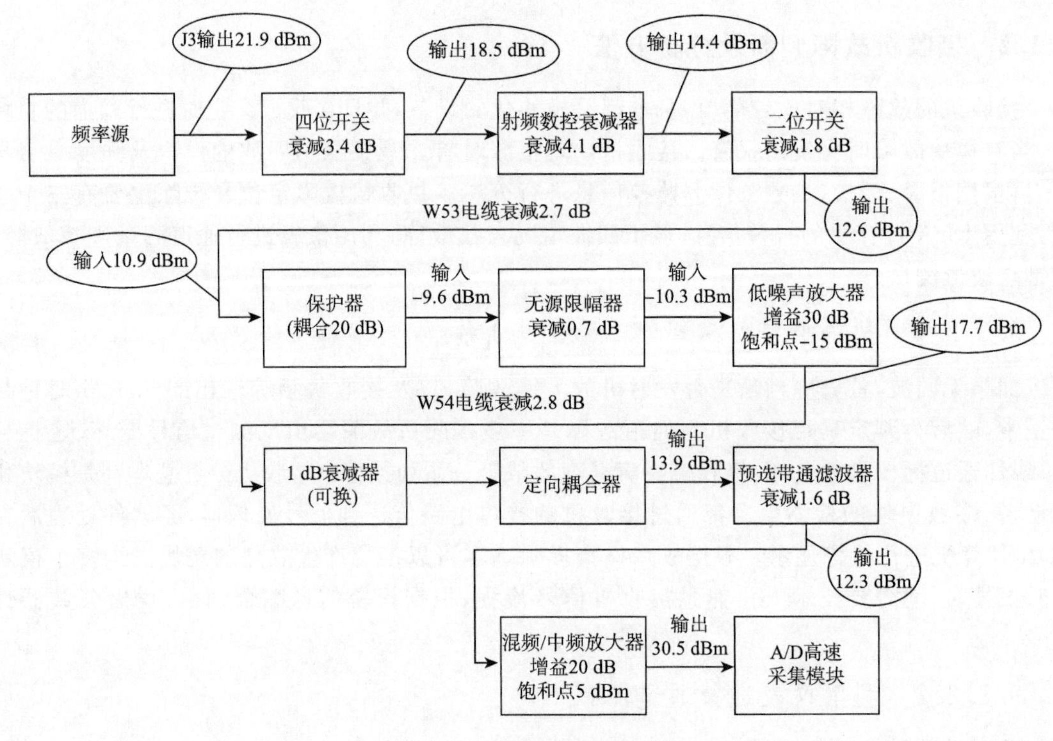

图 9.7　接收机关键点功率值

表 9.12　主通道模块增益

模块	增益(dB)
低噪声放大器(场放)	30
预选滤波器	－2
混频前中	20
匹配滤波	－8.5

9.3.3　接收机故障汇总

接收机故障汇总如表 9.13 所示。

表 9.13　接收机故障汇总

故障	故障处理
接收机通道标定错误，雷达回波异常	检查接收机通道各个组件参数，检查数字中频组件，发现 5A18 上面接光纤的内部接头不牢固，接收机通道标定因此而标定错误，重新焊接其内部接头，故障排除，接收机标定正常
线性通道报警	发现接收机保护器故障，调制整指标及更换接收机保护器
进入 RDASC 程序天线角码传不过来	更换 PSP-HSP 转接板
1. 接收机噪声系数大；2. 接收机动态不好	1. 更换低噪声放大器后，测试 A/D 线噪声系数为 1.3 dB；2. 检查发现保护器前 W53 接头松动，拧紧后测动态达到 89 dB；3. 测量各项指标系数，调整适配数据

续表

故障	故障处理
发射机加不上高压，保护器响应信号没有	1. 测量保护器响应信号没有，保护器驱动模块没有输出；2. 测量上光纤板保护器命令信号有发出，保护器驱动模块输入命令信号正常；3. 测量保护器驱动模块各个输入信号，发现＋5 V电源信号没有，上光端机内电源输出正常；4. 检查线缆发现W403与天线座接头处＋5 V信号接触不好，整理后信号正常；5. 考机
系统标定数据错误	1. 检测频率源J3端输出时有时无，检测频率源供电均正常；2. 更换频率源后，各输出均正常；3. 调整各系统参数；4. 维护天线系统，更换润滑油
雷达有时能开启，有时开不起来，动态差，有时做不出来数字中频不稳定，维修中有RFD标定左右大幅漂移和画饼现象	更新数字中频组件，信号PSP LINK板，更改成最新的RDASC软件，更换软件配置，更换频综输入射频电缆
1. 地物抑制变坏，标定报警，KD实测值太小；2. 回波画饼	对于地物抑制变坏的问题，开始从通道某器件损坏导致KD值无法采集这方面考虑，先后更换了四位开关和微波延迟线，但问题依然存在，从5A16测得保护器响应，发现脉宽和频率都不稳，更换上下光纤板之间保护器命令的光纤后，再测后正常，RDASC程序标定KD和地物抑制也正常了，对于回波画饼的问题，更换HSP板和连接线后，回波正常
噪声温度升高，系统syseal值升高，地物抑制滤波前功率很小，KD实测值减小	1. 测量频综各输出信号功率；2. 测4A5混频输入与输出信号强度，输入4 dBm，输入16 dBm，测场放输入与输出信号强度，输入－12 dBm，在重新接好W53 W54后，混频输入9，输入21，此时噪声温度恢复正常，SYSEAL值回复正常；3. 检查四位开关J1-J5增益正常，发现四位开关至RF数控衰减器半刚射频线缆接头脱落，更换线缆后KD实测值大于5，滤波前功率增大5
噪声温度变大，CW RFD实测值与期望值相比变小，回波强度变大	1. 测量CW测量信号，发现RF数控衰减器损耗8 dB，测量共控制命令发现控制8 dB衰减值命令不会变化；2. 检查5A16的控制时序正常；3. 十四所人员更换接收机接口中的光耦芯片，并调节接收机中5 V电源，从6 V调至5 V
接收机噪声温度不稳定，地物抑制能力变差，KD采样变小	1. 检查接收机测试信道和信道各组件性能，发现接收机保护器衰减变大，保护器一臂二极管损坏，等待公司寄新保护器更换；2. 由于当时南通暴雨不断，为保证雷达工作，进行天线保障；3. 更换新的保护器后，接收机参数正常，地物抑制能力达到54 dB，KD采样正常，雷达故障解决
接收机通道不通，雷达无回波	更换4PS4电源
频综J1 J3输出功率不稳定	更换备用频综，将原频综发给华腾检修
RDASC标定失败，动态各点比正常值少20 dB	检查接收机通道各测量点功率，均正常。检查接收机及RDA内各低压电源供电均正常，但在检查5PS2时发现拨弄给5A18供电的电缆时，做动态正常，将5W676电缆D型头打开，将内部双铰线整理后，雷达正常工作，连续考机24 h无故障

9.4　天线/伺服系统故障

9.4.1　天伺系统信号及工作流程

天伺系统涉及RDA中央计算机、DCU数字控制单元、PAU功率放大单元、天线伺服电机、光纤传输系统、DAU数据获取单元和相关的线缆，其作用实现对天线的姿态控制。

RDA 中央计算机包含 PC 机软件与 DSP 控制程序实现了高层控制策略，设定了体扫和 RDASOT 等高层控制模式，实现方式为形成特定序列的速度命令和位置命令并传送给 DCU。RDA 中央计算机还发送“待机/工作”命令给 DCU，接收 DCU 传来的天线轴角数据，电机测速数据，天线和功放的各种状态报警信息。

DCU 数字控制单元接收来自 RDA 中央计算机的每一个速度命令和位置命令，并转换为运放的模拟量输出，以作为功放的工作设定，对于 DCU 而言，并不存在体扫的概念，相对于高层控制策略，它只是每一个具体命令的底层执行者。DCU 根据 RDA 中央计算机发来的“待机/工作”命令，产生强电通断指令发往功放单元，决定功放单元内的动力强电是否接通。DCU 还要获取天线的实际位置和速度信息，并使用硬件进行速度闭环，在硬件速度环的基础上配以软件计算实现位置闭环。DCU 还要获取来自天线和功放的各种状态报警信息，根据这些报警信号做出实时保护动作外。DCU 所采集到的各种数据信息都会打包传送给 RDA 中央计算机。它有四种工作模式：正常操作、BIT 操作、自检模式 1、自检模式 2。

PAU 功率放大单元根据 DCU 传来的强电通断指令，决定自身的动力强电是否接通。在动力强电接通时，可根据 DCU 所给出的工作设定，产生对应大小的功率输出以驱动电机运转。对于直流伺服系统，该工作设定为电流设定，功放可据此输出双向 PWM 波驱动电机正向或反向转动并由 PWM 的占空比决定了加载到电机电枢上的平均电压大小，从而控制了电机的转速。

天线伺服电机，直流电机包括进口和国产两种，对于进口电机，稳定供电耐压幅值为 115 V，PWM 供电方式耐压为 170 V，超低占空比 PWM 供电方式耐压为 200 V，国产电机可能其 PWM 供电方式耐压较低，因而在功放后端的厄流圈被旁路，PWM 的峰值电压 165 V 被直接加载到其电枢上时，易于引起国产电机损坏。

光纤传输系统将来自天线座的所有信号，包括轴角数据、测速机信号、报警信息下传到 DCU，将 DCU 发出轴角锁存和移位信号上传到天线座。

DAU 数据获取单元为天线座与 DCU 之间，DCU 与 RDA 中央计算机之间数据的中转机构。注意：DCU 与功放是通过线缆直连的。

9.4.1.1 直流伺服系统信号流程

轴角数据、测速机信号、天线状态报警信号（含电机过温信号）流程：天线→光纤系统→DAU 底板→DCU→DAU 底板→RDA 计算机；

功放状态报警信号：功放→DCU→DAU 底板→RDA 计算机；

RDA 速度，位置命令及待机/操作信号：RDA 计算机→DAU→DCU→功放→电机。

9.4.1.2 交流伺服系统信号流程

轴角数据，天线状态报警信号（不含电机过温信号）：天线→光纤系统→DAU 底板→DCU→DAU 底板→RDA 计算机；

测速机信号，电机过温信号：电机→功放变生→DCU→DAU 底板→RDA 计算机；

功放状态报警信号：功放→DCU→DAU 底板→RDA 计算机；

RDA 速度、位置命令及待机/操作信号：RDA 计算机→DAU→DCU→功放→电机。

注意：在交流伺服系统中，通过电机与功放之间的反馈线缆，功放截取到电机的速度和温度信息，而后变生出测速信号(模拟量)和电机过温报警(开关量)，传送给 DCU。

9.4.2　天伺系统故障诊断

伺服系统故障首先通过 RDASC 性能参数检查 DAU 电源及伺服电源是否正常，正常后依次自检串口通信情况、天线 BIT、检查 FC 文件信息是否存在天线状态命令传输不正常情况。在保证串口通信正常情况下，一般根据故障现象从三方面进行分析判断。伺服控制器无法加电、伺服控制器加电正常、天线无法控制、天线转速不均匀；有停顿、跳码现象；天线摆动大、控制精度差。

先检查雷达天线模拟器和 DAU 模拟程序判断信号处理器是否正常，模拟正常说明信号处理器正常，伺服有故障，否则应更换信号处理器。伺服故障则要检查 5A16 经 DAU 到伺服系统 DCU 的串口线路，找出故障器件。第一种情况进行伺服供电检查，如果天线状态信息正常，RDA 发出的天线命令和 DAU 正常，应检查 DCU 数字板 AP2 和功率放大器 5A7 的加电控制继电器 K1 及加电控制电路。第二种情况主要检查 DCU 模拟和数字板，如果模拟信号正常，应检查功率或驱动电机或数字板。第三种情况应先判断是信号处理器故障还是伺服故障，如果观测 DCU 的角码显示正常，无停顿及不均匀现象，说明 RDA 接收机或信号处理器故障，应通过更换信号处理器或者重装操作系统及更换 RDA 计算机排除；如果 DCU 的角码显示有停顿、跳码、转速不均匀现象，说明伺服故障。如有跳码应检查轴角编码器、上下光纤板和光纤传输线路，对于俯仰系统还应检查汇流环。

9.4.3　伺服系统故障及维修

伺服系统故障主要包括信号、电源以及机械部位几方面的故障。信号系统或板卡和机械部分故障可通过更换解决，供电部分故障就需要进行检查。

9.4.3.1　电源部分故障维修

相当多的伺服问题都是由供电问题导致的，供电问题可粗分为电源根部输出的异常和板上(或其他使用电源的位置)供电电压的异常两大类，各自又包括几种由不同原因造成的子类型。

电源根部输出的异常。该问题可能由电源自身损坏、线路板损坏使得电源输出过载、电源的输出调节设置不正确等几种情况导致，均表现为电源根部的输出未达到额定值，从而造成应用电路上的种种问题。电源自身损坏，如 DCU 内－15 V 电源烧损，输出为 0，会导致功放一直加强电，在 RDA 计算机尚未给出速度/位置命令时，天线就冲顶，并在方位方向自动旋转；如 DCU 内＋15 V 电源烧损，会导致天线转动缓慢，且方位电机过温。电路板烧损导致电源输出被拉低，如下光纤板烧损导致 5PS1 的－45 V 输出极小，造成天线异常运动。电源输出未调整到额定值。这种情况在实际工作中多发于交流系统的光电码盘供电电路中。在工装上经过测试发现，当光电码盘的供电输入小于 4.7 V 时，它就无法保证正常工作，表现为发出光电码盘报警信号，并且，当天线停在一个固定位置时，轴角显示仍然在两个或更多的几个相差很大的数据之间来回转换。光电码盘供电由上光端机电源的一路＋5 V 输出提供，考虑到路耗，应当将该＋5 V 电源的输出调整到 5.2 V 左右。板上(或其他使用电源的位置)供电电压的异常。电源根部输出正常，但经过一定的路径传输后，作用到电路板上或其他使用电源的位置时，会出现该处供电电压发生异常的情况。通常会由于线缆接触不良，走线方式不合理，电源自身的输出特性不佳造成，也与整个系统内电源的数目和配置组合方式有关。线缆接触良。DCU 工装内曾出现过＋5 V 线缆在 XT1 接线排上接触不良的情况，导致＋5 V 电源在其原有数字板上可衰减至 4.1 V 左右，且波动达 400 MV。电源自身的输出特性不佳，是指其根部输出电压正常，但匹配负载时，由于电流的波动，导致负载处供电电压不稳，通常表现为开机后，负载电路板上供电为 0，或负载电路板功耗发生瞬间较大变化时，板上供电衰减和震荡。而且，对于同一种电路板，这样的电源往往会在带动它们时已工作于临界状态，因而，由于板子的离散性，导致电源可以正常带动其中的几块，而却在带动另外几块时出现前述问题。

更换模块和板卡比较简单，下面我们主要介绍如何更换电机、减速箱及同步箱等机械部分。

9.4.3.2　电机及电机联轴节的更换

准备工具：一字和十字螺丝刀各一把；M8×80 mm 长螺栓 2 个；3、10、13、14 以及活扳手各一把；工作行灯一个。

1. 拆卸电缆头及联轴节顶丝等步骤

(1)旋下电机的供电插头，找安全地方放好。

(2)通过电机安装法兰支架上安装孔，找到在联轴节上下各 2 个顶丝。

(3)转动手轮旋转电机，当看到轴联轴节上第一个锁紧螺钉时，将其松开两圈，但不要去掉。

(4)转 90°，当看到第二个锁紧螺钉时，将其松开。

(5)确定联轴节上下各 2 个顶丝完全松开。

(6)掉手轮装置，拆卸电机限位开关。

2. 拆卸电机步骤

(1)在电机法兰支架和减速箱之间用一字起子划 2 条安装线，先任意对角卸下 2 个螺栓，把准备好的 2 个 M8×80 mm 长螺栓安装到刚卸下的螺孔上，在拆下电机法兰支架和减速箱之间连接的 4 个 M8 螺栓。

(2)拆下电机法兰支架和减速箱之间连接的 6 个 M8 螺栓后，因电机法兰支架内有定位子口，一般电机不会下落，用卸下 2 个 M8 螺栓在电机法兰支架上，找到对角 M8 螺孔拧上去，反作用力把电机顶开，注意一人抱住电机防止突然下落。

(3)电机法兰支架和减速箱分离开，正常情况下电机会下落到 2 个安全 M8×80 mm 长螺栓上，如还没有下落要看锁紧螺钉是否完全松开或联轴节安装过紧，需要用一字螺丝刀检查联轴节。

(4)电机法兰支架和减速箱完全离开后，再一人托住电机，一人松开 2 个安全 M8×80 mm 长螺栓。

(5)电机卸下后安全拿出舱外。

3. 安装电机步骤

(1)拆下旧电机法兰支架里的 4 个螺钉，取下法兰支架。

(2)清洁电机法兰支架，用同样的 4 个螺钉把电机支架安装在“新”的电机上。

(3)把电机的键安装在“新”的电机轴上，如果有必要的话进行修配。

(4)如新的键安装不上或有点紧，就需要对键进行修配，用卡尺对键和键槽进行测量，键的修配很重要。边角不能修成圆弧形，键的安装要松紧合适，不能间隙太大或太小，并能在键槽里自由滑动，要过度配合，把润滑脂涂在键上。电机和减速箱两端和联轴节修配好以后，才能安装电机。

(5)先把联轴节安装在减速箱输入轴上，把 2 个锁紧螺钉紧固好。

(6)安装电机和拆卸一样，需要两人配合，注意电机电缆方向。一人托住电机先安装 2 个安全 M8×80 mm 长螺栓，把电机轴上的键与联轴节上的键槽对准，将电机垂直向上托，直到电机法兰支架完全就位。

(7)把卸下的螺栓进行安装，卸下 2 个安全 M8×80 mm 长螺栓，所有 6 个螺栓安装到位后，对角紧固螺钉。

(8)安装好手轮装置。

(9)转动手轮通过安装孔找到联轴节与电机轴之间的紧定螺钉，将其紧固，转动手轮，紧固好第二个紧固螺钉。

(10)安装好手轮安全互锁开关。

(11)连接好电机插头。

(12)摇动手轮对安装状态进行检查，不能有异常响声和或轻或重等现象。要运行均匀，无摩擦等异常响声。

(13)收拾好工具，清洁电机及安装空间。

9.4.3.3　减速箱的更换

准备工具：吊装小车，一字和十字螺丝刀各一把，M16×80 mm、M12×50 mm 螺栓，32 mm至 10 mm 套筒扳手和架杆，檫油用纸及毛巾，大小油管及接残油的大盆。

1. 拆卸电机及联轴节(见 9.4.3.2 节所述)

2. 安装吊架及齿隙调整杆步骤

(1)推动天线到方位锁定位置，确保“方位、俯仰锁定装置”置于“锁定”位置。

(2)按照减速箱和方位大油池的放油步骤，把减速箱和方位大油池内的润滑油放干净。

(3)拆卸天线座俯仰箱上吊装孔盖板上的 16 个 M5 螺钉。

(4)找到方位转盘上的吊装孔(大油池盖板)。

(5)拆卸大油池盖板上 2 个 M8 螺钉，把方位注油孔打开，使得减速箱输出轴顶端的吊装螺孔完全暴露出来。

(6)把 M12 吊环安装到减速箱输出轴顶端 M12 丝孔内，确保 M12 吊环安装到位，并穿上 2 m 的吊绳，并用吊扣把 M12 吊环和吊绳连接牢靠。

(7)一人上到俯仰箱顶端穿戴好安全带，在反射体上找到牢靠的地方，把安全带排好。

(8)把吊杆用粗绳栓牢靠，把粗绳另一端递给俯仰箱上面的人。

(9)下面的人托着吊杆，顺着梯子向上走，俯仰箱上面的人拽着绳子往上拉。

(10)将吊杆安装到俯仰顶端左边的吊杆孔内放牢(图 9.8)。

图 9.8　减速箱吊装用吊车

(11)把吊杆上面的吊绳和已经安装好的 2 m 吊绳用吊扣连接好(图 9.9)。

图 9.9　吊车吊绳通过俯仰洞孔和方位减速箱顶吊环连接

(12)对吊绳各连接处进行再次检查,确保安全,把吊绳收紧防止减速箱突然下落。

(13)方位舱内的人拆下减速箱上的油位传感器及油嘴放入工具盒,清洁后备用。

(14)安装好减速箱上的齿隙调整杆和座体上的连接螺栓(图 9.10)。

3. 拆卸减速箱步骤

(1)把减速箱一端的齿隙调整杆座,用一字改锥或划针在方位安装壳体上做好减速箱原始安装位置相对的记号,同时把减速箱的安装螺栓及圆弧孔的相对位置,在座体上也做好标示。

(2)安装 24 mm 的套筒及相关套筒支架,把减速箱上 5 个 M16 安装螺栓各松开一圈,使减速箱各安装螺栓均匀松开,使用已经安装好的齿隙调整杆,按照“脱开”的方向使得减速箱和方位大齿轮漫漫脱开,转动减速箱输入轴检查减速箱和方位大齿轮是否完全脱开,如减速箱没有和方位大齿轮完全脱开,在减速箱突开时,因减速箱输出齿轮轴心发生倾斜,容易使方位大齿轮靠近的齿拉伤。

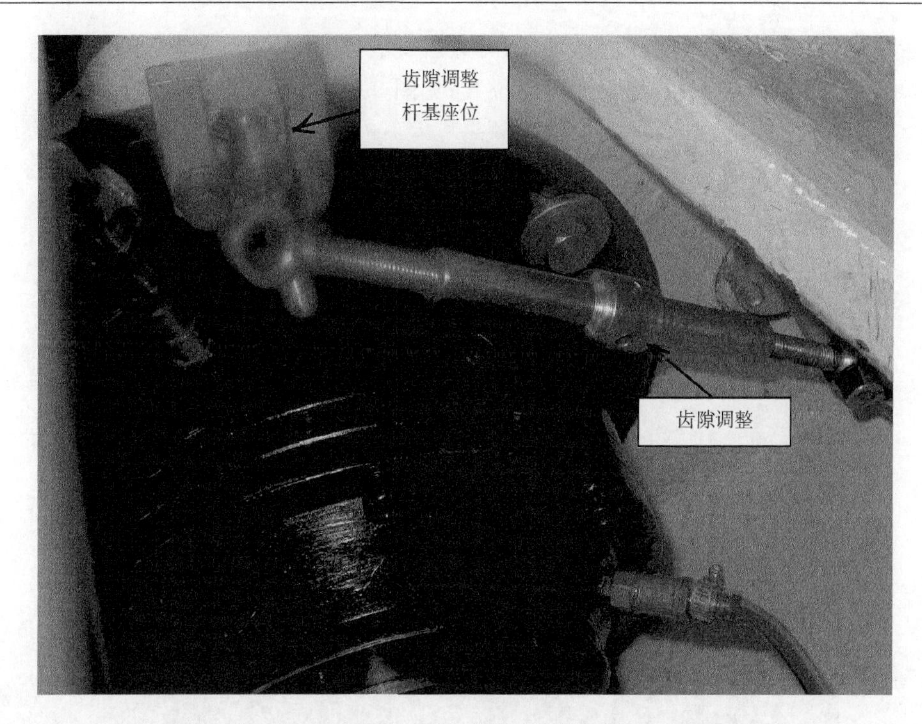

图9.10　安装在减速箱上齿隙调整杆和齿隙调整杆基座位置

(3)在确认减速箱和方位大齿轮完全脱开后，做好减速箱完全脱开后和安装壳体的相对位置记号(三面划线)，新减速箱安装时还要从原减速箱脱开时位置进入安装子口。

(4)做好相对位置记号后，拆卸齿隙调整杆，先大约对角方向卸下2个M16的安装螺栓，在把准备好的2个M16×80 mm长螺栓重新装入原位，拧进3～4圈就可(在减速箱子口和方位座体分离时，防止减速箱突然下落，起安全保护作用)。

(5)2个M16×80 mm长安全保护螺栓装好后，再拆卸剩下的3个安装螺栓。

(6)减速箱上5个M16安装螺栓全部拆卸下来后，俯仰上面控制吊杆的人一定要注意，听在方位舱内拆卸减速箱人员的指挥，先慢慢松一点吊绳，吃上一点劲，此时减速箱是不会自动突开的。把准备好的M12×50 mm螺栓安装到减速箱安装法兰对角3个M12的丝孔内，慢慢对称拧紧3个M12螺栓，确保减速箱输出轴突然下落时不倾斜，看到减速箱子口快要突开的，需要慢慢松一点钢丝绳，听到“咯咚”一声，减速箱突然下落10 mm左右，并同时有油顺着减速箱安装法兰流出来，说明减速箱安装法兰已经出了安装壳体子口，用准备好的大盆接着残油。

(7)在检查确认减速箱安装法兰已经出了壳体子口后，上面控制吊杆的人再把吊绳放下20 mm左右距离，停顿一会，用准备好的擦油纸或毛巾把减速箱上残油清洁一下，并向壳体子口内放一些擦油纸，防止残油向下流。再把减速箱向上提起20 mm左右距离，检查吊杆上吊绳连接是否安全可靠。

(8)在确认吊杆上的吊绳连接安全可靠后，再拆卸2个M16×80 mm安全保护螺栓。减速箱下落时人员不要站在减速箱下面，应站在侧面用手扶助减速箱安装法兰，同时要求吊绳慢慢下降，并检查吊绳和吊扣在下降时，通过俯仰洞孔和方位注油孔时是否有阻扰，确保吊绳下降均匀正常，以防发生意外。

(9)慢慢地将减速箱放到方位筒体内刚板上，解开吊扣，将吊绳从俯仰洞孔和方位注油孔内抽出，置于天线座外面，通过方位筒检修门再重新安装好吊绳，慢慢地将减速箱吊起，从方位检修门内吊出，放到天线罩内的地板上适当位置；见图 9.11。

图 9.11　放下减速箱

(10)彻底清洁方位大油池内油垢，检查是否存有铁屑，查看大轴承齿轮和滑道内的保持架有无明显损伤，把大油池内油垢清洁干净后备用。

4. 减速箱的安装步骤

(1)从卸下的减速箱拆下齿隙调整杆安装座及 3 个 M12 顶丝，解开吊扣和吊绳。

(2)把新减速箱从包装箱中取出。

(3)在拆卸新减速箱电机安装支架前，应做好对应的安装标记，为保证电机和减速箱安装的同心度，每台减速箱的电机安装支架在出厂时经过调整和严格检测，出厂时做上标记，一一对应，各安装孔位置不要搞混。

(4)拆卸安装支架后，把螺栓放好备用。修配减速箱输入轴和联轴节键槽，检查键和键槽安装是否合适应，减速箱输入轴和联轴节安装适当紧一点好“过度配合”，防止联轴节松动下沉，危害下面电机。

(5)减速箱输入轴和联轴节键槽修配好以后,慢慢用手转动联轴节对新减速箱进行检查,看减速箱空转有无“或轻或重”及异常响声,回差是否合适(不要超过 1/4 圈为合适),空转力矩是多少(不要超过 3 kg 为合适);新的减速箱检查没有异常后,拆下联轴节备用。

(6)把齿隙调整杆座安装到新的减速箱上。

(7)清洁减速箱安装面 2 个密封槽,更换新的 Φ3.4 mm O-形密封圈大小各一个,密封圈松紧安装要合适,大了在安装时就会掉下或咬口,安装后就会渗油,把减速箱上 2 个密封槽和子口涂上合适润滑脂,安装好密封圈,准备好吊杆进行吊装减速箱。

(8)从被更换下来的减速箱上取下吊环,安装到新的减速箱上。连接吊扣,慢慢将减速箱提起,通过方位检修门,放到方位筒体钢板上,拆卸吊扣把吊绳再从俯仰洞孔和方位注油孔内进入方位筒内,重新安装好吊绳,慢慢地将减速箱吊起到方位减速箱安装位置,安装人员不要站在减速箱下面,在侧面用手扶住减速箱安装法兰,同时要求吊绳慢慢上升,吊杆操作人员注意听安装人员的指挥,确保安装安全。

(9)减速箱到达安装位置时,再次检查 2 个密封圈安装是否完好,不能有移位、掉落、搓口等现象,如减速箱密封圈安装受损,就会产生渗油现象。

(10)按照以前做好齿隙调整杆座的相对标记位置,扶紧减速箱下部非常小心地进入安装位置,注意不要和大齿轮磕碰,均匀旋进 5 个安装螺栓,使减速箱子口完全就位,慢慢均匀拧紧安装螺栓,使减速箱安装法兰和壳体子口安装面完全水平接触。

5. 减速箱和方位大齿轮回差测量步骤

(1)减速箱安装法兰进入壳体子口,5 个螺栓安装好后以拆卸吊环,在减速箱输出轴顶端重新安装回差测量装置,把测量棒安装到减速箱输出齿轮上方的吊环孔内,安装 2 个百分表头及磁性表座等准备测量回差。

(2)减速箱安装法兰 5 个螺栓安装好后,检查减速箱安装法兰和壳体安装端面是否有间隙,如有间隙再重新紧固。然后再拧松 5 个安装螺栓 1/2～3/4 圈,安装好齿隙调整杆,把减速箱按照“啮合”的方向,使得减速箱和方位大齿轮慢慢啮合,注意看减速箱上安装的齿隙调整杆座,是否到了原来记号相对位置,同时看减速箱的安装螺栓及圆弧孔的相对位置,是否和壳体原来记号对应。

(3)脱开方位锁定装置,使方位转台在调整减速箱及测量齿隙时适当转动。

(4)把联轴节安装到减速箱的输入轴上,拧紧联轴节上部 2 个顶丝,用手转动联轴节使天线慢慢转动,感觉转动力矩在 8 公斤左右为适当。

(5)把♯1 表的磁性底座固定在方位壳体上,使百分表的测量头对准安装到减速箱输出齿轮上方的回差调整杆上刻度线,如图 9.12 所示。

(6)把♯2 表的磁性底座固定在方位壳体上,使百分表的测量头对准,方位转台水平外沿。

(7)把两个百分表的测量活动圆杆,分别向内压缩大约 2 mm,然后调整百分表的刻度盘,使指针对准“调零”,确保 2 个测量活动圆杆完全有效接触到,♯1 减速箱输出齿轮上方回差调整杆上和♯2 表的方位转台水平外沿。

(8)顺时针漫漫转动减速箱输入轴上的联轴节,使减速箱输出齿轮上测量的♯1 百分表指针慢慢转动;注意看,直到♯2 百分表指针开始转动就停止,记下此时♯1 和♯2 两个表指针的读数值。

(9)计算♯2 表和♯1 表的读数差值;其值应该在 40～80 mm 为合适。

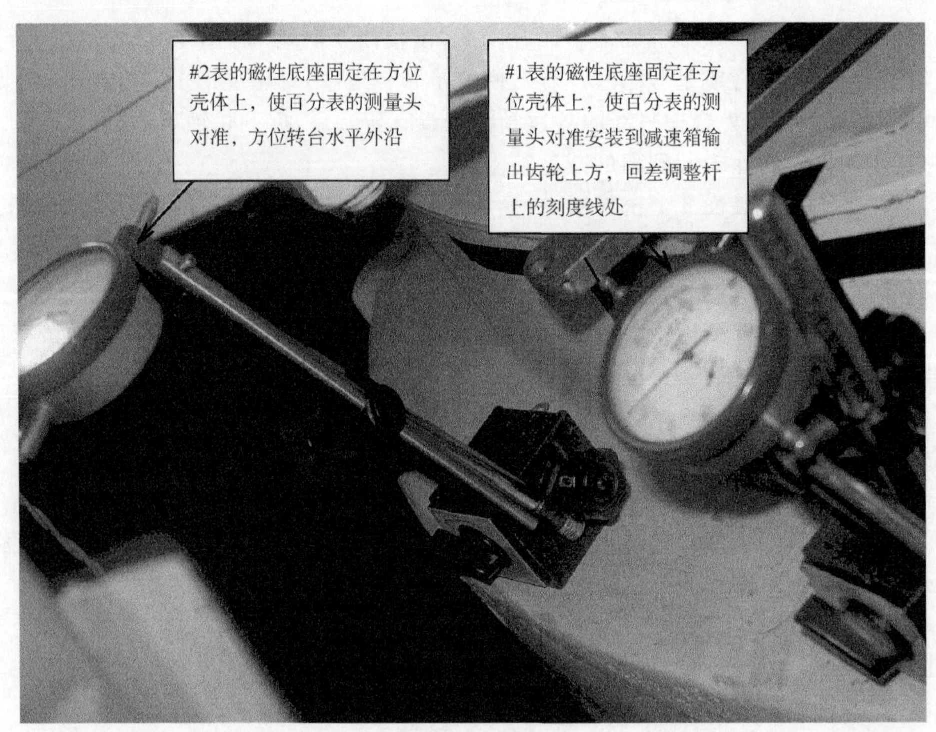

图 9.12　回差测量

(10)如果回差小于 40 mm,向外转动齿隙调整杆,使减速箱脱开一点,然后再重新进行测量;如果回差大于 80 mm,向内转动齿隙调整杆使减速箱啮合紧一点,再重新进行测量,直到其值在 40～80 mm 为合适。

(11)拧紧减速箱上的 5 个 M16×60 mm (GB 1062—88 安装螺栓),检查力矩在 22～25 kg· m 为合适;减速箱上安装螺栓一定要牢靠,减速箱松动,损坏大齿轮。

(12)减速箱 5 个安装螺栓坚固完成后,再次检查齿隙有无变化;拆卸减速箱顶回差调整杆,并用手慢慢转动联轴节,使天线运转一圈,检查减速箱输入轴旋转回差大小,并感觉天线转动是否均匀,有无挤压咬齿等异常情况。如某一方向减速箱输入轴旋转回差小(不到 1/6 圈),转动很吃力,说明减速箱安装法兰输出轴和大轴承外齿不垂直,有倾斜挤压咬齿等现象,根据倾斜方向位置,对减速箱安装法兰端面进行适当的调整,用准备好铜垫片(0.1～0.2 mm)放入减速箱安装法兰内,在重新测量回差,使天线运行均匀,没有挤压咬齿等异常情况。

(13)减速箱齿隙等调整完成后,拆卸回差调整杆及 2 个的磁性底座等;把百分表及磁性底座清洁干净装入专用的包装盒,把回差调整杆放好。

6. 拆卸俯仰顶的吊杆步骤

(1)减速箱安装完成后,检查正常就可以拆卸俯仰顶端的吊杆。

(2)先把出来的钢丝绳用力绕紧收入吊杆的转盘内。

(3)把俯仰顶层吊装孔盖板安装好。

(4)为保证安全,拆卸吊杆时需要 2 人为好,同时带好安全带,把吊杆用粗绳捆绑牢固,顺着梯子,按照上去的方法安全地放下来,在不影响的地方把杆放好备用。

7. 安装电机及联轴节同心度的检查步骤

(1)按照电机的检查维护要求,对拆卸下来的电机进行详细检查,看有无异常情况及电机内阻和测速机阻值是否在合格范围内，对拆卸下来的电机进行检查维护。

(2)如电机内有渗油和积碳打火以及使用三年以上等，为保证天线正常运行，就需要更换新的电机。

(3)用卡尺对键和电机键槽进行测量，新的键安装不合适，就需要对键进行修配，键的修配很重要。边角不能修成大的圆弧形，键的安装要松紧合适，不能间隙太大或太小，能在键槽里自由滑动。电机和减速箱两端的键槽和联轴节修配好以后，涂上适合的润滑脂，并安装入位。

(4)电机和减速箱两端的键槽和联轴节修配好以后，用联轴节专用的同心度测量轴，大小各一个，对联轴节同心度进行检测，大的测量轴为联轴节设计的正公差 0.1 mm，小的测量轴为联轴节设计的负公差 0.2 mm，检查时联轴节通过大的测量轴要求紧一些，小的测量轴松一点为合格。如联轴节对小的测量轴还通不过去，说明联轴节上下两个安装件，轴心偏移或安装螺栓松动，不同心，需要重新安装或更换新的联轴节。

(5)清洁电机支架法蓝安装端面。

(6)先把联轴节安装在减速箱输入轴上，把 2 个锁紧螺钉紧固好。

(7)安装电机和拆卸一样，需要 2 人配合，注意电机电缆头方向。一人托住电机下面，先安装 2 个 M8×80 mm 安全长螺栓，把电机轴上的键与联轴节键槽对准，将电机垂直向上托，通过支架安装孔，看电机上的键顺利进入到联轴节键槽内，安装 4 个 M8 连接螺栓，对角紧固，直到电机法兰支架完全就位。

(8)卸下 2 个 M8×80 mm 长螺栓，并把 2 个 M8 连接螺栓安装到位后，对角紧固螺钉，检查 6 个 M8 安装螺栓力矩在 6～8 kg·m 为合适。

(9)安装好电机手轮装置。

(10)转动手轮通过安装支架孔找到联轴节与电机轴之间的 2 个螺钉，将其紧固。

(11)安装好手轮安全互锁开关。

(12)连接好电机插头。

(13)摇动手轮对电机的安装状态进行检查，查看有无异常响声和或轻或重等现象，安装后开机运行 3 h，应对电机表面及安装连接情况进行检查，如电机表面温度烫手或电机温度报警，说明电机安装不同心有异常情况等，需要重新安装。

(14)收拾好安装工具，清洁方位舱。

(15)最后对方位大油池和减速箱加油和收拾现场并清理工具。

9.4.3.4　方位同步箱的更换

所需工具：5 mm×100 mm 十字起子和一字起子各一把，12～14 的开口扳手，O-形密封圈，润滑油注油器，消隙齿轮插销。

1. 首先放干净方位大油池内润滑油

2. 卸方位同步箱步骤

(1)把安装同步箱的紧固螺钉旋松 1/2 圈，然后慢慢小心地把同步箱按照“脱开”的方向转动，直到消隙双片齿轮不再转动，与大齿轮完全脱开。

(2)拆下 3 个紧固螺钉，安装起盖螺钉。

(3)交替扳动起盖螺钉直到同步箱完全脱离安装位置。

(4)拆卸螺钉时下面人用手接住同步箱，防止同步箱突然下落(危险)。

3. 方位同步传动装置的安装步骤

(1)检视方位同步箱的安装面,看是否清洁,若不清洁需用油棉纱擦净。

(2)把O-形圈涂满油脂,安装在同步箱上的凹槽内。

(3)从被更换的同步箱上拆下放油阀门,保存好以备用。

(4)通过同步箱上的"放油孔"来对准消隙双片齿轮上的孔,双手转动齿轮,使两个齿轮小孔重合插入插销。

(5)确保消隙齿轮和大齿轮清洁,在同步箱的安装面下,在不啮合时把同步箱轻轻地推上去。

(6)慢慢地使同步箱就位,然后安装3个紧固螺栓,紧固好后再松1/2圈。

(7)把同步箱向内然后慢慢小心地把同步箱按照"啮合"的方向转动,直到消隙双片齿轮与大齿轮完全"啮合"。

(8)拔下同步箱上面的插销,要听到"咔吧"一声就好,只要消隙双片齿轮与大齿轮接合间隙为好。如双片齿轮与大齿轮接合间隙过紧,会把双片齿轮传动轴避断。

(9)转动电机手轮驱动装置,使天线漫漫运行一圈以上,看同步箱下面传动轴是否转动,如转动就可。

(10)若同步箱下面传动轴不转动,就要重新拆卸下来安装。

(11)检查同步箱下面传动轴运行正常后,安装好同步箱放油阀门及旋变或光电码盘。

9.4.4 部分天伺系统故障汇总

部分天伺系统故障如表9.14所示。

表9.14 部分天伺系统故障汇总

故障	故障处理
轴角获取异常,天线运动失控	该站DCU所获取的方位俯仰每一支路的轴角数据都不正确,并且在功放加强电时,每一支路的数据都会在两个交替值之间偶有闪动,通过记录方位俯仰的轴角显示值发现,每个支路的两个交替数据都不正确,减去拨码开关的设置并进行格雷码编码后,发现,DCU所获得的轴角值只能是14位全零或14位全1,判断是轴角锁存或移位时钟信号失效所致,在DCU数字板上经示波器测量,发现单片机无任何移位时钟信号发到DS26LS31,时钟电路损坏,更换使用自制DCU数字板后,问题解决
天线动态报警(俯仰角码定位不准)	更换DCU模拟板及数字板,俯仰角码正好藏,伺服系统正常工作
俯仰闪码	清洗滑环
俯仰闪码	清洗汇流环,调整碳刷位置
俯仰角码闪码(在固定方位角度内)	将滑环拆下进行清洗,换油,并对滑道及碳刷进行调整,装上滑环后工作正常
1. 方位同步箱漏油; 2. 反射体推动较重; 3. 俯仰减速机输入轴渗油	1. 放掉大油池的油,并放掉同步箱残油,把天线推至方位锁定位并锁住,记下方位角码54.34,并关闭伺服电源,拆下旋变,先不拆线,放好,拆下同步箱,检查新同步箱输入有风,发现装配质量不好,并更换,试装新同步箱,至齿轮啮合无缝隙状态,并做标记,拆下同步箱装密封圈并涂密封胶,二次装配同步箱至距标记3~5 mm位置,轻拉齿轮插销,听到咔嚓声,把旧旋变的信号先按线号装载新旋变上,把新旋变与同步箱连接,固定,拨角码至54.34,并做太阳法标定天线方位;2. 检查方位连轴节,发现连轴节与电机端面发生摩擦,重新安装,并用仿松胶涂抹固定螺栓,反射体推动正常;3. 经拆检减速机输入轴发现,输入轴有轴向间隙,但轴承没问题,调整轴向间隙,更换机械密封

续表

故障	故障处理
天线每次启动前需要人推动反射体，检查发现，滑环小碳刷与滑道接触不良，角码传输异常	把接触不良的碳刷进行更换处理，以为认为把碳刷翘起时，碳刷在弹簧力下不能自行恢复到滑道
方位在长时间运行情况下出现大角度偏差	1. 测 5A6 上光端机内电源正常，RDASOT 操作正常；2. DCU 数字模拟板未解决问题，换轴角盒，上下光纤板，未解决问题；3. 发现同步箱与旋变连接处松动
天线座无 15 V，5 V 电源输出报警，5A6，5A7 不工作	打开 5A6，测量 XT1，交流 220 V 无输出，保险丝熔断，更换后正常
天线动态故障报警，天线无法停在 PARK 位置，RDASC 在 OPRATION 状态下，5A7 功率放大器三指示灯不亮，波导开关由天线位置又回到假负载位置	检查 5PS1 电源输出正常。用 RDASOT 命令检查天线的运转情况，听到数控单元 5A6 中继电器声音异常，5A7 三指示灯时亮时灭。测量 5A6 各电源正常。将 5A6 中电缆重新插拔一次，并清洗后正常。故障原因可能是电缆插头接触不良造成

9.5　信号处理及软件系统故障

9.5.1　信号处理系统信号流程

信号处理系统位于 RDA 监控设备 UD5 中，主要是接收来自接收机的原始数据；产生用于发射机、接收机和 RDA 接收机的定时及同步信号；产生用于故障定位的定时检查锁存；控制接口电路，为接收机与系统其他部分提供连接，将控制信号发到接收机用于定时和控制，经控制接口电路向 PSP 板发送定时和命令，输入接收机和 HSP 板状态数据。信号处理系统组成如图 9.13 所示。其中硬件处理器 HSP 有 A/B 两块电路板组成，担负着发送整个雷达系统定时和同步信号的任务。A 板输出定时及同步信号到 A/D 转换器和接收机各分机；B 板输出充放电触发脉冲信号到发射机的 3A10 和 3A11。当 A 板出现故障，接收机将无法工作；当 B 板出现故障时，会导致发射机无高压输出。HSP 板输出信号可在 5A16 接口板进行测量。

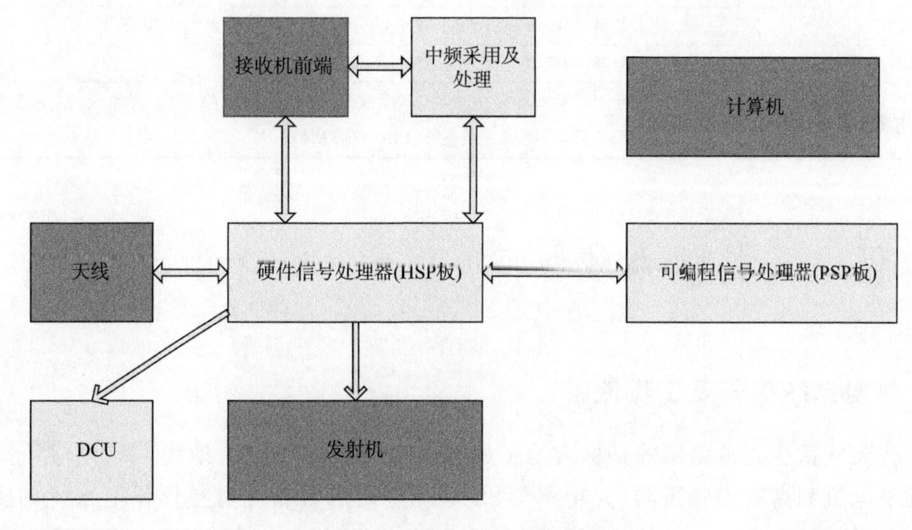

图 9.13　信号处理系统框图

9.5.2　信号处理系统故障分析方法

HSP/A 板和 HSP/B 板的信号一般可在转接盒 5A16 上能够测量，若用仪表检测到 5A16 板后的信号异常，排除线缆故障后基本可以断定是信号处理板或软件故障。如果与接收机接口电路、测试信号控制、故障定位电路等有关的故障，应检查 A 板；如果是发射机定时触发信号，与伺服系统、接收机保护器命令及 RF 控制门有关的故障应检查 B 板。

9.5.3　部分信号系统故障汇总

部分信号系统故障如表 9.15 所示。

表 9.15　部分信号系统故障汇总

RDASC 运行过程中画饼	更换 RDA 计算机中的数字处理板，一块块更换检查，直至更换到 PSP-HSP 转接板时故障排除
RDASC 与天线伺服无法通信	1. 测量 5A16TX 无信号输出；2. 更换 HSP A B 板后工作正常
天线 I/O 角码传输故障	更换 HSP-B 板，天线角码传输正常，SPS 初始化错误，天线自检失败，故障依然存在，更换 PSP 板后，运行正常，无报警，将原 HSP-B 板恢复，天线角码依然传输异常，故更换 HSP-B 板及 PSP 板
RDASC 程序有时无响应，使用测试平台出现 PCI44 FAILED	1. 更换 PSP 与计算机主板插槽，故障无法排除；2. 更换计算机 CPU 后正常，反复运行程序也正常
RPG 机器存储基数据时间间隔出现 4 min，6 min，8 min 情况	更换 RDASC 软件，在 RDA 机器上存储基数据时间间隔正常，在 RPG 机器存储基数据超过 30 h 后，基数据时间间隔不正常，出现 4 min 生成一次基数据的情况，更换 RPG 计算机，存储基数据 15 h，基数据时间间隔正常
雷达有时能开启，有时开不起来，动态差，有时做不出来数字中频不稳定，维修中有 RFD 标定左右大幅漂移和画饼现象	更新数字中频组件，信号 PSP LINK 板，更改成最新的 RDASC 软件，更换软件配置，更换频综输入射频电缆
回波强度偏高	对接收机主信道和测试信道的各个部件进行了差损测量，并对应 RDASC 软件适配参数中的各项差损值进行相应修正，然后进行回波强度标定，在标定准确的基础上适当降低了 syscal 值
天线 I/O 损坏	更换 PSP 与 HSP 间小背板，更换 DCU 数字板供电电源头
RDA 计算机故障，无法启动	检查，判断为电源及主板故障，更换
1. PSP 与计算机通信故障；2. 跳码	可能驱动程序没完全装对，重装后正常，通过模拟天线、真实天线，更换 HSP 与 PSP 板，最终确定跳变为 PSP 故障所致

9.6　供电及其他系统故障

9.6.1　供电系统信号及工作流程

新一代天气雷达通常采用的是标准的三相五线制（A、B、C 三相，地线，零线），并配备了大功率柴油发电机和高精度稳压器、大功率 UPS 电源等附属设备。其整体供电系统如图 9.14 所示。由电网（或发电机）提供的 50 Hz，380 V 交流电经过自动切换装置，经稳压器稳压，再经 UPS 隔离后送到雷达配电机柜，为各雷达分系统提供电源。

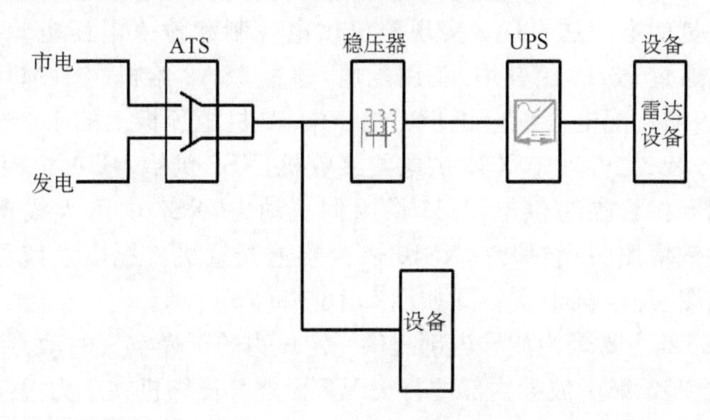

图 9.14　雷达供电系统

柴油发电机组是由法国 SDMO 柴油发电机和 R3000 控制转换系统共同组成。在市电正常情况下，由 R3000 系统控制市电直接给雷达输电，如果市电异常（欠压、过压、缺相、相序错误或无电等），则通过 R3000 系统检测的信息进行判断，发出市电/油机转换工作指令，油机开始工作送电。当市电恢复正常，R3000 系统发出油机/市电转换工作指令，此时市电正常供电而机组 3 min 后自动关机。

大功率稳压器原理如图 9.15 所示，当输入电压 U_i 发生变化 ΔU_i 或负载变化产生 ΔI 而引起输出电压 U_o 产生一个 ΔU_o，使输出电压产生偏移，此时由取样变压器从输出端取样，通过和上限（或下限）基准电压比较，如果超越设定的基准电压，则发出指令，通过伺服机构改变调压变压器，补偿变压器的补偿电压 ΔU_B，使 $\Delta U_o \to 0$，即维持输出电压不变起到稳定电压作用。

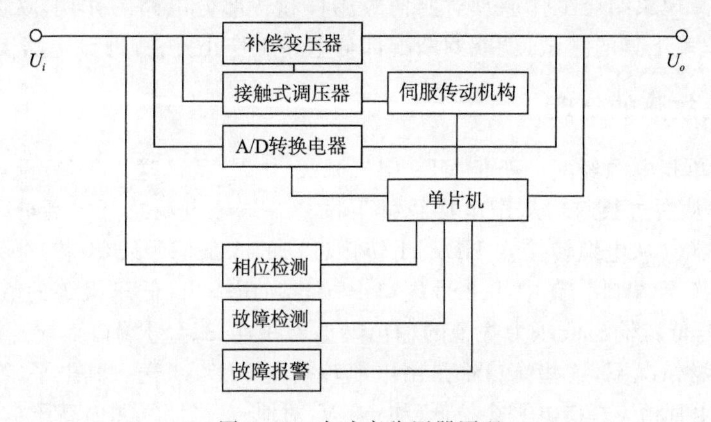

图 9.15　大功率稳压器原理

UPS 电源主要由整流、储能、逆变和开关控制组成。硬件实现上，首先进行 AC-DC 变换，将电网输入的交流电经自耦变压器降压、全波整流、滤波变为直流电压，供给逆变电路。系统稳压功能通常由整流器完成，采用大功率 IGBT 模块全桥逆变电路，进行 DC-AC 逆变功能。控制取得部分是整机的控制核心，除提供检测、保护、同步及各种开关盒显示取得信号外，还完成 SPWM 脉宽调制控制。

雷达配电机柜主要由电源保护器、电源滤波器、交流接触器、断路器及指示灯等组成。雷达各分机的设备接地线通过供电系统的 A10XT3 接线母版统一接入设备地网，以保证雷达设备的接地可靠性。雷达三相五线动力电源通过接线板 A10XT1 接到配电机柜，再经过 98A3、

98A4、98A5、98A6 四个滤波和交流互感器，进一步消除纹波电压，同时还进行一定的隔离和防雷，然后将该高质量的电源送 98A9 实现整机供电控制和输入电压电流显示，接着对 98A9 输出进行整机配电：通过 98A1 给铁塔/备用配电，通过 98A2 给机房 RAD 监控机柜、接收机、发射机、伺服、空气压缩机配电。配电机柜的输出端，是机柜顶板上的十个插座，通过电缆分别连接到雷达系统的各装置上，其中 XS1 供电给接收机，XS2 供给 RDA 机柜，XS3 供给空压机，XS4 供给发射机，XS5 供给临时供电，XS6 供给伺服动力，XS7 供给天线罩加温，XS8 供给天线罩通风，XS9 供给铁塔照明/航警灯，XS10 供给接上光端机。配电系统原理图、配电机柜电路图、配电机柜接线图、配电机柜实物图如图 9.16～9.19 所示。

波导充气单元 UD6 主要是为波导内部提供一定压力的干燥空气的动力装置，使得波导内部空气相对湿度不大于 2%，减少波导内部的打火现象。空气压缩机在压力感应器开关的控制下工作。当储气罐内空气压力小于设定压力（出厂 35 psi）时，压力感应器开关接通电源，开始加压；当罐内空气压力大于设定压力（出厂 60 psi）时，压力感应开关断开加压机电源，停止加压。当空气加压机开始通电时，定时器开始工作，每 30 s 控制排湿开关工作 1 次，把干燥桶内的湿空气排出。

9.6.2　供电系统的故障

雷达供电系统故障主要有两个方面：一是供电系统本身器件老化或雷击引起的损坏；二是由于负载过载引起的供电系统保护性断电。若是第一种故障，应该按照供电系统的信号流程依次检查相应供电断路器、电源滤波器等器件；如果是第二种故障就应该检查分机过载的原因。一般通过分路断开负载的方法或逐个测量各负载对地电阻方法查出故障点。故障的排除通常由观察故障现象开始，通过了解故障发生的经过、现象，再仔细观察和做外部检查，确认故障部位。根据故障现象结合工作原理对照信号流程和各部分电路的作用，认真分析和逻辑判断，在通过辅助仪表工具的测试，就能判断哪部分电路工作正常，哪部分电路工作不正常。

9.6.3　空压机故障的处理

交流 220 V 单相电源经配电机柜 QF9 空气开关、电缆 W88 送入 UD6 配电接线排上的 2、3 端（面对接线排从右边数起），从配电接线排下排 2、3 端经电源总开关后分别给各分单元提供 220 V 单相电源。从电缆转接盒 UD7A1 转接过来的 2 条信号线（4 芯）分别接在信号接线排下排的 1、2、3、6 号端口。其中 1、2 号端口上端与高压输出，低压报警的输出继电器相连，5、6 号端口上端与低压输出低压力报警的输出继电器相连，3、4 号端口上端与湿度报警的输出继电器相连。正常情况下，这些端口都是由电缆转接盒 UD7A1 送入高电平（约 23.8 V，对地），当有报警信号产生时相应端口电平会拉低（约 −3 V，对地）。当储气罐内高压空气经高压调节阀门加压后，当输出空气压力低于设定阈值时，高压输出低压力报警动作，驱动面板上的高压输出低压力报警灯（High Pressure Outlet Low Pressure Alarm）亮，同时触发继电器动作，向 DAU 发出报警。当储气罐内高压空气经 2 个减压阀减压后，经低压输出口输出低压干燥空气到波导内，当输出的空气压力低于设定的阈值时，低压力输出低压力报警器动作，驱动面板上的低压输出低压力报警灯（Low Pressure Outlet Low Pressure Alarm）亮，同时触发继电器动作，向 DAU 发出报警。当湿度感应头感应储气罐中的空气湿度大于 2%时，湿度检测盒测试装置动作，驱动面板上的湿度报警灯（Humidity Alarm）亮，并触发继电器动作，向 DAU 发出报警（参考参数：储气罐启动压力为 35 PSI，停止压力为 60 PSI；波导压力为 3～3.5 PSI；高线压力为 28～30 PSI）。

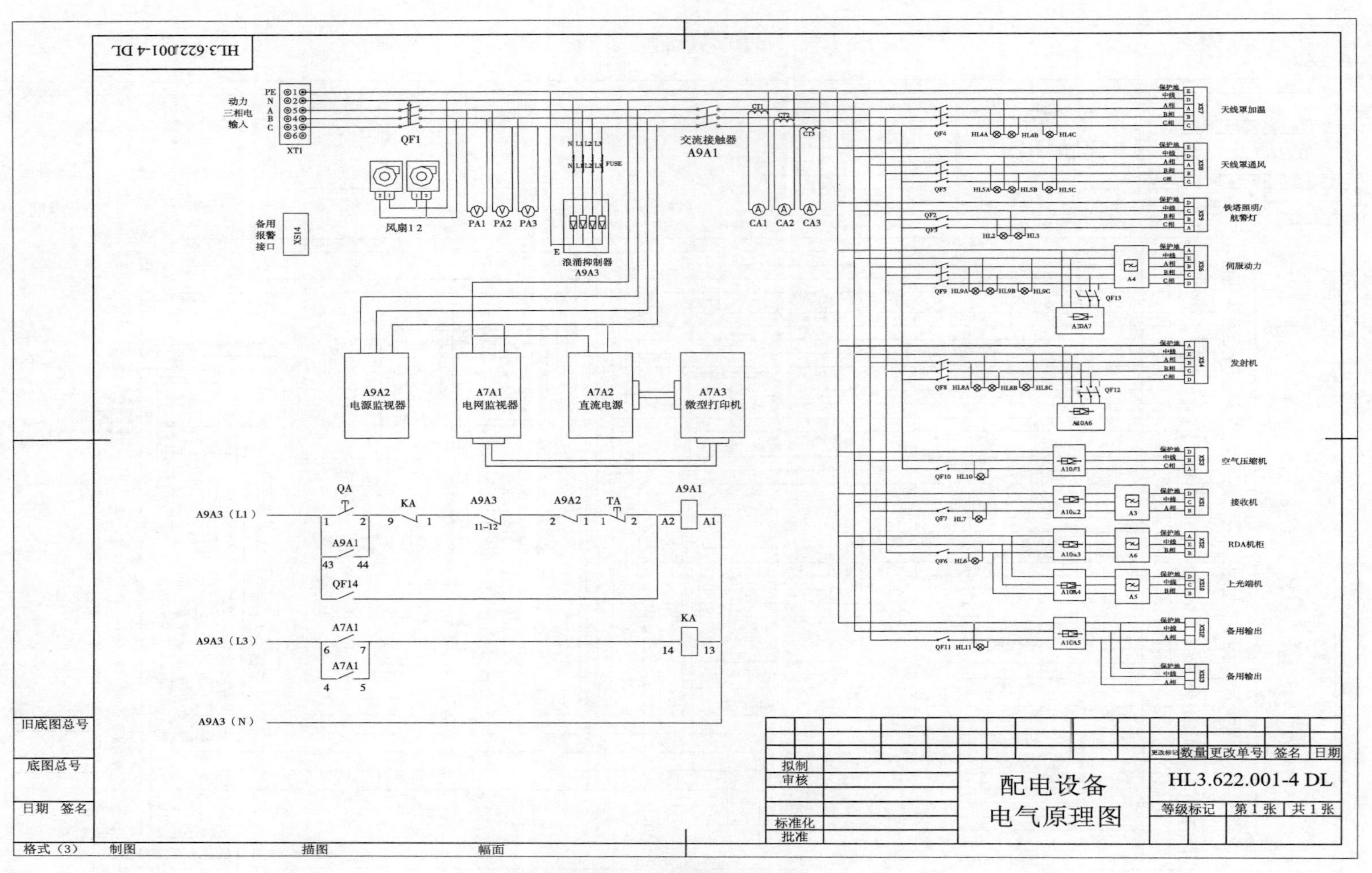

图9.16　主要配电系统原理图

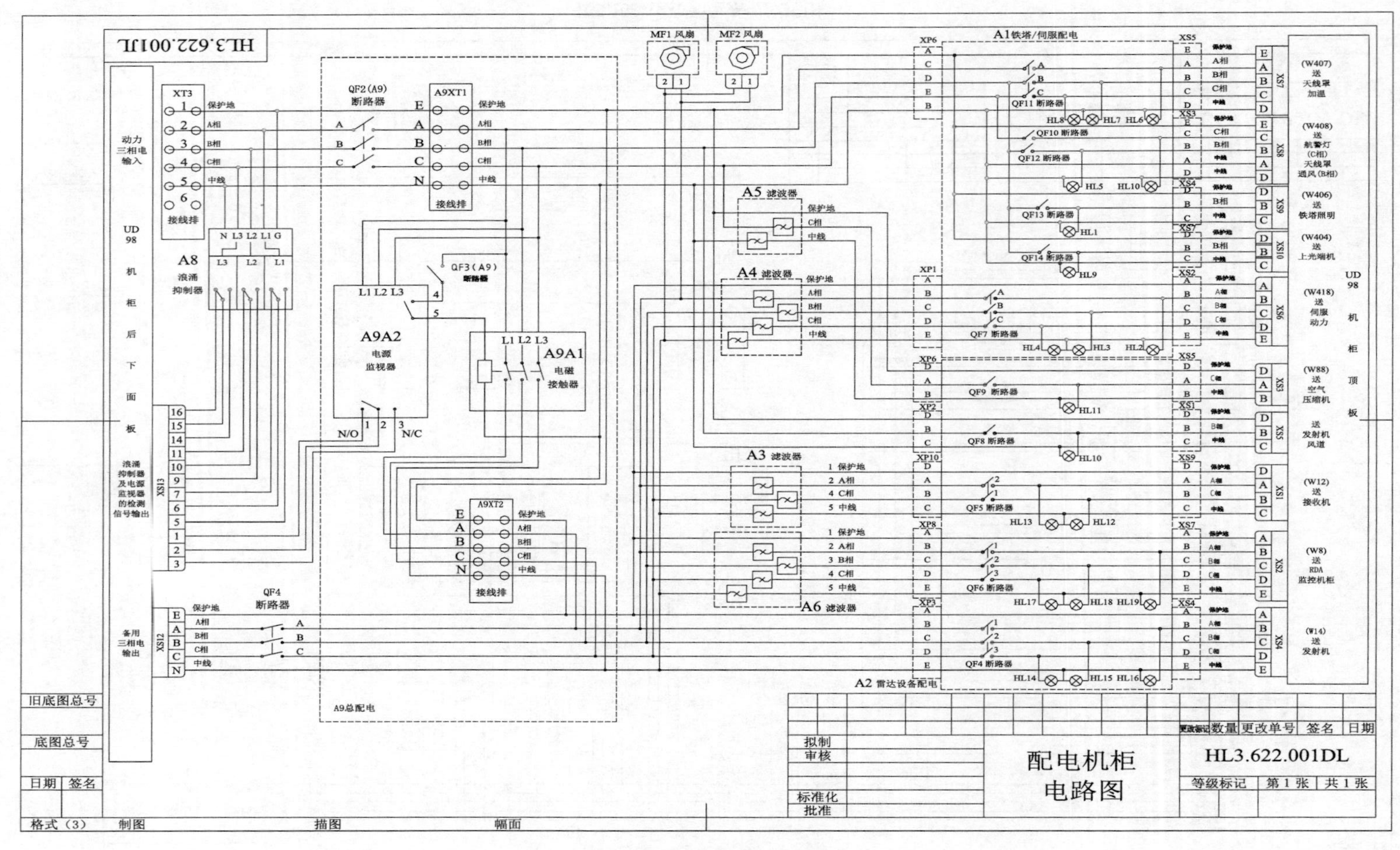

图9.17　配电机柜电路图

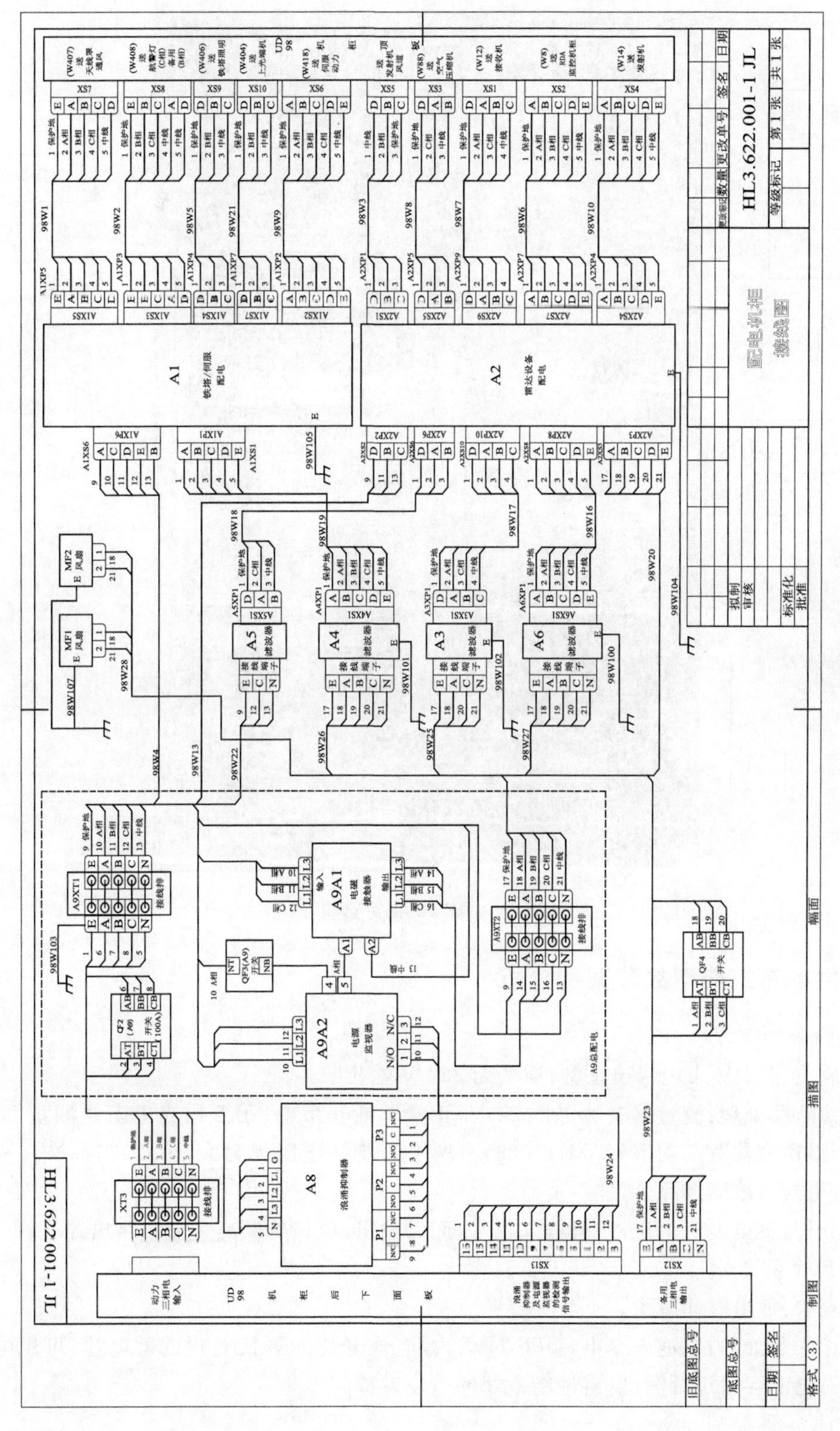

图9.18　配电机柜接线图

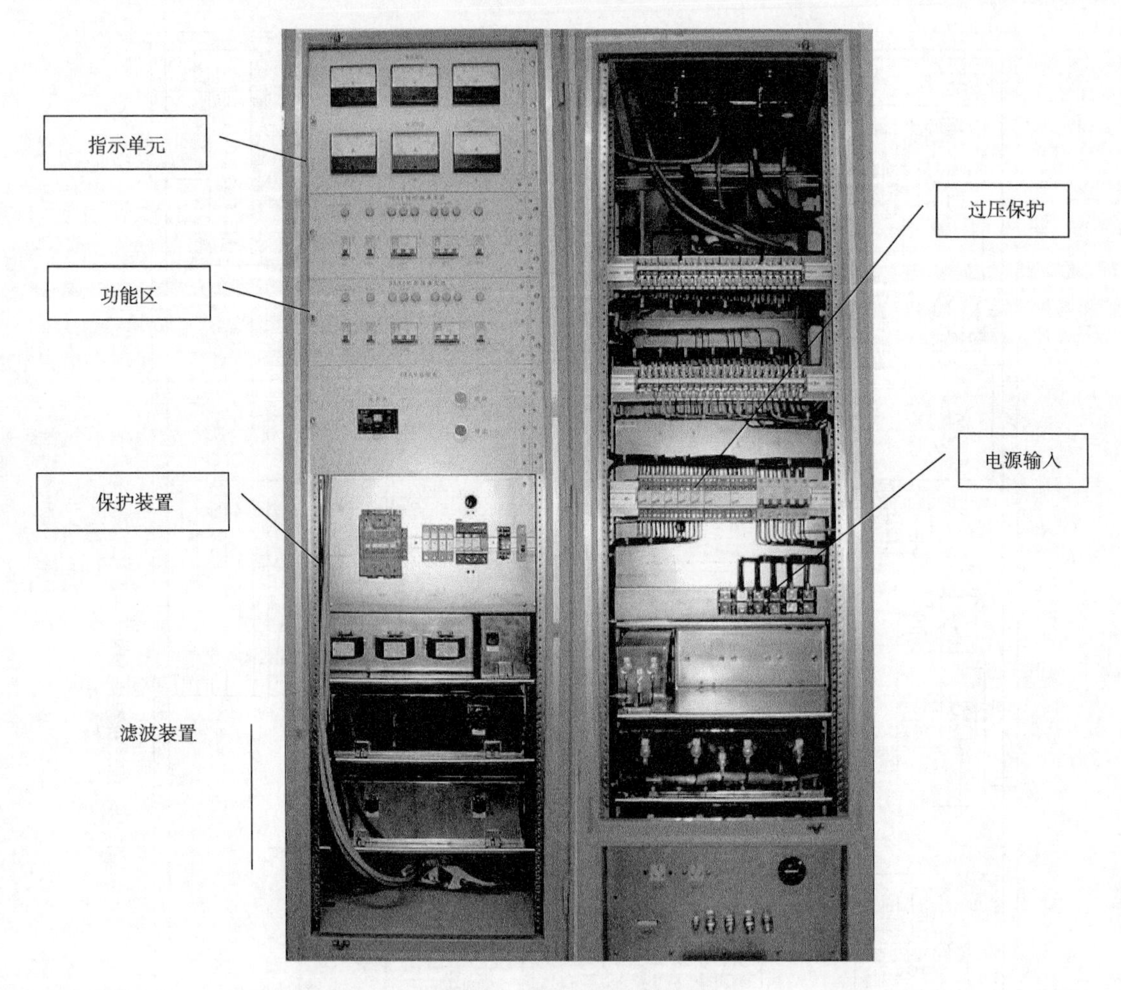

图 9.19 配电机柜实物图

9.6.4 供电系统典型故障案例分析

1. 故障个例 1

故障现象:220 V 市电输出正常,逆变无 220 V 输出。

故障诊断及处理:测量蓄电池电压 24 V,正常。断开市电,用万用表电阻挡测量 UPS 的输出口,测得逆变器驱动功率管(MJ11033)有两个管脚间电阻无穷大,偏离正常状态,说明该器件烧毁,更换后故障排除。

故障分析:蓄电池有电压,并且输入正常,而无输出,应该判断是逆变电路出现故障。

2. 故障个例 2

故障现象:放电时间减少。

故障诊断及处理:电池未充电,UPS 过载,蓄电池老化。更换老化的蓄电池,可用电池容量检测仪对电池容量进行测试,将性能不好的电池换掉。

3. 故障个例 3

故障现象:UPS 出现报警,如过载、过热、市电缺相、相序不对、市电过压或欠压、发电机频率超限等。

故障诊断及处理：根据报警代码查找原因，如果过热，应及时清扫通风口、电池表面灰尘；如果市电缺相、相序不对、过(欠)压，应检查市电供电情况，必要时立即切断市电，采用油机供电；如果发电机供电频率超限，应检查发电机供电频率参数是否正常，必要时进行调整。

4. 故障个例 4

故障现象：配电机柜经常跳闸。

故障诊断及处理：通过万用表和示波器测量配电机柜输出正常，观察发现跳闸时发现电源监视器报缺相，用检修开关运行 24 h 如未出现跳闸，判断电源监视器应为虚报，更换电源监视器后正常。

5. 故障个例 5

故障现象：多次间歇出现报警“WAVEGUIDE HUMIDITY/PRESSURE FAULT”，并且报警出现次数越来越频繁，持续时间越来越长。

故障诊断及处理：经过观察发现当该报警产生时，湿度报警指示灯亮，同时输出信号接线排 3 号端口变为低电平，证明该报警是由于湿度检测和测试装置引起的。把测试触发器打到测试清除(Test Clear)位置，报警能在几秒钟内消除，排除了湿度调节器故障的可能。从总压力表处排除部分空气后，空气加压机开始启动，报警马上消除，经一段时间后该报警又出现，反复多次故障依旧。多次观察发现，空气加压机启动后，当压力达到 423.7 kPa 时自动停止，但压力的下降非常缓慢，经 24 h 后还未降到启动压力 206.85 kPa，在此期间该报警又出现。雷达关机后，把低压输出压力表处的空气尽量排空，然后通过排出总压力表处的空气，使波导内的压力恢复到原来的水平。增加低压输出压力，加快波导内空气的泄漏，使空气加压机启动间隔缩短。经上述处理后，偶然还会出现同样报警。在低压输出处人为地穿刺一个小针孔(注意控制泄气速度，使加压机 2 次启动时间间隔不小于 45～60 min)，加大波导内空气的泄漏速度。经上述处理后，UD6 工作正常，再未发生“WAVEGUIDE HUMIDITY/PRESSURE FAULT”。

故障分析：空气加压机每次启动后干燥空气储存在储气罐中。由于空气相对湿度与空气温度、空气压力有关，储气罐里的干燥空气由于温度和压力变化、渗漏等各种原因，其相对湿度可能变大，由于加压机每次启动的间隔过长，不能及时补充新的干燥空气，从而引起湿度感应器动作，产生报警信号；也有可能是湿度感应器的灵敏度发生了变化，从而引起湿度传感器动作。另外如果没有合适的备件可更换，在应急情况下可暂时把信号接线排 3 号端口接线接到压力报警信号输出端口，使报警检测线时钟保持高电平。

第10章　双偏振雷达介绍

10.1　双偏振的原理

敏视达双偏振雷达采用成熟的、业务上应用广泛的双发双收模式，发射机输出信号功分两路分别以水平和垂直极化方式同时发射，双通道接收机和数字中频对数据进行并行处理。水平通道的信号用于生成单偏振数据，而双通道信号之间的差异是双偏振雷达的关键：

双通道幅度差：系统要求双通道幅度差<0.2 dB。

双通道相位差：系统要求双通道相位差<2°。

10.2　双偏振升级方案

10.2.1　采用的工作体制

双偏振雷达工作体制主要分为交替发射/同时接收和同时发射/同时接收两种。交替发射/同时接收体制：发射时期，发射机的输出功率全部从一个通道发出；接收时期，两路接收机同时接收。优点是发射功率大，缺点是大功率有源极化开关寿命不长，开关转换期数据不正确，测速范围仅有同时发射/同时接收工作体制的一半，水平偏振波和垂直偏振波的观测对象不一致。同时发射/同时接收体制：发射时期，通常将一台发射机的输出功率由无源功分器将其进行功率等分后同时输出到水平和垂直发射通道；接收时期，两路接收机同时接收。优点是效率高，工程上容易实现，寿命长(未用大功率微波开关)，缺点是每个通道发射功率仅为发射机输出功率的一半，对雷达威力有所影响。

经过调研学习，美国业务运行的双偏振雷达均采用同时发射/同时接收的工作体制，我国上海原装进口的 WSR-88D 升级改造双偏振雷达，珠海—澳门双偏振雷达均是同时发射/同时接收的体制。目前，国内雷达生产厂家(北京敏视达雷达有限公司、安徽四创电子股份有限公司、成都锦江电子工程有限公司等)已具备生产交替发射/同时接收、同时发射/同时接收双偏振天气雷达的能力，且技术较为成熟。为保障广东新一代天气雷达双偏振升级改造后的工作体制与国际接轨，便于与珠海—澳门双偏振天气雷达组网观测，广东新一代天气雷达双偏振升级改造拟采用同时发射/同时接收体制，即一台发射机，两路接收机和两路信号处理。

10.2.2　升级的关键技术

1. 数字中频及信号处理器

选用具有自主知识产权和国际先进水平且可直接用于新一代天气雷达双偏振升级的标准化数字中频/信号处理器，不仅能提高中国新一代天气雷达的技术水平，还可避免因国外厂商技术封锁带来的诸多弊端。

2. 信号算法与处理软件

采用国际先进水平的自研雷达控制、信号采集、数据处理与产品算法软件。结合双高斯谱处理和多阶相关分析方法，设计更有效的天气雷达噪声和地物回波消除技术，提高雷达观测的灵敏度和各物理量的观测精度；发展双偏振雷达物理量的最优估计方法，实现双偏振量的精确估计；采用最优化理论，优化相位编码和双重频处理方法，减轻速度和距离模糊问题。

3. 标定技术

采用自动实时在线与机内外离线标定结合的先进工程化标定方案。在单偏振雷达标定的基础上，增加以下标定：使用机内信号对两个接收通道（未含天线罩、天线和双工器）的幅度和相位分别进行实时在线自动标定；通过实时采集发射机高功率信号对发射信号进行在线标定；定期采用太阳作为发射源对两路全接收链路进行标定；在晴天，特别是小雨天气情况下，雷达天线垂直向上，定期对接收和发射全链路进行标定。

4. 观测模式

采用最优化理论配置适应于不同类型灾害性天气系统（如台风、大范围暴雨、强对流）的观测模式（包括扫描策略、工作参数等）。

10.2.3　升级后的性能参数

1. 总体性能指标

表10.1　总体性能指标

序号	项目	S波段
1	工作方式	
1.1	发射	同时发射水平/垂直线偏振； 单发水平线偏振
1.2	接收	同时接收水平/垂直线偏振
2	工作频率	2700～3000 MHz点频可选
3	探测范围	
3.1	探测距离范围	探测距离≥460 km（反射率）； 测量距离≥230 km（反射率、速度、谱宽、双偏振量）
3.2	分辨率	250 m/1000 m
4	探测参数	反射率因子、径向速度、谱宽、差分反射率、差分传播相移、零延迟相关系数、线退偏振比、比差分传播相移
5	参数测量精度（均方误差）	
5.1	反射率因子； 分辨率	1 dB； 0.1 dB

续表

序号	项目	S波段
5.2	径向速度； 分辨率	1 m/s； 0.1 m/s
5.3	速度谱宽； 分辨率 m/s	1 m/s； 0.1 m/s
5.4	差分反射率因子	0.2 dB
5.5	差分传播相移 ΦDP	2°
5.6	比差分传播相移 KDP	0.2°/km
5.7	零延迟互相关系数 ρHV(0)	0.01
5.8	线性退偏振比 LDR	0.5 dB
6	环境适应性	
6.1	工作环境温度	+10～+35℃(室内)； −40～+49℃(室外)
6.2	工作环境湿度	20%～80%(室内)； 15%～100%(室外)
6.3	抗风能力	能抵抗风速为 60 m/s 持续大风
7	电源	三相四线，380 V±10%，50 Hz±2%，具有市电滤波和防电磁干扰、无线电频率干扰的能力，符合电磁容性(EMC)，电磁干扰(EMI)，无线电频率干扰(RFI)的国际标准
8	可靠性	MTBF：≥800 h； MTTR：≤0.5 h
9	连续开机时间	7天×24 h连续
10	保护功能	具有防雷、过流、短路保护、过热保护、过压保护
11	网络通信	雷达系统支持基于 100 M/1000 M 网络的 TCP/IP 和 FTP 协议
12	数据采集和状态监控工作站	DRDA
13	产品生成工作站：	DRPG
14	产品显示工作站	DPUP
15	安全性	1. 应有高压储能元件放电装置，机柜门安全开关，有保护性开关和安全警告标牌； 2. 微波辐射漏能符合国家规定； 3. 故障报警和重要部件如发射机、天线控制等的自动保护功能
16	其他	防水、防霉、防盐雾、防风沙，在海拔 3000 m 以下的高山以及沿海地区和岛屿工作

注：双偏振参数的均方误差要求信噪比大于 20 dB。

2. 天馈系统性能指标

表 10.2 天馈系统性能指标

序号	项目	S波段
1	天线形式	中心馈电，实面天线
2	天线口径	双极化旋转抛物面，直径≥8.5 m
3	偏振方式	水平/垂直
4	波束宽度	≤1°(3 dB)

续表

序号	项目	S波段
5	天线增益	≥44 dB
6	副瓣电平	第一副瓣电平≤−27 dB
7	天线方向性	水平垂直偏振波束主轴方向差<0.1°
8	双通道隔离度	≥30 dB
9	天线扫描方式	PPI、RHI、体扫、扇扫、任意指向、监测扫描
10	扫描范围、速度	PPI:0°～360°连续扫描,速度为0°/s～36°/s可调; RHI:−2°～90°往返扫描,速度为0°/s～15°/s可调
11	体积扫描	由一组PPI扫描构成,最多可到30个PPI,仰角可预置,仰角的范围为−0.5°～90°
12	扇形扫描	任意两个方位或仰角区间内的PPI、RHI,方位角、仰角可预置
13	加速度	方位、俯仰加速度大于15°/S^2
14	天线控制方式	预置全自动、人工干预自动、本地手动控制
15	天线定位精度	方位、仰角均应≤0.2°
16	天线控制精度	方位、仰角均应≤0.1°
17	BITE	具有机内故障自动检测电路
18	安全保护	具有安全保护装置

3. 发射分系统性能指标

表10.3　发射分系统性能指标

序号	项目	S波段
1	工作形式	全相参速调管放大链
2	工作频率	2700～3000 MHz点频可选
3	脉冲峰值功率	≥650 kW
4	发射脉冲宽度	1.57 μs(窄脉冲); 4.5 μs(宽脉冲)
5	发射输出极限改善因子	≥52 dB
6	脉冲重复频率	322/446/644/857/1014/1095/1181/1282
7	参差重复频比	2/3、3/4、4/5
8	速调管寿命	≥20000 h
9	调制器形式	全固态调制器
10	控制方式	本地控制/遥控
11	状态监控及故障告警	冷却、低压、高压准加、高压指示;故障报警指示;高压工作,时间指示、温度指示、主要工作参数指示
12	发射双通道一致性标校	使用在线自动测试方法,对两个发射通道的功率进行高精度测量并自动订正
13	安全保护	发射机柜门安全连锁、高压电路放电装置、发射机故障自锁等

4. 接收分系统性能指标

表 10.4 接收分系统性能指标

序号	项目	S 波段
1	接收方式	全相参超外差式、双通道数字中频接收机
2	频率短期(1 ms)稳定度	$\leqslant 5\times10^{-11}$
3	接收系统动态范围	≥95 dB
4	噪声系数(H 和 V 通道)	≤4 dB
5	镜频抑制	≥60 dB
6	寄生响应:	≤−60 dBc
7	灵敏度	≤−109 dBm(1.57 μs) ≤−114 dBm(4.5 μs)
8	接收机输出(数字信号)	I、Q 信号
9	在线校准和性能检查	
9.1	线性通道反射率自动校准	每次扫描开始时,用不同强度信号进行校准并根据测试结果对反射率值进行调整,如果测试值超限,产生告警信号
9.2	自动系统相干性检查	系统定期使用延迟的速调管输出测试信号对系统的相干性进行检查。若测试值超限,则产生告警信号
9.3	自动速度、谱宽检查	改变测试信号相位,通过对测试信号的检查结果与预置值比较,如结果超限,则产生告警信号
9.4	自动噪声电平校准	在每次扫描前执行一次,如果噪声电平超限,则产生告警信号
9.5	自动系统噪声温度检查	每次扫描前执行一次,如果测试结果超限,则产生相应的告警
9.6	接收双通道一致性自动标校	将测试信号输入至天线口面以下(俯仰关节与正交喇叭之间)的水平和垂直通道,经馈线后进入双通道接收机,中频处理后送入信号处理器并对输出信号进行计算,得出两个通道的幅度/相位差并自动修正

5. 数字中频性能指标

表 10.5 数字中频性能指标

序号	项目	S 波段
1	中频信号输入通道数量	≥4 路,分别用于水平、垂直,BURST 及备用通道
2	动态范围	95～105 dB(H 和 V 通道)
3	A/D 转换器分辨率	≥16 bit
4	采样率	50～100 MHz
5	采样时钟抖动	<1 ps
6	最小距离分辨率	15 m(精度为±1.5 m)
7	最大的距离单元数	2048
8	相位稳定度	速调管发射机:优于 0.1°
9	Burst 脉冲采样分析功能	对发射脉冲进行采样分析,并用于回波的 I、Q 修正
10	主要处理功能	PPP、DFT 杂波抑制
11	数据输出	Z、V、W、SQI、ZDR、LDR、RHOHV、PHIDP 以及 KDP、I/Q
12	双偏振方式	双发双收、单发双收
13	双重频速度解模糊	2∶3、3∶4 或 4∶5
14	数据传输	光纤或 RJ45

续表

序号	项目	S 波段
15	积分次数	1. 强度处理方位积分次数为 16～512 可选； 2. 速度、谱宽处理的脉冲对样本数为 16～512 可选； 3. FFT 的点数为 16～512 可选
16	雷达控制	通过雷达监控软件可以控制并指示雷达发射、发射机高压通/断；天线扫描方式切换；接收机工作状态设置；信号处理参数设置等
17	雷达状态监控	对雷达系统主要工作参数、状态信息进行采集并在本地以及雷达终端计算机上进行显示，对于处于异常状态的组件进行提示
18	雷达故障检测	在各个分系统、分机和组件均设置故障检测点，当雷达出现故障时，故障检测电路将能够检测到故障并对可更换单元(LRU)进行故障定位
19	雷达标校	1. 用太阳法天线对方位角、仰角、差分反射率进行检查和标校； 2. 采用 I、Q 相角法和单库 FFT 两种方法对雷达系统相干性进行检测

6. 软件

表 10.6　软件

序号	名称	S 波段
1	信号处理软件	SPS 软件
2	雷达数据采集和监控软件	RDASC 软件
3	雷达标定软件	RDASOT 软件
4	雷达产品生成软件	RPG 软件
5	雷达主用户处理软件	PUP 软件
6	雷达宽带、窄带通信软件	雷达宽带、窄带通信软件

7. 气象产品

表 10.7　气象产品

序号	名称
1	差分反射率(ZDR)
2	差分传播相移 ΦDP，比差分传播相移(KDP)
3	相关系数(ρHV(0))
4	退偏振比(LDR)
5	基本反射率(R)
6	基本速度(V)
7	基本谱宽(SW)
8	用户可选降水(MSP)
9	混合扫描反射率(HSR)
10	组合反射率(CR)
11	组合反射率等值线(CRC)
12	回波顶高(ET)
13	回波顶高等值线(ETC)
14	强天气分析(反射率)(SWR)

续表

序号	名称
15	强天气分析(速度)(SWV)
16	强天气分析(谱宽)(SWW)
17	强天气分析(切变)(SWS)
18	强天气概率(SWP)
19	降水分类
20	雨滴谱反演
21	VAD 风廓线(VWP)
22	反射率垂直剖面(RCS)
23	速度垂直剖面(VCS)
24	谱宽垂直剖面(SCS)
25	弱回波区(WER)
26	局部风暴相对径向速度(SRR)
27	风暴相对径向速度(SRM)
28	垂直积分液态水含量(VIL)
29	风暴追踪信息(STI)
30	冰雹指数(HI)
31	中尺度气旋(M)
32	龙卷涡旋特征(TVS)
33	风暴结构(SS)
34	组合反射率平均值(LRA)
35	组合反射率最大值(LRM)
36	用户报警信息(UAM)
37	自由文本信息(FTM)
38	1 h 降水(OHP)
39	3 h 降水(THP)
40	风暴总降水(STP)
41	补充降水数据(SPD)
42	速度方位显示(VAD)
43	综合切变(CS)
44	综合切变等值线(CSC)
45	反射率 CAPPI(CAR)
46	速度 CAPPI(CAV)
47	谱宽 CAPPI(CAS)
48	反射率 PPI(PPR)
49	速度 PPI(PPV)
50	谱宽 PPI(PPW)
51	反射率 RHI(RHR)
52	速度 RHI(RHV)
53	谱宽 RHI(RHS)

10.3　广东双偏振升级情况说明

10.3.1　整体介绍

截至2016年3月23日，广东已完成连州、韶关、广州和阳江4部双偏振雷达技术升级，实现数据的正常传输。预计2017年底，广东所有天气雷达将完成双偏振技术升级改造。

已完成双偏振升级的雷达，采用敏视达公司自主开发的WRSP信号处理器，升级完成后能够输出两套数据产品：一套是和原单偏振雷达的基数据和产品数据格式相同，不影响业务考核；另一套是双偏振的基数据和应用产品，暂不参与考核。

10.3.2　升级后出现的问题

1. 双偏振雷达未组网同步

部分雷达升级完成后，由于单、双偏振雷达同时存在，原单偏振雷达已经进行了组网同步校准，但新建和改造的双偏振雷达尚未进行同步。因此双偏振雷达形成的单偏振基数据文件名在分钟数不是整6 min的(有时间隔还为7 min)，与现有组网同步雷达基数据文件名不一致，导致进行雷达拼图时查找同一时刻基数据浪费过多时间，严重时会拼接不同时刻产品导致回波原地不动的假象出现，影响全省雷达拼图的时效性和准确性。

2. 全省雷达拼图受到影响

目前，已经过时钟校准的组网同步雷达在数据生成后基本立即到达，能够按时处理。但韶关和连州等双偏振雷达均有不同程度的数据延迟问题。

统计发现，连州雷达数据延迟时间基本上在4～5 min(有时可超过6 min)；韶关雷达数据延迟时间基本上在3～4 min(有时可超过5 min)。雷达数据存在延迟时间而且不固定，造成程序拼图等待时间增加，即使滞后一个时次处理数据，也不能完全保证双偏振雷达参与拼图。

3. 雷达图形产品色标改变

连州和韶关等双偏振雷达产品中，速度图和反射率因子图的色标与现有单偏振雷达产品的色标不一致。

10.3.3　解决方案

1. 雷达组网同步

原有单偏振雷达同步方案如图10.1所示，通过与敏视达公司沟通，解决方案如下。

方案一：单偏振雷达继续使用原来的同步方案；双偏振雷达采用RDA计算机网络校时、RDASC软件本地控制雷达同步的方案，理论上能够达到与单偏振雷达组网同步的效果。采用该方案能够在很短时间内解决同步问题。

方案二：通过修改同步控制软件，达到能够同时控制单偏振雷达和双偏振雷达的目的，实现同步校时、同步观测、观测数据实时采集。

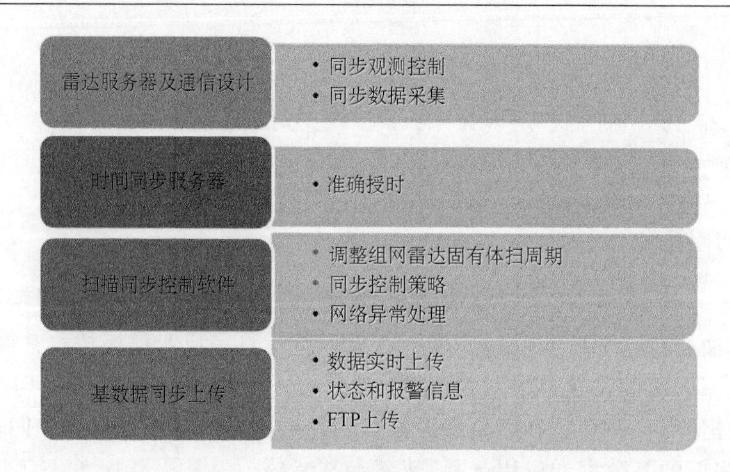

图 10.1　原有单偏振雷达同步方案

采用该方案能够彻底解决同步问题，达到与原单偏振组网雷达同样快速、可靠的拼图效果，但公司需要修改同步控制软件，花费时间比较长。

2. 雷达数据传输

解决雷达的同步问题才能实现正常的雷达区域拼图。实现全省雷达组网同步后，同步服务器能够实时采集全省雷达基数据，通过修改拼图软件的接口程序，最终实现全省雷达的及时、准确拼图。

3. 色标问题

对双偏振雷达产品色标进行调整，与现有单偏振雷达产品的色标相同，保持全省雷达图色标的一致性。

10.4　双偏振主要产品概述

10.4.1　相关系数(CC)

协相关系数用来衡量单个脉冲采样体内，水平和垂直极化脉冲返回信号变化的相似度，简单地来说就是脉冲变化一致性好，CC 值高；脉冲变化一致性差，CC 值低，它的值范围为 1～1.05(无量纲)。在美国天气局(NWS)系统内缩写为 CC，但在多数的研究论文中记为 ρHV(也有些地方记为 RHO)。

在通常情况下，CC 产品并非可以单独使用的双偏振产品，需要结合反射率、径向速度等产品叠加使用，用于区分气象回波和非气象回波，以及识别空间天气类型。一般情况下，气象回波 CC 值高，非气象回波 CC 值低，这取决于探测空间内部的一致性和差异性。如雨和雪等均匀分布的气象粒子，内部一致性好，CC 值通常高于 0.97；鸟和昆虫等形状变化复杂通常返回的 CC 值低于 0.8，而冰雹和湿雪等具有复杂形状和混合的相位的回波 CC 值介于 0.8～0.97 之间，甚至个别的大冰雹 CC 值低于 0.8。

10.4.2　差分反射率(ZDR)

差分反射率用来衡量单个脉冲空间内，水平和垂直极化脉冲返回信号的比，以 LOG 表示。如果用反射率 dBZ 来说，它是水平和垂直通道反射率的差值。它的值为－7.9～7.9 dB，差分反射率用 ZDR 来标记。ZDR 产品显示的标尺的小值有时从－2 dB 开始，这并不影响数据的使用，因为大部分的气象目标散射会产生高于－2 dB 的 ZDR 值。ZDR 提供关于雷达回波粒子中值形状的信息，因此，它能够比较好地估计雨滴的中值尺寸并用来检测冰雹。

尽管差分反射率能够体现粒子的形状，但受制于粒子颗粒大小以及仪器本身的探测能力，会有一定的局限性，主要体现在受大粒子、粒子密度、米散射、低信噪比(SNR)、退偏振等影响会产生较大偏差。在同样形状的粒子条件下，主要表现为：粒子增大 ZDR 值也相应地增大；粒子密度增大 ZDR 值也相应增高；冰雹直径大于 5.08 cm，由于米散射效应 ZDR 值会变成负的；在低信噪比(SNR)和低相关系数(CC)的区域，差分反射率的错误率显著高；有些时候，脉冲信号的一部分在反射回雷达时其极化会改变到与发射脉冲相反的通道中，这些因素都会影响 ZDR 产品。

10.4.3 差分相移率(KDP)

差分相移率(KDP)定义为水平和垂直通道差分相移的距离导数。水平和垂直极化脉冲在媒介(如雪、冰雹等)中传播，两个脉冲的衰减(或传播变慢)引起它们的相位变化(或频移)，由于形状和密集程度的不同，大部分的目标在水平和垂直方向上的相位偏移并不相等，这样就会带来差分相移。差分相移的计算是简单的减法，正的差分相移表示水平相移大于垂直相移。水平方向排列的目标会随着距离增加会产生越来越大的正的差分相移，垂直方向排列的目标会随着距离增加会产生越来越小的负的差分相移，圆的目标产生接近零的差分相移，与距离增加无关。此外，与 ZDR 不同，差分相移还依赖于粒子的密集程度。粒子数量越多差分相移越大。例如，在一个脉冲采样体中水平方向的目标越多，产生的正差分相移越大。

KDP 产品受制于距离库内无差别的差分信息识别(即不管是不是气象粒子均有差分相移信息)和雷达本身仪器性能，在保证业务可用的情况下，KDP 的业务应用主要是探测强降雨区域，尤其是以下情况：单纯强降雨、强降雨、混合冰雹、冷/暖降雨过程。在以上情况中距离库内的差分相移信息较为准确，差分相移率产品可用性高。但在下列情况中使用差分相移率产品需谨慎：在 CC 小于 0.90 时不计算(显示为背景色)，低 SNR 时比较噪，受不均匀波束填充 NBF 影响。因为 CC 小于 0.90 时，距离库内差分相移信息正确率降低，差分相移率准确率也降低。

10.4.4 相态分类(HCL)

相态分类(HCL)产品以 Z，V，ZDR，CC 和 KDP 数据作为输入，加以相态/水凝物分类算法，输出态/水凝物类别(HC)。虽然，相比于 CC 产品，HCL 产品能够更为直观地体现粒子类别，但也由此可见 HCL 产品的可用性依靠 Z，V，ZDR，CC 和 KDP 数据的准确率。

相态/水凝物分类算法预定义 10 种回波类型，在产品显示中用 10 种不同的色块进行区分，回波类型有：(BI)生物回波，包括鸟和昆虫等；(GC)地物杂波，包括建筑物、树、汽车等，也包括异常传播 AP；(IC)冰晶，定义为柱状、针状、盘状等的冰颗粒；(DS)干雪，低密度的雪花；(WS)湿雪指正在融化的雪花；(RA)弱到中等程度降雨，相当于小时降水量小于 25.4 mm；(HR)强降水，相当于小时降水量大于 25.4 mm；(BD)大雨滴指直径至少为 3～4 mm 的雨滴，它们通常密度低，出现在对流的前面边缘；(GR)霰粒子包括软冰/小雪粒形式的固态降水；

(HA)包括纯冰雹或者雨夹冰雹;(UK)未知类型是指算法无法判断的情况,可能是算法不够确信或两个类别非常接近。

相态分类(HCL)产品的出现在业务应用上有助于预报员快速甄别敏感区域,而 HC 在定量降水估计(QPE)中有助于降水类型的识别,促进算法的选择,有利于提高定量降水估测的准确性。凡事有利皆有弊,在 HC 算法的选择上,模糊逻辑成员函数和权重的主观性和经验性较强;在不同的相态分类中,有些分类之间的双偏振特征非常类似,以至于回波类别难以区分,都是相态/水凝物分类算法的缺点。

10.4.5 融化层(ML)

融化层在 CC 和 ZDR 产品上均有明显的特征,这个特征被融化层探测算法(MLDA)用来自动探测融化层,产生融化层(ML)产品。融化层产品有助于混合相态的气象回波解析,如湿雪等天气过程在 HCL 产品中非常明显,可以快速地分析应用。

HCL 产品是基于 CC 和 ZDR 产品生成的,CC 和 ZDR 产品的可用性,直接影响融化层(HCL)产品的业务可用性。除此之外,雷达的体扫能力和天线的稳定性也会直接影响融化层(HCL)产品的正确率。

参考文献

敖振浪,2008. CINRAD/SA 雷达实用维修手册[M]. 北京:中国计量出版社.

何建新,2004. 现代天气雷达[M]. 成都:电子科技大学出版社:98-99.

柴秀梅,2011. 新一代天气雷达故障诊断与处理[M]. 北京:气象出版社.

中国气象局,2002. 新一代天气雷达观测规定[G]. 北京:中国气象局.

郭志勇,新一代天气雷达 S-Band 功率计操作方法. 内部培训材料.

郭志勇,新一代天气雷达 S-Band 典型波形及测试点. 内部培训材料.

郭泽勇,2015 CINRAD/SA 雷达业务技术指导手册[M]. 北京:气象出版社..

李柏,2011. 天气雷达及其应用[M]. 北京:气象出版社.

潘新民,2013. CINRAD-SA/SB 型新一代天气雷达故障快速定位方法[J]. 气象与环境科学,**36**(1):71-75.

胡东明,2003. CINRAD/SA 雷达日常维护及故障诊断方法[J]. 气象,**29**(10):26-28.

吴少峰,2012. CINRAD/SA 发射机典型故障分析处理[J]. 气象科技,**40**(3):358-362.

周红根,2005. CINRAD/SA 雷达故障分析[J]. 气象,**31**(10):39-42.

蔡宏,2011. 新一代天气雷达接收系统噪声温度不稳定性分析[J]. 气象科技,**39**(1):70-72.

郭泽勇,2014. 新一代天气雷达轴角盒故障的分析处理[J]. 气象科技,**45**(5):777-781.

北京敏视达雷达有限公司,2001. 中国新一代多普勒天气雷达 CINRAD/SA 用户手册(上)[G]. 北京:北京敏视达雷达有限公司.

北京敏视达雷达有限公司,2001. 中国新一代多普勒天气雷达 CINRAD/SA 用户手册(中)[G]. 北京:北京敏视达雷达有限公司.

北京敏视达雷达有限公司,2001. 中国新一代多普勒天气雷达 CINRAD/SA 用户手册(下)[G]. 北京:北京敏视达雷达有限公司.

北京敏视达雷达有限公司,2001. 中国新一代多普勒天气雷达 CINRAD/WSR-98D 用户手册[G]. 北京:北京敏视达雷达有限公司.

附录1　雷达指标测试时常用的接插件

●测量注意事项

- 常用接插件及其命名

名称	N	BNC	SMA	SMB	F
特性阻抗	75/50	75/50	50	50	75
外观					

公头、阳头：J
母头、阴头：K

名称	N/SMA-50JJ	N/BNC-50JJ	BNC/SMA-50JK
外观			

50欧姆N型公头转SMA母头：
N/SMA-50JK

附录 2　CINRAD/SA RDASC 报警信息英中对照表

序号	报警信息(英)	报警信息(中)	报警码	状态	类型	设备	取样
A							
1*	AC UNIT＃1 COMPRESSOR SHUTOFF	1 号空调压缩机关闭	120	MM	ED	UTL	2
2*	AC UNIT＃1DISCHARGE TEPM EXTREME	1 号空调出口温度过高	172	MM	ED	UTL	2
3*	AC UNIT＃1 FILTER DIRTY	1 号空调滤网脏	152	MR	ED	UTL	2
4*	AC UNIT＃2 COMPRESSOR SHUTOFF	2 号空调压缩机关闭	121	MM	ED	UTL	2
5*	AC UNIT＃2DISCHARGE TEMP EXTREME	2 号空调出口温度过高	184	MM	ED	UTL	2
6*	AC UNIT＃2 FILTER DIRTY	2 号空调滤网脏	153	MR	ED	UTL	2
7	A/D ＋5 V POWER SUPPLY 2 FAIL	2 号电源故障：模/数转换器＋5 V	141	MM	ED	RSP	2
8	A/D－5.2 V POWER SUPPLY 7 FAIL	7 号电源故障：模/数转换器－5.2 V	143	MM	ED	RSP	2
9	A/D ＋/－15 V POWER SUPPLY 8 FAIL	8 号电源故障：模/数转换器±15 V	140	MM	ED	RSP	2
10	AIRCRAFT HAZARD LIGHTING FAILURE	航警灯故障	130	MM	ED	UTL	2
11	ANTENNA PEAK POWER HIGH	天线峰值功率高	205	MM	ED	XMT	1
12	ANTENNA PEAK POWER LOW	天线峰值功率低	204	MM	ED	XMT	1
13	ANTENNA POWER BITE FAIL	天线功率机内测试设备错误	210	MM	ED	CTR	1
14	ANTENNA POWER METER ZERO OUT OF LIMIT	天线功率计零点超限	207	MM	ED	CTR	1
15	ARCH A ALLOCATION/MEDIA FULL ERROR	存档设备 A 定位/介质满错误	752	N/A	OC	ARCH	
16	ARCH A CAPACITY LOW	存档设备 A 容量低	756	N/A	OC	ARCH	
17	ARCHA LU ASSIGN ERROR	存档设备 A 逻辑单元分配错	457				
18*	ARCH A NEW 8MM TAPE INSTALLED	已安装存档设备 A 新 8 毫米磁带	757				
19	ARCH A PLAYBCK VOLUME SCAN NOT FOUND	未找到存档设备 A 回放体扫	755	N/A	OC	ARCH	
20*	ARCH A UNABLE TO LOAD NEW TAPE-MNT REQ	存档设备无法装入新磁带—需要维护	758				
21	ARCHIVE A FILE MANAGEMENT ERROR	存档设备 A 文件管理错误	753	N/A	OC	ARCH	
22	ARCHIVE A I/O ERROR	存档设备 A 输入/输出错	751	N/A	OC	ARCH	
23	ARCHIVE A LOAD ERROR	存档设备 A 载入错误	754	N/A	OC	ARCH	

续表

序号	报警信息(英)	报警信息(中)	报警码	状态	类型	设备	取样
24	AZIMUTH AMPLIFIER CURRENT LIMIT	方位放大器过流	316	MM	ED	PED	2
25	AZIMUTH AMPLIFIER INHIBIT	方位放大器禁用	315	IN	ED	PED	2
26	AZIMUTH AMPLIFIER OVERTEMP	方位放大器过温	317	MM	ED	PED	2
27	AZIMUTH AMP POWER SUPPLY FAIL	方位放大器电源故障	334	MM	ED	PED	2
28	AZIMUTH ENCODER LIGHT FAILURE	方位编码器灯故障	324	MM	ED	PED	2
29	AZIMUTH GEARBOX OIL LEVEL LOW	方位齿轮箱油位低	325	MM	ED	PED	2
30	AZIMUTH HANDWHEEL ENGAGED	方位手轮啮合	329	IN	ED	PED	2
31	AZIMUTH MOTOR OVERTEMP	方位电机过温	320	MM	ED	PED	2
32	AZIMUTH PCU DATA PARITY FAULT	方位天线座控制单元数据奇偶校验错	322	MM	ED	PED	2
33	AZIMUTH STOW PIN ENGAGED	方位装载销啮合	321	IN	ED	PED	2
34*	AU0 PARITY ERROR	0号算术单元奇偶校验错	582	N/A	FO	N/A	
35*	AU1 PARITY ERROR	1号算术单元奇偶校验错	583	N/A	FO	N/A	
36*	AU2 PARITY ERROR	2号算术单元奇偶校验错	584	N/A	FO	N/A	
B							
37	BULL GEAR OIL LEVEL LOW	大齿轮箱油位低	326	MM	ED	PED	2
38	BYPASS MAP FILE READ FAILED	读旁路图文件失败	441	MM	ED	CTR	1
39	BYPASS MAP FILE WRITE FAILED	写旁路图文件失败	691	N/A	OC	N/A	
C							
40	CENSOR ZONE FILEREAD FAILED	读杂波区文件失败	444	MR	ED	CTR	1
41	CENSOR ZONE FILE WRITE FAILED	写杂波区文件失败	689	N/A	OC	N/A	
42*	CHAN ALREADY CONTROLLING-CMD REJ	通道已为控制—拒绝执行此命令	553	N/A	OC	N/A	
43*	CHAN ALREADY NON-CONTROLING-CMD REJ	通道已为非控制—拒绝执行此命令	554	N/A	OC	N/A	
44	CIRCULATOR OVERTEMP	环流器过温	56	MM	ED	N/A	2
45	CONTROL SEQ TIMEOUT-RESTART INITIATED	控制序列超时—重新初始化	701	N/A	OC	N/A	
46	CLUTTER FILTER PARITY ERROR	杂波滤波器奇偶校验错	588	N/A	FO	RSP	
47*	CMD NOT VALID FROM CHANNEL 1-CMD REJ	通道1命令无效—拒绝执行	555	N/A	OC	N/A	
48	COHO/CLOCK FAILURE	相参振荡器/时钟故障	99	MM	ED	RSP	2
D							
49							
50	DAU A/D HIGH LEVEL OUT OF TOLERANCE	数据采集单元模/数转换器超上限	268	MM	ED	CTR	2
51	DAU A/D LOW LEVEL OUT OF TOLERANCE	数据采集单元模/数转换器超下限	266	MM	ED	CTR	2

续表

序号	报警信息(英)	报警信息(中)	报警码	状态	类型	设备	取样
52	DAU A/D MID LEVEL OUT OF TOLERANCE	数据采集单元模/数转换器超中限	267	MM	ED	CTR	2
53	DAU INITIALIZATION ERROR	数据采集单元初始化错	448	IN	ED	CTR	3
54	DAU I/O STATUS ERROR	数据采集单元输入/输出状态错	461	N/A	FO	N/A	
55	DAU STATUS READ TIMED OUT	读数据采集单元状态超时	400	N/A	FO	N/A	
56*	DAU TASK PAUSED-RESTART INITIATED	数据采集单元任务暂停—重新初始化	621	N/A	OC	N/A	
57	DAU UART FAILURE	数据采集单元通用异步收发器故障					
58*	DISABLE/ENAB/AUTO SWITCH IN DISABLE	不可用/可用/自动开关不可用	455	MM	ED	CTR	1
E							
59	EXCESSIVE RADIALS IN A CUT	一个锥扫中径向过多	397	N/A	OC	N/A	
60	ELEVATION + NORMAL LIMIT	仰角+限位—正常限位	310	MM	ED	PED	2
61	ELEVATION- NORMAL LIMIT	仰角—限位—正常限位	311	MM	ED	PED	2
62	ELEVATION AMPLIFIER CURRENT LIMIT	仰角放大器过流	301	MM	ED	PED	2
63	ELEVATION AMPLIFIER INHIBIT	仰角放大器禁用	300	IN	ED	PED	2
64	ELEVATION AMPLIFIER OVERTEMP	仰角放大器过温	302	MM	ED	PED	2
65	ELEVATION AMP POWER SUPPLY FAIL	仰角放大器电源故障	335	MM	ED	PED	2
66	ELEVATION ENCODER LIGHT FAILURE	仰角编码器灯故障	313	MM	ED	PED	2
67	ELEVATION GEARBOX OIL LEVEL LOW	仰角齿轮箱油位低	314	MM	ED	PED	2
68	ELEVATION HANDWHEEL ENGAGED	仰角手轮啮合	328	IN	ED	PED	2
69	ELEVATION IN DEAD LIMIT	仰角死限位	308	MM	ED	PED	2
70	ELEVATION MOTOR OVERTEMP	仰角电机过温	305	MM	ED	PED	2
71	ELEVATION PCU DATA PARITY FAULT	仰角天线座控制单元数据奇偶校验错	307	MM	ED	PED	2
72	ELEVATION STOW PIN ENGAGED	仰角收藏销啮合	306	IN	ED	PED	2
73	EQUIPMENT SHELTER TEMP EXTREME	设备方舱过温	171	MM	ED	UTL	2
74*	EQUIP SHELTER HALON/DETECT SYS FAULT	设备方舱灭火/检测系统故障	131	MR	ED	UTL	2
F							
75	FILAMENT POWER SUPPLY OFF	灯丝电源关闭	40	IN	ED	XMT	2
76	FILAMENT POWER SUPPLY VOLTAGE FAIL	灯丝电源电压故障	53	MM	ED	N/A	2
77*	FIRE/SMOKE IN EQUIP SHELTER	设备方舱烟/火报警	133	MR	ED	UTL	2
78*	FIRE/SMOKE IN GENERATOR SHELTER	发电机方舱烟/火报警	136	MR	ED	UTL	2
79	FLYBACK CHARGER FAILURE	回授充电器故障	68	MM	ED	N/A	2
80	FOCUS COIL AIRFLOW FAILURE	聚焦线圈气流量故障	75	MM	ED	N/A	2

续表

序号	报警信息(英)	报警信息(中)	报警码	状态	类型	设备	取样
81	FOCUS COIL CURRENT FAILURE	聚焦线圈电流故障	74	MM	ED	N/A	2
82	FOCUS COIL POWER SUPPLY VOLTAGE FAIL	聚焦线圈电源电压故障	55	MM	ED	N/A	2
G							
83*	GENERATOR EXERCISE FAILURE	发电机自动启动/关机测试故障	129	MM	ED	UTL	2
84*	GENERATOR ENGINE MALFUNCTION	发电机发动机故障	125	MM	ED	UTL	2
85*	GENERATOR FUEL STORAGE TANK LEVEL LOW	发电机燃料油箱油位低	176	MR	ED	UTL	2
86*	GEN SHELTER HALON/DETECTION SYS FAULT	发电机方舱灭火/检测系统故障	137	MR	ED	UTL	2
87*	GENERATOR MAINTENANCE REQUIRED	发电机需要维护	122	MR	ED	UTL	2
88*	GEN STARTING BATTERY VOLTAGE LOW	发电机启动电池电压低	124	MM	ED	UTL	2
89*	GENERATOR SHELTER TEMP EXTREME	发电机方舱过温	175	MM	ED	UTL	2
H							
90	HWSP END AROUND TEST ERROR	硬件信号处理器闭环测试错误	589	MM	ED	RSP	1
I							
91	I CHANNEL BIAS OUT OF LIMIT	I通道偏差超限	490	MM	ED	RSP	1
92	IF ATTEN CALIBRATION SIGNAL DEGRADED	中频衰减器标定信号变坏	477	MM	ED	RSP	1
93	IF ATTEN CAL INHIBITED-INVALID DATA	禁止中频衰减器标定—无效数据	476	MM	ED	RSP	1
94	IF ATTEN STEP SIZE DEGRADED	中频衰减器步进量变坏	474	MM	ED	RSP	1
95	IF ATTEN STEP SIZE-MAINT REQUIRED	中频衰减器步进量需要维护	503	MR	ED	RSP	1
96	INTERPROCESSOR CONTROL CMD REJECTED	拒绝执行内部处理器控制命令	550	N/A	OC	N/A	
97	INIT SEQ TIMEOUT-RESTART INITIATED	初始化序列超时—重新初始化	700	N/A	OC	N/A	
98	INVALID CENSOR ZONE MESSAGE RECEIVED	收到无效的杂波区信息	679	N/A	OC	N/A	
99	INVALID RPG COMMAND RECEIVED	收到无效的 RPG 命令	395	N/A	OC	N/A	
100	INVALID REMOTE VCP RECEIVED	收到无效的遥控体扫表	393	N/A	OC	N/A	
101	INVERSE DIODE CURRENT UNDERVOLTAGE	反向二极管电流欠压	69	MM	ED	N/A	2
102	I/Q AMP BALANCE DEGRADED	I/Q 幅度平衡变坏	472	MM	ED	RSP	1
103	I/Q AMP BALANCE-MAINT REQUIRED	I/Q 幅度平衡需要维护	505	MR	ED	RSP	1
104	I/Q PHASE BALANCE DEGRADED	I/Q 相位平衡变坏	473	MM	ED	RSP	1
105	I/Q PHASE BALANCE-MAINT REQUIRED	I/Q 相位平衡需要维护	507	MR	ED	RSP	1
106	ISU PERFORMANCE DEGRADED	干扰抑制单元性能变坏	522	MM	ED	RSP	1

续表

序号	报警信息(英)	报警信息(中)	报警码	状态	类型	设备	取样
K							
107	KLYSTRON AIR FLOW FAILURE	速调管气流故障	84	MM	ED	N/A	2
108	KLYSTRON AIR OVER TEMP	速调管气温过高	83	MM	ED	N/A	2
109	KLYSTRON FILAMENT CURRENT FAIL	速调管灯丝电流故障	81	MM	ED	N/A	2
110	KLYSTRON OVERCURRENT	速调管过流	80	MM	ED	N/A	2
111	KLYSTRON VACION CURRENT FAIL	速调管真空泵电流故障	82	MM	ED	N/A	2
L							
112	LIN CHAN CLUTTER REJECTION DEGRADED	线性通道杂波抑制变坏	486	MM	ED	RSP	1
113	LIN CHAN CLTR REJECT-MAINT REQUIRED	线性通道杂波抑制需要维护	487	MR	ED	RSP	1
114	LIN CHAN GAIN CAL CONSTANT DEGRADED	线性通道增益标定常数变坏	481	MM	ED	RSP	1
115	LIN CHAN GAIN CAL CHECK DEGRADED	线性通道增益标定检查变坏	480	MM	ED	RSP	1
116	LIN CHAN GAIN CAL CHECK-MAINT REQD	线性通道增益标定检查需要维护	479	MR	ED	RSP	1
117	LIN CHAN KLY OUT TEST SIGNAL DEGRADED	线性通道速调管输出测试信号变坏	533	MM	ED	RSP	1
118	LIN CHANNEL NOISE LEVEL DEGRADED	线性通道噪声电平变坏	470	MM	ED	RSP	1
119	LIN CHAN RF DRIVE TST SIGNAL DEGRADED	线性通道射频激励测试信号变坏	523	MM	ED	RSP	1
120	LIN CHAN TEST SIGNALS DEGRADED	线性通道测试信号变坏	527	MM	ED	RSP	1
121*	LOG CHAN CAL CHECK DEGRADED	对数通道标定检查变坏	530	MM	ED	RSP	1
122*	LOG CHAN CAL CHK-MAINT REQUIRED	对数通道标定检查需要维护	532	MR	ED	RSP	1
123*	LOG CHAN CLUTTER REJECTION DEGRADED	对数通道杂波抑制变坏	488	MM	ED	RSP	1
124*	LOG CHAN CLTR REJECT-MAINT REQUIRED	对数通道杂波抑制需要维护	489	MR	ED	RSP	1
125*	LOG CHAN GAIN CAL CONSTANT DEGRADED	对数通道增益标定常数变坏	482	MM	ED	RSP	1
126*	LOG CHAN KLY OUT TEST SIGNAL DEGRADED	对数通道速调管输出测试信号变坏	534	MM	ED	RSP	1
127*	LOG CHANNEL NOISE LEVEL DEGRADED	对数通道噪声电平变坏	469	MM	ED	RSP	1
128*	LOG CHAN RF DRIVE TST SIGNAL DEGRADED	对数通道射频激励测试信号变坏	524	MM	ED	RSP	1
129*	LOG CHAN TEST SIGNALS DEGRADED	对数通道测试信号变坏	528	MM	ED	RSP	1

续表

序号	报警信息(英)	报警信息(中)	报警码	状态	类型	设备	取样
M							
130*	MAINT CONSOLE-15 V POWER SUPPLY FAIL	维护控制台－15 V电源故障	265	MM	ED	CTR	2
131*	MAINT CONSOLE +5 V POWER SUPPLY FAIL	维护控制台＋5 V电源故障	252	MM	ED	CTR	2
132*	MAINT CONSOLE +15 V POWER SUPPLY FAIL	维护控制台＋15 V电源故障	251	MM	ED	CTR	2
133*	MAINT CONSOLE +28 V POWER SUPPLY FAIL	维护控制台＋28 V电源故障	250	MM	ED	CTR	2
134*	MMI INITIALIZATION ERROR	人机界面初始化错误	449	MM	ED	CTR	1
135*	MMI I/O STATUS ERROR	人机界面输入/输出状态错误	460	N/A	FO	N/A	
136*	MMI TASK PAUSED-RESTART INITIATED	人机界面任务暂停—重新初始化	620	N/A	OC	N/A	
137	MOD ADAP DATA FILE READ FAILED	读当前适配数据文件失败	439	MM	ED	CTR	1
138	MODULATOR INVERSE CURRENT FAIL	调制器反峰电流故障	65	MM	ED	N/A	2
139	MODULATOR OVERLOAD	调制器过载	64	MM	ED	N/A	2
140	MODULATOR SWITCH FAILURE	调节器开关故障	66	MM	ED	N/A	2
141	MULT DAU CMD TOUTS-RESTART INITIATED	多个DAU命令超时—重新初始化	654	N/A	OC	N/A	
142	MULT DAU I/O ERROR-RDA FORCED TO STBY	多个DAU输入/输出错误-RDA强制待机	465	N/A	OC	N/A	
143	MULT PED I/O ERROR-RDA FORCED TO STBY	多个PED输入/输出错误-RDA强制待机	467	N/A	OC	N/A	
144	MULT SPS I/O ERROR-RDA FORCED TO STBY	多个SPS输入/输出错误-RDA强制待机	466	N/A	OC	N/A	
N							
145*	NO INTERPROCESSOR COMMAND RESPONSE	无内部处理器命令响应	551	N/A	OC	N/A	
146	NOTCH WIDTH MAP GENERATION ERROR	生成凹口宽度图错	380	MM	ED	CTR	1
P							
147	PEDESTAL－15 V POWER SUPPLY 1 FAIL	天线座1号电源故障：－15 V	331	MM	ED	PED	2
148	PEDESTAL +5 V POWER SUPPLY 1 FAIL	天线座1号电源故障：＋5 V	332	MM	ED	PED	2
149	PEDESTAL +15 V POWER SUPPLY 1 FAIL	天线座1号电源故障：＋15 V	330	MM	ED	PED	2

续表

序号	报警信息(英)	报警信息(中)	报警码	状态	类型	设备	取样
150	PEDESTAL +28 V POWER SUPPLY 2 FAIL	天线座 2 号电源故障：+28 V	333	MM	ED	PED	2
151	PEDESTAL +150 V OVERVOLTAGE	天线座+150 V 过压	303	MM	ED	PED	2
152	PEDESTAL +150 V UNDERVOLTAGE	天线座+150 V 欠压	304	MM	ED	PED	2
153	PEDESTAL DYNAMIC FAULT	天线座动态故障	336	IN	ED	PED	1
154	PEDESTAL INITIALIZATION ERROR	天线座初始化错	450	IN	ED	PED	3
155	PEDESTAL I/O STATUS ERROR	天线座输入/输出状态错	463	N/A	FO	N/A	
156	PEDESTAL INTERLOCK OPEN	天线座互锁打开	337	IN	ED	PED	1
157	PEDESTAL SELF TEST 1 ERROR	天线座自检 1 错	604	N/A	FO	N/A	
158	PEDESTAL SELF TEST 2 ERROR	天线座自检 2 错	605	N/A	FO	N/A	
159	PEDESTAL UNABLE TO PARK	天线座无法停在停放位置	339	IN	ED	PED	1
160	PEDESTAL STOPPED	天线座停止	338	IN	ED	PED	1
161	PED SERVO SWITCH FAILURE	天线座伺服开关故障	341	IN	ED	PED	3
162*	PED TASK PAUSED-RESTART INITIATED	天线座任务暂停—重新初始化	623	N/A	OC	N/A	
163*	POWER TRANSFER NOT ON AUTO	电源未处于自动转换位置	128	MM	ED	UTL	2
164	PFN/PW SWITCH FAILURE	脉冲形成网络/脉冲宽度开关故障	47	IN	ED	XMT	3
165	PRF LIMIT	脉冲重复频率超限	77	MM	ED	N/A	2
166	PRT1 INTERVAL ERROR	脉冲重复时间 1 间隔错	381	N/A	FO	N/A	
167	PRT2 INTERVAL ERROR	脉冲重复时间 2 间隔错	382	N/A	FO	N/A	
Q							
168	Q CHANNEL BIAS OUT OF LIMIT	Q 通道偏差超限	491	MM	ED	RSP	1
R							
169	RADOME ACCESS HATCH OPEN	天线罩舱门开	151	IN	ED	UTL	2
170	RADOME AIR TEMP EXTREME	天线罩气温度过高	174	MR	ED	UTL	2
171	RADIAL DATA LOST	径向数据丢失	396	N/A	OC	N/A	
172	RADIAL TIME INTERVAL ERROR	径向时间间隔错误	383	N/A	FO	N/A	
173	RCVR-9 V POWER SUPPLY 4 FAIL	接收机 4 号电源故障：−9 V	135	MM	ED	UTL	2
174	RCVR +5 V POWER SUPPLY 5 FAIL	接收机 5 号电源故障：+5 V	132	MM	ED	RSP	2
175	RCVR +9 V POWER SUPPLY 6 FAIL	接收机 6 号电源故障：+9 V	139	MM	ED	RSP	2
176	RCVR +/−18 V POWER SUPPLY 1 FAIL	接收机 1 号电源故障：±18 V	134	MM	ED	RSP	2

续表

序号	报警信息(英)	报警信息(中)	报警码	状态	类型	设备	取样
177	RCVR PROT +5 V POWER SUPPLY 9 FAIL	接收机保护器9号电源故障:+5 V	147	MM	ED	RSP	2
178*	RDA CHANNEL CONTROL FAILURE	RDA通道控制故障	150	N/A	OC	N/A	
179	RDASC CAL DATA FILE WRITE FAILED	写RDASC标定数据文件失败	692	N/A	FO	N/A	
180	RDASOT CAL DATA FILE READ FAILED	读RDASOT标定数据文件失败	442	MM	ED	CTR	1
181*	RECOMMEND SWITCH TO UTILITY POWER	建议切换到市电	421	N/A	N/A	N/A	
182*	REDUN CHAN INTERFACE I/O STATUS ERROR	冗余通接口输入/输出状态错	464	N/A	FO	N/A	
183*	REDUN CHAN TSK PAUSED-RSTRT INITIATED	冗余通道任务暂停—重新初始化	626	N/A	OC	N/A	
184	REMOTE VCP FILE WRITE FAILED	写远程体扫文件失败	687	N/A	OC	N/A	
185	REMOTE VCP NOT DOWNLOADED	未下载远程体扫表	394	N/A	OC	N/A	
186	RESERVED FOR INTERNAL RDA USE	(保留)	401	N/A	N/A	N/A	
187	RF GEN FREQ SELECT OSCILLATOR FAIL	射频产生器的频率选择振荡器故障	360	MM	ED	RSP	1
188	RF GEN PHASE SHIFTED COHO FAIL	射频产生器的相移相干振荡器故障	362	MM	ED	RSP	1
189	RF GEN RF/STALO FAIL	射频产生器的射频/稳定本振故障	361	MM	ED	RSP	1
190*	RPG LINK-FUSE ALARM	RPG 连接—保险丝报警	25	MM	ED	N/A	1
191	RPG LINK INITIALIZATION ERROR	RPG连接初始化错	452	MM	ED	RPG	1
192	RPG LINK-MAJOR ALARM	RPG连接—主要报警	26	MM	ED	N/A	1
193	RPG LINK-MAJOR RCVR ALARM	RPG连接—主接收器报警	23	MM	ED	N/A	1
194	RPG LINK-MAJOR XMTR ALARM	RPG连接—主发射器报警	22	MM	ED	N/A	1
195	RPG LINK-MINOR ALARM	RPG连接—次要报警	24	MM	ED	N/A	1
196	RPG-LINK-REMOTE ALARM	RPG连接—远程报警	27	MM	ED	N/A	1
197*	RPG LINK-SVC 15 ERROR	RPG连接—网络超级用户呼叫15错误	21	MM	ED	N/A	1
198	RPG LOOP TEST TIMED OUT	RPG闭环测试超时	391	N/A	OC	N/A	
199	RPG LOOP TEST VERIFICATION ERROR	RPG闭环测试确认错	392	N/A	OC	N/A	
S							
200*	SECURITY SYSTEM DISABLED	安全系统无效	146	MR	ED	UTL	2
201*	SECURITY SYSTEM EQUIPMENT FAILURE	安全系统设备故障	145	MR	ED	UTL	2

续表

序号	报警信息(英)	报警信息(中)	报警码	状态	类型	设备	取样
202	SEND DAU COMMAND TIMED OUT	发送 DAU 命令超时	651	N/A	FO	N/A	
203	SEND WIDEBAND STATUS TIMED OUT	发送宽带状态超时	650	N/A	FO	N/A	
204*	SIGNAL PROC +5 V POWER SUPPLY FAIL	信号处理器+5 V 电源故障	241				
205	SPECTRUM FILTER LOW PRESSURE	频谱滤波器压力过低	57	MM	ED	N/A	2
206*	SPS AU RAM LOAD ERROR	SPS 算术单元随机访问存储器载入错	595	N/A	FO	N/A	
207*	SPS CLOCK/MICRO_P SET ERROR	SPS 时钟/微码设置错	603	N/A	FO	N/A	
208*	SPS COEFFICIENT RAM LOAD ERROR	SPS 系数随机访问存储器载入错	593	N/A	FO	N/A	
209*	SPS DIM LOOP TEST ERROR	SPS DIM 闭环测试错	661	N/A	FO	N/A	
210*	SPS HARDWARE INIT SELECT ERROR	SPS 硬件初始化选择错	667	N/A	FO	N/A	
211	SPS HSP LOOP TEST ERROR	SPS 硬件信号处理器闭环测试错	665	N/A	FO	N/A	
212	SPS INITIALIZATION ERROR	SPS 初始化错	451	IN	ED	RSP	3
213	SPS I/O STATUS ERROR	信号处理系统输入/输出状态错	462	N/A	FO	N/A	
214*	SPS MEMORY CLEAR ERROR	SPS 清除内存错	590	N/A	FO	N/A	
215*	SPS MICROCODE/ECW VERIFY ERROR	SPS 微码/仿真控制字确认失败	592	N/A	FO	N/A	
216*	SPS MICRO/ECW DATA FILE READ FAIL	SPS 微码/仿真控制字数据文件失败	591	N/A	FO	N/A	
217*	SPS MICROCODE/ECW LOAD ERROR	SPS 微码/仿真控制字载入错	663	N/A	FO	N/A	
218*	SPS READ TIMING ERROR	SPS 读定时错	580	N/A	FO	N/A	
219*	SPS RTD LOOP TEST ERROR	SPS RTD 闭环测试错	664	N/A	FO	N/A	
220*	SPS SMI LOOP TEST ERROR	SPS 串行维护接口闭环测试错	662	N/A	FO	N/A	
221*	SPS TASK PAUSED-RESTART INITIATED	SPS 任务暂停—重新初始化	622	N/A	OC	N/A	
222*	SPSWRITE TIMING ERROR	SPS 写定时错	581	N/A	FO	N/A	
223	STANDBY FORCED BY INOP ALARM	不可工作报警强制系统待机	398	N/A	OC	N/A	
224	STATE FILE WRITE FAILED	写状态文件失败	690	MM	ED	N/A	1
225	SYSTEM NOISE TEMP DEGRADED	系统噪声温度变坏	471	MM	ED	RSP	1
226	SYSTEM NOISE TEMP-MAINT REQUIRED	系统噪声温度—需要维护	521	MR	ED	RSP	1
227*	SYSTEM STATUS MONITOR INIT ERROR	系统状态监视器初始化错	454	MM	ED	CTR	1

续表

序号	报警信息(英)	报警信息(中)	报警码	状态	类型	设备	取样
T							
228	TRANSMITTER CABINET AIR FLOW FAIL	发射机机柜风流量故障	61	MM	ED	N/A	2
229	TRANSMITTER CABINET INTERLOCK OPEN	发射机机柜互联锁开	59	MM	ED	N/A	2
230	TRANSMITTER CABINET OVERTEMP	发射机机柜过温	60	MM	ED	N/A	2
231	TRANSMITTER FILTER DIRTY	发射机滤网脏	154	MR	ED	UTL	2
232	TRANSMITTER HV SWITCH FAILURE	发射机高压开关故障	96	IN	ED	XMT	3
233	TRANSMITTER INOPERATIVE	发射机不可操作	98	IN	ED	XMT	2
234	TRANSMITTER LEAVING AIR TEMP EXTREME	发射机排气过温	173	MM	ED	UTL	2
235	TRANSMITTER MAIN POWER OVERVOLTAGE	发射机电源电压过压	67	MM	ED	N/A	2
236	TRANSMITTER OIL LEVEL LOW	发射机油位低	78	MM	ED	N/A	2
237	TRANSMITTER OIL OVER TEMP	发射机油过温	76	MM	ED	N/A	2
238	TRANSMITTER OVERCURRENT	发射机过流	73	MM	ED	N/A	2
239	TRANSMITTER OVERVOLTAGE	发射机过压	72	MM	ED	N/A	2
240	TRANSMITTER PEAK POWER HIGH	发射机峰值功率高	201	MM	ED	XMT	1
241	TRANSMITTER PEAK POWER LOW	发射机峰值功率低	200	MM	ED	XMT	1
242	TRANSMITTER POWER BITE FAIL	发射机功率机内测试设备故障	209	MM	ED	CTR	1
243	TRANSMITTER RECYCLING	发射机故障恢复循环	97	MM	ED	XMT	2
244	TRIGGER AMPLIFIER FAILURE	触发放大器故障	70	MM	ED	N/A	2
U							
245*	UNABLE TO CMD OPER-REDUN CHAN ONLINE	不能命令操作—冗余通道在线	552	N/A	OC	N/A	
246*	UNAUTHORIZED SITE ENTRY	非授权进入雷达站	144	MR	ED	UTL	2
247*	USER LINK-FUSE ALARM	用户连接—保险丝报警	35	MM	ED	N/A	1
248*	USER LINK-GENERAL ERROR	用户连接——般错误	30	MM	ED	N/A	1
249*	USER LINK INITIALIZATION ERROR	初始化用户连接错	453	MM	ED	USR	1
250*	USER LINK-MAJOR RCVR ALARM	用户连接—主接收器报警	33	MM	ED	N/A	1
251*	USER LINK-MAJOR XMTR ALARM	用户连接—主发射器报警	32	MM	ED	N/A	1
252*	USER LINK-MAJOR ALARM	用户连接—主要报警	36	MM	ED	N/A	1
253*	USER LINK-MINOR ALARM	用户连接—次要报警	34	MM	ED	N/A	1
254*	USER LINK-REMOTE ALARM	用户连接—远程报警	37	MM	ED	N/A	1
255*	USER LINK-SVC 15 ERROR	用户连接—网络超级用户呼叫 15 错误	31	MM	ED	N/A	1
256*	USER LOOP TEST TIMED OUT	用户闭环测试超时	671	N/A	FO	N/A	
257*	USER LOOP TEST VERIFICATION ERROR	用户闭环测试确认错	672	N/A	FO	N/A	
258*	USER LU ASSIGN ERROR	用户逻辑单元分配错	456				

续表

序号	报警信息(英)	报警信息(中)	报警码	状态	类型	设备	取样
V							
259	VELOCITY/WIDTH CHECK DEGRADED	速度/谱宽检查变坏	483	MM	ED	RSP	1
260	VELOCITY/WIDTH CHECK-MAINT REQUIRED	速度/谱宽检查—需要维护	484	MR	ED	RSP	1
W							
261	WAVEGUIDE ARC/VSWR	波导开关打火/电压驻波比	58	MM	ED	N/A	2
262	WAVEGUIDE HUMIDITY/PRESSURE FAULT	波导开关湿度/压力故障	95	MM	ED	XMT	2
263	WAVEGUIDE/PFN TRANSFER INTERLOCK	波导开关/脉冲形成网络转换器互锁	44	IN	ED	XMT	2
264	WAVEGUIDE SWITCH FAILURE	波导开关故障	43	IN	ED	XMT	3
265*	WDOG TIMER TSK PAUSED-RSTRT INITIATED	看门狗计时器任务暂停—重新初始化	627	N/A	OC	N/A	
266*	WIDBND TASK PAUSED-RESTART INITIATED	带任务暂停—重新初始化	624	N/A	OC	N/A	
X							
267	XMTR-15VDC POWER SUPPLY 5 FAIL	发射机 5 号电源故障：−15 V 直流	51	MM	ED	N/A	2
268	XMTR +5VDC POWER SUPPLY 6 FAIL	发射机 6 号电源故障：+5 V 直流	48	MM	ED	N/A	2
269	XMTR +15VDC POWER SUPPLY 4 FAIL	发射机 4 号电源故障：+15 V 直流	49	MM	ED	N/A	2
270	XMTR +28VDC POWER SUPPLY 3 FAIL	发射机 3 号电源故障：+28 V 直流	50	MM	ED	N/A	2
271	XMTR +45VDC POWER SUPPLY 7 FAIL	发射机 7 号电源故障：+45 V 直流	52	MM	ED	N/A	2
272	XMTR/ANT PWR RATIO DEGRADED	发射机/天线功率比率变坏	208	MM	ED	XMT	1
273	XMTR/DAU INTERFACE FAILURE	发射机/DAU 接口故障	110	MM	ED	XMT	2
274	XMTR IN MAINTENANCE MODE	发射机处于维护状态	45	IN	ED	XMT	2
275	XMTR MODULATOR SWITCH REQUIRES MAINT	发射机脉冲调制器开关需要维护	93	MR	ED	XMT	2
276	XMTR POST CHARGE REG REQUIRES MAINT	发射机后充电整形器需要维护	94	MR	ED	XMT	2
277	XMTR POWER METER ZERO OUT OF LIMIT	发射机功率计零点超限	206	MM	ED	CTR	1

注：“*”表示 CINRAD 尚未使用(预留)

附录3 广东省大气探测技术中心配备的仪表

名称	型号	厂家	数量	备注
示波表	199B	FLUKE	4	200 MHz
示波器	DS05032A	Agilent	2	300 MHz
示波器	GPC8270H	固纬电子有限公司	2	早期配备雷达站型号
示波器	MSO4034	Tektronix	1	
功率计	E4416A	Agilent	3	包括风廓线和天气雷达
信号源	N5181A	Agilent	1	天气雷达配备
频谱仪	E4428C	Agilent	1	天气雷达配备
频谱分析仪	AT5010	安泰信	1	1000 MHz
数字万用表	34401A	Agilent	3	
信号发生器	AFG3201B	Tektronix	1	25 MHz
函数信号发生器	GFG-3015	固纬电子有限公司	1	
电池容量测试仪	TES-32	TES电子科技公司(台湾)	1	
蓄电池综合检修仪	DQ12-4A	北京大华电子集团	2	
电子经纬仪	20-87610046	大地兴	1	
电子水平仪	DEG-1L	青岛奥得森	1	出厂编号:21023
场强测试仪	II1-2200	ETS	1	
数字频率计数器	GPC8270H	固纬电子有限公司	2	
稳压稳流电源	DH1718E-5	北京大华无线电仪器厂	1	0～32 V,0～5 A
绝缘油介电强度自动测试仪	ZIJJ-II	上海怡珠电气有限公司	1	